高等职业教育"十四五"规划教材

家禽生产

第3版

赵 聘 黄炎坤 徐 英 主编

中国农业大学出版社
·北京·

内容简介

本教材在系统总结我国近年来家禽生产经验和研究成果的基础上，详细介绍了现代家禽生产的新知识、新技术和新成果。主要内容包括概论、家禽品种选择与繁育、家禽场建设与生产设备选择、家禽饲料的配制、家禽孵化、蛋鸡生产、肉鸡生产、水禽生产、家禽保健和家禽场的经营与管理。教材采用"项目—任务"的形式编写。每个任务都列有任务描述、任务目标和基本知识，便于学习者明确学习目标。每个任务后面附有复习与思考，便于学习者对本任务主要内容的巩固与提高。教材附有 11 个拓展知识和 2 个附录，帮助学习者学习教材内容和拓宽知识面。11 个技能训练项目，使学习者在"学中做、做中学"中培养分析与解决家禽生产实际问题的能力。教材还附有部分家禽生产视频，使学习者对家禽生产环节有直观的了解和认识。

本教材可作为高等职业院校畜牧、畜牧兽医、饲料与动物营养等专业的教材，也可作为从事与家禽相关研究及家禽生产管理人员、技术人员的培训资料和参考书。

图书在版编目(CIP)数据

家禽生产 / 赵聘，黄炎坤，徐英主编. —3 版. —北京：中国农业大学出版社，2021. 8 (2024. 10 重印)

ISBN 978-7-5655-2611-4

Ⅰ. ①家… Ⅱ. ①赵… ②黄… ③徐… Ⅲ. ①养禽学－高等职业教育－教材 Ⅳ. ①S83

中国版本图书馆 CIP 数据核字(2021)第 173918 号

书　　名　家禽生产　第 3 版
作　　者　赵　聘　黄炎坤　徐　英　主编

策划编辑　康昊婷　　**责任编辑**　林孝栋
封面设计　李尘工作室　郑　川
出版发行　中国农业大学出版社
社　　址　北京市海淀区圆明园西路 2 号　　**邮政编码**　100193
电　　话　发行部 010-62733489，1190　　读者服务部 010-62732336
　　　　　编辑部 010-62732617，2618　　出 版 部 010-62733440
网　　址　http://www.caupress.cn　　**E-mail** cbsszs@cau.edu.cn
经　　销　新华书店
印　　刷　涿州市星河印刷有限公司
版　　次　2021 年 9 月第 3 版　　2024 年 10 月第 3 次印刷
规　　格　185 mm×260 mm　　16 开本　　20.25 印张　　510 千字
定　　价　59.00 元

编审人员

主　编　赵　聘（信阳农林学院）

黄炎坤（河南牧业经济学院）

徐　英（云南农业职业技术学院）

副主编　赵云焕（信阳农林学院）

李　超（山东畜牧兽医职业学院）

胡常红（伊犁职业技术学院）

吉艺宽（广东梅州职业技术学院）

编　委（按姓氏笔画排序）

李　超（山东畜牧兽医职业学院）

吉艺宽（广东梅州职业技术学院）

刘纪成（信阳农林学院）

张　玲（江苏农牧科技职业学院）

张桂枝（河南牧业经济学院）

赵　聘（信阳农林学院）

赵云焕（信阳农林学院）

赵毅牢（乌兰察布职业学院）

胡常红（伊犁职业技术学院）

徐　英（云南农业职业技术学院）

黄炎坤（河南牧业经济学院）

梁玉山（河北旅游职业学院）

审　稿　邬立刚（黑龙江农业职业技术学院）

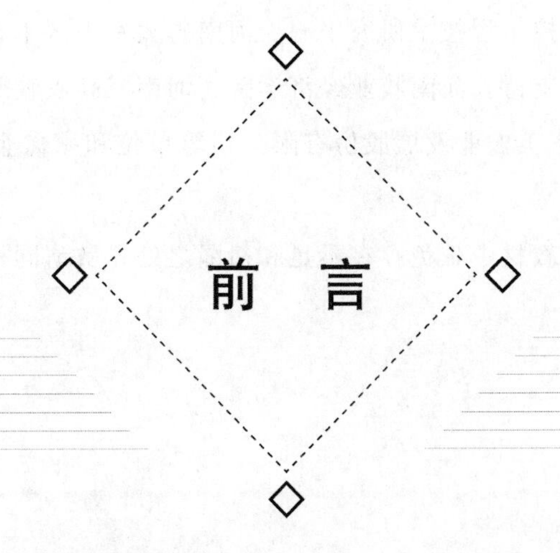

前言

家禽生产课程是高等职业院校畜牧、畜牧兽医、饲料与动物营养等专业的一门专业课。本课程的教学任务是使学生获得从事家禽生产所需的基本知识和基本技能。教材重点阐述家禽生产基本知识和基本技能，强化解决家禽生产实际问题的方法和能力。教材内容突出以职业能力为核心，贯穿“以职业标准为依据，以岗位需求为导向，以职业能力为核心”的编写理念，依据国家职业标准和专业教学标准，结合生产实际，反映岗位需求，突出新知识、新技术、新工艺、新方法，注重职业能力培养。

党的二十大报告指出，实施科教兴国战略，强化现代化建设人才支撑。教材在人才培养中发挥着重要作用。本教材内容符合高等职业教育培养高素质技能型专门人才的培养目标，做到“以素质教育为基础、以能力培养为中心、以技能掌握为重点”，理论以必需、够用、实用为度，突出技能的培养。技术的掌握以常规技术为基础，以关键技术为核心，以先进技术为导向。

本教材第 3 版是在中国农业大学出版社 2015 年出版的《家禽生产》（第 2 版）基础上进行修订的。编写分工如下：赵聘（概论、全书统稿、定稿）；黄炎坤（项目一家禽品种选择与繁育，全书统稿、定稿）；赵云焕（项目二家禽场建设与生产设备选择任务一、二，全书统稿）；李超（概论、项目二家禽场建设与生产设备选择任务三）；刘纪成（项目二家禽场建设与生产设备选择任务四）；赵毅牢（项目三家禽饲料的配制）；吉艺宽（项目四家禽孵化、项目九家禽场的经营与管理）；胡常红（项目五蛋鸡生产任务一、二、三）；徐英（项目六肉鸡生产）；梁玉山（项目五蛋鸡生产任务四，项目六肉鸡生产任务三、四）；张玲（项目七水禽生产）；张桂枝（项目八家禽保健）。拓展知识和技能训练由相应项目、任务的编写者完成。家禽生产视频由修订者和有关单位提供。

在教材修订过程中参阅了有关文献，并引用了其中的一些资料，部分已注明出处，限于篇幅仍有部分文献未列出，修订者对这些文献的作者表示由衷的感谢和歉意。

教材的修订和出版得到了中国农业大学出版社、信阳农林学院牧医工程学院、河南省水禽资源开发利用与疫病防控工程技术研究中心、河南省大别山区生态畜禽健康生产工程研究中心等单位和老师的大力支持。河南牧业经济学院、河南三高农牧股份有限公司、正大蛋业（南阳）有限公司、河南华英农业发展股份有限公司等单位和家禽企业提供部分家禽生产视频，在此一并表示感谢。

由于编者水平有限，教材中难免存在不足和遗漏之处，敬请同行专家和读者批评指正。

编　者

2023 年 11 月

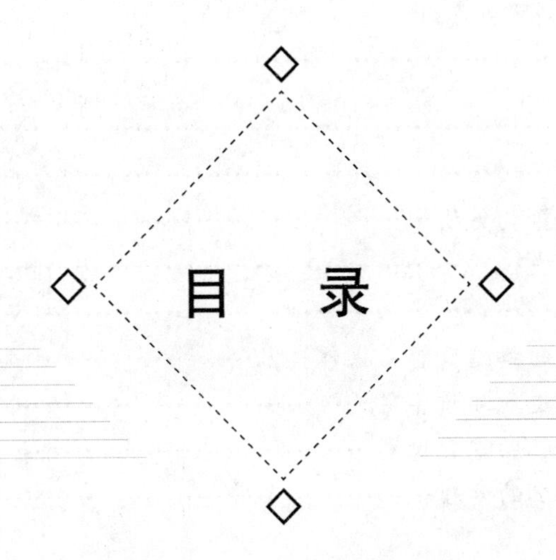

目录

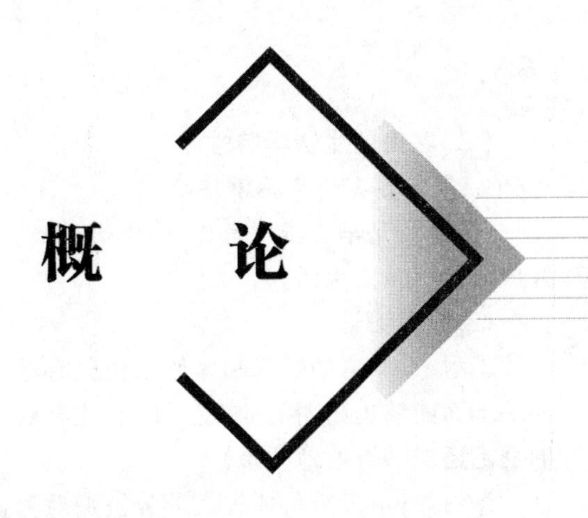

概　论

一、家禽的生物学特性

(一)家禽、家禽业与现代家禽业的概念

1. 家禽

自然界的哺乳纲动物有 5 400 多种,鸟纲动物有 9 800 多种。家禽属于鸟纲动物。鸟类中经过人类长期驯化和培育,在家养条件下能正常生存繁衍并能为人类提供大量的肉、蛋等产品的禽类统称为家禽。我国所称的家禽主要包括鸡、鸭、鹅等。其中鸡、鸭分化出蛋用和肉用两种类型,鹅为肉用家禽。鸭和鹅合称为水禽。

我国的家禽生产以鸡为主,水禽为特色,其他家禽(如鸽、鹌鹑、火鸡、番鸭、珍珠鸡、雉鸡、鸵鸟等)为补充。

家禽具有繁殖力强、生长迅速、饲料转化率高、适应密集饲养等特点,能在较短的生产周期内以较低的成本生产出营养丰富的蛋、肉产品,是人类理想的动物蛋白质食品来源。家禽的这一重要经济价值在世界各地被广泛发掘利用,人们从遗传育种、营养、饲养、疾病防治、生产管理和产品加工等各个方面进行研究和生产实践,从而形成了现代家禽产业。

人类饲养家禽的历史悠久,在我国就有 5 000 年以上的养鸡历史。在一个很长的历史时期内,家禽业主要是农家副业,即一家一户自繁自养、产品自给为主的生产方式,即所谓"后院养禽"。由 20 世纪 40 年代开始,一些发达国家的养鸡业开始向现代生产体系过渡,并带动了整个家禽生产的现代化,至今已发展成高度工业化的蛋鸡业和肉鸡业。现代家禽生产在我国也取得了相当大的进展。

2. 家禽业、现代家禽业

从事家禽生产和经营的产业称为家禽业。家禽养殖产业链的上游主要为育种、饲料、兽药疫苗、养殖设备等,中游为养殖生产环节,下游主要为屠宰加工、商超、终端消费等。

现代家禽业是指综合运用生物学、生理生化学、生态学、营养学、遗传育种学、经济管理学等学科和机械化、自动化及计算机等现代技术武装起来的养禽业。现代家禽业的内涵是用现代发展理念指导家禽业、用现代工业设备装备家禽业、用现代科学技术改造家禽业、用现代经营管理方式组织和管理家禽业。

现代家禽业的特点是不断提高劳动生产率、禽蛋和禽肉的产品率和商品率,使家禽生产实现高产、高效、优质、低成本的目标。

(二)家禽的生物学特性

1. 家禽共有的生物学特性

(1)雏禽是早成雏　家禽(除肉鸽外)幼雏出壳后全身被覆绒毛,能够自主活动和觅食,离开成禽能够独立生活。

(2)耐寒怕热

①耐寒:家禽的颈部和体躯都覆盖有厚厚的羽毛,其尾部的尾脂腺分泌的油脂用喙涂抹到羽毛上面能够提高羽毛的保温性能,能有效地防止体热散发和减缓冷空气对机体的侵袭,水禽的羽毛还能够有效地防水。

②怕热:由于家禽体表大部分被羽毛覆盖,加上羽毛良好的隔热性能,其体热的散发受到阻止;家禽皮肤缺乏汗腺,无法通过出汗的形式蒸发散热,在夏季酷暑的气温条件下,如果无合适的降温散热条件则会出现明显的热应激,造成产蛋减少或停产。

相对于鸡来说,水禽(除产蛋期种鹅)对炎热的耐受性比较强。一方面水禽散养较多,活动范围广,饲养密度较小,可以自己寻找阴凉的休息场所;另一方面水禽可以在水中活动,借以散发体热。

(3)就巢性　就巢性是禽类在进化过程中形成的一种繁衍后代的本能。就巢时家禽的卵巢和输卵管萎缩,产蛋停止,这对总产蛋数影响很大。

大多数的商品蛋鸡和培育程度高的肉鸡基本丧失了就巢性,而选育程度较低的地方鸡种还保留有不同程度的就巢性。鸭在驯化过程中已经丧失了就巢性。番鸭和鹅仍然保留有就巢性。

(4)合群性　家禽都具有良好的合群性,其祖先在野生状态下都是群居生活的,在驯化过程中它们仍然保留了这种习性。因此,在家禽生产中大群饲养是可行的。在畜禽养殖业中,工厂化饲养程度最高的是鸡的饲养,在高密度的笼养条件下仍能表现出很高的生产性能。但是,雄性家禽的性情比较暴躁,相互之间会出现争斗现象,尤其是不同群的公禽相遇后表现更突出,因此在成年种用家禽群管理中尽可能减少调群和混群。

(5)抗病力低　由于现代家禽生产采用集约化生产方式,饲养密度高、群体数量大,容易造成环境条件的恶化,一旦个别家禽感染疾病则很容易在群内扩散。此外,家禽的解剖生理特点也影响其抗病力。

①家禽的肺容量小,有气囊:气囊是禽类特有的器官,有9个,分布在颈部、胸部和腹部,一些病原微生物通过呼吸系统进入体内后会造成大范围的侵害。如大肠杆菌、败血支原体、鸭疫里默菌等引起的气囊炎,曲霉菌引起的气囊壁上的菌斑等。

②没有横膈膜:胸腔和腹腔没有横膈膜阻隔,两者是连通的,腹腔内的感染容易引起胸腔继发感染。

③鸡没有淋巴结:缺少了部分免疫组织器官,在一定程度上影响其抗病力。

④泄殖腔为共同开口:在家禽的泄殖腔内既有生殖道的开口,又有消化道和泌尿系统的开口,有些病原体会经过泄殖腔在消化道和生殖道之间互相感染。蛋在产出的时候经过泄殖腔也容易被泄殖腔内的粪便或附着的病原体污染。

2. 鸡特有的生物学特性

(1)栖高性　鸡在野生状态下喜欢于夜间栖息在离地较高的树枝上以躲避敌害的侵扰。即便是在大群散放饲养条件下,鸡仍然会表现出这种习性。

(2)喜沙浴　散养时,鸡常常在地面刨一个个土坑,进行沙浴。所以采用平养方式时,应设沙浴池，便于鸡在池内用沙子洗羽毛，有益于鸡体的健康。

(3)胆小易惊 家禽中鸡的胆量最小，容易受惊吓。尤其是公鸡具有比较高的警觉性，一旦有陌生人或其他动物靠近或有异常声响，它都会发出警示性的声音，而母鸡听到这种声音时就会紧张，甚至发生惊群。

3. 水禽特有的生物学特性

(1)喜水喜干 水禽的祖先都是在河流、湖泊、沼泽附近生活的，喜欢在水中洗浴、嬉戏、交配、觅食，家养水禽仍然保留了其祖先的这种习性。

水禽的尾脂腺都很发达，分泌的油脂被水禽用喙部涂抹于羽毛上，会使羽毛具有良好的沥水性，在水中活动不会被浸湿；水禽趾蹼的结构也非常有利于在水中游泳；水禽没有耳叶，耳孔被短密的羽毛覆盖可以防止进水，这些都为水禽在水中活动创造了条件。但是，水禽休息的场所需要保持相对干燥才能保证其健康和生产性能。

(2)鸭胆小、鹅胆大 鸭性情温和，群内相互间争斗较少，具有良好的群栖性，适于大群饲养；鸭胆小，到陌生的地方去时，走在前面的鸭往往显得踌躇不决，不愿前进，只有当后面的鸭拥上时才被迫前进；在生产中如果出现某些突发的情况也容易使鸭群受到惊吓，会使它们惊恐不安、相互挤压、践踏，造成伤残，严重影响生产。

鹅则相对胆大，一旦有陌生人接近鹅群则群内的公鹅会颈部前伸，靠近地面，鸣叫着向人攻击。鹅的警觉性很好，夜间有异常的动静其就会发出尖厉的鸣叫声。因此，有农户养鹅用于看护宅院，散养鸡场(户)养几只鹅用于看护鸡群。

(3)生活有规律、易调教 水禽稍经训练很容易建立条件反射。这对于采用放牧饲养方式的鸭、鹅群来说，给鸭、鹅群的管理带来了很大的便利。在生产当中鸭群、鹅群的产蛋、采食、运动、休息等都容易形成固定的模式，管理人员不要随意改变这些环节以免影响生产。

(4)鸭嗜腥、鹅喜青 家禽都是杂食性禽类。鸭是由野鸭驯化成的，野鸭生活在河、湖之滨，主要以水草和鱼虾及蚌类等水生动植物为食，家鸭仍然保留了野鸭喜食动物性饲料的生活习性。鹅喜欢采食青绿饲料，而且对青草中营养素的消化率较高。

(5)番鸭行动笨拙，但有飞翔能力 番鸭不喜爱跑动，比较安静温顺，吃饱后一般喜欢卧伏在地面或以"金鸡独立"的姿势长时间呆立。但是，对于青年鸭和成年种鸭，在某些情况下会飞起来，母鸭比公鸭飞得更高、更远。因此。在番鸭的生产中，育成鸭和成年鸭的运动场需要有拦网，防止逃逸。

(6)鹅对粗纤维的利用效率较高 鹅的消化道长、容积大，盲肠发达，能够很好地利用青粗饲料中的粗纤维。在鹅的养殖过程中可以大量使用青绿饲料以降低饲养成本。

(三)家禽的生理特点

1. 新陈代谢旺盛

(1)体温高 家禽的体温比家畜高，鸡、鸭、鹅的体温为 40.5～42 ℃，而家畜体温一般在 38 ℃以下。

(2)心跳快 成年家禽的心跳频率为 160～200 次/min，而马为 32～42 次/min，猪、牛、羊为 60～80 次/min。

(3)呼吸频率高 成年家禽的呼吸频率为 25～100 次/min，而马为 8～16 次/min，猪为 8～18 次/min，牛为 10～30 次/min，绵羊为 10～20 次/min。

2. 家禽的消化能力差

家禽口腔无牙齿，不能咀嚼食物。腺胃分泌胃液的消化功能主要是在肌胃中进行，靠肌胃胃壁肌肉把食物磨碎来加强消化。家禽的消化道短，仅为体长的5～6倍，而羊为27倍，牛为20倍，猪为14倍，饲料通过消化道的时间大大短于家畜。有的饲料颗粒可能在没有被消化吸收的时候就被排泄了。家禽消化道微生物对饲料的消化能力非常有限(鹅较好)，对粗纤维的消化率低，由于鸡口腔无咀嚼作用且大肠较短，除盲肠可以消化少量纤维素以外，其他部位的消化道不能消化纤维素(鸡的消化道内没有分解纤维素的酶)，所以，鸡必须采食含有丰富营养物质的精饲料。生产中，可在饲料中添加适量砂粒帮助肌胃磨碎饲料。

3. 生殖系统结构特殊

(1)公鸡睾丸位于腹腔，附睾小，缺少前列腺，精液中精子密度大；精子在体外存活时间短，但是在母鸡生殖道内存活时间长。公鸡没有外生殖器，水禽有外生殖器。

(2)雌性家禽右侧的卵巢和输卵管在孵化期已退化，仅有左侧卵巢和输卵管。卵巢上的卵泡可以连续发育，在一定时期内能够每天排卵。

4. 生产性能高

蛋鸡18周龄前后达到性成熟，1个产蛋年的产蛋量能够达到18 kg左右，约为其自身体重的9倍。蛋鸭的性成熟更早(约16周龄)，其1个产蛋年的产蛋量能够达到20 kg左右，约为其自身体重的11倍。

在良好生产条件下快大型肉鸡6周龄平均体重能够达到2.5 kg左右，约为其出壳体重的60倍；大型肉鸭6周龄体重达3 kg以上；在以青绿饲料为主的饲养条件下，良种肉鹅10周龄的体重约为3.5 kg。

在一个产蛋期内高产蛋鸡每生产1 kg鸡蛋只需要消耗2.0 kg左右的饲料，蛋鸭每生产1 kg鸭蛋只需要消耗2.3 kg的饲料，快大型肉鸡和快大型肉鸭体重增长1 kg消耗1.7 kg左右的饲料。

二、现代家禽生产特点

(一)专业化、社会化生产

家禽业内部的专业化和各个环节的社会化生产由六大体系构成。

(1)良种繁育体系　现代家禽品种专门化、品系化、杂交配套化。家禽良种繁育体系是现代畜牧业中最为完善的，由育种、制种和生产性能测定等部分组成。

(2)饲料工业体系　饲料全价化、平衡化，既满足了不同阶段各种禽只的营养需要，又节约成本。饲料工业体系针对不同种类、不同生理状态下家禽的营养需要进行科学的研究，形成完善的家禽饲养标准，制定饲料配方并加工成全价配合饲料，供家禽饲养场使用，是现代家禽业的基本物质保证。

(3)禽舍设备供应体系　通过研究环境因素对家禽生产性能的影响，设计建造适应不同生理阶段的禽舍，采用工程措施为现代家禽生产创造良好的环境条件，提高劳动效率，增加饲养密度，使现代家禽的遗传潜力得到充分发挥。禽场和禽舍的设计更趋合理，工厂化养禽设备工业体系已建立。

(4)禽病防治体系　现代家禽业的高度集约化生产模式，为传染病的传播提供了有利条件。现代家禽生产要认真贯彻“防重于治”的方针。预防措施主要有：培育抗病品系、全进全出、疾病净化、隔离消毒、接种疫苗、药物预防等。一整套禽病预防和控制措施，构成了现代家禽业的保障体系，该体系由兽药生产厂、生物制品厂、区域性的禽病疫情预报站、禽病防治中心等构成。

(5)生产经营管理体系　现代家禽生产已构成了一个复杂的生产系统，每个生产环节互相关联、制约，必须有一套先进的经营管理方法。生产经营管理体系是现代家禽生产的核心内容，经营管理水平高低直接影响到家禽生产的效益和发展。

(6)产品加工、销售体系　现代家禽生产的最终目的在于提供质优价廉的禽蛋、禽肉产品。因此，现代家禽业不能仅局限于生产过程本身，对产品加工销售体系的建立也要予以高度重视。

上述六大体系在家禽业中的作用可概括为：家禽良种是根本，饲料是基础，设施设备是条件，防疫卫生是保障，生产经营管理是核心，禽产品市场是导向，产品加工是龙头。

(二)机械化、自动化生产

供料供水、禽舍环境控制、集蛋、孵化、清粪、饲料配制、屠宰加工等机械化操作，极大地提高了劳动生产率，改善了生产条件。计算机技术广泛应用于饲料加工厂、孵化场和禽舍环境控制。

(三)集约化、工厂化生产

集约化生产是指在较小的场地内，投入较多的生产资料和劳动，采用新的工艺与技术措施，进行精心管理的饲养方式。工厂化生产就是大规模、高密度的舍内饲养，将禽舍当作加工厂，配备机械化自动化设施，通过“禽体”这种特殊的机器，用最少的饲料消耗，生产出量多质优的禽产品的过程。

现代畜牧业以工厂化养鸡最为成功。工厂化养鸡是家禽的自然再生产过程和社会再生产过程在更高程度上的有机结合，它把先进的科学技术和工业设备应用于养鸡业，用管理现代经济的科学方法管理养鸡生产，充分合理地利用饲料、设备，发挥鸡的遗传潜力，高效率地生产鸡蛋、鸡肉。

(四)标准化、规模化生产

家禽标准化规模养殖是现代家禽业发展的必由之路，是建设现代家禽业的重要内容。家禽标准化生产，就是在场址布局、禽舍建设、生产设施配备、良种选择、投入品使用、卫生防疫、粪污处理等方面严格执行法律法规和相关标准的规定，并按程序组织生产的过程。规模化生产是指一个家禽场(户)的养殖量要达到一定的数量，一般要求产蛋鸡养殖规模(笼位)在 1 万只以上，肉鸡年出栏量 30 万只以上。目前，一些规模化蛋鸡场单栋鸡舍的笼位数能够达到 3 万～10 万只，一个平养肉鸡舍的单批饲养量达到 3 万只以上，笼养肉鸡则达到 5 万只以上。

(五)高产、高效、优质

(1)高产　现代家禽生产水平高，经济性能优秀。

(2)高效　劳动效率高，经济效益高，每单位禽蛋、禽肉消耗工时越来越少，一个员工可以同时管理 5 000 只以上的蛋鸡或 1 万只以上的肉鸡。

(3)优质　鸡肉是增长速度最快、供应充足、物美价廉的优质肉类，因具有高蛋白质、低脂肪、低热量、低胆固醇“一高三低”的营养特点使其成为人类健康的重要食品。鸡蛋含有人体几乎所有需要的营养物质，在营养学界，鸡蛋一直有着“全营养食品”的美称，营养学家称之为“完全蛋白质模式”“理想的营养库”，是人类最好的营养来源之一。

现代家禽生产的标志为：家禽品种优良化、家禽生产标准化、防疫体系规范化、生产组织产业化、产品经营市场化。现代养禽业在生产水平上的表现为“三高一低”——产品生产率高、饲料报酬高、劳动生产率高，生产成本低。

三、我国家禽业的现状及发展趋势

(一)我国家禽业的现状

1. 我国家禽产业的重要地位

我国是家禽养殖生产大国，作为我国畜牧业的基础性产业，家禽养殖已成为我国农村经济中最活跃的增长点和主要的支柱产业。

目前，我国家禽业已成为仅次于养猪业的第二大畜牧产业。我国家禽饲养量和禽蛋产量、鸭和鹅肉产量均处于世界第一位，鸡肉产量居第二位。

2019 年全国家禽出栏 146.41 亿只，比 2018 年增加 15.51 亿只，增长 11.9%；全国家禽存栏 65.22 亿只，同比增加 4.85 亿只，增长 8.0%。

我国家禽业年产值达 6 900 亿元，约占畜牧业总产值的 1/4。直接从事家禽养殖的场(户)达 4 000 多万个，从业人员超过 7 000 万人，涉及 1.3 亿人生计。

2. 生产总量增长明显，但单产水平和生产效率较低

家禽养殖业是我国畜牧业的支柱产业，也是规模化集约化程度最高、与国际先进水平最接近的产业。改革开放以来，特别是近些年来，我国家禽养殖业快速发展，综合生产能力显著增强。

我国禽蛋总产量自 1995 年以来持续保持世界第一，人均占有量为 22 kg，已达到发达国家的平均水平。2019 年禽蛋产量 3 309 万 t，占世界总产量的 40%以上；2019 年我国鸡蛋产量 2 813 万 t，占世界鸡蛋总产量的 1/3 左右。在我国禽蛋产品中，鸡蛋产量占禽蛋总产量的 85%，其他禽蛋产量占 15%(其中鸭蛋为 12%，鹅蛋和鹌鹑蛋等其他禽蛋产量占 3%)。

2019 年我国禽肉产量 2 239 万 t，占世界禽肉产量的 20%左右，仅次于美国，位居世界第二。我国肉鸡产量占禽肉总产量的 60%左右，2019 年，我国鸡肉产量 1 380 万 t，占世界鸡肉产量的 12.5%左右。目前我国禽肉产量占肉类总产量的 25%左右，人均禽肉消费 12 kg，人均鸡肉消费 10 kg 左右。

水禽养殖业是我国的特色产业。我国水禽饲养量居世界首位，占世界总量的 80%以上。据农业农村部和世界粮农组织(FAO)数据显示，2019 年世界肉鸭出栏量约 64.42 亿只，肉鹅出栏量约 7.24 亿只。2019 年我国肉鸭总出栏量约 44.3 亿只，占全球的 68.8%；我国肉鹅出栏量约 6.7 亿只，占全球的 92.5%。水禽肉、蛋、羽绒产量均位居世界第一，被誉为“世界水禽王国”。我国水禽业总产值约为 1 500 亿元，占家禽业总产值的 20%～30%。我国水禽肉产量目前已占禽肉总产量的 40%左右；水禽蛋产量占禽蛋总产量的 20%左右。

虽然我国是养禽大国，但肉鸡、蛋鸡的生产水平和生产效率同世界先进水平相比还有较大差距(表 0.1、表 0.2)。

表 0.1　肉鸡 42 日龄生产水平与世界先进水平对比

项目	出栏日龄	出栏体重/kg	料肉比	商品率/%
世界先进水平	42	2.5～2.75	1.52～1.68	>99
中国	42	2.35～2.55	1.65～1.78	>97
差异	0	0.15～0.20	0.10～0.13	2

资料来源：中国畜牧业信息网。

表 0.2　蛋鸡生产水平与世界平均水平对比

项目	单产/kg	料蛋比	死淘率/%
世界平均	19.0～20.0	2.1～2.2	3.0～6.0
中国	15.0～16.0	>2.5	>10
差异	3.0～5.0	>0.3	>4

资料来源：中国畜牧业信息网。

在生产效率方面，欧、美肉鸡业的劳动生产率是我国的若干倍。在欧、美等肉鸡产业发达的国家，每人可饲养 30 000 套父母代种鸡，每人可饲养商品肉鸡 8 万～12 万只；而我国每人可饲养父母代种鸡 3 000～5 000 套，每人可饲养商品肉鸡 1 万～2 万只。我国蛋鸡笼养以 3～4 层为主，人均饲养量约 1 万只，而美国一般采用 6～10 层的叠层笼养工艺，人均饲养量大于 5 万只，机械化程度高的企业饲养量更多。

3. 标准化规模养殖发展加快，但传统饲养方式与现代化养殖方式并存，"小规模大群体"的家禽生产方式仍是我国商品化家禽养殖的主体

我国现阶段家禽养殖主要有 3 种方式：一是农村传统饲养。这一养殖方式随着农村社会生产力水平的不断提高和国家环保政策的实施，正逐步被专业化、集约化、商品化生产所取代。二是适度规模的专业户、专业养殖合作社饲养。这一养殖模式是当前我国商品化家禽养殖的主体，也是新农村建设中需要整改的重点。目前正处在由以中小规模养殖场户和千家万户散养为特征的"小规模大群体"向以养殖企业(场)和农村专业养殖合作社为特征的"大规模小群体"过渡阶段。当前生产中存在的突出问题是布局不合理、设施设备简陋、环境不达标、产品质量不高、生产效率低下。三是规模化自动化饲养。这一方式具有规划布局合理、饲养环境好、生产设施先进、产品质量高和生产效率高等特点，它是我国家禽业发展的方向，今后需要大力推进。

近年来，我国家禽养殖规模化比重稳步增加。肉鸡规模养殖出栏占全国总量的 80%以上。由于肉鸡饲养周期短，技术要求高，风险系数大，基本上结束以农户散养为主的生产方式，转向集约化、规模化饲养。我国肉鸡规模化养殖场的总数和平均规模大幅上升，专业化生产程度不断提高，年出栏 1 万只以下的小规模肉鸡户比重逐渐减少，30 万只以上规模养殖的肉鸡出栏比重上升很快，目前年出栏 20 万～60 万只肉鸡场占比最高，其次是年出栏 60 万～100 万只的肉鸡场，规模大的肉鸡场比重逐年增加，体现肉鸡饲养的规模化在不断发展。因此，中大型规模的肉鸡养殖已成为我国肉鸡规模养殖的主要模式。

蛋鸡规模养殖存栏占全国总量的 80%左右。目前，存栏万只以下的中小规模养殖场(户)占全国蛋鸡总存栏量和全国鸡蛋总产量为 55%～60%，蛋鸡养殖的主体仍然是分散在广大农村地区的蛋鸡养殖场(户)。但是，我国小规模、大群体的饲养模式经过 30 多年的发展，当前在产业结构方面已经开始逐步转化。尤其是近几年，在市场行情、疫病、饲料原料和饲养用工上涨等因素的整合下，蛋鸡饲养正逐步向着集约化、规模化、专业化方向转变，存栏 10 万～50 万只以及 50 万只以上的各级别所占的比重均有不同幅度增加，百万只以上养鸡场超过 50 家，体现蛋鸡饲养在向着规模化、标准化的方向发展。

我国于 2008 年启动蛋鸡、肉鸡和水禽产业技术体系，原农业部从 2010 年开始在全国范围内实施了蛋鸡、肉鸡标准化规模养殖示范创建活动，这对促进我国蛋鸡、肉鸡生产水平，规范蛋鸡、肉鸡生产行为具有重要的指导意义和促进、推动作用。目前，我国蛋鸡、肉鸡规模养殖标准

化创建取得了显著成效，在全国范围内已确定多家蛋鸡、肉鸡标准化养殖示范场。

4. 产业化水平不断提高，优势产业带初步形成

我国家禽养殖业发展较早地融入世界家禽养殖业发展的潮流，引进国外优良家禽品种和先进生产设备，吸收国外饲养管理经验，目前已成为农业产业化经营水平最高的行业之一，推广“公司＋农户”“公司＋基地＋农户”“公司＋合作社＋农户”等模式，形成了产加销相对完整的产业链，产业发展已处于世界先进水平。

家禽产业集中度持续提高，区域比较优势明显。华东、华中、华北及东北地区是我国禽肉产量最大的地区，占全国禽肉总产量的60％左右，2018年全国禽肉产量前十位的省份总产量占全国比重达到72.3％。华南沿海地区是我国黄羽肉鸡生产最多的地区，黄羽肉鸡目前已经发展成为最具中国特色的肉鸡产业，不仅产量增长明显，而且生产水平、产业化程度都有明显提高，目前我国黄羽肉鸡年产量约占全国鸡肉总产量的1/3。

我国蛋鸡主产区主要分布在华北、华东和东北地区等粮食主产区，全国禽蛋产量前十位的省份占全国比重的77.3％，其中山东、河南、河北、江苏、辽宁和四川六省，鸡蛋产量占全国鸡蛋总产量的65％，排在前三位的山东、河南、河北三省的禽蛋年产量均超过400万t。南方多省曾经是鸡蛋的调入省份，现在自给率明显提高。

水禽饲养主要产区分布在华东、华南、华中及西南地区的各省区市，东北三省（黑龙江、辽宁、吉林）、四川、广东和江苏是我国肉鹅的主要产区，河南、江苏、山东、河北是我国肉鸭的主要产区。目前我国番鸭饲养量约为2亿只，半番鸭饲养量约为2.3亿只，主要产区在福建省。水禽饲养已经成为许多地区特别是长江流域和湖泊地区畜牧业生产的重要组成部分。因鸭、鹅产品的独特风味、高营养价值及鸭鹅加工产品强劲的市场需求，决定了鸭、鹅产业具有广阔的市场空间和巨大的发展潜力。

由于我国区域差异大，家禽饲养业发展不平衡，既有居世界领先水平的现代大型养殖屠宰加工企业，又有占全国总饲养量75％的分散养殖户。我国广大农民有着发展传统养殖业的经验和办法，但还缺少现代养殖和管理技术。另外，我国养禽企业劳动生产效率低，饲养规模小，缺乏规模效益，这是一个需要长期努力才能改变的现实。

5. 禽产品质量安全水平不断提高，禽肉成为我国畜产品出口创汇的主要产品，但仍需大力提高禽产品质量，增强在国内外市场的竞争力

我国禽蛋、禽肉等禽类产品的贸易量稳定发展。禽产品是畜产品出口中的优势产品，出口贸易量占全部畜产品的35.8％。近年来，各级政府和有关部门通过采取综合措施，不断加大管理和执法监督力度，使禽产品质量安全水平总体上不断提高。我国禽肉出口创汇排畜产品出口第一位，为国家农产品出口创汇发挥了重要作用。我国每年约有50万t的鸡肉出口到日本和欧美等，2019年我国的家禽产品出口51.24万t，出口金额18.42亿美元。

前些年发生的“苏丹红”“H7N9流感”事件等，不仅使禽产品质量安全监管面临前所未有的挑战，也严重影响着人们对禽产品的消费信心。禽产品安全监控是一项具有前瞻性和引导性的工作，需要对家禽养殖、屠宰加工、运输销售诸环节实行全程监控，形成一条从生产基地到消费者餐桌的链式质量跟踪管理模式。一是要切实加强生产环节的管理，建立健全饲养全过程监督管理制度；积极开展家禽产品产地质量认证，推进无公害家禽产品生产基地建设。二是严格兽药和饲料添加剂管理，建立投入品购买、使用档案，严禁使用违禁药物和添加剂，保证一些药物的休药期等。三是依法加强禽类产品质量安全监管，加强质量抽检和检疫，健全质量约束和监督机制。四是加强流通环节的管理，建立监测检测体系，在把住进超市的禽产品质量关

的同时对进入农产品批发市场和农贸市场的禽产品进行抽检。五是加强政策扶持和引导,制定并完善相应的标准和规范。六是加快家禽饲养科技创新,应用先进的饲养技术,提高禽类产品的数量和质量。七是加大疫病防控力度,继续采取综合措施,防控禽流感、新城疫等禽类疫病的发生。八是加强环境保护与污染治理,防止粪便、污水和病死家禽对生态环境的污染。

通过采取以上综合措施,政府有关部门在加强禽类产品质量安全监管同时,也促进了家禽养殖企业生产条件和环境的改善,保障家禽养殖业健康持续发展,提高禽类产品质量安全水平。

6. 家禽疫病得到有效控制,但疫病防控形势依然严峻

近年来,家禽行业落实《动物检疫管理办法》《动物防疫条件审查办法》,实施家禽产地检疫和屠宰检疫规程,认真做好禽场规划、家禽引进、卫生防疫、环境控制、消毒隔离、无害化处理等各生产环节,过去危害严重的新城疫、马立克氏病、法氏囊炎、产蛋下降综合征等病毒性疾病已得到了有效控制。

但家禽养殖业是一个面临疫病风险的产业,疫病是最大的不确定因素。由于我国部分地区家禽饲养方式、生产工艺、生产设备落后,管理水平不高,禽场的选址、布局和建设不合理,防疫、检疫、诊疗技术落后,生物安全措施不力,养殖环境恶化,饲料、兽药及生物制品的质量不能保证等原因,导致禽病仍然是我国家禽生产面临的严重问题,细菌性传染病的危害仍比较严重,一些新的烈性传染病也开始出现并造成严重危害。禽病多、损失大,一些家禽场家禽的死亡率、死淘率较高。

防控家禽疫病,关键是建立起立体的、综合的、安全有效的防疫体系。一是行业相关法规的制定、贯彻和执行。如种禽生产、饲料加工、兽药制造、生物制品管理、家禽检验检疫等疫病防治方面都有相应的法规,这是政府对行业的服务。二是禽场的选址、布局和建设要科学。我国一些地方养禽业最大的问题是养禽场选址布局不科学,以及禽舍结构及配套设施设备不完善,家禽环境条件无法有效控制而恶化,家禽抵抗力差。养禽生产是一项经济活动,由于受到成本因素的制约,不可能把禽饲养在绝对无菌的环境中,因此,在生物安全中我们要追求的理想环境是对禽的健康有利的生态环境,而同时又不利于微生物繁殖的微生物生态环境,这一追求越来越体现在专门的禽舍和设备设计中。三是禽场应全面推行生物安全措施,包括隔离、消毒、增强机体免疫力、疫苗预防、药物预防、药物治疗等。在家禽生产领域,生物安全是预防疾病最直接、最经济可行的方案。

此外,家禽饲养成本不断增加,禽产品价格波动、融资难、家禽规模养殖用地难等因素也影响到家禽业的健康持续发展。

(二)我国家禽业的发展趋势

1. 品种良种化、杂交化、本土化

种业是国家战略性、基础性核心产业,家禽良种是家禽业芯片,是家禽业发展的物质基础。家禽良种对家禽业发展的贡献率超过40%,是提升家禽业核心竞争力的重要体现。

养禽良种化是指采用经过育种改良的优种禽,这是能否获得高产的先决条件。大都选用二系、三系或四系配套商品杂交禽种,其生活力、繁殖力均具有明显的杂交优势,可以大幅度提高经济效益。

目前,国内饲养的蛋鸡品种主要分为两大类:一类是引进品种,主要有海兰、罗曼、尼克、伊莎、海赛克斯、巴布考克等也有一定的养殖量;另一类是国产品种。近年来,国内家禽育种企业不断加快技术进步和基础条件建设,自主蛋鸡品种的市场竞争力大大提升,确保了我国蛋鸡产

业稳定健康发展。农业农村部于2021年4月颁布实施的《全国蛋鸡遗传改良计划(2021—2035年)》,对于保障我国蛋鸡种业安全,满足市场多元化需求,增强我国蛋鸡业可持续发展能力意义重大。国产蛋鸡品种主要有京白939、新杨褐、农大3号、京红1号、京粉1号、京粉2号、大午粉1号、农大5号、大午金凤、京白1号、京粉6号等。

我国肉鸡养殖主要包括两大类,白羽肉鸡和黄羽肉鸡。白羽肉鸡绝大部分为进口品种,国内一些肉鸡育种企业已经在白羽肉鸡育种方面取得成效,并在一定范围内供种。目前,我国饲养的白羽肉鸡的主要品种有AA、罗斯308、科宝以及哈伯德等,其中AA所占份额最大。黄羽肉鸡全部为国产品种。近几年来,黄羽肉鸡的育种工作取得了突出成绩,许多新的黄羽肉鸡配套系相继通过国家审定。截至2019年,通过审定的黄羽肉鸡配套系超过60个。黄羽肉鸡配套系主要有康达尔黄鸡、江村黄鸡系列、新兴黄鸡、岭南黄鸡系列、京星黄鸡、墟岗黄鸡、皖南黄鸡、皖江黄鸡、新广黄鸡、苏禽黄鸡、金陵黄鸡等。农业农村部于2021年4月颁布实施了《全国肉鸡遗传改良计划(2021—2035年)》,总体目标提出,到2035年,培育肉鸡新品种、配套系30个以上,自主培育品种商品代市场占有率达到80%以上。

目前我国饲养肉鸭主要品种为樱桃谷鸭、奥白星鸭、枫叶鸭等,其中樱桃谷农场已经于2017年被北京首农集团收购。近年来通过鉴定的国内配套系如三水白鸭、仙湖肉鸭、南口1号北京鸭、Z型北京鸭、中畜草原白羽肉鸭、中新白羽肉鸭等。蛋鸭饲养以地方品种为主,如金定鸭、绍兴鸭、高邮鸭;培养配套系有苏邮1号蛋鸭、国绍Ⅰ号蛋鸭等。

我国饲养的鹅主要以国产品种为主,培育品种和配套系有扬州鹅、天府肉鹅、江南白鹅。引入配套系有莱茵鹅、朗德鹅、罗曼鹅、匈牙利鹅、霍尔多巴吉鹅。

2019年,为加快发展水禽种业,推进水禽育种高效创新,农业农村部公布了《全国水禽遗传改良计划(2020—2035)》,为我国水禽良种培育、产业发展开启"加速器"。计划指出,到2035年,建立完善的现代肉鸭、蛋鸭、鹅和番鸭商业育种体系以及半番鸭繁育体系,培育水禽新品种、配套系10个以上。自主培育的肉鸭品种的市场占有率达到80%以上,蛋鸭稳定在90%以上,鹅稳定在80%以上,番鸭和半番鸭达到50%以上。主流品种具有国际竞争力,能达到或者超过国际同期最好水平。

2. 饲料全价化、平衡化

给家禽提供营养全面而平衡的配合饲料能充分满足家禽不同生长发育和产蛋时期的营养需要,提高生产性能和饲料报酬。

3. 生产标准化、规模化、集约化

标准化规模养殖是现代家禽生产的主要方式,是现代畜牧业发展的根本特征。家禽标准化规模养殖是现代畜牧业发展的必由之路,要加快推进家禽生产方式的转变,由分散养殖向标准化、规模化、集约化养殖发展,以规模化带动标准化,以标准化提升规模化。由于规模化、集约化生产中光照、温度、湿度、密度、通风、喂料、饮水、消毒、清粪等饲养要素可控度高,不但饲料报酬等重要经济指标会提高,而且疫病、药残能得到最大程度的控制,能充分体现高产、高效、优质的现代养禽业的特点。

福利化养殖、无抗养殖是实现家禽产品供给优质安全的必然要求,也是家禽业供给侧结构性调整的重要抓手。福利化养殖是指为家禽提供自由、舒适的生活环境,使其免受痛苦、伤害、压力等威胁,并能够自由的表达其天性,包括生理、环境、卫生、行为、心理福利等。

饲料添加剂中的抗菌药类产品将被"肃清",家禽生产进入无抗养殖时代。2018年4月,农业农村部制定的《兽用抗菌药使用减量化行动试点工作方案(2018—2021年)》明确了养殖端减抗和限抗的时间表。2019 年 7 月农业农村部公告第 194 号：自 2020 年 1 月 1 日起，退出除中药外的所有促生长类药物饲料添加剂品种；自 2020 年 7 月 1 日起，饲料生产企业停止生产含有促生长类药物饲料添加剂（中药类除外）的商品饲料。

4. 经营专业化、配套化、产业化

单一的生产型向专业化、配套化经营转化，以降低成本，抵御风险，提高效益。

标准化规模养殖与产业化经营相结合，才能实现生产与市场的对接，产业上下游才能贯通，家禽业稳定发展的基础才更加牢固。近年来，产业化龙头企业和专业合作经济组织在发展标准化规模养殖方面取得了不少成功的经验。要发挥龙头企业的市场竞争优势和示范带动能力，鼓励龙头企业建设标准化生产基地，开展生物安全隔离区建设，采取“公司＋农户”“公司＋基地＋农户”等形式发展标准化生产。扶持家禽专业合作经济组织和行业协会的发展，充分发挥其在技术推广、行业自律、维权保障、市场开拓等方面的作用，实现规模养殖场与市场的有效对接。

在我国，单独的家禽养殖风险较大，需要有相关的产业链作为依托。要完善家禽产业化的利益联结机制，协调龙头企业、各类养殖协会、中介组织、交易市场与养殖户的利益关系，使他们结成利益共享、风险共担的经济共同体，加快家禽业产业化经营步伐，完善家禽业产业链条，提高养殖户养殖效益和抵御风险的能力。

白羽肉鸡已经实现了生产的专业化，全进全出制度在商品肉鸡场基本上得到实施。近年来专业蛋用青年鸡场发展迅速。由于鸡蛋市场波动频繁，育雏青年鸡场应运而生，并且呈现越来越专业的趋势。专业育雏能够保证养殖场“全进全出”的生产管理方式，提高雏鸡的整齐度，减少投入，提高资金使用率。同时，面对鸡蛋市场行情变化又能很好地发挥行业发展“蓄水池”的作用。一旦市场行情有所好转，养殖场能迅速恢复生产，保障了市场上鸡蛋的供应。

5. 养殖设施化，设备配套化、自动化、智能化

养殖场选址布局应科学合理，符合防疫要求，家禽圈舍、饲养与环境控制设备等生产设施设备满足标准化生产的需要。养殖设施水平逐步提高，采用先进配套的设备，可以提高禽群的生产性能，降低劳动强度，提高生产效率。近年来，我国家禽笼养设备、清粪、喂料、饮水、环控、粪便发酵等设备设计水平和材料质量不断提高，自动化控制水平不断提升，有效推动了现代家禽业的发展。

6. 管理科学化、规范化、精细化

管理科学化是指按照禽群的生长发育和产蛋规律给予科学的管理，包括温度、湿度、通风、光照、饲养密度、饲喂方法、环境卫生等，并对各项数据进行汇总、储存、分析、实现最优化的生产管理。规范化管理是指制定并实施规范的家禽饲养管理规程，严格遵守投入品如饲料、饲料添加剂和兽药使用有关规定，生产过程实行信息化动态管理。

日新月异的科技发展使得物联网、互联网、智能化的信息工具，能够通过信息的高度对称联结在一起，实现产业的智能化和数据化管理。“人管设备、设备养鸡”，进行精细管理，提升管理水平和效率。

7. 防疫系列化、制度化

防疫系列化是预防和控制禽群发生疾病的有效措施，包括疾病净化、环境污染治理、全进全出、隔离消毒、接种疫苗、培育抗病品系、药物防治等。防疫制度化是指防疫设施完善，防疫制度健全，科学实施家禽疫病综合防控措施，对病死家禽实行无害化处理。国家也开展了畜禽养殖场重大疫病净化工作，在家禽生产方面通过重大疫病净化示范场、创建场的企业越来

越多。

8. 产品安全化、品牌化、深加工化

安全、营养、健康的禽产品消费已成为大势所趋。家禽生产必须走健康养殖之路，以保护家禽健康、保护人类健康、生产安全营养的禽产品为目的，最终以无公害家禽业的生产为结果。随着生活水平的提高，居民对鸡蛋品质的要求也越来越高，品牌化的建立既是消费者的需求也是蛋鸡企业发展的必由之路。在未来的发展中若想迎合消费者、掌控市场，鸡蛋品牌化是必备的基础，是蛋产品发展的趋势，以品牌带动产业发展应成为家禽业的发展方向。清洁蛋是在蛋产出后经过拣选、刷拭、冲洗、消毒、吹干、涂膜、喷码、包装后供应市场的蛋品，它保证了蛋品的清洁和质量、延长了保质期，是今后蛋品销售的主流趋势。

我国禽肉产品加工转化率仅有50%左右(深加工不足10%，欧美国家80%的禽肉经过初级加工，经过深加工的达30%以上)，而禽蛋的加工转化率不到1%(发达国家在20%以上)，绝大部分是以带壳蛋、白条鸡形式进入市场。禽蛋、禽肉深加工产品的市场空间非常大。分割禽肉将是今后禽肉市场的主导产品，分离禽蛋产品的市场比例也将逐步上升。禽产品深加工是增加产品附加值的有效途径，可带动整个家禽行业的大发展。

9. 粪污无害化、资源化

家禽产业快速发展的同时，也产生了大量的养殖废弃物，成为制约产业健康发展的瓶颈。家禽粪污综合利用和无害化处理，既是推进标准化规模养殖的要求，也是促进生态环境保护的要求，还是实现经济社会可持续发展的要求。对于具备粪污消纳能力的家禽养殖区域，按照生态农业理念统一筹划，以综合利用为主，推广种养结合生态模式，要充分考虑当地土地的粪污承载能力，大力支持规模养殖进山入林，充分利用农田、林地、果园、菜地对经过沉淀发酵的家禽粪污进行消纳吸收，实现种养区域平衡一体化。

国务院办公厅2017年发布了《关于加快推进畜禽养殖废弃物资源化利用的意见》，坚持源头减量、过程控制、末端利用的治理路径，以畜牧大县和规模养殖场为重点，以沼气和生物天然气为主要处理方向，以农用有机肥和农村能源为主要利用方向，构建种养结合、农牧循环的可持续发展新格局。

对于家禽规模养殖相对集中的地区，可配套建设有机肥加工厂，利用生物工艺和微生物技术，将家禽粪便经发酵腐熟后制成复合有机肥，进行产业化开发，变废为宝。对于粪污量大而周边耕地面积少，土地消纳能力有限的家禽养殖场，采取工业化处理实现达标排放，大力推广户用沼气、沼气发电等沼气综合利用工程，将家禽粪污经沼气池发酵后所产生的沼气、沼液、沼渣再进行原料、肥料、饲料和能源利用。特别是大型规模养殖场要推广家禽粪污“集中发酵、沼气发电、种养配套”的治理模式，既促进粪污的无害化处理，又实现沼渣、沼液的多层次循环利用。目前一些养殖规模大经济实力强的公司已经形成了“鸡—肥—沼—电—生物质”循环产业链，利用鸡粪生产沼气，利用沼气发电上网，余热可供沼气发酵工程自身增温和鸡场的供温，沼液和沼渣又可以作为有机肥料，用于周围的林果园、蔬菜地和农田使用。

目前养殖废弃物资源化利用存在的突出问题是：规模家禽场高密度养殖粪污量大且集中，粪肥资源还田通道不畅；中小规模家禽场和养殖密集区整体仍落后，粪污处理设施缺乏，粪肥还田设施设备滞后，影响有机肥使用效率。即便有条件生产有机肥，但有机肥见效慢、不能享受肥料补贴，且有机肥与无机肥相比并不具备价格优势，市场接受度较低、推广难度较大。环保治理成本加大家禽企业生存压力。

我国从2014年1月1日起实施的《畜禽规模养殖污染防治条例》对规模畜禽场污染防治、

推进畜禽养殖废弃物的综合利用和无害化处理提出了具体要求。对染疫畜禽以及染疫畜禽排泄物、染疫畜禽产品、病死或者死因不明的畜禽尸体等病害畜禽养殖废弃物，进行深埋、化制、焚烧等无害化处理，不得随意处置。

拓展知识一　家禽生态养殖模式

一、生态养殖的概念及意义

(一)生态养殖的概念

生态养殖最早可追溯至原始农业社会，因该时期无工业及工业产品参与农业生产，人类从事的农业生产活动即为生态农业，所养殖的动物在无污染的生态环境中生长、繁殖，养殖业与生态环境保持平衡。工业革命以后，规模化生产及工业产品开始出现，促进农业生产的同时也造成生态环境的日益恶化，生态养殖逐渐消失。改革开放以来，畜牧业发展伴随而来的畜禽粪便污染、疫病防控、动物源性食品安全等与人类健康息息相关的问题逐渐受到关注，生态养殖也日益受到重视。为此，2003 年农业部特别将生态养殖概念重新定义为：根据不同养殖生物间的共生互补原理，利用自然界物质循环系统，在一定的养殖空间和区域内，通过相应的技术和管理措施，使不同生物在同一环境中共同生长，实现保持生态平衡、提高养殖效益的一种养殖方式。具体而言，生态养殖即按照生态学和生态经济学原理，应用系统工程方法，因地制宜地规划、设计、组织、调整和管理畜禽生产，以保持和改善生态环境质量，维持生态平衡，保持畜禽养殖业可持续发展的生产形式。

(二)生态养殖的意义

传统畜禽养殖业的迅速发展，丰富了我国畜产品供应的同时也对生态环境造成极大的破坏。相关数据显示，畜牧业污染已变成继工业污染之后不可忽视的污染源，有效防止养殖废弃物对生态环境的破坏已经发展到刻不容缓的地步。生态养殖既有利于养殖过程中物质循环、能量转化和提高资源利用率，减少废弃物的产生，保护和改善生态环境；又可促进养殖业的可持续发展，保证我国动物源性食品稳定供给，实现农村经济的稳定增长。因此，面对新形势下的环保压力，发展生态养殖成为平衡环境污染与养殖业发展矛盾的有效途径和重要选择。

二、家禽生态养殖主要模式

(一)林下养殖模式

林下生态养殖，即以山(林、草)地等生态园林地作为家禽的放养场地，采用现代饲养技术与传统饲养方式相结合，以实现生态环境与家禽养殖协调发展和经济效益、生态效益共同提高为目标的新型养殖模式。目前林下生态养殖以经济林园和生态林地养殖两种模式为主，经济林园养殖模式又包括以果园、茶园、竹园和桑园等园林为依托的养殖，生态林地在形式上以苗圃地、江滩林地、低山林地和丘陵地等为养殖集中区。林下养殖模式可实现环保、节约粮食、提供优质有机肥、提高动物产品品质以及改善动物福利，且成本低、易推广，应用前景广阔。

(二)种养结合模式

种养结合是一种养殖业结合种植业的生态农业模式。简而言之，就是以养殖产生的粪便、有机物作为肥料，为种植业提供有机肥来源；同时，种植业生产的作物及其衍生产物又能给畜禽提供绿色生态食物，由此可充分实现物质和能量在动、植物间良好转化和循环。目前，家禽常见的种养结合模式包括“稻—禽”和“草—禽”这两种模式。

1. “稻—禽（鸭）”模式

“稻—禽（鸭）”模式运用比较成熟的是稻鸭共作技术，该技术是将雏鸭放入稻田，稻田不施农药、化肥，利用雏鸭旺盛的杂食性，吃掉稻田内的杂草和害虫；利用鸭不间断的活动刺激水稻生长，产生中耕浑水效果；同时鸭的粪便作为肥料，在稻田有限的空间里产生安全、无公害的大米和鸭肉。该技术具有降低水稻种植及养鸭成本，提高大米和鸭肉的品质，减少农药、化肥、抗生素使用所带来的环境污染等优点，是一项优质、高效、环保的农业技术，目前受到了国内外的广泛重视和推广。

2. “草—禽”模式

“草—禽”模式主要指种草养鹅及其复合模式，其复合模式包括“草—鹅—玉米”“草—鹅—稻”“草—鹅—葡萄”和“草—鹅—虾”等。鹅属草食家禽，具有生长快、耐粗饲、消化能力强、产品风味独特以及品质优良等特点。另外，鹅抗病力强，在一定自然环境下无须使用饲料添加剂、抗生素等生物化学药品也可保证其正常生长发育，该条件下饲养的鹅肉为无公害绿色食品，对促进人体健康具有重要的作用。因此，种草养鹅不但可解决人畜争粮的矛盾、增加绿色植被，而且可保证食品安全、保护生态环境，是农民增加收入的良好途径。

（三）发酵床养殖模式

发酵床养殖是利用全新的自然农业理念和微生物处理技术，以实现养殖零排放、无臭味、缓解养殖场环境污染问题的一种新养殖模式。其做法是使用特定益生菌，按一定配方将其与谷壳、锯末等木质素和纤维素含量较高的原料混合形成有机垫料，畜禽排泄物直接排入有机垫料内，垫料经科学养护可直接将其迅速降解、消化，从而实现了养殖粪污的零排放、无污染、无臭味。发酵床技术最早用于养猪，之后也发展用于奶牛和家禽等的养殖。因其零排放、零污染、成本低、技术成熟、操作简单和使用效果好等特点，发酵床养殖技术正逐渐得到广大养殖户的接受和政府部门的推广。

（四）循环农业模式

1. 以沼气为核心的循环农业模式

以沼气为核心的循环农业是模仿自然生态系统的食物链结构，依据系统结构与功能相适应，物质分解、转化、富集、循环再生，生物共生竞争、协同进化的生态学原理，结合系统工程理论进行设计的一种资源多层次循环利用的工艺流程。畜禽粪便等废弃物收集至沼气池厌氧环境中，通过微生物充分分解转化成沼气、沼液和沼渣。沼气为可燃性混合气体，是良好的家庭生产、生活用能；沼液、沼渣则是一种优质高效的有机肥料，可作为水稻、蔬菜、果树、食用菌、鱼类等动植物的肥料或养料，因而衍生出“畜禽—沼—林、果、菜、花卉、草、茶、菌、渔”等多种生态模式。此外，沼液、沼渣还可用于饲养蝇蛆、蚯蚓等软体动物，再以蝇蛆和蚯蚓代替精饲料反过来饲养畜禽，由此实现经济、社会、生态环境的协调发展。

2. 以畜禽粪便资源化利用为关键链的循环农业模式

畜禽粪便的成分复杂，除含有多种营养元素外还含有许多病原微生物、残留药物、重金属和有害气体等。在循环农业中，畜禽粪便的无害化处理和资源化利用是整个循环中最为关键的环节。国内外畜禽粪便资源化利用技术有干燥处理、好氧堆制、厌氧发酵、软体动物消化分解、粪便的饲料化以及能源化再利用等技术。目前，家禽养殖场主要将粪便进行肥料化（干燥、堆肥）或能源化（生产沼气、燃烧产热发电）处理。

（引自刘荣昌，黄瑜．家禽生态养殖模式及其发展策略．中国家禽，2018，40(02)：43-46）

复习与思考

1. 简述家禽、家禽业和现代家禽业的概念。
2. 家禽生物学特性有哪些？
3. 现代家禽生产有何特点？
4. 简述我国家禽业现状。
5. 分析我国家禽业的未来发展趋势。

项目一 家禽品种选择与繁育

任务一　家禽品种选择

任务描述

品种(配套系)是家禽生产的重要基础,其质量关系到家禽的生产性能、健康和产品质量。本任务根据家禽的外貌特征描述种禽外貌选择的要求、家禽品种的分类与主要品种(配套系)的简介,为生产者选择饲养合适的家禽品种(配套系)提供基础依据。

任务目标

掌握家禽外貌特征在生产中的应用;了解家禽体尺测量的基本方法;熟悉现代家禽分类的要求;了解当前养殖量较大的家禽品种(配套系)的基本特征和性能。

基本知识

(1)家禽外貌;(2)体尺测量;(3)家禽品种分类;(4)家禽品种(配套系)简介。

一、家禽外貌

(一)外貌部位

家禽的外貌部位大体可以分为头部、颈部、体躯与翅膀、尾部和腿5个部分(图1.1)。

(1)头部　鸡的头部包括头顶、喙与鼻孔、面部、鸡冠、髯、眼睛、耳叶与耳孔等。鸡冠的常见类型主要有单冠、玫瑰冠和豆冠。水禽没有冠、髯和耳叶,起源于鸿雁的鹅品种(如中国鹅)在额头部位有额瘤,起源于灰雁的品种(如欧洲鹅)没有额瘤。耳孔被短小的羽毛所覆盖。

(2)颈部　家禽的颈部较长,转动比较灵活。

(3)体躯与翅膀　家禽的体躯包括胸、背、腰和腹4部分,均被羽毛覆盖;双翅贴于体躯两侧。

(4)尾部　主要是生长在尾综骨上的尾羽和尾脂腺。

(5)腿　包括大腿部、小腿部、胫部和趾。水禽的第2～4趾之间有蹼。

(二)羽毛类型

按照羽毛的着生部位可以划分为以下类型。

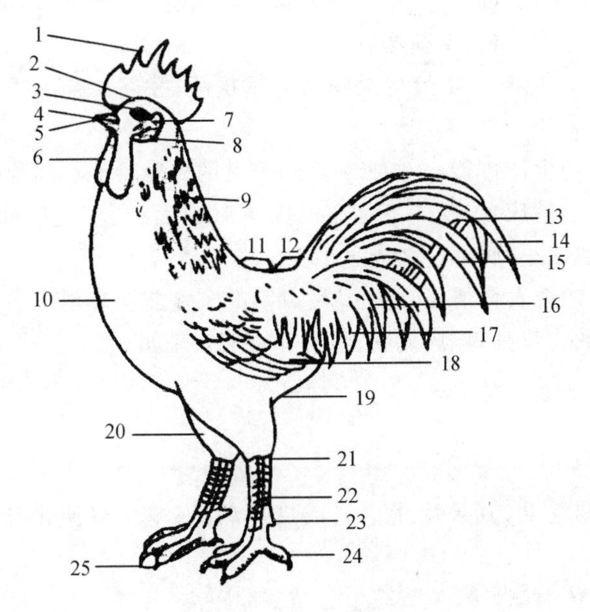

图 1.1　鸡的外貌部位

1. 冠　2. 头顶　3. 眼　4. 鼻孔　5. 喙　6. 肉髯　7. 耳孔　8. 耳叶　9. 颈和颈羽　10. 胸　11. 背　12. 腰　13. 主尾羽　14. 大镰羽　15. 小镰羽　16. 覆尾羽　17. 鞍羽　18. 翼羽　19. 腹　20. 小腿　21. 踝关节　22. 跖(胫)　23. 距　24. 趾　25. 爪

(1)头部羽毛　在鸡的眼眶周围、头顶和面部覆盖有细小的纤羽和小片羽。有的品种有比较发达的头顶部羽毛(称毛冠)或颌下羽毛(称胡须)。

(2)颈羽　家禽的颈部覆盖有浓密的羽毛,外层为片羽,内层为纤羽。成年公鸡颈的中下部羽毛长、末端尖,也称为梳羽或蓑羽。

(3)体躯羽毛　在家禽的胸、腹、背和腰部都有羽毛覆盖,外层为片羽,有少量纤羽着生;成年公鸡腰荐部羽毛长、末端尖,也称为鞍羽。水禽体躯部内层羽毛有较多的绒朵。

(4)翅羽　通称翼羽(图 1.2)。着生在翅膀外缘下部的大羽毛称为主翼羽,有 10 根覆盖在其背面的称为覆主翼羽;翅膀外缘上部的大羽毛称为副翼羽,覆盖在其背面的称为覆副翼羽;主翼羽与副翼羽之间有一根轴羽。有的麻鸭副翼羽颜色为墨绿色,称为镜羽。

(5)尾羽　母鸡的尾羽包括主尾羽和覆尾羽,成年公鸡还有长而弯曲的大镰羽和小镰羽。鸭和鹅尾羽短小,没有镰羽,成年公鸭尾根部有 2～4 根向上弯曲的尾羽,称为性羽。

(6)胫羽　有的地方品种鸡在胫部着生有羽毛,称为胫羽,如丝羽乌骨鸡等。一些有胫羽的鸡还可能在趾部长有趾羽。

(三)外貌识别在生产中的应用

图 1.2　鸡的翅羽示意图(10 根主翼羽及副翼羽等)

(1)用于判断家禽的生产类型　通常肉用型家禽的外貌特征是体型呈长方形,头部粗大,颈部粗且较短,胫部粗,胸部宽深;蛋用型家禽头部清秀,颈部细长,胸部较小而腹部较大,胫部较细;蛋鸡体型呈船形、蛋鸭呈楔形。

(2)用于推断家禽的年龄　年龄越大则羽毛越粗乱,胫部和趾部鳞片干燥,爪长而弯曲,鸡的距长而尖有弯曲。

(3)用于推断家禽的生产性能　高产和低产家禽的外貌特征有较为明显的不同。

(4)用于判断家禽的健康状况　不健康的家禽眼睛无神,羽毛散乱,双翅与体躯贴得不紧,胫部鳞片干枯,体躯瘦小,腹部过大或过小。

(5)用于了解家禽的性发育情况　达到性成熟的家禽能够表现出明显的第二性征。接近性成熟或已经性成熟的公鸡其鸡冠、梳羽、鞍羽和镰羽表现明显。

二、体尺测量

(一)体尺指标

除胸角用胸角器测量外,其余均用卡尺或皮尺测量;单位以厘米计,测量值取小数点后1位。

体斜长:用皮尺沿体表测量肩关节至坐骨结节间距离。

胸　宽:用卡尺测量两肩关节之间的体表距离。

胸　深:用卡尺测量第一胸椎到龙骨前缘间的距离。

胸　角:用胸角器在龙骨前缘测量两侧胸部角度。

龙骨长:用皮尺测量体表龙骨突前端到龙骨末端的距离。

骨盆宽:用卡尺测量两坐骨结节间的距离。

胫　长:用卡尺测量胫部上关节到第三、第四趾间的直线距离。

胫　围:胫部中部的周长。

半潜水长(水禽):用皮尺测量从嘴尖到髋骨连线中点的距离。

(二)体尺测量在生产中的应用

(1)描述一个品种的重要指标　任何一个家禽品种在描述其特征和性能的时候都要涉及部分体尺数据。

(2)判断家禽发育的重要指标　家禽的生长发育情况主要从体尺和体重两方面进行衡量。

(3)评价生产性能的参考指标　一些体尺指标能够反映家禽的生产性能,尤其是肉用性能(如胸宽、胸深、胸角、胫围等)。

(4)饲养设备设计的参考指标　如在鸡笼设计的时候其高度和深度需要考虑鸡的体斜长、站立高度;鸡笼前网栅格的宽度需要考虑鸡头部的宽度等。

三、家禽品种分类

家禽品种的分类有两种方法,即标准分类法和现代分类法。

(一)标准分类法

19世纪中叶后“大不列颠家禽协会”和“美洲家禽协会”制定了各种家禽品种标准。经鉴定评比符合该标准的即承认为标准品种,可编入每4年出版1次的《大不列颠家禽标准品种志》和《美洲家禽标准品种志》内。品种志中所收录的家禽品种按照不同类型进行分类,该分类方法称为标准分类法(表1.1),被其他国家或地区所采纳。

表 1.1　标准分类法示例(以鸡为例)

家禽种类	类	型	品种	变种
来航鸡	地中海	蛋用	来航鸡	单冠白来航、褐来航等
洛克鸡	美洲	兼用	洛克鸡	白洛克、芦花洛克、金黄洛克等
九斤鸡	亚洲	肉用	九斤鸡	黄色九斤鸡、黑色九斤鸡等

标准分类法分为 4 个层次。

类:按照该品种的原产地(或输出地)进行划分,如英国类、美洲类、亚洲类、地中海类等。

型:按该品种的主要经济用途划分,如蛋用型、肉用型、兼用型、玩赏型等。

品种:是指经过系统选育、有特定的经济用途、外貌特征相似、遗传性稳定、群体达到一定数量的家禽种群。

变种:也称内种、品变种等,是指在同一个品种内因为某一个或几个外貌特征差异而建立的种群。

(二)现代分类法

现代分类法是以家禽的主要生产方向(经济用途)和产品特征进行划分的。分为肉用型和蛋用型。

(1)肉用型鸡　以提供鸡肉为主,这类鸡的生长速度较快或肉质较好。根据生产性能和产品特征又分为两类:

①白羽快大型肉鸡:父本是以白色科尼什为主要种源选育出的高产品系,母本是以白洛克为基础选育出的高产品系。其特征是羽毛为纯白色,胫部黄色,早期生长速度快(6 周龄平均体重能够达到 2.65 kg 左右)、饲料效率高(每千克增重的耗料量约 1.7 kg)。

②优质肉鸡:这类鸡是用黄羽或麻羽地方良种鸡与外来品种进行杂交后育成的;也有用地方品种选育成的。羽毛颜色为黄色或麻色,胫部黄色或青色。根据生长速度又可分为 3 个类型:快速型,49 日龄体重达到 1.5～1.8 kg;中速型,80～100 日龄体重达到 1.6～2.0 kg;优质型,90～120 日龄体重达到 1.3～1.5 kg。

(2)蛋用型鸡　主要以产蛋性能高为特点,根据蛋壳颜色又可以分为 4 个类型。

①白壳蛋鸡:以单冠白来航为基础选育出的高产品系,其特征是羽毛纯白色,蛋壳白色,体型较小。

②褐壳蛋鸡:父本品系是由洛岛红选育出的高产品系,羽毛为褐色;母本 C 系为合成品系或具有特殊遗传性状的品系,羽毛颜色为白色或哥伦比亚羽色,D 系是从洛岛白中选育出的高产品系,羽毛为白色。种鸡和商品鸡所产蛋壳颜色均为褐色。

③粉壳蛋鸡:通常是用白壳蛋鸡高产品系与褐壳蛋鸡高产品系进行杂交获得的。杂交后代羽毛颜色以白色为主,个别个体有褐色或其他颜色羽毛;蛋壳颜色为奶油色(粉色)。目前也选育出了产粉壳蛋的褐色羽鸡群。

④绿壳蛋鸡:是从我国地方良种鸡群中将产绿色蛋壳的个体挑选出来后进行扩群和选育(甚至与蛋用鸡杂交)培育出的。羽毛颜色有很多类型,蛋壳颜色为青绿色,深浅有差异。其产蛋性能大多数不如上述 3 种类型的蛋鸡。

(三)水禽品种分类

(1)鸭的分类　主要是按照所提供产品类型进行分类的,分为肉用型鸭、蛋用型鸭和兼用型鸭。

(2)鹅的分类　常用的是按照成年体重进行分类的，分为大型鹅(成年公鹅体重在 9 kg 以上，母鹅 8 kg 以上)、中型鹅(成年公鹅体重在 5～7.5 kg，母鹅 4.5～7 kg)和小型鹅(成年公鹅体重在 5 kg 以下，母鹅 4.5 kg 以下)。

四、家禽品种简介

目前世界上生产性能领先、市场占有率高的家禽品种都集中在 5 个大的集团公司，其中：蛋鸡品种集中于 EW 集团旗下的德国罗曼集团(拥有罗曼、海兰和尼克等蛋鸡品牌)和荷兰汉德克动物育种集团(拥有海赛克斯、宝万斯、迪卡、伊莎、雪佛、沃伦、巴布考克等蛋鸡品牌)；肉鸡品种集中于 EW 集团旗下的安伟捷集团(拥有爱拔益加、罗斯、印第安河、哈伯德等肉鸡品牌)和美国泰森集团旗下的科宝公司(拥有艾维茵、科宝、海波罗等肉鸡品牌)；肉鸭品种集中于英国樱桃谷农场有限公司和法国克里莫集团；肥肝鹅品种集中于法国克里莫集团。我国的北京市华都峪口禽业有限责任公司主要提供京红系列和京粉系列蛋鸡；温氏家禽育种公司等主要提供优质肉鸡配套系。烟台益生股份有限公司和福建圣农公司选育的白羽肉鸡曾祖代也基本满足了各自公司的需要。

其他育种公司：匈牙利巴波娜国际育种公司针对中国的气候特点、饲养条件和管理模式推出了巴波娜褐(褐羽、褐壳蛋)、巴波娜黄(黄羽、褐壳蛋)、巴波娜黑康(黑羽)、巴波娜粉 4 个配套系；卡比尔国际育种公司曾向中国提供了隐性白、安卡红等祖代肉种鸡。

(一)鸡的主要品种与配套系

1. 标准品种

鸡的标准品种主要有白来航鸡、洛岛红鸡、新汉夏鸡、横斑洛克鸡、白洛克鸡、白科尼什鸡、澳洲黑鸡等，这些品种目前很少直接作为商品鸡养殖使用，主要是作为现代家禽育种的素材，其中白来航鸡常作为现代白壳蛋鸡的亲本；洛岛红鸡、新汉夏鸡、澳洲黑鸡、横斑洛克鸡常作为现代褐壳蛋鸡的亲本；白科尼什鸡和白洛克鸡常作为现代快大型白羽肉鸡的亲本。我国培育的标准品种有九斤黄鸡、狼山鸡和丝毛乌骨鸡，它们具有各自优良的特性，对许多国外鸡种的改良贡献巨大。

(1)来航鸡　原产意大利，19 世纪中叶由意大利来航港传往国外，故名来航鸡。来航鸡按冠型和毛色分成 12 个品变种，如单冠白来航、玫瑰冠褐来航等。以单冠白来航生产性能高。体型轻秀，冠大，耳垂、喙、脚和皮肤黄色，产蛋后因色素减退而呈白色。全身羽毛紧密洁白。年产蛋 260 枚。来航鸡性情活泼，体质强健，无就巢性，早熟，耗料少，平养、笼养均宜。是当前白壳蛋鸡配套系的选育基础素材。

(2)洛岛红　原产于美国的洛岛州，属兼用型品种，有玫瑰冠和单冠两个品变种。现代商品杂交鸡褐壳蛋系的配套品系父本均采用洛岛红鸡选育。1904 年被正式公认为标准品种。羽毛为深红色，尾羽黑色，体躯略呈长方形，冠、耳叶、肉髯和脸部均为鲜红色，背部宽平，胸部的肌肉和腿部的肌肉发育很好，体质强健，适应性强。平均 180 日龄开产，年产蛋量 160～180 枚，平均蛋重 63 g，蛋壳褐色，成年公鸡体重为 3.5～2.8 kg，母鸡 2.3～3 kg。是当前褐壳蛋鸡父本品系的选育素材。

(3)新汉夏　原产于美国的新汉夏州，属兼用型鸡种，从引入的洛岛红鸡中选择的体质好，抗逆性强，产蛋量高，成熟早，蛋重大，属于品质优良的鸡，经过 30 多年的选育而成。1935 年被公认为标准品种。体型与洛岛红鸡相似，但背部较短，羽毛的颜色较浅，单冠，体型大，适应性强。产蛋多，雏鸡生长快，180 日龄开产，年产蛋量 180～200 枚，高产的 200 枚以上，平均蛋重 58 g 左右，蛋壳褐色。成年公鸡体重达 3.0～3.5 kg，母鸡 2.5～3.0 kg。

（4）白洛克　原产于美国，属兼用型品种，是洛克品种的 1 个品变种，白洛克鸡白羽原为隐性白羽。为适用于肉用仔鸡的需要，后引进显性白羽基因，现代快大型肉鸡生产中应用的则为显性白羽白洛克品系，该品种是现代肉鸡的主要母系亲本。白洛克鸡全身白羽，单冠，喙、胫和皮肤均为黄色。体型高大、胸部肌肉发达，体态笨重，性喜安静，成年公鸡体重 4.0～4.5 kg，母鸡 3.0～3.5 kg，200 日龄左右开产，早熟的可在 160 日龄开产，年产蛋量 150～180 枚，高产的可达 200 枚以上，平均蛋重 60 g，蛋壳浅褐色。是当前白羽肉鸡母本品系的选育素材。

（5）科尼什　原产于英国的康瓦耳，属肉用型，标准品种，纯种鸡是世界著名的大型肉用鸡。该品种在育成过程中曾引入过斗鸡血液。该品种是现代商品杂交鸡肉鸡父系亲本。有红、白两个品变种，豆冠，体型大，颈短粗，胸部丰满，胸肌和腿肌很发达，羽毛紧密，喙、胫和皮肤均为黄色，站立时躯体昂立，两腿粗壮有力。成年公鸡体重 4.5～5.0 kg，母鸡 3.5～4.0 kg。开产较迟，性成熟期 200 d 以上，年产蛋量较低，仅 100～120 枚，平均蛋重 55 g，蛋壳浅褐色。

（6）澳洲黑　是在澳洲用黑色奥品顿鸡经 25 年选育而成的兼用型鸡。羽色、喙、胫皆为黑色，脚底为白色，皮肤白色。年产蛋 170～190 枚，蛋壳黄褐色。

（7）九斤鸡　原产于北京及附近地区，按羽毛颜色分浅黄色、鹧鸪色、黑色和白色 4 个变种，以浅黄色九斤鸡较普遍。九斤鸡平均 240～270 日龄开产，平均年产蛋 100～120 枚，蛋重 55 g，褐色蛋。标准成年公鸡体重 4.99 kg，母鸡 3.95 kg。

（8）丝毛乌骨鸡　又称泰和鸡，属药用型或玩赏型，原产江西省泰和县，现在全国各地都有分布。体型小巧，性情温顺，行动迟缓，肌肉不丰满。冠形有桑葚冠和单冠两种，呈紫色。喙、胫和脚为黑色。羽色为白羽，羽毛的形状为丝羽，有的地方称其为羊毛鸡、竹丝鸡。成年公鸡体重 1.25～1.5 kg，母鸡 1.0～1.25 kg。170～250 日龄开产，年产蛋 75～150 枚，平均蛋重 42 g，蛋壳浅褐色。该品种以其紫冠、缨头、绿耳、胡须、五爪、毛脚、丝毛、乌皮、乌肉、乌骨等"十全"特征而出名。用于和其他羽色的鸡杂交可以培育出黄羽乌骨鸡、黑羽乌骨鸡、麻羽乌骨鸡等。

2. 地方良种

我国地域广阔，家禽品种资源十分丰富，《中国家禽品种志》收录了 27 个鸡品种；《中国家禽地方品种资源图谱》收录 81 个鸡品种；《中国禽类遗传资源》收入地方鸡种 108 个。这里介绍几个具有代表性的我国地方良种鸡。

（1）北京油鸡　也称中华宫廷黄鸡，产于北京市北郊。肉蛋品质均优。体型中等，羽毛丰满蓬松，尾羽高翘。红色单冠和毛冠，有的个体有胡须。喙和胫为黄色。具有冠羽、胫羽、趾羽和胡须。成年公鸡体重 2.0～2.5 kg，母鸡 1.5～2.5 kg。210 日龄开产，年产蛋 110～125 枚，平均蛋重 56～60 g。蛋壳颜色以褐色为主，也有少量淡紫色。

（2）大骨鸡　大骨鸡又称庄河鸡，属肉蛋兼用型。原产于辽宁省庄河县。体形硕大，胸深背宽腹部丰满，颈粗，胫长而粗，墩实有力。单冠直立。喙、胫和趾多为黄色。成年公鸡体重 3.0～6.5 kg，母鸡 2.3～4.8 kg。210 日龄开产，年产蛋 140～160 枚，平均蛋重 60～70 g。蛋壳深褐色。

（3）仙居鸡　原产于浙江省仙居县。体型小巧，体形体态颇似来航鸡。头小颈长，背平直，翼紧贴体躯，尾部上翘，骨骼纤细。体质结实，体态匀称紧凑。单冠。喙、胫和趾有肉色、黄色和青色。成年公鸡体重 1.4～1.5 kg，母鸡 0.75～1.25 kg。150 日龄开产，年产蛋 180～

200枚，最高产蛋269枚，平均蛋重40～45 g。蛋壳颜色以浅褐色为主。

(4)萧山鸡　属蛋肉兼用型。原产于浙江省萧山县一带，现在分布很广，浙江省和江西省均有分布。萧山鸡体型较大，胸宽体深。红色小单冠，耳叶红色。喙、胫和皮肤均为黄色。成年公鸡体重2.5～3.5 kg，母鸡2.1～3.2 kg。180日龄开产，年产蛋130～150枚，平均蛋重55 g，蛋壳褐色。

(5)白耳黄鸡　属蛋用型鸡种。主产区在江西上饶地区广丰、上饶、玉山和浙江省江山地区。体重较轻，羽毛紧密，后躯宽大。黄羽、黄喙、黄脚，白耳，故称“三黄一白”。耳叶白色。眼大有神，虹彩橘红色。全身羽毛呈黄色。公、母鸡的皮肤和胫部呈黄色，无胫羽。母鸡开产日龄平均为151.75 d，年产蛋平均为180枚，平均蛋重为54.23 g。150日龄公鸡体重1.43 kg，母鸡1.02 kg。

(6)桃源鸡　原产于湖南省桃源县。体型高大近方形。公鸡凶悍昂首，尾上翘，背呈“U”形，母鸡后躯深圆。单冠，红耳叶。喙、胫多为青色，也有黄色和黑色。成年公鸡体重4.0～4.5 kg，母鸡3.0～3.5 kg。195日龄开产，年产蛋100～120枚，平均蛋重55 g，蛋壳颜色浅褐色。

(7)惠阳鸡　又称三黄胡须鸡，属中型肉用鸡种。原产于广东省惠州地区，体质结实，胸深背宽，胸肌发达，体形似葫芦瓜。单冠。喙、胫和皮肤呈金黄色。成年公鸡体重2.2 kg，母鸡1.6 kg，150～180日龄开产，年产蛋60～108枚，平均蛋重47 g，蛋壳褐色。该品种以“三黄”(黄喙、黄羽和黄脚)，肉嫩骨细，皮脆味鲜而成为广东三大名鸡之一。

(8)寿光鸡　属肉蛋兼用型。原产于山东省寿光县。体型有大、中两种体型，骨骼粗壮，体长胸深，胸肌发达，肉质好。单冠。喙、胫和爪黑色，皮肤白色。羽毛颜色黑色。成年公鸡体重3.6～3.8 kg，母鸡2.5～3.1 kg。180～240日龄开产，年产蛋90～150枚，平均蛋重65 g，蛋壳红褐色。

(9)溧阳鸡　属肉用型鸡，原产于江苏省溧阳县。体型大，体形呈方形，胸宽，肌肉丰满，脚粗壮。单冠。喙、胫黄色。成年公鸡体重3.7～4.0 kg，母鸡2.6 kg，204～282 d开产，年产蛋量120～170枚，平均蛋重57 g，蛋壳褐色。

(10)河田鸡　属肉用型鸡。原产于福建省的西南地区，体型宽深，近似方形。单冠和角冠，红耳叶。喙、胫黄色。成年公鸡体重1.725 kg，母鸡1.207 kg。开产日龄180日龄，年产蛋量100枚，平均蛋重43 g，蛋壳颜色浅褐色和灰白色两种。

(11)清远麻鸡　属小型肉用型鸡。原产于广东省清远县。体型呈楔形，前躯紧凑，后躯丰满圆浑。单冠。喙、胫黄色。公鸡羽色枣红色，母鸡麻色。成年公鸡体重约2.18 kg，母鸡1.7 kg。开产日龄150～180日龄，年产蛋量72～85枚，平均蛋重46.6 g，蛋壳淡褐色和乳白色。

(12)文昌鸡　原产海南岛东北部。该品种数量少，以散养为主，以母鸡肉似公鸡肉而著称，肉质鲜美，以肉用为主。近年来海南省利用文昌鸡为主要原料，研制成的“文昌椰子鸡”风味独特。

(13)固始鸡　属蛋肉型鸡。原产于河南省固始县和安徽省霍邱等相邻地区，中心产区为河南省固始县。体型有大、中、小3种类型。大多数属慢羽型。羽毛生长缓慢，外观清秀，体型细致紧凑呈三角形，神经质。尾形独特，有“直尾型”和“佛手型”两种。单冠为主，也有豆冠、草莓冠、玫瑰冠等其他冠形。喙、胫以青色为主，有少量其他胫色，皮肤白色。羽毛复杂，但以黄羽和红羽为主。成年公鸡体重2.0～2.5 kg，母鸡1.25～2.25 kg。开产日龄180日龄，年产蛋

140～160 枚，平均蛋重 51.4 g，蛋壳浅褐或灰色。

(14)河南斗鸡　又名打鸡、咬鸡、军鸡和英雄鸡，是中国斗鸡中的一个代表，属玩赏型品种。头呈半棱形，喙短粗，呈半弓形，睑细羽面积大，近似无羽，虹彩有水白、豆绿、黄、红、黑豆眼色等。水白眼为小白眼珠，黑瞳孔。耳孔圆形，覆盖一小撮扇羽。斗鸡无单冠，多数为豆冠。羽色以青、红、白为主，其次有紫色、皂色以及花羽等多种羽色。骨骼比一般鸡种发达，最突出的是脑壳骨厚，约为普通鸡的 2 倍。胸骨长，腿裆较宽。成年公鸡体重约 3.5 kg，母鸡 2.0～3.0 kg。

3. 蛋鸡配套品系

主要用于生产商品鸡蛋，根据蛋壳颜色又分为褐壳蛋鸡、白壳蛋鸡、粉壳(又称驳壳)蛋鸡和绿壳蛋鸡 4 种类型。

(1)褐壳蛋鸡　最主要的配套模式是以洛岛红(加有少量新汉夏血统)为父系，洛岛白或白洛克等带伴性银色基因的品种作母系。利用横斑基因作自别雌雄时，则以洛岛红或其他非横斑羽型品种(如澳洲黑)作父系，以横斑洛克为母系作配套，生产商品代褐壳蛋鸡。

褐壳蛋鸡蛋重大，蛋的破损率较低，适于运输和保存；鸡的性情温顺，对应激因素的敏感性较低，好管理；体重较大，产肉量较高，商品代小公鸡生长较快，是禽肉的补充来源；耐寒性好，冬季产蛋率较平稳；啄癖少，因而死亡率、淘汰率较低；杂交鸡可据羽色自别雌雄。褐壳蛋鸡的缺点是体重较大，采食量比白色鸡多 5～6 g/d，每只鸡所占面积比白色鸡多 15%左右，单位面积产蛋少 5%～7%；这种鸡有偏肥的倾向，需要实行限制饲养，否则过肥影响产蛋性能；体型大，耐热性较差；蛋中血斑和肉斑率略高。目前，褐壳蛋鸡育种的重要目标是在保证产蛋性能稳定的同时降低成年体重，而且已经取得成效。

(2)白壳蛋鸡　现代白壳蛋鸡全部来源于单冠白来航品变种，通过培育不同的纯系来生产两系、三系或四系杂交的商品蛋鸡。一般利用伴性快慢羽基因在商品代实现雏鸡自别雌雄。

这种鸡体形小，生长迅速，体格健壮，死亡率低；开产早，产蛋量高；无就巢性；体积小，耗料少，产蛋的饲料报酬高；单位面积的饲养密度高，相对来讲，单位面积所得的总产蛋数多；适应性强，各种气候条件下均可饲养；蛋中血斑和肉斑率很低。现代白壳蛋鸡最适于集约化笼养管理。它的不足之处是蛋重小，神经质，胆小怕人，抗应激性较差；好动爱飞，平养条件下需设置较高的围栏；啄癖多，特别是开产初期啄肛造成的伤亡率较高。

(3)粉壳蛋鸡　是利用轻型白来航鸡与中型褐壳蛋鸡杂交产生的，因此用作现代白壳蛋鸡和褐壳蛋鸡的标准品种一般都可用于浅褐壳(粉壳)蛋鸡。目前主要采用的是以洛岛红型鸡作为父系，与白来航型母系杂交，并利用伴性快慢羽基因自别雌雄。这类鸡的体重、产蛋量、蛋重均处于褐壳蛋鸡与白壳蛋鸡之间，融两亲本的优点于一体。由于此商品蛋鸡杂交优势明显，生活力和生产性能都比较突出，既具有褐壳蛋鸡性情温顺、蛋重大、蛋壳质量好的优点，又具有白壳蛋鸡产蛋量高、饲料消耗少，适应性强的优点，饲养量逐年增多。

(4)绿壳蛋鸡　是从地方品种中选育出的产绿壳蛋的个体进行繁育形成的种群。

全世界饲养的蛋鸡中，白壳鸡占 49%，褐壳蛋鸡约占 48%，其他仅占 3%左右。我国饲养的蛋鸡中近 60%为褐壳蛋鸡，这是因为人们对褐壳蛋比较偏爱，且褐壳蛋鸡普遍开产早、产蛋量高，因此，褐壳蛋鸡具有较稳定的市场。从加工角度，如不考虑蛋壳颜色，从饲养管理、单位面积产品产量、鸡舍利用率和饲料报酬等方面来考虑，白壳蛋鸡应属首选的鸡种。近年来，各地(尤其是南方)对粉壳蛋的需求量逐步增加。这是因为粉壳蛋颜色与本地鸡蛋大体相似，很自然地使人们想起本地鸡蛋的色香味来。其蛋重比褐壳蛋小些、比白壳蛋大些，兼备了白壳蛋鸡和褐壳蛋鸡的优点，具有较广阔的发展前景。

生产中要根据种源情况和市场需求来选择合适的鸡种饲养。我国引进的部分现代蛋鸡商品代的生产性能见表1.2。

表1.2 我国引进的部分现代蛋鸡商品代的生产性能

品种	50%产蛋周龄	达产蛋高峰周龄	72周龄入舍鸡产蛋量/枚	平均蛋重/g	料蛋比	蛋壳颜色
海兰褐	22	29	298	63.1	2.3	褐色
罗曼褐	22	26～34	295	64	2.45	褐色
迪卡褐	23	26	292	63.7	2.36	褐色
伊莎褐	23	27	289	62	2.45	褐色
海赛克斯褐	22～23	27～28	283	63.2	2.39	褐色
罗曼白	22	25～26	290	62	2.35	白色
迪卡白	21	24	293	61.7	2.27	白色
海兰W-36	23	29	274	63	2.2	白色
海赛克斯白	22～23	25～26	284	60.7	2.34	白色
巴布考克B-300	23	28	275	64.6	2.45	白色
尼克白	25	28～29	260	58	2.57	白色
海兰灰	22	27～29	290	63.4	2.45	淡褐色
罗曼粉	22	27	290	62	2.47	粉色

近30年来，我国利用从国外引进的高产蛋鸡品种素材进行选育，培育出了具有我国自主知识产权的蛋鸡配套系。如北京市华都峪口禽业有限责任公司培育的京红系列、京粉系列和京白系列蛋鸡配套系，已经占有我国蛋鸡市场的一半以上；河北大午种禽公司培育的大午金凤、京白939等配套系也在一定范围内推广。此外，还有农大3号和5号、新杨白、新杨褐、新杨绿壳蛋鸡等，使我国蛋鸡自主育种迈上了一个重要台阶。

4. *白羽肉鸡配套系*

2017年，随着安伟捷完成对哈伯德的收购，国际白羽肉鸡育种市场形成安伟捷、科宝两家的寡头垄断竞争格局。其中，安伟捷旗下的罗斯、爱拔益加、哈伯德，以及科宝，构成全球白羽肉鸡的四大核心品种。

(1)爱拔益加肉鸡　也称为AA＋肉鸡，四系配套杂交，白羽。特点是体型大，生长发育快，饲料转化率高，适应性强。因其育成历史较长，肉用性能优良，为我国肉鸡生产的主要鸡种。祖代父本分为常规型和宽胸型(胸肉率高或AA＋)。

常规系：商品代肉鸡7周龄公鸡体重3.18 kg，母鸡2.69 kg，混养体重2.94 kg；常规羽毛鉴别系的商品代肉鸡7周龄公鸡体重3.31 kg，母鸡2.76 kg，混养体重3.04 kg。

AA＋多肉系：AA＋父母代种鸡能够生产可羽速鉴别雏鸡雌雄的商品代肉鸡，即商品代母鸡为快羽，公鸡为慢羽。该品系母鸡24周末育雏育成期成活率平均为96.5%；68周龄母鸡死淘率平均为10%；入舍母鸡总产蛋数量多，高峰产蛋率平均为87%～90%；产蛋高峰(80%以上)维持12周以上；受精蛋孵化率95%左右。

AA＋商品代肉鸡的实际生产数据表明，42日龄体重可达2.7 kg，49日龄达3.2 kg，料肉比为1.9∶1。商品代肉鸡因其具有腿肉多和双胸的特点，特别适合大小肉鸡分割，适合快餐、速冻产品，从产品加工特性上体现在A级产品率高，胸肌形态优良，胸肉产出率高，适合上线加工，鸡肉生产成本低。

(2)科宝500肉鸡　体型大，胸深背阔，全身白羽，鸡头大小适中，单冠直立，冠髯鲜红，虹彩橙黄，脚高而粗。商品代生长快，均匀度好，肌肉丰满，肉质鲜美。40～45日龄上市，体重达2.5 kg以上，料肉比为1.8∶1，全期成活率97.5%；屠宰率高，胸腿肌率34.5%以上。父母代24周龄开产，体重2.7 kg，30～32周龄达到产蛋高峰，产蛋率86%～87%，66周龄产蛋量175枚，全期种蛋受精率87%。

艾维茵48肉鸡是在传统艾维茵肉鸡配套系基础上由科宝公司推出的新配套系。父母代种鸡育雏育成期成活率95%，产蛋率达5%的周龄为25～26周龄，高峰期产蛋率83%，65周龄入舍母鸡产蛋数180.6枚，可提供雏鸡148.8只，产蛋期成活率90%～91%。商品代肉鸡(混合雏)35日龄体重2.008 kg，料肉比为1.587∶1；42日龄体重2.581 kg，料肉比为1.721∶1；49日龄体重3.113 kg，料肉比为1.848∶1。

目前，该公司还推出了科宝700肉鸡配套系，其胸肌更发达，适合作为分割鸡饲养。

(3)罗斯308肉鸡　罗斯308肉鸡是美国安伟捷公司的著名肉鸡，其父母代种用性能优良，商品代的生产性能卓越，尤其适应东亚环境特点。

罗斯308肉鸡父母代种鸡生产性能：64周鸡只产蛋总数为180枚，64周鸡只所产种蛋数为171枚，种蛋孵化率85%，23周入舍母鸡每只所产健雏总数145只，高峰期产蛋率84.3%，育成期成活率95%，产蛋期成活率95%。罗斯308商品代肉鸡生产性能见表1.3。

表1.3　罗斯308商品代肉鸡生产性能

项目	35日龄			42日龄		
	公鸡	母鸡	公母混养	公鸡	母鸡	公母混养
活体重/g	2 283	2 006	2 144	3 023	2 595	2 809
饲料转化率	1.537	1.558	1.548	1.67	1.703	1.687

目前，安伟捷公司又推出了罗斯508肉鸡配套系。

(4)哈伯德肉鸡　该鸡胸肉率高，不仅生长速度快，而且具有伴性遗传，能根据快慢羽自别雌雄。出壳时雏鸡主翼羽与覆主翼羽长度相等，或者短于覆主翼羽为公雏；若主翼羽长于覆主翼羽为母雏。父母代种鸡的入舍母鸡产蛋量为180枚，种蛋孵化率84%，蛋壳褐色。商品代肉用仔鸡7周龄公母平均体重3.513 kg，料肉比1.826∶1。山东益生农牧股份有限公司于2016年引进曾祖代进行繁育和推广。

哈伯德肉鸡养殖具备成本优势。与其他白羽肉鸡品种相比，哈伯德肉鸡的特点在于前期生产速度快，料肉比低，出成率高，尤其适宜深加工和生产高附加值产品。但劣势在于抗应激能力弱，后期料肉比高。

5. 优质肉鸡配套系

优质肉鸡是以我国地方良种鸡为基础进行本品种选育或杂交培育出的优良种群或配套系。其特点体现为“好看”和“好吃”：这些鸡羽毛绝大多数为黄色、麻色，鸡冠大而红；由于饲养期较长，鸡肉的风味比较香。

(1)康达尔优质肉鸡　是深圳市康达尔养鸡公司选育而成的优质三黄鸡配套系。分黄鸡和麻鸡两种。

康达尔黄鸡父母代种鸡平均开产日龄175 d，平均开产体重2.1 kg，高峰产蛋率88%；68周龄入舍母鸡平均产种蛋190枚，平均产雏鸡160只。商品鸡56日龄公鸡平均体重

1.6 kg,料肉比 2.1∶1,母鸡平均体重 1.25 kg,料肉比 2.2∶1;70 日龄公鸡平均体重 2.0 kg,料肉比 2.3∶1,母鸡平均体重 1.6 kg,料肉比 2.5∶1。

康达尔麻鸡父母代种鸡平均开产日龄 168 d,平均开产体重 2.2 kg,高峰产蛋率 87%;68 周龄入舍母鸡平均产种蛋 185 枚,平均产雏鸡 155 只。商品鸡 56 日龄公鸡平均体重 1.8 kg,料肉比 1.9∶1,母鸡平均体重 1.35 kg,料肉比 2.1∶1;70 日龄公鸡平均体重 2.2 kg,料肉比 2.2∶1,母鸡平均体重 1.7 kg,料肉比 2.4∶1。

(2)江村黄鸡　由广州市江丰实业有限公司培育而成,分为 JH-1 号和 JH-2 号快大型鸡、JH-3 号中速型鸡。其中江村黄鸡 JH-2 号、JH-3 号 2000 年通过国家畜禽品种审定委员会审定。江村黄鸡各品系的特点是鸡冠鲜红直立,喙黄而短,全身羽毛金黄,被毛紧贴,体型短而宽,肌肉丰满,肉质细嫩,鸡味鲜美,皮下脂肪特佳,抗逆性好,饲料转化率高。既适合于大规模集约化饲养,又适合于小群放养。

(3)良凤花鸡　南宁市良凤农牧有限责任公司培育。该品种体态上与土鸡极为相似,羽毛多为麻黄、麻黑色,少量为黑色。冠、肉髯、脸、耳叶均为红色,皮肤黄色,肌肉纤维细,肉质鲜嫩。公鸡单冠直立,胸宽背平,尾羽翘起。项鸡(刚开产小母鸡)头部清秀,体型紧凑,脚矮小。该鸡具有很强的适应性,耐粗饲,抗病力强,放牧饲养更能显出其优势,父母代 24 周龄开产,开产母鸡体重 2.1～2.3 kg,每只母鸡年产蛋量 170 枚。商品代肉鸡 60 日龄体重为 1.7～1.8 kg,料肉比为(2.2～2.4)∶1。

(4)新兴黄鸡　由广东温氏食品集团南方家禽育种有限公司和华南农业大学培育而成。新兴黄鸡 2 号、新兴矮脚黄鸡通过国家畜禽品种审定委员会的审定。新兴优质三黄公鸡,60～70 d 上市,上市体重 1.5～1.6 kg;新兴优质三黄母鸡,80～90 d 上市,上市体重 1.3～1.4 kg。新兴优质肉鸡目前有多个配套系,包括黄羽和麻羽肉鸡,有速生型、优质型和特优型。

(5)岭南黄鸡　是广东省农业科学院畜牧研究所岭南家禽育种公司经过多年培育而成的黄羽肉鸡配套系。

Ⅰ号为中速型三系配套,父母代公鸡为快羽,金黄羽,胸宽背直,单冠,胫较细,性成熟早;母鸡为慢羽(母系可羽速自别雌雄,公鸡为慢羽,母鸡为快羽),矮脚,三黄,胸肌发达,体型浑圆,单冠,性成熟早,产蛋性能高,饲料消耗少,具有节粮、高产的特点。商品代外貌特征为快羽,三黄,胸肌发达,胫较细,单冠,性成熟早,外貌特征优美,整齐度高。种鸡 23 周龄开产,体重为 1.5 kg;68 周龄入舍母鸡产蛋 185 枚,68 周龄体重 2.05 kg。商品代公鸡 56 日龄体重 1.4 kg,母鸡 70 日龄体重 1.5 kg。

Ⅱ号为快大型四系配套,公鸡为快羽,羽、胫、皮肤均为黄色,胸宽背直,单冠,快长;母鸡为慢羽,羽、胫、皮肤均为黄色,体型呈楔形,单冠,性成熟早,蛋壳粉白色,生长速度中等,产蛋性能高。商品代可羽速自别雌雄,公鸡为慢羽,母鸡为快羽,准确率达 99%以上。公鸡羽毛呈金黄色,母鸡全身羽毛黄色,部分鸡颈羽、主翼羽、尾羽为麻黄色。黄胫、黄皮肤,体型呈楔形,单冠,快长,早熟。种鸡 24 周龄开产,体重为 2.35 kg;68 周龄入舍母鸡产蛋 180 枚,68 周龄体重 2.8 kg。商品代公鸡 56 日龄体重 1.75 kg,母鸡 56 日龄体重 1.5 kg。

(6)华青黄(麻)鸡　上海华青实业集团在引进肉鸡安卡红基础上,用我国优良品种崇仁麻鸡、仙居鸡和现代高产蛋鸡遗传基因,培育出华青青脚麻羽肉鸡。该品种 70 日龄体重可达 1.5 kg,料肉比为 2.6∶1。

此外,峪口禽业培育的“小优鸡”是利用白羽快大型肉鸡种公鸡与蛋鸡商品代母鸡杂交的配套系，其中“WOD168-2号”42 d出栏体重为2 kg，料肉比为(1.5～1.6)∶1，是“817”肉杂鸡的理想替代者。而用白羽肉鸡种公鸡与褐壳蛋鸡商品代母鸡杂交生产的“817”肉杂鸡在我国肉鸡生产中也占有一定地位，2019年的出栏量达到17亿只。

由于我国许多省区的大中型优质肉鸡生产企业都在根据当地市场需求，向市场推出各种类型的优质肉鸡配套系或种群，使配套系的名目繁多。但是，有许多是没有通过家禽品种审定的，只是在一定范围内供种。截至目前，通过国家审定的黄羽肉鸡新品种和配套系数量超过60个。市场占有率较高的有温氏集团培育的“新兴”系列、广东粤禽育种有限公司培育的“粤星”系列、广东江村家禽育种公司培育的“JH”系列、江苏立华集团培育的“雪山草鸡”、广西南宁市良凤农牧有限责任公司培育的“良凤”系列优质鸡等。

(二)鸭的品种与配套系

我国淮河流域以南广大地区是我国良种鸭的主要产地，北方地区则以北京鸭为代表，其他地方良种相对较少。被中国畜禽遗传资源库收录的地方良种鸭有27个品种，其中列入中国家禽品种志的地方良种鸭有12个品种。引入国内的品种(配套系)数量不多。

1. 白羽肉鸭

以北京鸭为代表，绝大多数是在北京鸭的基础上进行选育的配套系。

(1)北京鸭　是世界著名的肉用鸭标准品种。原产于北京近郊，1873年输往英、美等国，现已分布全世界，对世界肉鸭业贡献巨大。北京鸭羽毛洁白，喙呈橘红色。体形大，肌肉纤维细致，脂肪在皮下及肌肉间分布均匀，肉味独特。60 d体重可达2～2.5 kg，公鸭可长到3～4 kg。经过选育的北京鸭，雏鸭初生重58～64 g；3周龄重1～1.1 kg，料肉比2.02∶1；7周龄重2.9～3 kg，料肉比3.27∶1。我国选育的新型北京鸭品系杂交肉鸭7周龄体重已达3 kg以上，料肉比在3∶1以内。填鸭生产期平均为57 d，平均体重2.7～2.8 kg，料肉比3.8∶1左右。北京鸭的繁殖性能强是肉用型品种难得的优点。性成熟期一般为150～180日龄，但经过选育的大型父本品系需190日龄才能开产。年产蛋量在200枚以上，管理精细的母本品系年产蛋可达240枚，蛋重90 g左右，蛋壳白色。

(2)樱桃谷鸭　樱桃谷鸭由英国樱桃谷农场有限公司以我国的北京鸭和埃里斯伯里鸭为亲本，经杂交育成的优良肉鸭品种，是我国养殖量最大的白羽肉鸭品种。由于樱桃谷鸭的血缘来自北京鸭，所以体型外貌酷似北京鸭，属大型北京鸭型肉鸭。体型较大，头大额宽，颈粗短，胸部宽深，背宽而长，从肩到尾部稍倾斜，几乎与地面平行。翅膀强健，紧贴躯干，脚粗短。全身羽毛洁白，喙橙黄色，胫、蹼橘红色。2017年北京首农股份与中信农业联合收购英国樱桃谷农场有限公司100%股权。

父母代成年公鸭体重4.0～4.5 kg，母鸭3.5～4.0 kg。商品代4周龄平均体重达2.02 kg，6周龄平均体重达3.32 kg，最重达3.8 kg，料肉比为2.89∶1，半净膛率为85.55%，全净膛率为71.81%，瘦肉率为26%～30%，皮脂率为28%。SM系超级肉鸭，商品代肉鸭42日龄上市活重3.5 kg以上，料肉比(2.6～2.7)∶1。种鸭开产日龄为180 d左右，平均产蛋量为195～210枚，平均蛋重80 g，每只母鸭提供初生雏153～168只。SM系超级肉鸭，其父母代群66周龄产蛋220枚，每只母鸭可提供初生雏155只左右。

(3)奥白星　是法国克里莫公司培育成功的超级肉鸭(国内称雄峰肉鸭)。其外貌特征与樱桃谷肉鸭相似，体型优美，硕大丰满，挺拔强健，头颈粗短，躯体呈长方形，前胸突出，背宽平，胸骨长而直，躯体倾斜度小，几乎与地面平行。种公鸭尾部有2～4根向背部卷曲的性指羽；母鸭腹部丰满，腿粗短。商品代成年鸭全身羽毛白色，喙橙黄色。

超级肉鸭奥白星63父母代种鸭性成熟期为24周龄，42～44周的产蛋期内产蛋量为220～230枚，种蛋受精率90%～95%。其商品代饲养45～49日龄，体重可达3.2～3.3 kg，料肉比为(2.4～2.6)∶1。

(4)天府肉鸭　是四川农业大学主持培育的肉鸭新品种，也是我国首次选育成功的大型肉鸭品种。天府肉鸭的羽毛颜色有两种，即白色和麻色。白羽类型是在樱桃谷肉鸭的基础上选育出的，外貌特征与樱桃谷相似，初生雏鸭绒毛金黄色，绒羽随日龄增加逐渐变浅，至4周龄左右变为白色，喙、胫、蹼均为橙黄色，公鸭尾部有4根向背部卷曲的性羽，母鸭腹部丰满，脚趾粗壮；麻羽肉鸭是用四川麻鸭经过杂交后选育成的，羽毛为麻雀羽色，体型与北京鸭相似。父母代种鸭年产蛋240多枚；白羽商品肉鸭7周龄体重平均为2.84 kg，胸肌率10.3%～12.3%，腿肌率10.7%～11.7%，料肉比2.84∶1，皮脂率27.5%～31.2%。

其他白羽肉鸭配套系还有：枫叶鸭、狄高鸭、海格鸭、中畜草原白羽肉鸭、中新白羽肉鸭、仙湖肉鸭、三水白鸭等。其中，中畜草原白羽肉鸭、中新白羽肉鸭两个配套系是中国农业科学院北京畜牧兽医研究所主持培育的，其生产性能已经达到国外配套系的水平，为我国肉种鸭自主生产提供了良好基础。

2. 麻鸭品种

在我国，麻鸭是农村养殖量最大的类型。我国著名的地方良种蛋鸭和兼用型鸭都是麻鸭。有些地方饲养的白羽鸭和黑羽鸭也是利用麻鸭羽色突变个体进行扩繁后获得的。

(1)绍兴麻鸭　绍兴鸭简称绍鸭，因原产地为旧绍兴府所属的绍兴、萧山、诸暨等县市而得名，是我国优良的蛋用鸭品种，具有良好的适应性。

绍鸭属小型麻鸭，头小，喙长，颈细长，体躯狭长，前躯较窄，臀部丰满，腹略下垂，结构紧凑，体态均匀，体型似琵琶。站立或行走时，前躯高抬，体轴角度为45°。雏鸭绒毛为乳黄色，成年后全身羽毛以褐色麻雀羽为主，有些鸭颈羽、腹羽、翼羽有一定变化，后经系统选育，按其羽色培育出两个高产品系——带圈白翼梢(WH系)和红毛绿翼梢(RE系)。

带圈白翼梢：该品系母鸭全身披覆浅褐色麻雀羽，并有大小不等的黑色斑点，但颈部羽毛的黑色斑点细小，颈中部有2～4 cm宽的白色羽圈，主翼羽白色，腹部中下部白色，故称为“带圈白翼梢”鸭或“三白”鸭。公鸭羽毛以深褐色为基色，颈圈、主翼羽、腹中下部羽毛为白色，头、颈上部及尾部性羽均呈墨绿色，性成熟后有光泽。虹彩灰蓝色，喙、胫、蹼橘红色，喙豆和爪白色，皮肤黄色。

红毛绿翼梢：该品系母鸭全身以红褐色的麻雀羽为主，并有大小不等的黑斑，不具有WH系的白颈圈、白主翼羽和白色腹部的“三白”特征，颈上部深褐色无黑斑，镜羽墨绿色，有光泽，腹部褐麻色。总体感觉是本系母鸭的羽毛比WH系的颜色深。公鸭全身羽毛以深褐色为主，从头至颈部均为墨绿色，镜羽和尾部性羽墨绿色，有光泽。喙灰黄色，胫、蹼橘红色，喙豆和爪黑色，虹彩褐色，皮肤黄色。

出生雏鸭体重一般为37～40 g，30日龄体重450 g，60日龄体重860 g，90日龄体重1.12 kg，成年体重1.45 kg左右，且公母鸭体重无明显差异。开产日龄为130日龄。带圈白翼梢母鸭年产蛋量为250～290枚，300日龄蛋重约为68 g，蛋壳颜色以白色为主；红毛绿翼梢母鸭年产蛋量260～300枚，300日龄平均蛋重为67 g，蛋壳颜色以青色为主。绍鸭饲料利用率较高，产蛋期料蛋比为(2.7～2.9)∶1。经过系统选育的群体生产性能更高些。

“国绍Ⅰ号蛋鸭”配套系是在绍鸭的基础上选育成的，商品代72周龄平均产蛋数为327个，总蛋重22.54 kg，产蛋期料蛋比2.65∶1，入舍母鸭成活率98.24%，青壳率98.2%。

青壳Ⅱ号(绍兴鸭青壳系)是由浙江省农科院畜牧兽医研究所等单位在绍兴鸭高产系的基础上应用现代育种最新技术选育而成的三系配套种群。500日龄产蛋325枚,总蛋重22.1 kg,料蛋比2.62∶1产蛋高峰期长达300 d;青壳率达85%以上。

(2)金定鸭　中心产区位于福建省龙海市紫泥乡金定村。金定鸭体型中等,体躯狭长,结构紧凑。母鸭体躯细长紧凑、后躯宽阔,站立时体长轴与地面呈45°,腹部丰满。全身羽毛呈赤褐色麻雀羽,背部羽毛从前向后逐渐加深,腹部羽毛颜色较淡,颈部羽毛无黑斑,翼羽深褐色,有镜羽。公鸭体躯较大,体长轴与地面平行,胸宽背阔,头部、颈上部羽毛翠绿有光泽,因此又有"绿头鸭"之称,背部灰褐色,前胸红褐色,腹部灰白带深色斑纹,翼羽深褐色,有镜羽,尾羽黑褐色,性羽黑色并略向上翘。公、母鸭喙呈黄绿色,胫、蹼橘红色,爪黑色,虹彩褐色。

公雏初生体重约48 g,母雏初生体重约47 g;30日龄公鸭体重560 g,母鸭550 g;60日龄公鸭体重1.039 kg,母鸭1.037 kg;90日龄公、母鸭体重1.47 kg;成年公、母鸭体重相近,公鸭比母鸭略轻些,公鸭体重1.76 kg,母鸭体重1.78 kg。性成熟日龄为110～120 d,年产蛋量为270～300枚,一般为280枚。舍饲条件下,平均年产蛋量可达313枚。高产鸭在换羽期和冬季持续产蛋而不休产。平均蛋重72 g,蛋壳青色。

(3)高邮鸭　主产于江苏省的高邮、兴化、宝应等县市。母鸭颈细长,胸部宽深,臀部方形,全身为浅褐色麻雀羽毛,斑纹细小,主翼羽蓝黑色,镜羽蓝绿色,喙紫色,胫蹼橘红色。公鸭体躯呈长方形,背部较深。头和颈上部羽毛墨绿色,背部、腰部羽毛棕褐色,胸部羽毛棕红色,腹部羽毛白色,尾部羽毛黑色,主翼羽蓝色,有镜羽;喙青绿色,胫蹼橘黄色。

成年公鸭体重2.0～3.0 kg,母鸭约2.6 kg。经过系统选育的兼用型高邮鸭平均年产蛋量248枚左右,平均蛋重84 g,双黄蛋占39%。蛋壳颜色有青、白两种,以白壳蛋居多,占83%左右。母鸭开产日龄120～140 d,公母鸭配种比例为1∶(25～30),种蛋受精率达90%以上,受精蛋孵化率85%以上。

由江苏高邮鸭集团新育成的高产品系苏邮1号(种用),成年体重1.65～1.75 kg,开产日龄110～125 d,年产蛋量285枚,平均蛋重76.5 g,料蛋比为2.7∶1,蛋壳青绿色。苏邮2号(商品用)成年体重1.5～1.6 kg,开产日龄100～115 d,年产蛋量300枚,平均蛋重73.5 g,料蛋比为2.5∶1,蛋壳青绿色。

(4)莆田黑鸭　是我国蛋用鸭品种中唯一的黑色羽品种。中心产区位于福建省莆田市。该品种是在海滩放牧条件下发展起来的蛋用型鸭,具有较强的耐热性和耐盐性,尤其适应于亚热带地区硬质滩涂放牧饲养。

莆田黑鸭体型轻巧紧凑,行动灵活迅速。公、母鸭外形差别不大,全身羽毛均为黑色,喙墨绿色,胫、蹼、爪黑色。公鸭头颈部羽毛有光泽,尾部有性羽,雄性特征明显。成年公鸭体重1.4～1.5 kg,母鸭1.3～1.4 kg。莆田黑鸭年产蛋260～280枚,平均蛋重65 g,蛋壳颜色以白色居多,料蛋比为3.84∶1。母鸭开产日龄为120 d左右,公母鸭配种比例为1∶25,种蛋受精率95%左右。

(5)连城白鸭　连城白鸭是中国麻鸭中独具特色的小型白色变种,也称为"白鹜鸭"。产于福建省的连城县,分布于长汀、宁化、清流和上杭等县市。连城鸭体躯狭长,头清秀,颈细长,行动灵活,觅食能力较强。全身羽毛白色,紧密而丰满,喙呈暗绿色或黑色,因此又称其为"绿嘴白鸭"。胫、蹼均为青绿色(羽毛白色,而喙、胫、蹼青绿色的鸭种在我国仅有一个,国外也极少见到)。成年公鸭尾部有3～5根性羽,除此之外,公母鸭外形上没有明显区别。

成年公鸭体重 1.4～1.5 kg，母鸭 1.3～1.4 kg；母鸭开产日龄 120～130 d，年产蛋量为 220～240 枚，平均蛋重 58 g，白壳蛋占多数。公母鸭配种比率 1∶(20～25)，种蛋受精率 90% 以上。母鸭利用年限为 3 年，公鸭利用年限为 1 年。

(6)咔叽·康贝尔鸭　英国康贝尔(Campbell)氏用当地的芦安鸭与印度跑鸭杂交，其后代母鸭再与野鸭及鲁昂鸭杂交，经多代培育而成的高产品种，有黑色、白色和黄褐色 3 个变种。咔叽·康贝尔鸭的体型为长方形，体躯结实、宽深。头部清秀，眼大而明亮，颈细长而直，背部宽广平直，胸部丰满，腹部发育良好，大而不下垂，两翼紧贴，两腿中等长，距离较宽。站立或行走时体长轴与地面夹角较小。母鸭的羽毛为暗褐色，头、颈部羽毛和翼羽为黄褐色，喙绿色或浅黑色，胫、蹼的颜色与体躯颜色接近呈暗褐色。公鸭的头、颈部、尾羽和翼羽均为青铜色，其他部位的羽毛为暗褐色，喙蓝褐色(个体越优者，颜色越深)，胫、蹼为深橘红色。

30 日龄平均体重 630 g，60 日龄公鸭体重 1.82 kg，母鸭 1.58 kg。90 日龄公鸭体重 1.865 kg，母鸭 1.625 kg。成年公鸭体重 2.4 kg，母鸭 2.3 kg。咔叽·康贝尔鸭肉质鲜美，有野鸭肉的香味。年产蛋量为 260～300 枚，平均蛋重 70～75 g，蛋壳以白色居多，少数青色。母鸭开产日龄为 120～130 d，公、母鸭配种比例 1∶(15～20)，种蛋受精率 85%左右，公鸭利用 1 年，母鸭利用 2 年，但第 2 年生产性能有所下降。咔叽·康贝尔鸭与绍鸭杂交具有明显的杂种优势，杂种代的产蛋量和蛋重均有提高。

(7)江南系列蛋鸭　包括江南 1 号和江南 2 号。江南 1 号雏鸭黄褐色，成鸭羽深褐色，全身布满黑色大斑点。江南 2 号雏鸭绒毛颜色更深，褐色斑更多；全身羽浅褐色，并带有较细而明显的斑点。江南 1 号母鸭成熟时平均体重 1.6～1.7 kg；产蛋率达 90%时的日龄为 210 日龄前后，产蛋率达 90%以上的高峰期可保持 4～5 个月。500 日龄平均产蛋量 305～310 枚，总蛋重 21 kg。江南 2 号母鸭成熟时平均体重 1.6～1.7 kg，产蛋率达 90%时的日龄为 180 d 前后，产蛋率达 90%以上的高峰期可保持 9 个月左右。500 日龄平均产蛋量 325～330 枚，总蛋重 21.5～22.0 kg。

(8)青壳 1 号蛋鸭　是由浙江省农业科学院畜牧兽医研究所科技人员在江南 2 号的基础上，根据消费者对青壳鸭蛋的特殊需求，引进了莆田黑鸭青壳蛋品系，进行配套杂交而成的。它的商品代的主要特点是早熟、蛋形较小，全部产青壳蛋，成年鸭羽毛大多呈黑色，体重 1.4～1.5 kg，500 日龄产蛋数 290～320 枚，产蛋总重 20～22 kg。

其他麻鸭品种还有：建昌鸭、三穗鸭、巢湖鸭、攸县麻鸭、大余鸭、荆江鸭、桂西麻鸭等。

(三)鹅的品种

我国鹅种较多，其中列入中国畜禽遗传资源库的地方良种鹅有 26 个品种，收录入中国家禽品种志的有 12 个品种；近年来我国从欧洲也引进了一些优良鹅种(表 1.4)。

表 1.4　部分鹅的生产性能

品种	原产地	类型	成年体重/kg		毛色	成年公鹅屠宰率/%		开产月龄	年产蛋量/枚	平均蛋重/g	蛋壳颜色
			公	母		全净膛	半净膛				
狮头鹅	广东饶平	大型	9	8	灰色	72	82	7	25～35	200	乳白
雁鹅	安徽六安	中型	6	4.7	灰色	72	86	7～8	25～35	150	白色
皖西白鹅	安徽	中型	6	5.2	白色	73	79	6～9	25～36	142	白色
浙东白鹅	浙江	中型	5	4	白色	72	81	5～6	35～45	145	乳白
四川白鹅	四川	中型	5	4.7	白色	79	86	7	60～80	146	白色

续表 1.4

品种	产地	类型	成年体重/kg		毛色	成年公鹅屠宰率/%		开产月龄	年产蛋量/枚	平均蛋重/g	蛋壳颜色
			公	母		全净膛	半净膛				
溆浦鹅	湖南溆浦	中型	5.9	5.3	白色	75	88	7	25～40	212	白或青
太湖鹅	江苏太湖	小型	4.4	3.5	白色	76	85	5～6	60～80	135	白色
豁眼鹅	山东莱阳	小型	4.1	3.5	白色	71	80	7～8	100	125	白色
乌鬃鹅	广东清远	小型	3.4	2.8	灰色	77	88	5	28～30	135	白色
长乐鹅	福建	小型	4.5	4	白色			7	30～40	135	白色
朗德鹅	法国	中型	7.5	6.5	灰色			7	35～40	190	白色
埃姆登鹅	德国	大型	11	9	灰色			10	20～30	180	白色
霍尔多巴吉鹅	匈牙利	中型	8	6.5	白色			10	35～45	155	白色
莱茵鹅	德国	中型	6.5	5.7	白色			7～8	50～60	155	白色

目前,在鹅业生产中主要利用体型较大的国内或引进品种与产蛋量较高的中型鹅进行杂交生产仔鹅。

任务二　家禽繁育

任务描述

繁育技术是家禽良种扩大繁殖的重要技术措施,关系到家禽的繁殖率高低和繁殖后代的生产性能。本任务根据家禽繁育技术的特点描述家禽的育种方法、家禽的良种繁育体系简介、家禽的繁殖生理基础和繁殖技术。

任务目标

掌握家禽常用的选种技术及其在生产中的应用;了解家禽良种繁育体系建设的意义与基本要求;熟悉家禽的基本生理特点;掌握家禽配种技术。

基本知识

(1)现代家禽育种方法;(2)家禽的良种繁育体系;(3)家禽的生殖生理;(4)家禽的繁殖技术。

一、现代家禽育种方法

(一)本品种选育技术

本品种选育,又叫纯种繁育,是指在品种内部通过选种选配、品系繁育、改善培育条件等措施,提高品种性能的一种繁育方法。从遗传学角度来看,纯种繁育的与配双方具有共同的基因型特点,交配是使更多的基因纯合,或者使有利基因的频率增大,不利基因的频率减小。它可以使一个品种的优良特性得以保持和发展，同时又可克服该品种的某些缺点，从而达到保持品种纯度和提高整个产品质量的目的，经过有计划的系统选育，乃至培育出新的品种、品系。目前，这种方法在地方良种家禽育种中应用的比较多。地方良种家禽的保种基本都采用这种方法。

本品种选育的方法包括体形外貌选择和生产记录选择。

体形外貌选择主要考虑该品种的外貌特征，如羽色、体型、皮肤颜色，胫部颜色、粗细、长短以及有无胫羽等。

生产记录选择包括：自身性能记录、后代性能记录、同胞性能记录等。

（二）品系选育

选育优秀专门化品系要建立基础群，即从所收集到的所有育种素材（基因库）中挑选各具不同特色的若干群体作为基础选育群。组建的基本要求是，起始基础较高，更要来源广泛，有足够的选择变异。基础群体（基础系）数量尽可能多一些，但每群规模不必过大，一般每群 100 只公鸡配 300 只母鸡分成若干家系进行选育。

1. 近交系选育

一般先连续三四代进行全同胞交配，近交系数达 50%左右后转入轻度的近交，育成近交系。此法淘汰量大，风险较大。

2. 闭锁群家系选育

闭锁基础群，不引入外部血缘，在避免全同胞和半同胞交配的前提下随机交配，主要是通过细致的选配使优良基因逐步纯合化。大型育种公司每个配套系常有百个以上的家系。

3. 正反反复选择法（RRS 法）

适用于已经育成并有一定配合力的两个品系，旨在为进一步同时提高纯系性能和品系间配合力。20 世纪 70 年代后经过改良的方法是两个品系每年同时进行正、反杂交和纯繁，然后根据杂种鸡 300 日龄的成绩，选留其双亲的纯繁后代，淘汰不合格的纯繁后代和所有杂交后代。此法可在较短年代内选育出性能优秀且配合力较佳的两个品系。较适合于低遗传力性状的提高。

4. 合成系选育

合成系是由两个或多个品系或品种杂交，经基因重组选育出具有某些特点并能遗传给后代的一个群体。其特点是突出主要经济性状，不追求体型外貌或血统上的一致，因此速度快，方法简单。

（三）分子生物学育种技术

这方面目前主要研究和应用的是重要经济性状（肉、蛋）的基因（QTL）定位研究，如与家禽繁殖性能关系密切的促卵泡激素 β 亚基基因、雌激素受体（ESR）基因、与蛋壳颜色有关的基因等。通过这些标记基因的辅助选择达到提高家禽繁殖性能或纯化某些性状的目的。

（四）伴性遗传与雏鸡的自别雌雄

现代商品蛋鸡生产中只养母鸡，公鸡在刚出壳后即予淘汰；在肉鸡生产中也推广公、母分养技术，可见急需先进而实用的初生雏鸡雌雄鉴别技术。以往生产中常用肛门鉴别法，技术难度大，容易损伤雏鸡和传播疾病。20 世纪 70 年代以来，家禽育种工作者利用伴性遗传原理，育成不少自别雌雄配套系，使雏鸡的雌雄鉴别成为一种广泛应用的技术。

1. 银色与金色绒羽自别雌雄

父本是隐性纯合的金黄色羽基因携带者，母本是银白色羽基因携带者。杂交后代呈现交叉遗传，公雏绒毛为白色，母雏为褐色。

2. 慢羽与快羽自别雌雄

父本是隐性纯合的速生羽（快羽）基因携带者，母本是迟生羽（慢羽）基因携带者。杂交后代公雏为慢羽，母雏为快羽。

3. 芦花羽和非芦花羽

父本是隐性纯合的有色羽（黄色、红色、黑色等）基因携带者，母本是芦花羽（慢羽）基因携带者。杂交后代头顶的白色或乳白色斑块较大，腹部或颈下面的红色或者黑色色素被冲淡的即为公雏，其余全身绒羽为红色或者黑色的皆为母雏。

4. 淡色胫和深色胫

洛岛红鸡的黄色胫和浅花苏赛斯鸡的白色胫都是淡色胫，携带胫真皮黑色素抑制基因 *Id*（呈显性）；深色胫为澳洲黑的黑胫，其携带的是隐性基因 *id*，不能抑制黑色素，故而胫呈黑色。如用上述淡色胫鸡作母本与黑色胫鸡作父本进行杂交，其后代胫部为淡色的即公雏，黑色胫部的是母雏，一出壳便可分辨公、母。

在四系配套褐壳蛋鸡中，对父母代和商品代雏鸡的雌雄鉴别，实现了两代双自别，即父母代种雏按快慢羽自别雌雄，商品代雏鸡按金银羽色自别雌雄。

二、家禽的良种繁育体系

现代家禽良种繁育包括复杂的育种保种及制种生产两大部分。育种保种体系包括品种场、育种场、测定站和原种场。制种生产体系包括曾祖代场（原种场）、祖代场、父母代场和商品代生产场，各场分别饲养曾祖代种鸡（GGP）、祖代种鸡（GP）、父母代种鸡（PS）和商品代鸡（CS）。一般的家禽场主要属于制种生产体系部分。

（一）各级家禽场及其任务

1. 原种场（曾祖代场）

原种场饲养配套杂交用的纯系种鸡。其任务一是保种、二是制种。保种是通过不断地选育以保证种质的稳定和提高；制种则是向祖代场提供单性别配套系种鸡。

2. 祖代场

二系配套的祖代种鸡是纯系鸡，三系或四系配套的祖代种鸡即纯系种鸡（曾祖代）的单性，只能用来按固定杂交模式制种，不能纯繁，故需每年引种。祖代场的主要任务是引种、制种与供种。一般四系配套的祖代引种比例为 A 系 1∶B 系 5∶C 系 5∶D 系 35；肉鸡的父系应多一些。

3. 父母代场

每年由祖代场引进配套合格的父母代种雏；按固定模式制种，并保证质量地向商品代生产场供应苗鸡或种蛋。

4. 商品代生产场

每年引进商品雏鸡，生产鸡蛋或肉鸡。

不同配套模式的杂交制种情况见图 1.3。

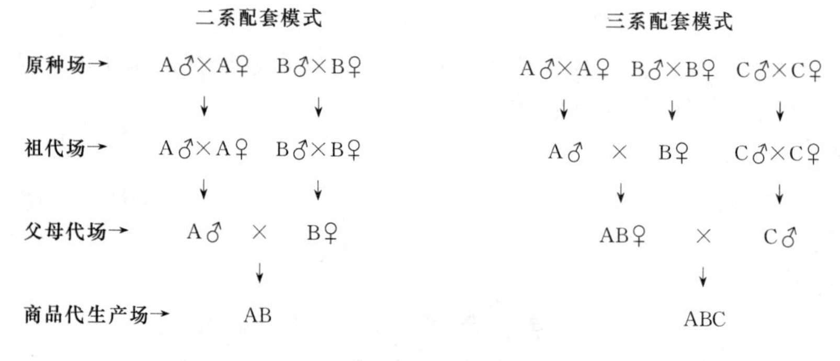

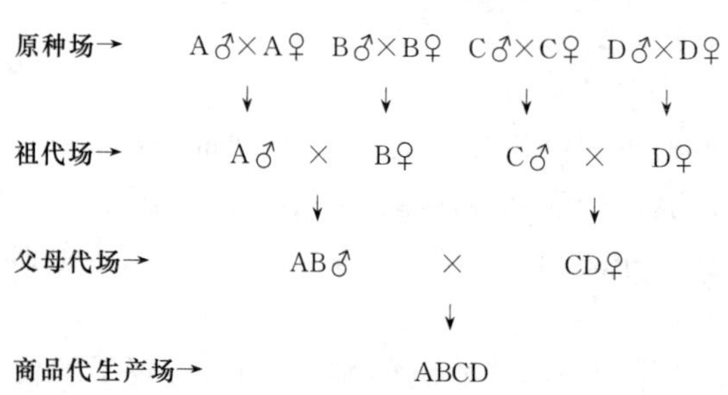

图 1.3 多元杂交配套模式

(二)家禽良种繁育体系的建设

良种对家禽业的影响大而深远,其繁育体系的构成与管理均较复杂,要建设并巩固家禽的良种繁育体系,需注意下列几点:

(1)所有良种家禽的引进与推广皆需纳入良种繁育体系。从国外引种需要经过农业农村部审批。

(2)遵照国家有关法规、条例,分级管理好各级种禽场。定期进行检查验收,合格的颁发《种畜禽生产经营许可证》,凭证经营。

(3)各级种鸡场必须根据其在繁育体系中的地位和任务,严格按照种畜禽生产经营许可证规定的品种、品系、代别和有效期从事生产经营工作。

(4)各级鸡场的规模,应根据下一级场(下一代鸡)的需求量及扩繁比例,适当发展,并搞好宏观调控。大致扩繁倍数为:从 GGP 到 GP 和从 GP 到 PS 为 30～50 倍,从 PS 到 CS 蛋鸡约为 50 倍,肉鸡约为 100 倍。

(5)各级种鸡场必须强化防疫保健工作,并对特定的传染病(如鸡白痢沙门菌病、禽白血病、鸡败血支原体病等)进行全面的净化,达到净化创建场或示范场的要求,确保供种质量。高代种鸡尤其要从严要求。

三、家禽的生殖生理

(一)公禽的生殖系统

公禽的生殖器官包括:性腺即睾丸、输精管道即附睾和输精管、外生殖器(交媾器)。

1. 睾丸

位于肾脏前叶的腹面、肺叶的后面,以短的系膜悬在腹腔顶壁正中两侧,其体表投影在最后两肋的背侧端。睾丸的外面包以浆膜和白膜,白膜由致密的结缔组织构成,其深入睾丸实质的部分形成分布在精细管间的结缔组织，称为睾丸间质。睾丸的实质主要由大量长而卷曲的网状的精细管构成，精细管的内壁是生精上皮，它是精子生成的场所。

睾丸的大小和颜色随年龄和性活动时期的不同而有很大变化。幼龄时睾丸如大麦粒状，而后，其直径增大呈豆粒状，颜色为淡黄色或带有其他色斑，性成熟后睾丸体积增大，重量一般可达体重的1%～2%。

睾丸的生理作用一是产生精子，二是产生激素。睾丸中合成和分泌的激素主要是雄激素和抑制素等。

2. 附睾

禽类的附睾相对于家畜而言显得细小，呈纺锤状，紧附于睾丸的背侧，由于被睾丸系膜所遮蔽，故不明显。它是精子输出睾丸的通道，也是精子临时贮存和成熟的重要场所。

3. 输精管

输精管前与附睾相连、后与泄殖腔相通，位于左右两侧肾脏腹面的正中，与输尿管并行。输精管既是精子的储存场所也是精子成熟的场所。据实验报道，直接从睾丸中取出的精子无受精能力，取自附睾的精子的受精率仅有13%，而取自输精管下部的精子受精率可达73%。

4. 外生殖器

公禽的交配器官可分为两个类型：一是以鸡、火鸡为代表的凸起型，二是以鸭、鹅为代表的伸出型。

(二)雌禽的生殖系统

雌禽的生殖器官包括性腺(卵巢)和生殖道(输卵管)两部分，而且只有左侧能正常发育，右侧在胚胎发育后期开始退化，只有极少数的个体其右侧的卵巢或(和)输卵管能正常发育并具备生理机能。

1. 卵巢

正常情况下，雌禽的卵巢位于腹腔的左侧，左肾前叶的头端腹面，肾上腺的腹侧，左肺叶的紧后方，以较短的卵巢系膜韧带悬于腰部背壁。另外，卵巢还与腹膜褶及输卵管相连接。幼龄时期鸡卵巢的重量不足1 g，以后缓慢增长，16周龄时仍不足5 g，性成熟后可达50～90 g，这主要是来自十多个大、中卵泡的重量，而卵巢的主要组织重量仅增至6 g。卵巢的重量还取决于性器官的功能状况，休产期卵巢萎缩，重量仅为正常的10%左右。

卵巢的功能主要有两方面：一是形成卵泡，二是分泌激素。卵巢分泌的激素有雌激素、孕激素等。

2. 输卵管

位于腹腔左侧，前端在卵巢下方，后端与泄殖腔相通。幼龄时输卵管较为平直，贴于左侧肾脏的腹面，颜色较浅；随周龄增大其直径变粗，长度加长，弯曲增多；当达到性成熟，则显得极度弯曲，外观为灰白色。休产期会明显萎缩，重量仅为产蛋期的10%左右(图1.4)。

根据结构和生理作用差别可将输卵管分为5个部分，其各自的功能如下：

(1)漏斗部　也称伞部，形如漏斗，是输卵管的起始部。其开口处是很薄的、游离的指状突起，平时闭合，当排卵时该部不停地开闭、蠕动。漏斗部的机能主要是摄取卵巢上排出的卵子(即卵黄)，其中下部内壁的皱褶(又称精子窝)当中还可以贮存精子，因此，这里也是受精的部位。

(2)膨大部　也称蛋白分泌部。是输卵管最长和最弯曲的部位，管腔较粗，管壁较厚，长度约为输卵管总长的50%～65%。内壁黏膜形成宽而深的纵褶，其上有很发达的管状腺体和单

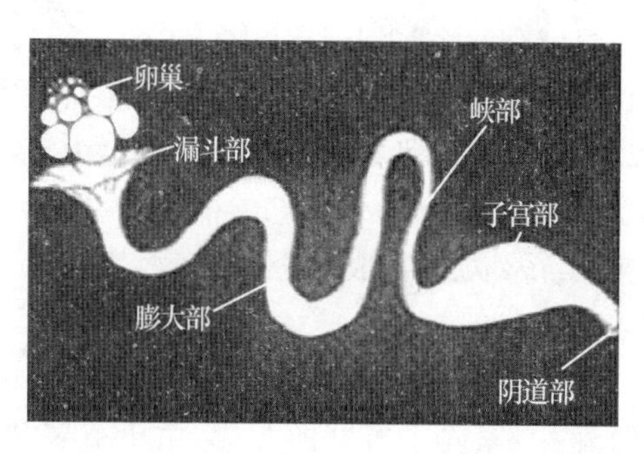

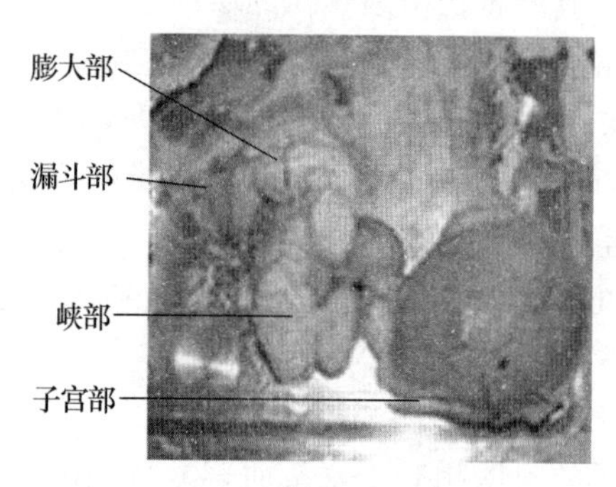

图 1.4 母禽的生殖器官

细胞腺体。其肌肉层发达,外纵肌束呈螺旋状排列,蠕动时可推动卵黄向后旋转前进。蛋白及大部分盐类(如钠、钙、镁等)是在这里分泌的。

(3)峡部 又称管腰部,是输卵管中后部较狭窄的一段,它与膨大部之间的界限不太明显。内壁的纵褶不显著。蛋的内外壳膜是在此形成的,它决定了蛋的形状。

(4)子宫部 也称壳腺部,是峡部之后的一较短的囊状扩大部,肌肉层很厚,在与峡部的交界处环形面加厚形成括约肌。黏膜被许多横的和斜的沟分割成叶片状的次级褶,腺体狭小,又称壳腺。该部一方面分泌子宫液(水分为主,含少量盐类),另一方面可分泌碳酸钙用于形成蛋壳,蛋壳上的色素也是在此分泌的。

(5)阴道部 是输卵管的末端,呈"S"状弯曲,开口于泄殖腔的左侧。阴道部的肌肉层较厚,黏膜白色,有低而细的皱褶。阴道部与子宫部的结合处有子宫阴道腺,当蛋产出时经过此处,其分泌物涂抹在蛋壳表面会形成胶护膜。另外,该部腺体可以贮藏和释放精子,交配后或输精后精子可暂时储存于其中,在一定时期内陆续释放,维持受精。

(三)蛋的结构与形成过程

1. 蛋的结构

禽蛋由外到内依次为:蛋壳、壳膜、蛋白、蛋黄(图 1.5)。

(1)蛋壳 由碳酸钙柱状结晶体组成,每个柱状结晶体的下部为乳头体,是与壳膜接触的位置,结构相对疏松,中上部的结构比较致密,是蛋壳的主要成分。在柱状结晶体之间存在缝隙,即气孔。蛋壳的厚度:鸡蛋 0.28~0.35 mm,鸭蛋 0.35~0.4 mm,鹅蛋 0.4~0.5 mm。蛋的不同部位壳厚度有差异:通常蛋的锐端(小头)较厚,钝端(大头)较薄。

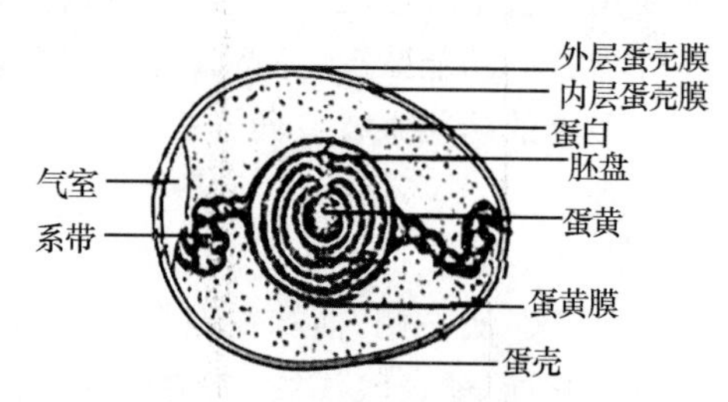

图 1.5 蛋的结构示意图

在新鲜蛋壳的外表面有一层非常薄的膜(胶护膜),遮蔽着气孔,能够防止外界细菌进入蛋内和防止蛋内水分蒸发。随着蛋存放时间的延长会逐渐消失,水洗后也容易脱落。

(2)壳膜 有两层:贴紧蛋壳内壁的一层是外壳膜,在其内部并包围在蛋白表面的是内壳膜,也称为蛋白膜。在气室处内外壳膜是分离的,在其他部位则是紧贴在一起的。外壳膜结构较疏松,内壳膜较致密。

蛋的钝端内部有一个气室，它是由于蛋产出后蛋白和蛋黄温度下降而体积收缩，空气由厚度较薄的蛋的钝端气孔进入形成的。

(3)蛋白　是蛋中所占比例最大的部分，主要是水分和蛋白质。由外向内分为4层：外稀蛋白层、浓蛋白层、内稀蛋白层和系带层。蛋白中水分含量比较高，约为80%。

(4)蛋黄　位于蛋的中心位置，主要成分是蛋白质和脂肪，还含有维生素、微量元素及碳水化合物。最中心是蛋黄心，围绕蛋黄心深色蛋黄和浅色蛋黄叠层排列，蛋黄的表面被蛋黄膜所包围。在蛋黄的上面有1个颜色与周围不同的圆斑，是胚盘或胚珠的位置。胚珠是处于次级卵母细胞阶段的卵细胞，其外观比较小，胚珠是无精蛋的标志；胚盘是处于囊胚期或原肠胚早期的胚胎，外观比较大，胚盘是受精蛋的标志。

2. 卵泡发育与排卵

卵泡的发育过程就是卵黄的沉积过程。在正常的卵巢表面有数千个大小不等的卵泡，性成熟前3周发育较快，卵泡成熟前7～9 d内所沉积的卵黄占卵黄总重量的90%以上。卵泡发育时主要是卵黄物质(磷脂蛋白)在卵泡内沉积，初期沉积的卵黄颜色比较浅，中后期的卵黄颜色比较深，饲料中色素(包括天然的与合成的)含量对卵黄颜色深浅的影响很大。

性成熟后在雌禽卵巢上面有3～5个直径在1.5 cm以上的大卵泡，有5～8个直径在0.5～1.5 cm的中型卵泡，直径在0.5 cm以下的小卵泡有很多。卵泡生长到一定程度后在排卵诱导素的作用下卵泡膜变脆，表面血管萎缩，卵泡膜从其顶端的排卵缝处破裂，卵黄从中排出。

3. 蛋在输卵管内的形成过程

成熟的卵(黄)从卵巢排出后被输卵管的伞部接纳，伞部的边缘包紧并压迫卵黄向后运行，约经20 min卵黄通过伞部进入膨大部。

当卵黄进入膨大部后刺激该部位腺体分泌黏稠的蛋白包围在卵黄的周围。由于膨大部的肌纤维是以螺旋形式排列的，卵黄在此段内以旋转的形式向前运行，最初分泌的黏稠蛋白形成系带和内稀蛋白层，此后分泌的黏稠蛋白包围在内稀蛋白层的外周，大约经过3 h蛋离开膨大部进入峡部。

峡部的腺体分泌物包围在黏稠蛋白周围形成内、外壳膜，一般认为峡部前段的分泌物形成内壳膜、后段分泌物形成外壳膜。在这个部位，壳膜的形状将决定蛋的形状。蛋经过峡部的时间约为1 h。

蛋离开峡部后进入子宫部，在子宫部停留18～20 h。在最初的4 h内子宫部分泌子宫液并透过壳膜渗入蛋白内，使靠近壳膜的黏稠蛋白被稀释而形成外稀蛋白层，并使蛋白的重量增加近1倍。此后腺体分泌的碳酸钙沉积在外壳膜上形成蛋壳，在蛋产出前碳酸钙持续的沉积。蛋壳的颜色是由存在于壳内的色素决定的，血红蛋白中的卟啉经过若干种酶的分解后形成各种色素，经过血液循环到达子宫部而沉积在蛋壳上。产有色蛋壳的品种是其体内缺少某几种酶，而产白色蛋壳的则是体内有相关的各种酶，能最终将色素完全分解。

蛋产出前经过子宫阴道腺时该腺体分泌物涂抹于蛋壳表面，蛋产出后干燥形成胶护膜并堵塞气孔。蛋经过阴道部的时间仅有几分钟。

4. 产蛋

当蛋在输卵管内形成后，在家禽体内相关激素的作用下，刺激子宫部肌肉发生收缩，将蛋推出体外。有人研究发现，大多数蛋在子宫部的时候是锐端向前，而在产出时则是钝端朝前。不同家禽的产蛋时间有差异，鸡的集中产蛋时间是在当天光照开始后的3～6 h的时段内；鸭的产蛋时间是集中在凌晨2～5时(即当天光照开始前),上午9时以前仍有少量个体产蛋,9时以后产蛋的则很少;鹅的产蛋时间一般在下半夜及上午。

垂体后叶分泌的催产素是调控产蛋的主要激素,它能够刺激子宫部肌肉的收缩,推动蛋向前运动。孕激素也是调控产蛋的重要激素,在蛋产出前12 h血液中的孕激素达到最高水平。前列腺素也是参与产蛋调节的重要激素,它能够刺激子宫部肌肉的收缩。

5. 畸形与异物蛋

(1)畸形蛋　主要指外形异常的蛋,如过圆、过长、腰箍、蛋的一端有异物附着、蛋的外形不圆滑等。引起蛋形异常的根本原因是输卵管的峡部和子宫部发育异常或有炎症。引起这两个部位问题的原因既有遗传方面的,也有感染疾病方面的。

(2)异物蛋　主要指在蛋的内部有血斑、肉斑,甚至有寄生虫的存在。血斑蛋中在靠近蛋黄的部位有绿豆大小的深褐色斑块,它是排卵卵泡膜破裂时渗出的血滴附着在蛋黄上形成的;肉斑蛋在蛋白中有灰白色的斑块,它是在蛋形成过程中蛋黄通过输卵管膨大部时,该部位腺体组织脱落造成的;含寄生虫的蛋则是寄生在输卵管中的特殊寄生虫(蛋蛭)被蛋白包裹后形成的。

(3)过大蛋　常见的有蛋包蛋、多黄蛋。蛋包蛋是在1个大蛋内包有一个正常的蛋,它是当1个蛋在子宫部形成蛋壳的时候母禽受到刺激,输卵管发生异常的逆蠕动,把蛋反推向膨大部,然后又逐渐回到子宫部并形成蛋壳,再产出体外。多黄蛋中常见的有双黄蛋,比较少见的还有三黄蛋、四黄蛋,它的形成是处于刚开产期间的家禽体内生殖激素合成多,激素分泌不稳定,卵巢上多个卵泡同时发育,在相近的时间内先后排卵形成多黄蛋的。

(4)过小蛋　这种情况一种是出现在初开产时期,此时卵黄比较小,形成的蛋也小,随着母禽日龄和产蛋率的增加会迅速减少。另一种是无黄蛋,它是由于母禽输卵管膨大部腺体组织脱落后,组织块刺激该部位蛋白分泌腺形成的蛋白块,包上壳膜和蛋壳而成的。它的出现经常伴随的是家禽生产性能的下降。

(5)薄壳蛋、软壳蛋及破裂蛋　导致薄壳蛋及软壳蛋出现的因素有:饲料中钙、磷含量不足或两者比例不合适,维生素D_3缺乏,饲料突然变更;许多疾病会影响蛋壳的形成过程,如传染性支气管炎、喉气管炎、非典型性新城疫、产蛋下降综合征、禽流感、各种因素引起的输卵管炎症;高温会使蛋壳变薄,破损增多,笼具设计不合理也会增加破蛋率;每天拣蛋时间和次数、鸡是否有啄癖、家禽是否受到惊吓等饲养管理因素也有影响。

四、家禽的繁殖技术

(一)种禽自然交配管理

1. 家禽自然交配方式

自然交配的繁殖方式适用于地面散养或网上平养的家禽如鸭、鹅和快大型肉种鸡等。

(1)大群配种　在1个数量较大的母禽群体内按性比例要求放入公禽进行随机配种。母鸡数量为300～600只,肉鸭为100～300只,鹅为30～150只。这种配种方法只能用于种禽的扩群繁殖和一般的生产性繁殖场。

(2)小群配种　小群配种又称小间配种,它是在1个隔离的小饲养间内根据家禽的种类、类型不同放入8～15只母禽和1只公禽,或20只左右母禽配入2～3只公禽。这种方法一般用于水禽的家系育种。

(3)人工辅助配种　多用于种鹅繁殖,是在工作人员的帮助下种鹅顺利完成自然交配过程的一种配种方式。通常在小圈内进行，把需要配种的母鹅放进圈内，再把公鹅放入。操作人员用手握母鹅两脚和翅膀，让母鹅伏卧在地面，引诱公鹅靠近，当公鹅踏上母鹅背上时，可一手抓住母鹅，另一手把母鹅尾羽提起，以便交配，训练几次，公鹅看到人捉住母鹅就会主动接近交配。

2. 自然交配管理注意问题

(1)自然交配的配偶比例　配偶比例(或称公母比)是指 1 只公禽能够负担配种的能力，即多少只母禽应配备 1 只公禽才能保证正常的受精率。在配种过程中需要根据家禽种类的不同分别制定配偶比例(表 1.5)。

表 1.5　各种家禽适宜的配偶比例

家禽种类	公母比	家禽种类	公母比
白羽肉鸡	1∶(8～10)	肉用麻鸭	1∶(10～15)
白羽肉鸭	1∶5	中型鹅	1∶(5～7)
蛋用鸭	1∶(15～20)	大型鹅	1∶4

在生产实践中配偶比例的确定还应该考虑多方面的因素，如饲养方式、种禽年龄、配种方式、繁殖季节、种公禽体质等。

(2)种禽利用年限　种鸡和种鸭的产蛋率以第 1 个产蛋年度为最高，其后每年降低 15%～20%，因此一般只利用 1 个繁殖年度。大多数品种的鹅在第 3 年产蛋性能最好，可以利用 4 个繁殖年度，有的品种如太湖鹅、扬州鹅只利用 1 个繁殖年度。

(3)种水禽配种要有水面　鸭和鹅在水中交配的成功率高于在陆地，因此饲养种水禽要有合适的水面供其活动。水的质量会影响交配效果。

(二)种禽人工授精技术

目前主要用于种鸡繁殖方面，种鸡人工授精技术是伴随种鸡笼养技术的推广而得到普及的。鸭和鹅的人工授精技术应用的较少。

1. 种鸡人工授精的优越性

(1)减少公鸡饲养量　在自然交配情况下每只公鸡仅能够承担 10～12 只母鸡的配种任务，若采用人工授精技术则能够负担 35 只，相比之下公鸡的饲养量可以减少 2/3。按 1 个生产周期(500 d)计，1 只公鸡的饲料消耗为 53 kg 左右，少养 1 只公鸡仅饲料费就可以节约 100 多元。

(2)提高优秀种公鸡的利用率　由于人工授精所需要的公鸡数量少，这样就加大了选择强度，公鸡中质量最好的得到充分利用，对提高后代的品质具有明显的效果。

(3)克服配种双方的某些差异　如雌雄个体的体格差异大、公鸡的择偶习性、腿部受伤的公鸡、种属之间的杂交等会影响到自然交配的效果，可以通过人工授精技术解决。

(4)可以提高育种工作效率及准确性　种鸡采用笼养方式和个体记录，试验结果的准确性十分可靠，能很快通过后裔鉴定，选出最优秀的个体，加快育种速度。

(5)有利于防止疾病的相互传播　配种过程中公鸡不再与母鸡直接接触，避免了一些疾病传播的可能。

2. 人工授精用器械

(1)采精器械　小玻璃漏斗型采精杯或 10～20 mL 试管。

(2)贮精器械　使用 10～20 mL 刻度试管。

(3)保温用品　普通保温杯，以泡沫塑料作盖，上面 3 个孔，分别为集精杯，稀释液管和温度计插孔，内贮 30～35 ℃温水。

(4)输精器械　多数采用普通细头玻璃胶头滴管或家禽输精枪、微量移液器。

3. 采精前的准备

(1)种公鸡的选择　种公鸡外貌特征要符合该品种的标准，体格发育好，健康状况好、第二性征明显。

(2)隔离饲养　选留的种公鸡采用个体笼或小单间饲养，每只公鸡占用 1 个独立的空间(小单笼)，减少相互间的争斗和假交配。隔离饲养至少应在性成熟前 3 周开始。

(3)种公鸡的特殊饲养　按照所饲养的品种类型提供公鸡专门用饲料，可以适当增加复合维生素的用量，采用自由采食，满足饮水。每天光照时间为 14～16 h，保持室内环境条件适宜。

(4)剪毛　在采精训练之前应将公鸡肛门周围的羽毛剪去，使肛门能够充分显露，以免妨碍操作或污染精液。

(5)用具的准备和消毒　据采精需要备足采精杯、贮精杯等，经高温或高压消毒后备用。若用酒精消毒，则必须在消毒后用生理盐水或稀释液冲洗并经干燥后备用。

(6)采精训练　公鸡达到性成熟后就可以进行采精训练，也可以在输精前 7～10 d 进行训练。公鸡每天训练 1～2 次，经 2～3 d 后大部分可接取精液，此后坚持训练以使其建立条件反射。

4. 鸡的按摩采精技术

目前，生产上采用最多的方法是双人按摩采精，训练的目的是建立条件反射，训练的方法与以后的采精方法有差异。

(1)公鸡的保定　助手双手握住公鸡两侧大腿的基部，并用大拇指压住部分主翼羽以防翅膀扇动，使其双腿自然分开，尾部朝前、头部朝后，保持水平位置或尾部稍高，固定于右侧腰部旁边，高度以适合采精者操作为宜。

(2)采精训练操作　采精者右手持采精杯或试管，夹于中指与无名指或食指中间，站在助手的右侧，采精杯的杯口向内并将杯口握在手心，以防污染采精杯。右手虎口部紧贴鸡后腹部。

左手大拇指与其余 4 指分开，手掌贴在公鸡的背部，从背部向尾部按摩 3～5 次，接着左手顺势将尾部翻向背部，拇指和食指跨捏在泄殖腔两侧，位置稍靠上。与此同时采精者在鸡腹部的柔软处施以迅速而敏感的抖动按摩，然后迅速的轻轻用力向上抵压泄殖腔，此时公鸡性感强烈，采精者右手拇指与食指感觉到公鸡尾部和泄殖腔有下压感觉，左手拇指和食指即可在泄殖腔上部两侧下压使公鸡的泄殖腔翻开并排出精液，在左手施加压力的同时，右手迅速将采精杯的口置于翻开的泄殖腔下方承接精液。

另一种方法是左手按摩公鸡背腰部 3～5 次，当公鸡有性反射表现时，左(或右)手握住公鸡尾巴，大拇指和中指分别放在公鸡泄殖腔两侧并挤压，使泄殖腔外翻，右(或左)手持采精杯或试管接取精液(图 1.6)。

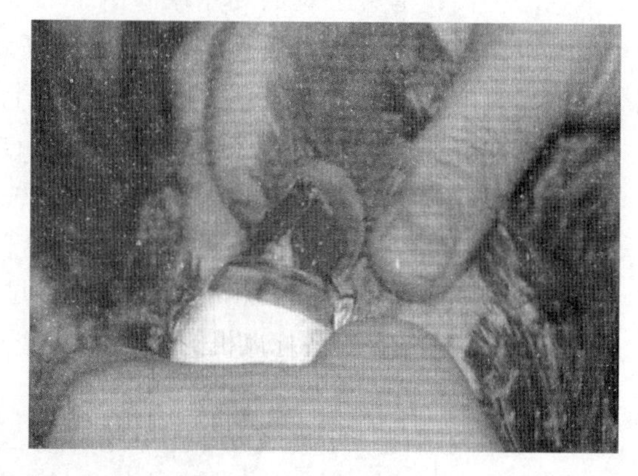

图 1.6　采精时挤压泄殖腔环及接取精液

(3)应用采精操作　在实际生产中，训练好的公鸡在采精的时候一般不需要按摩。当助手将公鸡保定好后，采精者只要用左手把其尾巴压向背部，拇指、食指在其泄殖腔上部两侧稍施加压力即可采出精液。采精者也可以直接用左手握住公鸡尾巴并用大拇指和中指挤压泄殖腔两侧，右手持采精杯或试管即可直接接取精液。

二维码 1.1
种公鸡人工采精

(4)采精操作注意事项　①要保持采精场所的安静和清洁卫生。②采精人员要固定，不能随便换人。③在采精过程中一定要保持公鸡舒适，扑捉、保定时动作不能过于粗暴，不惊吓公鸡或使公鸡受到强烈刺激，否则会采不出精液或量少或受污染。④挤压公鸡泄殖腔要及时和用力适当。⑤整个采精过程中人员和用品应遵守清洁操作规程。⑥每采完 10～20 只公鸡精液后，应立即开始输精，待输完后再采。采出的精液要在 30 min 内输精完毕。

5. 鹅、鸭的按摩采精

采精时助手将公鸭、鹅保定在采精台上或保定人员坐在椅子上将鸭鹅放在腿上(小型蛋鸭采精时的保定方法与鸡相同)。采精者右手放在鸭或鹅的后腹部，左手由背向尾按摩 5～7 次后抓住尾羽，再用右手拇指和食指插入泄殖腔两侧，沿着腹部柔软部分上下来回按摩，当泄殖腔周围肌肉充血膨胀，向外突起时将左手拇指和食指紧贴于泄殖腔上下部，右手拇指和食指贴于泄殖腔左右两侧，两手拇指和食指交互作有节奏捏挤的方式按摩充血突起的泄殖腔，公鸭(鹅)即可使阴茎外露，精液外排，此时右手捏住泄殖腔左右两侧以防其阴茎缩回泄殖腔，左手持采精杯置于阴茎下承接精液。

6. 采精频率

在繁殖生产中鸡、鸭、鹅的采精次数为每周 3 次或隔日采精。若配种任务大时每采 2 d(每天 1 次)休息 1 d。

采精的时间要与输精时间相吻合，若用新鲜精液输精，鸡、鹅在下午采精，鸭在上午采精。

7. 家禽的输精技术

(1)鸡的输精技术　目前最常见的输精方法是输卵管口外翻输精法。输精时助手打开笼门用一只手抓住母鸡双腿将母鸡后躯拉出笼门，另一只手的大拇指放在肛门下方，其余 4 指放在肛门上方稍施压力，泄殖腔即可翻开露出输卵管开口。输精人员将输精管插入输卵管即可输精(图 1.7)。

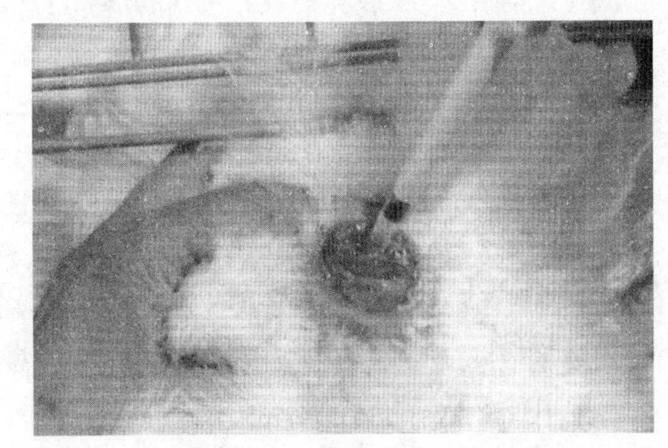

图 1.7　鸡的输精操作

(2)鹅、鸭的输精操作　通常采用手指引导输精法，助手将母禽固定于输精台上(可用 50～60 cm 高的木箱或加高的方凳)，输精员的右手(或左手)食指插入母禽泄殖腔，探到输卵管后插入食指，左手(或右手)持输精器沿插入输卵管的手指的方向将输精管插入进行输精。

(3)输精时间与间隔　鸡一般在下午输精，此时母鸡基本都已产过蛋；鸭一般在夜间或清晨产蛋，故输精工作宜在上午进行；鹅的输精也可安排于下午进行，也有人认为虽然上午鹅的输卵管里有蛋存在，但上午输精仍有很高的受精率。

(4)输精深度与剂量　以输卵管口开处计算，输精器插入深度：鸡 2～3 cm；鸭、鹅 3～5 cm。若未经稀释液，鸡每次输精剂量为 0.025～0.03 mL，鸭、鹅 0.03～0.05 mL；若按有效精子数计算，每次输入量鸡不少于 0.7 亿个，鸭为 0.8 亿个，鹅不少于 0.5 亿个。

(5)输精注意事项 ①精液采出后应尽快输精，未稀释的精液存放时间不得超过 30 min。精液应无污染，并保证每次输入足够的有效精子数。②抓取母禽和输精动作要轻缓，插入输精管时不能用力太大以免损伤输卵管。③在输入精液的同时要放松对母禽腹部的压力，防止精液回流。在抽出输精管之前，不要松开输精管的皮头，以免输入的精液被吸回管内，然后轻缓地放回母禽。④防止漏输。⑤母鸡排便时的处理：输精时按压母鸡后腹部使其泄殖腔外翻的同时有可能会导致母鸡排粪，有的母鸡粪便会黏附在泄殖腔的内壁上，甚至在输卵管开口处。遇到这种情况，需要用棉球将粪便擦去，然后再输精，以免粪便污染输精滴管而对母鸡输卵管造成感染。⑥患病母鸡的处理：在规模化种鸡生产中很容易发现鸡群中有患病的母鸡，如拉稀、输卵管炎症或其他传染病。这些母鸡的数量虽然少，但是对大群鸡的健康威胁却很大。在进行人工授精的过程中，由于输精滴管不是每只鸡更换 1 支，很容易在输精过程中传播疾病。因此，遇到这样的母鸡必须及时隔离，不再输精。

二维码 1.2
种母鸡人工授精

拓展知识二 国家畜禽遗传资源品种名录(禽部分)

传统禽

一、鸡

(一)地方品种：1. 北京油鸡 2. 坝上长尾鸡 3. 边鸡 4. 大骨鸡 5. 林甸鸡 6. 浦东鸡 7. 狼山鸡 8. 溧阳鸡 9. 鹿苑鸡 10. 如皋黄鸡 11. 太湖鸡 12. 仙居鸡 13. 江山乌骨鸡 14. 灵昆鸡 15. 萧山鸡 16. 淮北麻鸡 17. 淮南麻黄鸡 18. 黄山黑鸡 19. 皖北斗鸡 20. 五华鸡 21. 皖南三黄鸡 22. 德化黑鸡 23. 金湖乌凤鸡 24. 河田鸡 25. 闽清毛脚鸡 26. 象洞鸡 27. 漳州斗鸡 28. 安义瓦灰鸡 29. 白耳黄鸡 30. 崇仁麻鸡 31. 东乡绿壳蛋鸡 32. 康乐鸡 33. 宁都黄鸡 34. 丝羽乌骨鸡 35. 余干乌骨鸡 36. 济宁百日鸡 37. 鲁西斗鸡 38. 琅琊鸡 39. 寿光鸡 40. 汶上芦花鸡 41. 固始鸡 42. 河南斗鸡 43. 卢氏鸡 44. 淅川乌骨鸡 45. 正阳三黄鸡 46. 洪山鸡 47. 江汉鸡 48. 景阳鸡 49. 双莲鸡 50. 郧阳白羽乌鸡 51. 郧阳大鸡 52. 东安鸡 53. 黄郎鸡 54. 桃源鸡 55. 雪峰乌骨鸡 56. 怀乡鸡 57. 惠阳胡须鸡 58. 清远麻鸡 59. 杏花鸡 60. 阳山鸡 61. 中山沙栏鸡 62. 广西麻鸡 63. 广西三黄鸡 64. 广西乌鸡 65. 龙胜凤鸡 66. 霞烟鸡 67. 瑶鸡 68. 文昌鸡 69. 城口山地鸡 70. 大宁河鸡 71. 峨眉黑鸡 72. 旧院黑鸡 73. 金阳丝毛鸡 74. 泸宁鸡 75. 凉山崖鹰鸡 76. 米易鸡 77. 彭县黄鸡 78. 四川山地乌骨鸡 79. 石棉草科鸡 80. 矮脚鸡 81. 长顺绿壳蛋鸡 82. 高脚鸡 83. 黔东南小香鸡 84. 乌蒙乌骨鸡 85. 威宁鸡 86. 竹乡鸡 87. 茶花鸡 88. 独龙鸡 89. 大围山微型鸡 90. 兰坪绒毛鸡 91. 尼西鸡 92. 瓢鸡 93. 腾冲雪鸡 94. 他留乌骨鸡 95. 武定鸡 96. 无量山乌骨鸡 97. 西双版纳斗鸡 98. 盐津乌骨鸡 99. 云龙矮脚鸡 100. 藏鸡 101. 略阳鸡 102. 太白鸡 103. 静原鸡 104. 海东鸡 105. 拜城油鸡 106. 和田黑鸡 107. 吐鲁番斗鸡 108. 麻城绿壳蛋鸡 109. 太行鸡 110. 广元灰鸡 111. 荆门黑羽绿壳蛋鸡 112. 富蕴黑鸡 113. 天长三黄鸡 114. 宁蒗高原鸡 115. 沂蒙鸡

(二)培育品种：1. 新狼山鸡 2. 新浦东鸡 3. 新扬州鸡 4. 京海黄鸡 5. 雪域白鸡

（三）培育配套系：1. 京白 939 2. 康达尔黄鸡 128 配套系 3. 新杨褐壳蛋鸡配套系 4. 江村黄鸡 JH-2 号配套系 5. 江村黄鸡 JH-3 号配套系 6. 新兴黄鸡Ⅱ号配套系 7. 新兴矮脚黄鸡配套系 8. 岭南黄鸡Ⅰ号配套系 9. 岭南黄鸡Ⅱ号配套系 10. 京星黄鸡 100 配套系 11. 京星黄鸡 102 配套系 12. 农大 3 号小型蛋鸡配套系 13. 邵伯鸡配套系 14. 鲁禽 1 号麻鸡配套系 15. 鲁禽 3 号麻鸡配套系 16. 新兴竹丝鸡 3 号配套系 17. 新兴麻鸡 4 号配套系 18. 粤禽皇 2 号鸡配套系 19. 粤禽皇 3 号鸡配套系 20. 京红 1 号蛋鸡配套系 21. 京粉 1 号蛋鸡配套系 22. 良凤花鸡配套系 23. 墟岗黄鸡 1 号配套系 24. 皖南黄鸡配套系 25. 皖南青脚鸡配套系 26. 皖江黄鸡配套系 27. 皖江麻鸡配套系 28. 雪山鸡配套系 29. 苏禽黄鸡 2 号配套系 30. 金陵麻鸡配套系 31. 金陵黄鸡配套系 32. 岭南黄鸡 3 号配套系 33. 金钱麻鸡 1 号配套系 34. 南海黄麻鸡 1 号 35. 弘香鸡 36. 新广铁脚麻鸡 37. 新广黄鸡 K996 38. 大恒 699 肉鸡配套系 39. 新杨白壳蛋鸡配套系 40. 新杨绿壳蛋鸡配套系 41. 凤翔青脚麻鸡 42. 凤翔乌鸡 43. 五星黄鸡 44. 金种麻黄鸡 45. 振宁黄鸡配套系 46. 潭牛鸡配套系 47. 三高青脚黄鸡 3 号 48. 京粉 2 号蛋鸡 49. 大午粉 1 号蛋鸡 50. 苏禽绿壳蛋鸡 51. 天露黄鸡 52. 天露黑鸡 53. 光大梅黄 1 号肉鸡 54. 粤禽皇 5 号蛋鸡 55. 桂凤二号黄鸡 56. 天农麻鸡配套系 57. 新杨黑羽蛋鸡配套系 58. 豫粉 1 号蛋鸡配套系 59. 温氏青脚麻鸡 2 号配套系 60. 农大 5 号小型蛋鸡配套系 61. 科朗麻黄鸡配套系 62. 金陵花鸡配套系 63. 大午金凤蛋鸡配套系 64. 京白 1 号蛋鸡配套系 65. 京星黄鸡 103 配套系 66. 栗园油鸡蛋鸡配套系 67. 黎村黄鸡配套系 68. 凤达 1 号蛋鸡配套系 69. 欣华 2 号蛋鸡配套系 70. 鸿光黑鸡配套系 71. 参皇鸡 1 号配套系 72. 鸿光麻鸡配套系 73. 天府肉鸡配套系 74. 海扬黄鸡配套系 75. 肉鸡 WOD168 配套系 76. 京粉 6 号蛋鸡配套系 77. 金陵黑凤鸡配套系 78. 大恒 799 肉鸡 79. 神丹 6 号绿壳蛋鸡 80. 大午褐蛋鸡

（四）引入品种：1. 隐性白羽鸡 2. 矮小黄鸡 3. 来航鸡 4. 洛岛红鸡 5. 贵妃鸡 6. 白洛克鸡 7. 哥伦比亚洛克鸡 8. 横斑洛克鸡

（五）引入配套系：1. 雪佛蛋鸡 2. 罗曼（罗曼褐、罗曼粉、罗曼灰、罗曼白 LSL）蛋鸡 3. 艾维茵肉鸡 4. 澳洲黑鸡 5. 巴波娜蛋鸡 6. 巴布考克 B380 蛋鸡 7. 宝万斯蛋鸡 8. 迪卡蛋鸡 9. 海兰（海兰褐、海兰灰、海兰白 W36、海兰白 W80、海兰银褐）蛋鸡 10. 海赛克斯蛋鸡 11. 金慧星 12. 罗马尼亚蛋鸡 13. 罗斯蛋鸡 14. 尼克蛋鸡 15. 伊莎（伊莎褐、伊莎粉）蛋鸡 16. 爱拔益加 17. 安卡 18. 迪高肉鸡 19. 哈伯德 20. 海波罗 21. 海佩克 22. 红宝肉鸡 23. 科宝 500 肉鸡 24. 罗曼肉鸡 25. 罗斯（罗斯 308、罗斯 708）肉鸡 26. 明星肉鸡 27. 尼克肉鸡 28. 皮尔奇肉鸡 29. 皮特逊肉鸡 30. 萨索肉鸡 31. 印第安河肉鸡 32. 诺珍褐蛋鸡

二、鸭

（一）地方品种：1. 北京鸭 2. 高邮鸭 3. 绍兴鸭 4. 巢湖鸭 5. 金定鸭 6. 连城白鸭 7. 莆田黑鸭 8. 龙岩山麻鸭 9. 大余鸭 10. 吉安红毛鸭 11. 微山麻鸭 12. 文登黑鸭 13. 淮南麻鸭 14. 恩施麻鸭 15. 荆江鸭 16. 沔阳麻鸭 17. 攸县麻鸭 18. 临武鸭 19. 广西小麻鸭 20. 靖西大麻鸭 21. 龙胜翠鸭 22. 融水香鸭 23. 麻旺鸭 24. 建昌鸭 25. 四川麻鸭 26. 三穗鸭 27. 兴义鸭 28. 建水黄褐鸭 29. 云南麻鸭 30. 汉中麻鸭 31. 褐色菜鸭 32. 枞阳媒鸭 33. 缙云麻鸭 34. 马踏湖鸭 35. 娄门鸭 36. 于田麻鸭 37. 润州凤头白鸭

（二）培育配套系：1. 三水白鸭配套系 2. 仙湖肉鸭配套系 3. 南口 1 号北京鸭配套系 4. Z 型北京鸭配套系 5. 苏邮 1 号蛋鸭 6. 国绍Ⅰ号蛋鸭配套系 7. 中畜草原白羽肉鸭配套系 8. 中新白羽肉鸭配套系 9. 神丹 2 号蛋鸭 10. 强英鸭

（三）引入品种：咔叽·康贝尔鸭

（四）引入配套系：1. 奥白星鸭 2. 狄高鸭 3. 枫叶鸭 4. 海加德鸭 5. 丽佳鸭 6. 南特鸭 7. 樱桃谷鸭

三、鹅

（一）地方品种：1. 太湖鹅 2. 籽鹅 3. 永康灰鹅 4. 浙东白鹅 5. 皖西白鹅 6. 雁鹅 7. 长乐鹅 8. 闽北白鹅 9. 兴国灰鹅 10. 丰城灰鹅 11. 广丰白翎鹅 12. 莲花白鹅 13. 百子鹅 14. 豁眼鹅 15. 道州灰鹅 16. 鄱县白鹅 17. 武冈铜鹅 18. 溆浦鹅 19. 马岗鹅 20. 狮头鹅 21. 乌鬃鹅 22. 阳江鹅 23. 右江鹅 24. 定安鹅 25. 钢鹅 26. 四川白鹅 27. 平坝灰鹅 28. 织金白鹅 29. 云南鹅 30. 伊犁鹅

（二）培育品种：扬州鹅

（三）培育配套系：1. 天府肉鹅 2. 江南白鹅配套系

（四）引入配套系：1. 莱茵鹅 2. 朗德鹅 3. 罗曼鹅 4. 匈牙利白鹅 5. 匈牙利灰鹅 6. 霍尔多巴吉鹅

四、鸽

（一）地方品种：1. 石岐鸽 2. 塔里木鸽 3. 太湖点子鸽

（二）培育配套系：1. 天翔 1 号肉鸽配套系 2. 苏威 1 号肉鸽

（三）引入品种：1. 美国王鸽 2. 卡奴鸽 3. 银王鸽

（四）引入配套系：欧洲肉鸽

五、鹌鹑

（一）培育配套系：神丹 1 号鹌鹑

（二）引入品种：1. 朝鲜鹌鹑 2. 迪法克 FM 系肉用鹌鹑

特种禽

一、火鸡

（一）地方品种：闽南火鸡

（二）引入品种：1. 尼古拉斯火鸡 2. 青铜火鸡

（三）引入配套系：1. BUT 火鸡 2. 贝蒂纳火鸡

二、珍珠鸡

引入品种：珍珠鸡

三、雉鸡

（一）地方品种：1. 中国山鸡 2. 天峨六画山鸡

（二）培育品种：1. 左家雉鸡 2. 申鸿七彩雉

（三）引入品种：美国七彩山鸡

四、鹧鸪

引入品种：鹧鸪

五、番鸭

(一)地方品种：中国番鸭
(二)培育配套系：温氏白羽番鸭 1 号
(三)引入品种：番鸭
(四)引入配套系：克里莫番鸭

六、绿头鸭

引入品种：绿头鸭

七、鸵鸟

引入品种：1. 非洲黑鸵鸟 2. 红颈鸵鸟 3. 蓝颈鸵鸟

八、鸸鹋

引入品种：鸸鹋

拓展知识三　全国蛋鸡遗传改良计划(2021—2035 年)

我国是世界上蛋鸡饲养量和鸡蛋消费量最大的国家。种业是蛋鸡产业发展的重要基础。《全国蛋鸡遗传改良计划(2012－2020 年)》实施以来，我国蛋鸡种业自主创新和良种推广能力显著增强，已基本摆脱对引进品种的依赖。为进一步强化我国蛋鸡种业发展优势，持续提升核心竞争力，制定本计划。

一、基础与要求

(一)发展基础。2012 年以来，全国蛋鸡遗传改良工作成效显著。一是育成了一批有竞争力的品种。育成蛋鸡品种 15 个，其中高产蛋鸡品种 7 个、地方特色蛋鸡品种 8 个，占我国已育成蛋鸡品种的 65%。经持续选育，高产蛋鸡品种 72 周龄产蛋数增加了 10～12 个，料蛋比降低了 0.2～0.3，死淘率降低了 3.0～3.5 个百分点。目前自主培育蛋鸡品种类型齐全，生产性能已达到国际先进水平。二是基本建成了商业化育种体系。先后遴选国家蛋鸡核心育种场 5 家、良种扩繁推广基地 16 个，供种能力和水平大幅提升。2019 年在产祖代种鸡存栏 60 万套，其中自主培育品种 38 万套，我国蛋鸡产业已基本摆脱对引进品种的依赖。三是加快了育种技术的创新与应用。成功研发出蛋鸡专用 SNP 芯片，基因组选择进入实质性应用阶段。发现了控制绿壳性状基因 SLCO1B3 并应用于绿壳蛋鸡品种培育。建立了鱼腥味易感等位基因的检测方法并应用于高产蛋鸡育种。挖掘出抑制显性白羽基因的突变位点，育成了红羽粉壳蛋鸡品种。

(二)发展要求。当前，我国蛋鸡业正由数量增长向提质增效转变，这对蛋鸡种业发展提出了新的更高要求。实施第一期蛋鸡遗传改良计划后，蛋鸡种业还依然面临智能化精准测定装备研发应用不足，测定时间偏短、群体偏小，蛋品质、饲料转化效率、抗病力等性状选育进展相对缓慢，基因组选择技术应用滞后，科企实质性利益联结机制不完善，地方特色蛋鸡品种产品品质内涵挖掘不深入、品种质量有待提高，疫病净化不到位等问题。解决好这些问题，还需要继续深入实施遗传改良计划，为蛋鸡业发展提供更强有力的支撑。

二、思路与目标

（一）总体思路。坚持自主创新，以满足人民群众高品质蛋品消费为出发点，以提高品种自主培育能力和国内市场占有率为主攻方向，通过市场化机制有效整合利用产业资源，建立以市场需求为导向、企业为主体、产学研深度融合的蛋鸡种业创新体系，强化以国家蛋鸡核心育种场为龙头的育繁推一体化良种繁育体系建设，全面提升我国蛋鸡种业发展水平。

（二）总体目标。到2035年，建成完善的商业化育种体系，育种技术创新与应用达到国际先进水平，核心育种场生物安全水平显著提高。育成蛋鸡新品种8～10个，现有品种质量持续提高，培育具有国际竞争力的品种1～2个、打造世界一流的种业企业1～2个，自主培育品种国内市场占有率超过70%，开拓自主培育品种的国际市场。

（三）核心指标

1. 高产蛋鸡700日龄产蛋数达到500个以上，产蛋期（至72周龄）料蛋比达到1.9∶1、成活率达到96%以上。

2. 地方特色蛋鸡品种产蛋数年增加1.5个以上，产蛋期料蛋比年降低0.02以上、成活率达到94%以上。

三、技术路线

（一）高产蛋鸡。持续选育已育成蛋鸡品种，继续培育新品种，不断提高蛋品质量，提升国产蛋鸡品种核心竞争力，扩大市场占有率。

（二）地方特色蛋鸡。结合资源优势和区域消费需求，加强地方鸡种资源的开发利用，培育地方特色蛋鸡新品种，满足多元化市场需求。

四、重点任务

（一）强化国家蛋鸡育种体系

1. 主攻方向。建立商业化育种体系，培育具有国际竞争力的蛋鸡新品种。

2. 主要内容

——采用企业申报、省级畜禽种业行政主管部门审核推荐的方式，继续遴选高产蛋鸡和地方特色蛋鸡核心育种场。

——深化科企合作模式，逐步建立产学研深度融合的利益分配机制和风险控制机制，支持育种企业加强技术研发机构建设，不断提升自主创新能力。

3. 预期目标。遴选国家蛋鸡核心育种场达到8个，育成蛋鸡新品种8～10个，部分品种性能达到国际领先，打造世界一流的蛋鸡种业企业1～2个。

（二）夯实国家蛋鸡良种扩繁体系

1. 主攻方向。建立一批高标准、高水平的良种扩繁推广基地，提高高质量种源的供给水平。

2. 主要内容

——重点遴选具有自主培育品种的育繁推一体化种业企业，兼顾推广量大的引繁推一体化种业企业，建立国家蛋鸡良种扩繁推广基地，提升供种保障能力。

——提升现代装备水平，规范种鸡生产管理，发挥品种遗传潜力，提高生产效率。

3. 预期目标。遴选国家蛋鸡良种扩繁推广基地达到 20 个，供种能力达到蛋鸡饲养总量的 70%以上。打造亿级饲养量的自主培育品种 2～3 个、5 000 万级饲养量的品种 3～5 个、千万级饲养量的地方鸡或地方特色蛋鸡品种 2～4 个；打造具有国际竞争力的品种品牌 1～2 个。

(三)升级国家蛋鸡良种技术支撑体系

1. 主攻方向。健全性能测定体系，研究新性状的测定与选育方法，加快基因组选择等新技术的应用。

2. 主要内容

——支持和鼓励国家蛋鸡核心育种场提升智能化测定装备水平，规范开展各代次性能测定。种禽质量监督检验测定机构开展父母代和商品代性能测定，定期公布测定结果。

——建立品质、行为等性状测定与选育方法。研究应用超长产蛋期相关育种技术，提高产蛋持久性和后期蛋品质。完善育种数据采集与应用技术，推广应用基因组选择育种。

——开展地方鸡资源蛋用种质特性评价，挖掘优势特色基因，创制种质资源，为新品种培育提供素材。

3. 预期目标。先进育种技术普遍应用，有力支撑本计划目标的实现。

(四)加强蛋鸡种源垂直传播疾病净化

1. 主攻方向。重点净化以鸡白痢沙门菌病、禽白血病等为主的蛋鸡种源垂直传播疫病。

2. 主要内容

——完善国家蛋鸡核心育种场和良种扩繁推广基地环境控制及管理配套技术，建立更加严格、规范的核心育种群生物安全体系，提高垂直传播疫病净化能力，确保种鸡质量。

——完善准入管理，将鸡白痢沙门菌病、禽白血病等主要疫病监测结果作为国家蛋鸡核心育种场、良种扩繁推广基地遴选和核验的考核标准。

——加快推进国家蛋鸡核心育种场和国家蛋鸡良种扩繁推广基地疫病净化，创建无疫区、无疫小区或净化示范场。

3. 预期目标。国家蛋鸡核心育种场、良种扩繁推广基地率先达到农业农村部动物疫病净化的有关要求。

五、保障措施

(一)强化组织管理。全国畜禽遗传改良计划领导小组办公室负责本计划的组织实施。全国蛋鸡遗传改良计划专家委员会负责制修订相关标准和技术规范、评估遗传改良进展、开展育种技术指导等工作。省级畜禽种业主管部门负责本省内国家蛋鸡核心育种场、良种扩繁推广基地的推荐和管理，全面落实遗传改良计划各项任务。鼓励优势产区制定实施本地区蛋鸡遗传改良计划。

(二)加大政策支持。积极争取中央和地方财政对全国蛋鸡遗传改良计划的投入，逐步建立以政府资金为引导、企业投入为主体、社会资本参与的多元化投融资机制。重点加大对生产性能测定、育种新技术推广应用、疫病净化等方面的支持。现代种业提升工程等项目优先支持国家蛋鸡核心育种场、良种扩繁推广基地建设。支持将长期致力于蛋鸡育种的技术人员纳入当地的人才计划,激发人才创新活力。

(三)创新运行模式。加强本计划实施监督管理工作,完善运行管理机制。严格遴选并及时公布国家蛋鸡核心育种场、良种扩繁推广基地名单,建立定期考核和随机抽查相结合的考核制度,通报考核结果,对考核不达标的及时取消资格。推动产学研深度融合,构建充分体现知识、技术等创新要素价值的收益分配机制。

(四)加强宣传培训。采取多种形式加强全国蛋鸡遗传改良计划的宣传,增强社会各界对蛋鸡种业自主创新的理解和支持。依托国家级、省级蛋鸡产业技术体系和畜牧技术推广体系,组织开展技术培训和指导,提高我国蛋鸡种业从业人员素质。利用种业大数据平台,促进信息交流和共享。在加强国内蛋鸡遗传改良工作的同时,积极引进国外优良种质资源和先进技术。支持我国蛋鸡品种参与国际竞争,发展壮大国产品牌。

拓展知识四　全国肉鸡遗传改良计划(2021—2035 年)

我国肉鸡出栏量世界第一。鸡肉是国内第二大肉类产品,且在肉类消费结构中的占比不断提高。良种是肉鸡产业发展的重要基础。《全国肉鸡遗传改良计划(2014—2025 年)》实施以来,我国肉鸡新品种培育取得了显著进展,有效支撑了肉鸡产业的持续健康发展,对加快畜牧业结构调整、满足城乡居民肉类消费和增加农民收入做出了重要贡献。为适应我国肉鸡产业的高质量发展,全面提高肉鸡种业创新水平和国际竞争力,在前期肉鸡遗传改良工作基础上,制修订本计划。

一、基础与要求

(一)发展基础。2014 年以来,全国肉鸡遗传改良工作成效显著。一是保护、评价和利用了一批地方鸡种资源。建立了 2 个国家级地方鸡种活体保存基因库和 25 个国家级鸡遗传资源保种场,形成了基因库和保种场互为补充、相对完善的遗传资源保护体系,同时挖掘应用了一批影响体型外貌、生长发育、繁殖、肉质等性状的优势特色基因。二是培育了一批肉鸡新品种。截至 2020 年,通过国家审定的肉鸡新品种、配套系 60 个,饲料转化率、产蛋等生产性能取得显著进展,禽白血病基本得到有效控制,白羽肉鸡育种取得积极进展,育成具有中国特色的小型白羽肉鸡配套系并在市场上快速推广。三是建立了先进的育种技术体系。饲料转化率、产蛋等性状智能化测定装备和遗传评估等育种管理系统逐渐应用。挖掘了冠型等外貌性状分子标记,快慢羽基因、矮小基因等单基因性状分子标记广泛应用于育种实践。研发出我国第一款肉鸡 55KSNP 芯片,基因组选择技术逐步得到应用。四是建立了较为完善的良种繁育体系。已遴选 17 个国家肉鸡核心育种场和 16 个良种扩繁推广基地。国家肉鸡核心育种场所在企业供应的黄羽肉鸡市场占有率达到 70%以上。

(二)发展要求。与国内消费需求升级和我国肉鸡产业高质量发展需求相比,我国肉鸡种业还存在一定差距。黄羽肉鸡方面,育种企业数量多、规模参差不齐,整体技术力量薄弱,先进育种技术应用不够,育种设施装备相对落后,同质化育种现象严重,特征明显、性能优异、市场份额大的核心品种较少;长期以来适应活禽销售的育种目标,无法满足新形势下集中屠宰、冰鲜上市的市场需求。白羽肉鸡方面,祖代种鸡长期依赖进口,育种素材缺乏,育种技术与国外相比有一定差距;同时,鸡白痢沙门菌病、支原体病等垂直传播疫病净化亟待加强。新形势下,有必要继续实施肉鸡遗传改良计划，着力解决我国肉鸡种业发展的短板，夯实产业发展的根基。

二、思路与目标

（一）总体思路。坚持自主创新，以提高育种能力和自主品牌市场占有率为主攻方向，深化以市场为导向、企业为主体、产学研深度融合的创新机制，推进优势产业资源的整合和利用，建立国际一流水平的良种繁育体系，继续加强生产性能测定、疫病净化等基础性工作，加快育种新技术研发与应用，全面提升肉鸡种业的国际竞争力，持续增强对肉鸡业高质量发展的引领和支撑作用。

（二）总体目标。到 2035 年，培育肉鸡新品种、配套系 30 个以上，其中白羽肉鸡 4～6 个，实现零的突破。自主培育品种商品代市场占有率达到 80%以上，其中白羽肉鸡市场占有率达到 60%以上，建成更高水平的肉鸡商业化育种、扩繁体系，显著增强核心竞争力，打造具有国际竞争力的种业企业和品种品牌。

（三）核心指标。黄羽肉鸡每种类型形成 2～3 个主导品种，每个主导品种市场占有率 5%以上。培育白羽肉鸡配套系 4～6 个，市场占有率达到 60%以上。

1. 黄羽肉鸡。快速型黄羽肉鸡父母代入舍母鸡 66 周龄产蛋数 180 个以上；商品鸡 70 日龄体重达到 3.0 kg 以上，饲料转化率 2.4 以下。慢速型黄羽肉鸡父母代入舍母鸡 66 周龄产蛋数 165 个以上；商品鸡 90 日龄以上出栏，饲料转化率 3.2 以下。

2. 白羽肉鸡。父母代入舍母鸡 66 周龄产蛋数 170 个；商品鸡 42 日龄体重 2.8 kg 以上，饲料转化率 1.6 以下，胸肌率 23%以上，成活率 95%以上。

3. 小型白羽肉鸡。父母代入舍母鸡 72 周龄产蛋数 300 个以上，商品鸡 42 日龄体重 1.5 kg，饲料转化率 1.7 以下。

三、技术路线

（一）黄羽肉鸡。提高先进育种技术应用水平，夯实性状遗传评估基础。加强胴体性状、饲料转化率、繁殖性能和肉品质等性状选择，培育适合屠宰加工的黄羽肉鸡新品种、配套系。培育特征明显、性能优异、市场份额大的核心品种，创建知名品牌。进一步完善良种繁育体系。

（二）白羽肉鸡。以引进品种和我国特色地方品种为基础创制育种素材，综合考虑不同目标性状之间的关系，优化综合选择指数，应用表型精准测定技术和分子育种技术，培育出达到世界先进水平的白羽肉鸡新品种、配套系。

（三）小型白羽肉鸡。规范小型白羽肉鸡制种技术，保障父系种鸡质量，改善群体疫病净化和生物安全水平。培育专用新品种、配套系，完善良种繁育体系。

四、重点任务

（一）强化国家肉鸡育种自主创新体系

1. 主攻方向。建立高标准的国家肉鸡核心育种场，培育品种市场占有率稳步提升。

2. 主要内容

——采用企业申报、省级畜禽种业行政主管部门推荐的方式，继续遴选国家肉鸡核心育种场，优化结构和布局。

——推进育种优势资源和技术整合，优化育种方案，完善育种数据采集与遗传评估技术，开发应用育种新技术，培育肉鸡新品种，满足多元化的消费需求。持续选育已育成肉鸡品种，进一步提高品种质量。

3. 预期目标。遴选国家肉鸡核心育种场数量达到25个,其中白羽肉鸡3个以上,育种水平达到国际先进水平。打造肉鸡品种品牌5～10个,培育具有国际竞争力的肉鸡种业集团3～5个。

(二)强化肉鸡良种扩繁推广体系

1. 主攻方向。完善祖代、父母代、商品代三级良种扩繁体系,打造在国内外有较大影响力的肉种鸡企业。

2. 主要内容。在企业自愿申报、省级畜禽种业行政主管部门审核推荐基础上,以自主培育品种为主,兼顾引进品种,遴选国家肉鸡良种扩繁推广基地,提高雏鸡健康水平,提升供种能力。

3. 预期目标。遴选国家肉鸡良种扩繁推广基地达到25个,供种保障能力进一步增强,种鸡的质量和利用效率大幅提高,品种的遗传潜力充分发挥。

(三)强化国家肉鸡育种支撑体系

1. 主攻方向。提高肉鸡生产性能测定水平,加快肉鸡遗传改良新技术研发和应用,加强地方鸡种资源利用。

2. 主要内容

——国家肉鸡核心育种场完善生产性能测定体系,规范测定各代次的生产性能。种禽质量监督检验测定机构测定国家审定品种和引进品种父母代和商品代生产性能,及时公布测定结果。开展品种生产性能的动态分析。

——开展高通量表型精准测定、基因组选择等育种新技术研发,为国家肉鸡核心育种场提供技术指导和培训。

——开展地方鸡遗传资源的鸡肉品质、适应能力等特性评价,挖掘优势特色基因,创制新种质,为新品种培育提供素材。

3. 预期目标。国家肉鸡核心育种场育种技术水平得到显著提升,地方品种资源开发利用取得显著进展。

(四)加强肉鸡种源垂直传播疫病净化

1. 主攻方向。重点净化以鸡白痢沙门菌病、禽白血病等为主的肉鸡种源垂直传播疫病。

2. 主要内容

——完善国家肉鸡核心育种场和良种扩繁推广基地环境控制和管理配套技术,建立更加严格、规范的核心育种群生物安全体系,提高垂直传播疫病净化能力,确保种鸡质量。

——完善准入管理,将鸡白痢沙门菌病、禽白血病等主要疫病监测结果作为国家肉鸡核心育种场、良种扩繁推广基地遴选和核验的考核标准。

——加快推进国家肉鸡核心育种场和国家肉鸡良种扩繁推广基地疫病净化,创建无疫区、无疫小区或净化示范场。

3. 预期目标。国家肉鸡核心育种场和良种扩繁推广基地率先达到农业农村部动物疫病净化的相关要求。

五、保障措施

(一)强化组织管理。全国畜禽遗传改良计划领导小组办公室负责本计划的组织实施。全国肉鸡遗传改良计划专家委员会,负责制修订相关标准和技术规范、评估遗传改良进展、开展育种技术指导等工作。省级畜禽种业主管部门负责本省内国家肉鸡核心育种场、良种扩繁推广基地的推荐和管理,全面落实遗传改良计划各项任务。鼓励优势产区制定实施本省份肉鸡遗传改良计划。

（二）加大政策支持。积极争取中央和地方财政对全国肉鸡遗传改良计划的投入，逐步建立以政府资金为引导、企业投入为主体、社会资本参与的多元化投融资机制。重点加大对生产性能测定、育种新技术推广应用、疫病净化等方面的支持。现代种业提升工程等项目优先支持国家肉鸡核心育种场、良种扩繁推广基地建设。支持各级畜禽种业主管部门将长期致力于畜禽育种的技术人员纳入当地的人才计划，激发人才创新活力。

（三）创新运行模式。加强本计划实施监督管理工作，完善运行管理机制。严格遴选并及时公布国家肉鸡核心育种场、国家肉鸡良种扩繁推广基地名单，建立定期考核和随机抽查相结合的考核制度，通报考核结果，对考核不达标的及时取消资格。推动产学研深度融合，构建充分体现知识、技术等创新要素价值的收益分配机制，大幅提高科技成果转移转化成效。完善国家核心育种场专家联系制，进一步提高指导的针对性和有效性。

（四）加强宣传培训。采取多种形式加强全国肉鸡遗传改良计划的宣传，增进社会各界对肉鸡种业自主创新的理解和支持。依托国家级、省级肉鸡产业技术体系和畜牧技术推广体系，组织开展技术培训和指导，提高我国肉鸡种业从业人员素质。利用种业大数据平台，促进信息交流和共享。在加强国内肉鸡遗传改良工作的同时，积极引进国外优良种质资源和先进技术，鼓励育种企业加强国际交流。

拓展知识五　全国水禽遗传改良计划（2020—2035）

水禽养殖业是我国的特色产业。我国水禽饲养量居世界首位，年出栏量约 45 亿只，占世界总量的 80%以上。种业是现代水禽产业发展的基础，加快发展水禽种业，对于提高我国水禽生产水平和生产效率，满足畜产品有效供给和多元化市场需求具有重要作用。为加快我国水禽良种培育步伐，提升水禽种业发展水平和创新能力，增强国际市场竞争力，促进水禽产业健康稳定持续发展，制定本计划。

一、我国水禽遗传改良现状与形势

我国是世界上水禽遗传资源最丰富的国家之一。根据第二次全国畜禽遗传资源调查，共有地方鸭品种 32 个、鹅品种 30 个。我国水禽遗传资源不仅数量众多，而且类型齐全、种质特性各异。肉鸭、蛋鸭、肉蛋兼用型鸭品种资源齐全；大、中、小型鹅品种分布于全国多省；番鸭有黑羽、白羽和花羽及大、中、小各种类型。基于地方品种的遗传多样性特点，经过多年的培育，我国肉鸭出栏日龄从早期的 70 d 缩短到目前的 40 d，饲料转化效率由 3.5：1 提高到目前的 1.9：1，自主培育的烤炙型北京鸭配套系完全占据我国中高端烤鸭市场。培育的蛋鸭品种 500 日龄的产蛋量超过 300 个，料蛋比低于 2.8：1，并表现出极强的适应性、抗应激性和抗病性，深受加工企业欢迎。自主培育的鹅新品种和配套系，繁殖性能较国外引进同类品种高 40%以上。2018 年，我国肉鸭出栏量达到 35 亿只，约占全球总出栏量的 80%。成年蛋鸭存栏量超过 2 亿只，占全球蛋鸭存栏量的 90%以上。鹅年出栏量超过 6 亿只。鸭肉和鹅肉年产量超过 850 万 t，仅次于猪肉和鸡肉，约占我国肉类总产量的 10%、禽肉总产量的 40%。鸭蛋产量占禽蛋总产量的近 20%。

经过多年实践和探索，我国水禽种业快速发展，为水禽产业转型升级奠定了良好基础。但总体而言，水禽种业发展仍面临不少困难和问题，主要表现在：缺乏有国际竞争力的标志性品种，瘦肉型肉鸭品种主要从国外引进，占据我国同类肉鸭品种市场份额的75%以上；育种技术相对落后，关键育种技术长期未能取得突破，育种效率低；品种更新满足不了区域性多元化市场的需求；种源疫病净化水平参差不齐。今后一个时期，实施乡村振兴战略为畜禽种业创新发展提出了明确要求，养殖空间的压缩倒逼水禽育种创新，水禽种业发展面临新机遇、新挑战，有必要制定全国水禽遗传改良计划，明确水禽遗传改良总体思路和任务，推动我国水禽育种高效创新，为我国种业和水禽产业发展做出积极贡献。

二、指导思想、总体目标和主要任务

（一）指导思想

坚持“以我为主、引育结合、自主创新”的发展方针，以市场需求为导向，以提高育种效率与品种生产效率为主攻方向，坚持政府引导、企业主体的商业化育种道路，构建产学研用融合发展的创新体系，加速创新要素聚集，健全以核心育种场和扩繁基地为支撑的水禽良种繁育体系。坚持强化政策扶持，强化科技支撑，夯实生产性能测定、疫病净化和资源保护利用等基础性工作，全面提升水禽种业发展水平。坚持以国际视野谋划和推动水禽种业创新，加快培育自主品牌，提升国际竞争力和影响力，部分品种实现并行、领跑。

（二）总体目标

到2035年，建立完善的现代肉鸭、蛋鸭、鹅和番鸭商业育种体系以及半番鸭繁育体系，培育水禽新品种、配套系10个以上。自主培育的肉鸭品种的市场占有率达到80%以上，蛋鸭稳定在90%以上，鹅稳定在80%以上，番鸭和半番鸭达到50%以上。主流品种具有国际竞争力，能达到或者超过国际同期最好水平。

——肉鸭：瘦肉型肉鸭的75周龄父母代种鸭的产蛋数提高10个以上；商品代42日龄饲料转化率低于1.85∶1，提高10%以上；瘦肉率达到30%，提高5个百分点。烤炙型肉鸭的75周龄父母代种鸭的产蛋数提高10个以上，商品代肉鸭42日龄在非填饲情况下，皮脂率达到36%，提高3个百分点。优质型肉鸭根据各地市场需求，在维持体重相对稳定、肉品质优良前提下，饲料转化率低于2.5∶1。

——蛋鸭：高产优质商品代蛋鸭72周龄产蛋数提高到330个，青壳系的青壳率达到100%，总蛋重21 kg以上，产蛋期饲料转化率低于2.5∶1，提高10%以上，蛋壳强度提高5%以上。适宜笼养、抗逆强的蛋鸭配套系的商品代72周龄产蛋数提高到315个，饲料转化率低于2.45∶1，提高10%以上，产蛋期成活率达到95%。

——鹅：大型鹅种的父母代种鹅产蛋数提高15%，商品代110日龄体重达到5 kg。中体型白鹅配套系父母代产蛋量提高15%，商品代10周龄体重3.8 kg以上，饲料转化率提高15%以上。肥肝型鹅父母代年产蛋量达到45个，产蛋量提高10%以上；商品代平均肥肝重量850 g以上，料肝比低于25∶1。

——番鸭、半番鸭：番鸭父母代产蛋数提高10个以上，商品代番鸭、半番鸭70日龄饲料转化率低于2.6∶1，提高10%以上。半番鸭生产的个体肥肝重量增加10%。

（三）主要任务

1. 明确适应我国各地需求的水禽新品种主要特点，制定相应育种方案，指导品种选育，持续选育已育成品种，扩大核心品种市场占有率，培育具有国际竞争力的水禽新品种。

2. 打造一批在国内外具有较大影响力的育繁推一体化水禽种业企业，建立国家水禽良种扩繁基地，满足不同市场对优质水禽的需求。

3. 制定并完善水禽生产性能测定技术与管理规范，开展水禽遗传数据分析，建立由核心育种场、商品代水禽生产性能标准测定场与种禽质量监督检验测试机构组成的性能测定体系。

4. 开展水禽育种新技术及新品种产业化技术的研发，加快信息技术、物联网技术在育种工作中的应用，及时收集、分析水禽产业相关信息和发展动态。

5. 做好水禽重大疫病防控工作，定期检测重大疫病预防情况。

三、主要水禽品种的遗传改良技术路线

（一）肉鸭

我国鸭肉市场以大型白羽肉鸭为主体，但是不同地区鸭肉的消费习惯、食品类型差异较大，需根据市场发展需求，开展区域性、差别化育种。

瘦肉型肉鸭以满足市场对分割鸭肉产品的需求为主要目标，以北京鸭为基础，重点选择体重、饲料转化率、胸肉率、腿肉率、皮脂率性状。综合评价各个商业品种的市场价值，为育种公司提供数据参考。

烤炙型肉鸭以满足我国不同区域对烤鸭品质的需求为主要目标，以北京鸭为育种素材，重点选育体重、皮脂率、胸肌率和肉品质性状。根据我国不同区域烤鸭市场的消费特点，制定相应育种技术指标，培育适宜的品种。

优质型肉鸭以满足我国不同区域市场需求为主要目标。盐水鸭、卤鸭、酱鸭等对肉鸭有特殊要求，选择以连城白鸭、临武鸭、吉安红毛鸭、三穗鸭、麻旺鸭等为遗传基础，开展相应的纯种选育、专门化品系选育，建立高效繁育体系。

（二）蛋鸭

鸭蛋在我国华南、华中、华东、西南地区有巨大消费市场，也是我国多种特色餐饮重要原材料。要根据我国蛋品加工、居民日常消费特点，培育不同类型蛋鸭新品种和配套系。

开展专门化品系选育。重点以绍兴鸭、高邮鸭、金定鸭、莆田黑鸭、龙岩山麻鸭、马踏湖鸭等为育种素材，培育高产、高饲料转化效率、早熟、体型小、青壳、高蛋壳强度、抗应激等蛋鸭专门化品系。在专门化品系基础上，组建生产效率高、蛋品质好的青壳蛋鸭配套系、抗逆性强的高产蛋鸭配套系等。

开展适宜笼养的蛋鸭新品系选育。重点以绍兴鸭和金定鸭为基础，开展产蛋量、抗逆、饲料转化效率等性状的选育。

（三）鹅

从不同地区特色消费和加工需求出发，加强各地方品种的本品种选育，提高地方品种的整齐度与生产性能。在此基础上，筛选育种素材，定向培育生长速度快、繁殖性能高、饲料转化效率高、肉品质好、羽绒生长发育快、适合肥肝生长的各种专门化品系，开展配合力测定，培育能够满足区域性消费特点的鹅配套系。

对于浙东白鹅、皖西白鹅、马岗鹅、狮头鹅、伊犁鹅等低繁殖力品种，重点加强繁殖性能选育工作。对四川白鹅、籽鹅、豁眼鹅等繁殖力相对较高的地方品种，应重点围绕提高生长速度、饲料转化效率、整齐度等开展育种工作。加强鹅绒性能测定和选育，地方大型鹅种应加强肉品质选择。针对我国不同地区对鹅不同部位的偏好和需求，开展这些部位遗传参数估计，同时加强对各部位经济价值评估，为区域化鹅育种提供支持。

(四)番鸭、半番鸭

加强番鸭引进品种和地方品种的选育改良。大、中、小型番鸭选育指标主要为个体早期生长速度、饲料转化率、羽毛生长速度、产蛋量和体形外貌。大型白羽番鸭、半番鸭主要市场目标为分割上市;中型番鸭、半番鸭主要市场目标是终端活禽批发市场;小型番鸭、半番鸭饲养日龄较长,主要市场目标是走优质高端市场路线。

半番鸭育种以现有大型番鸭为父本,北京鸭为母本,继续进行继代选育,形成专门化品系;开展配合力测定,提高肝料比、填饲性能等指标,选育出大型优质肥肝用白羽半番鸭配套系,提高肥肝生产效率。

四、主要工作内容

(一)构建国家水禽良种选育体系

1. 实施内容

——遴选国家水禽核心育种场。根据肉鸭、蛋鸭、鹅、番鸭和半番鸭的育种关键技术要求,制定国家水禽核心育种场的遴选标准,采取企业申报、省级畜禽种业主管部门审核推荐的方式进行。建立长效的考核与淘汰机制,实行动态管理。

——新品种培育与本品种持续选育。确定各核心育种场的育种目标与技术路线,整合育种优势资源和技术,培育新品种和配套系。持续选育已育成品种,进一步提高品种质量,推进肉鸭、蛋鸭、鹅、番鸭品种国产化和多元化,满足不同区域、不同市场的消费需求。

2. 任务指标

——2020 年发布国家水禽核心育种场遴选标准,2025 年前完成 35 个核心育种场的遴选,其中肉鸭 15 个、蛋鸭 7 个、鹅 9 个、番鸭和半番鸭 4 个。核心育种场突出核心育种群体规模、育种素材、育种方案、设施设备条件、技术团队力量和市场占有率等,逐步形成以核心育种场为主体的商业化育种模式。

——到 2035 年,持续选育或育成 4 个以上肉鸭品种,核心育种场供应种禽数量占全国市场的 70%以上;持续选育或育成 2 个以上地方特色高产蛋鸭新品种或者配套系;持续选育或育成 2 个以上地方特色高产鹅新品种或者配套系;持续选育或育成 1 个以上番鸭新品种或者配套系;持续选育或育成 1 个半番鸭配套系。

——核心育种场配备主要疫病诊断和检测实验室,制定水禽重大疫病防控方案,相关重大疫病结果符合农业农村部有关标准。

(二)构建国家水禽良种扩繁体系

1. 实施内容

在企业自愿申报、省级畜禽种业主管部门审核推荐基础上,以自主培育品种为主,遴选国家水禽良种扩繁基地,打造在国内外有较大影响力的水禽育繁推一体化企业,提升供种能力。持续开展水禽主要重大传播疫病的防控与监测工作,提高鸭苗、鹅苗健康水平。

2. 任务指标

2020 年发布国家水禽良种扩繁基地遴选标准,2025 年前完成 50 个良种扩繁基地的遴选,其中肉鸭 20 个、蛋鸭 5 个、鹅 10 个、番鸭和半番鸭 5 个。国家水禽良种扩繁基地供应种禽数量占全国市场的 40%以上。

(三)构建国家水禽育种支撑体系

1. 实施内容

——建立水禽生产性能测定体系。制定水禽生产性能测定技术与管理规范。核心育种场主要测定原种的生产性能,农业农村部家禽品质监督检验测试中心定期测定国家审定品种和引进品种父母代、商品代生产性能。种禽质量监督检验测定机构负责种鸭、种鹅质量的监督检验。

——研发水禽遗传改良技术。建立国家水禽遗传数据分析中心,成立水禽遗传改良计划技术专家组,开展关键育种技术攻关,开发应用育种新技术,重点突破抗病力、饲料转化率、肉品质、蛋品质相关性状的育种技术,为核心育种场提供指导。充分利用分子育种技术,创建适合于水禽育种的专门化分子育种方案。

——保护利用地方水禽遗传资源。支持列入国家级和省级畜禽遗传资源保护名录的地方水禽品种的保护、利用工作。利用常规保种与现代分子生物学等技术手段,进行遗传资源保护和保种效果监测,开展我国地方水禽种质资源肉质、产蛋性能、适应性等优良特性评价,构建水禽 DNA 特征数据库,挖掘优势特色基因,为水禽新品种的选育提供育种素材。

2. 任务指标

——制定发布水禽性能测定技术与管理规范。

——2020 年发布国家商品代水禽生产性能标准测定场遴选标准,2025 年前完成 10 家标准测定场的遴选。定期开展水禽生产性能测定工作,及时公布测定结果。

——建设国家水禽遗传数据分析中心,定期分析水禽种业市场和品种生产性能的动态变化情况,及时对外公布。

五、保障措施

(一)完善组织管理。农业农村部种业管理司和全国畜牧总站负责本计划的组织实施。依托国家水禽产业技术体系,成立水禽遗传改良计划技术专家组,负责制定水禽核心育种场遴选标准、生产性能测定方案、评估遗传改良进展、开展相关育种技术指导等工作。省级畜禽种业主管部门负责本区域内国家水禽核心育种场、国家水禽良种扩繁基地以及纳入性能测定体系的标准测定场的资格审查与推荐,配合做好国家水禽性能和主要重大传播疫病的监测任务。

(二)创新运行模式。加强本计划实施监督管理工作,建立科学的考核体系,完善运行管理机制。鼓励建立多种形式育种技术协作攻关模式,整合资源进行育种技术研发,协调各方利用与成果转化机制。严格遴选并及时公布国家水禽核心育种场和良种扩繁基地,建立绩效评价和退出机制,实行动态管理,每 5 年考核一次,通报考核结果,淘汰不合格核心育种场和扩繁基地。严格遴选纳入性能测定体系的标准化测定场,定期对测定数据的可靠性和准确性进行考核。

(三)强化政策支持。逐步建立以政府资金为引导、企业投入为主体的多元化投融资机制,充分调动企业参与水禽遗传改良工作的积极性。继续强化水禽遗传资源保护、新品种选育、性能测定等方面的支持力度,整合项目资金,加强核心育种场和良种扩繁基地等建设,推进水禽遗传改良计划顺利实施。加强全国水禽遗传改良计划的宣传,展示示范优良品种,营造良好舆论氛围。

(四)加强技术支撑。依托国家水禽产业技术体系和畜牧技术推广体系,组织开展技术培训和指导,提高我国水禽种业从业人员素质。组织专家组定期开展现场技术指导,提升技术人员的生产性能测定、遗传评估、疫病防控和生产管理技术水平，应用标准化的表型准确测定系统，不断提高育种技术人员的技术水平。利用数字种业网络平台，促进信息交流和共享。

（五）推进国际合作。积极引进国外优良种质资源和先进技术，适时出口我国培育的优良品种。面向国际市场，加强对外交流与合作，鼓励育种企业走出去，在境外设立育种研发基地，促进我国水禽种业走向国际市场。

复习与思考

1. 不同家禽的外貌特征有哪些异同？
2. 家禽的体尺指标有哪些？如何进行测量？
3. 家禽的品种如何分类？我国有哪些优良的地方鸡、鸭、鹅品种？
4. 当前生产中应用的家禽品种(配套系）主要有哪些？
5. 家禽的主要育种方法有哪些？
6. 母禽的输卵管按结构和功能分哪几个部分？简述蛋的形成过程。
7. 如何进行种鸡的采精、输精？应注意哪些问题？

技能训练一　家禽品种的识别、外貌鉴定

目的要求

掌握或熟悉下列基本实际知识和基本操作技术：保定家禽的方法；禽体外貌部位和羽毛的名称；家禽性别和年龄的识别；家禽的体尺测量。

材料和用具

家禽骨骼标本、各种禽类公母家禽若干只，家禽鉴别笼、卷尺、卡尺、体重秤、禽体外貌部位名称图、鸡的冠形图、羽毛种类、屠宰刀、骨剪、解剖用具 1 套、承血盆、方瓷盆、温度计、普通天平。

内容和方法

1. 保定家禽

用左手大拇指和食指夹住鸡的右腿，无名指与小指夹住鸡的左腿，使鸡胸腹部置于左掌中，并使鸡的头部向着鉴定者。这样把鸡保定在左手上不致乱动，又可以随意转动左手，以便观察鸡体各部。

鸭的保定法与鸡相似。鹅和火鸡因体躯较大且重，应放置在栏栅里进行观察，或由两个人协同保定。

2. 禽体外貌部位的识别

按禽体各部位，从头、颈、肩、翼、背、胸、腹、臀、腿、胫、趾和爪等部位仔细观察，并熟悉其各部位名称(观察时参阅教材的有关插图)。

在观察过程中，需注意各部位特征与家禽健康的关系以及禽体在生长发育上有无缺陷，例如歪嘴、胸骨弯曲和曲趾等。

鸡的头部有冠，冠有多种形状。但在国内以单冠、玫瑰冠和豆冠比较普遍，观察时要指出组成鸡冠的各部分名称以及玫瑰冠和豆冠的区别，用实物或挂图说明之。

中国鹅的头部有凸起的肉瘤，或称额瘤，有些鹅颌下有垂皮或称咽袋。

鸭的喙扁平，在上喙的尖端有一坚硬的豆状突起物，色略浅，称为喙豆。

健康的家禽，精神饱满，好动，羽毛光泽油润，鸡冠及肉垂鲜红。

3. 禽体各部位羽毛的观察和认识

观察和认识禽体各部位羽毛的名称、形状、羽毛结构、新生羽毛和旧羽毛的区分等。同时留意观察羽毛与家禽性别和年龄的关系。

家禽体躯全身覆盖羽毛，其各部位的名称与羽毛有密切的关系，如颈部的羽毛称为颈羽，翼部的羽毛称为翼羽等。公、母鸡羽毛形状不一，如公鸡的覆尾羽如镰刀状称为镰羽，母鸡的鞍羽、颈羽末端呈钝圆形，公鸡的鞍羽、颈羽较长，末端呈尖形，公鸡鞍羽特称为蓑羽，颈羽特称为梳羽。据此，可以区别鸡的雌雄。新旧羽毛有区别，新羽羽片整洁光泽，在秋、冬换羽期间，旧羽毛的羽片破烂干枯；新的主翼羽的羽轴较粗大柔软，充血或呈乳白色；旧羽羽轴坚硬，较细，透明。旧羽在羽片基部有一小撮副绒羽，而新羽则没有。羽毛色泽有白、黑、红、浅黄等。

鸭翼较小，在副翼羽上比较光亮的羽毛，称为镜羽。成年公鸭在尾的基部有2～4根覆尾羽向上卷成钩状，称为卷羽或性羽。母鸭则无。

4. 家禽性别与龄期的鉴定

(1)家禽性别的特征　公鸡体躯比母鸡高大，昂首翘尾、体态轩昂。头部稍粗糙，冠高，肉垂较大，颜色鲜红。梳羽、蓑羽、镰羽长而尖。胫部有距，性成熟时，发育良好，距越长则公鸡的年龄越大，1岁时，距的长度约1 cm。公鸡啼声洪亮，喔喔长鸣。

母鸡体躯比公鸡小，体态文雅，头小，纹理较细，冠与肉垂较小。颈羽、鞍羽、覆尾羽较短，末端呈钝圆形。后躯发达，腹部下垂。胫部比公鸡短而细，距不发达，虽成年母鸡，也仅见豆粒样残迹而已。

公鸭体躯大，颈粗体长，北京公鸭的喙和脚颜色较深，羽毛整齐光洁。东莞麻鸭，头颈黑翠，喙铅青色，脚黑色。公鸭有卷羽或性羽。叫声嘶哑，发出丝丝沙沙嗓音。

母鸭体躯比公鸭小而身短。北京母鸭的喙色和脚色较浅，鸣声颇大，作嘎嘎声。

公鹅体格大，头大，额包高，颈粗长，胸部宽广，脚高，站立时轩昂挺直，鸣声洪亮。翻开泄殖腔，可见螺旋状的阴茎。

母鹅体格比公鹅小，头小，额包也较小，颈细，脚细短，腹部下垂，站立时不如公鹅挺直，鸣声低细而短平，行动迟缓。

(2)家禽的龄期鉴定　家禽最准确的龄期，只有根据出雏日期来断定。但其大概龄期可凭它的外形来估计。

青年鸡的羽毛结实光润，胸骨直，其末端柔软，胫部鳞片光滑细致、柔软。小公鸡的距尚未发育完成。小母鸡的耻骨薄而有弹性，两耻骨间的距离较窄，泄殖腔较紧而干燥。

老龄鸡在换羽前的羽毛枯涩凋萎，胸骨硬，有的弯曲，胫部鳞片粗糙，坚硬。老公鸡的距相当长。老母鸡耻骨厚而硬，两耻骨间的距离较宽，泄殖腔肌肉松弛。

5. 家禽体尺的测量

测量家禽的体尺，目的是更精确地记载家禽的体格特征和鉴定家禽体躯各部分的生长发育情况，在家禽育种和地方禽种调查工作中常用到。

在进行体尺测量前，要复习并熟悉骨骼和关节的正确位置，使测量的结果更精确。方法是每组学生准备家禽骨骼标本1副，有重点地指出测量时用得着的各种骨骼部位，同时阐明它们和禽体生长发育的关系，并要求学生熟记骨骼位置。体尺测量部位和方法照下表进行：

项目	测量工具	测定部位	意义
体斜长	皮尺	肩关节到坐骨结节的距离	了解禽体在长度方面的发育情况
胸宽	卡尺	两肩关节间的距离	了解禽体胸腔发育情况
胸深	卡尺	第一胸椎到龙骨前缘的距离	了解胸腔、胸骨和胸肌发育状况
胸围	皮尺	绕两肩关节和胸骨前缘1周	了解禽体胸腔和肌肉发育情况
龙骨长	皮尺	龙骨突前端到龙骨末端	了解体躯和胸骨长度的发育情况
胫长	卡尺	胫部上关节到第三趾与第四趾间的距离	了解体高和长骨的发育情况
髋宽	卡尺	两髋关节间的距离	了解禽体腹腔发育情况

在测量过程中应及时把包括体重数据在内的每项数据记载于家禽体尺表中。家禽的体重测定应在空腹时进行。

取得体尺和体重的数据后，可根据这些数据，计算家禽的体型指数。

家禽体尺表

g，cm

禽号	性别	活重	体斜长	胸宽	胸深	胸围	龙骨长	胫长	髋宽

实训报告

1. 判断自己所测定家禽的年龄与健康状况。
2. 根据体尺测量结果，对比不同类型和性别家禽的体尺差异。

技能训练二　鸡的人工授精

目的要求

初步掌握种鸡人工授精的基本操作技术。

材料和用具

成年种公鸡和产蛋母鸡各若干只，采精杯、集精瓶、输精器(胶头滴管，也可以用1 mL注射器或微量移液器代用)、钝头剪刀、75%酒精和95%酒精等。

内容和方法

1. 输精器械的使用训练

用牛奶替代精液，让学生用胶头滴管练习吸取精液，使每次的吸取量为完整的 1 滴(约 0.03 mL)。使用微量移液器主要是调整液体吸取量及使用方法。

2. 公鸡的采精

(1)采精前的准备　把公鸡和母鸡隔离饲养，剪去公鸡泄殖腔周围的羽毛，避免妨碍操作和污染精液。采精杯、集精瓶、输精器均应用生理盐水冲洗，烘干备用。

(2)采精操作步骤(两人协同操作)　1 人用左右手分别将公鸡两腿松松握住，自然分开，放置在身体的右侧，使鸡头部向后，尾部朝向采精者。采精者先用右手中指和食指(或无名指)夹住采精杯，杯口向下藏在手心内，以免按摩时公鸡排粪污染精液。然后采精者以左手从公鸡背鞍部向尾根部方向滑推按摩，并用拇指和另外 4 指以捏的动作刺激尾根(即插在腹部两侧的柔软部分，施以迅速敏捷的颤抖按摩)3～4 次，频率要快，引起公鸡性感。当公鸡外翻泄殖腔时，左手立即从背部绕到鸡尾后面，用中指、无名指及小指挡住尾羽，拇指和食指的指尖放在肛门稍上缘的两侧，做好挤压泄殖腔的准备。右手随之以较高的频率抖动腹部，直到泄殖腔完全外翻为止。此时，左手食指、拇指立即捏住外翻的泄殖腔基部，使乳头突完全露出，右手随即停止抖动，手心迅速上翻，将集精瓶口放在泄殖腔开口下缘接取精液。全部动作要迅速连贯，一般采 1 只公鸡的精液需 10～20 s，最快的仅仅需要 5～8 s。

3. 母鸡的人工授精操作

抓鸡者用左手大拇指与食指和小指与无名指分别捏住母鸡的两腿，掌心紧贴鸡的胸部，随即将手直立，使母鸡背部朝前，鸡的头部向下，泄殖腔向上，然后，再将右手和其余手指分开呈“八”字形，横跨于泄殖腔上下两侧柔软部分，大拇指轻巧的向下一压，即可使开口于泄殖腔的输卵管口翻出。输精者可用吸有精液的输精器，插入输卵管开口处 2～4 cm 深，把精液输入。保定母鸡者与输精者要密切配合。在注入精液时，保定母鸡者要慢慢减轻对母鸡腹部的压力，以免输入的精液溢出。

笼养种鸡人工授精时，可用左手握住母鸡的双腿，顺势以右手向前挤压母鸡左侧腹部，即可将输卵管开口翻出进行授精。

实训报告

总结家禽人工授精实践中的体会和收获。

项目二
家禽场建设与生产设备选择

任务一　家禽场的选址与规划

任务描述

家禽场是家禽生活和生产的场所，关系到家禽的健康和生产性能发挥，也对禽场的经营产生着直接影响。场址选择应根据当地的地势地形、土壤、水源、气候、交通运输、电力供应等自然条件和社会条件综合考虑，以做到科学选择场址；然后计划和安排场内不同建筑功能区、道路、绿化等地段的位置。

任务目标

掌握家禽场场址选择应考虑的各种因素；能够科学选择禽场场址及对场地合理规划布局。

基本知识

(1)场址选择；(2)场区规划。

一、场址选择

场址选择既要考虑禽场生产对周围环境的要求，也要尽量避免禽场产生的气味、污物对周围环境的影响。选址应考虑以下因素：

二维码 2.1
肉鸡养殖场场址规划

(一)地势地形

家禽场应选在地势较高、平坦及排水良好的场地，要避开低洼潮湿地，远离沼泽地。场地要向阳背风，以保持场区小气候温热状况的相对稳定，减少冬春季风雪的侵袭。

平原地区一般场地比较平坦、开阔，应将场址选择在比周围地段稍高的地方，以利排水防涝。地面坡度以1%～3%为宜；地下水位至少低于建筑物地基深埋0.5 m以下。对靠近河流、湖泊的地区，场地应比当地水文资料中最高水位高1～2 m，以防涨水时被淹没。

山区建场应选在稍平缓的坡上，坡面向阳，总坡度不超过25%，建筑区坡度应在2.5%以内。山区建场还要注意地质构造情况，避开断层、滑坡、塌方的地段，也要避开坡底和谷地以及风口，以免受山洪和暴风雪的袭击。有些山区的谷地或山坳，常因地形地势限制，易形成局部空气涡流现象，致使场区内污浊空气长时间滞留、潮湿、阴冷或闷热，因此应注意避免。场地地形宜开阔整齐，避免过多的边角和过于狭长。

（二）土壤和水源

家禽场的土壤应具有良好的卫生条件，要求过去未被禽的致病细菌、病毒和寄生虫所污染，透气性和透水性良好，以便保证地面干燥。对于采用机械化装备的禽场还要求土壤压缩性小而均匀，以承担建筑物和将来使用机械的重量。总之，禽场的土壤以沙壤和壤土为宜，这样的土壤排水性能良好，隔热，不利于病原菌的繁殖，符合禽场的卫生要求。

家禽场要有水质良好和水量丰富的水源，同时便于取用和进行防护。

水量能满足场内人、禽饮用和其他生产、生活用水的需要，且在干燥或冻结时期也能满足场内全部用水需要。水质要清洁，不含细菌、寄生虫卵及矿物毒物。在选择地下水作水源时，要调查是否因水质不良而出现过某些地方性疾病。2008 年农业部在 NY 5027-2008《无公害食品　畜禽饮用水水质》、NY 5028—2008《无公害食品　畜禽产品加工用水水质》中明确规定了无公害畜牧生产中的水质要求。水源不符合饮用水卫生标准时，必须经净化消毒处理，达到标准后方能饮用。

（三）地理和交通

为防止家禽场受到周围环境的污染，选址时应避开居民点和工厂的污水排出口，不能将场址选在水泥厂、化工厂、屠宰场、制革厂等容易产生环境污染企业的下风向处或附近。在城镇郊区建场，距离大城市 10 km，小城镇 5 km。按照畜牧场建设标准，要求距离铁路、高速公路、交通干线不小于 1 000 m，距离一般道路不小于 500 m，距离其他畜牧场、兽医机构、畜禽屠宰场不小于 2 000 m，距居民区不小于 3 000 m，且必须在城乡建设区常年主导风向的下风向。禁止在以下地区或地段建场：规定的自然保护区、生活饮用水水源保护区、风景旅游区；受洪水或山洪威胁及有泥石流、滑坡等自然灾害多发地带；自然环境污染严重的地区。

禽场应交通方便，以便于饲料、粪便、产品的运输，场址尽可能接近饲料产地和加工地，靠近产品销售地，确保其有合理的运输半径。

（四）气候因素

气候状况不仅影响建筑规划、布局和设计，而且会影响禽舍朝向、防寒与遮阳设施的设置，与家禽场防暑、防寒日程安排等也十分密切。因此，规划家禽场时，需要收集拟建地区与建筑设计有关和影响家禽场小气候的气候气象资料和常年气象变化、灾害性天气情况等，如平均气温，绝对最高气温、最低气温，土壤冻结深度，降雨量与积雪深度，最大风力，常年主导风向、风向频率，日照情况等。各地均有民用建筑热工设计规范和标准，在禽舍建筑的热工计算时可以参照使用。

（五）电力供应

家禽场生产、生活用电都要求有可靠的供电条件，一些家禽生产环节如孵化、育雏、机械通风、供水等对电力的依赖性很强，必须保证电力供应。通常，建设畜牧场要求有Ⅱ级供电电源。在Ⅲ级以下供电电源时，需自备发电机，以保证场内供电的稳定可靠。为减少供电投资，应尽可能靠近输电线路，以缩短新线路敷设距离。

（六）土地征用需要

必须遵守十分珍惜和合理利用土地的原则，不得占用基本农田，尽量利用荒地和劣地建场。大型家禽企业分期建设时，场址选择应一次完成，分期征地。近期工程应集中布置，征用土地满足本期工程所需面积(表 2.1)。远期工程可预留用地,随建随征。征用土地可按场区总平面设计图计算实际占地面积。

表 2.1 土地征用面积估算表

场别	饲养规模	占地面积/(m^2/只)	备注
种鸡场	1 万～5 万只种鸡	0.5～0.8	
蛋鸡场	10 万～20 万只产蛋鸡	0.3～0.5	
肉鸡场	年出栏肉鸡 100 万只	0.2～0.3	按年出栏量计

二、场区规划

(一)场区规划

禽场按建筑物功能分为管理区、生产区、隔离区。各区按主导风向,地势高低及水流方向依次排列。如果地势与风向不一致时则以风向为主,因地势而使地面径流造成污染的,可用地下沟改变流水方向,避免污染重点禽舍;或者利用侧风避开主风向,将要保护的禽舍建在安全位置。分区规划的总体原则是人、禽、污三者以人为先,污为后;风与水以风为主的排列顺序。

管理区设主大门,并设消毒池。管理区、生产区应严格分开并相隔一定距离。管理区与生产区间还要设大门、隔离墙(或沟、林带)、消毒池和消毒室。

生产区是禽场布局中的主体,应慎重对待,孵化室应和所有的禽舍相隔一定距离,最好设立在整个禽场之外。禽场生产区内,应按规模大小,饲养批次将禽群分成数个饲养小区,区与区之间应有一定的隔离距离,各类禽舍之间的距离应以各品种各代次不同而不同,祖代为60～80 m,父母代为 40～60 m,商品代为 20～40 m。总之,禽代次越高,禽舍间距应越大。每栋禽舍之间应有隔离措施,如围墙或沙沟等。生产区内布局还应考虑风向,从上风方向至下风方向按禽的生长期应安排育雏舍、育成舍和成年种禽舍,这样有利于保护重要禽群的安全。

隔离区是病禽、粪便等污物集中之处,是卫生防疫和环境保护工作的重点,其隔离更严格,与外界接触要有专门的道路相通。

如果有可能,尽量实行全场的全进全出管理模式。

(二)禽场的道路

禽场内道路分为净道和污道,两者不能相互交叉,其走向为孵化室、育雏室、育成舍、成年禽舍,各舍有入口连接清洁道;脏污道主要用于运输禽粪、死禽及禽舍内需要外出清洗的脏污设备,其走向也为孵化室、育雏室、育成舍、成年禽舍,各舍均有出口连接脏污道。净道和污道以沟渠或林带相隔。场内道路应不透水,材料可选择柏油、混凝土、砖、石或焦渣等,路面断面的坡度为 1%～3%,道路宽度根据用途和车宽决定。场外的道路不能与生产区的道路直接相通。

(三)禽场的排水

在道路一侧或两侧设明沟,沟壁、沟底可砌砖、石,也可将土夯实做成梯形或三角形断面,再结合绿化护坡,以防塌陷。隔离区设单独的下水道将污水排至场外的污水处理设施。

(四)禽场的绿化

绿化能改善场区的小气候和舍内环境,有利于提高生产率。进行绿化设计必须注意不影响场区通风和禽舍的自然通风效果。场区设置防风林、隔离林、行道绿化、遮阳绿化、绿地等,根据实际种植不同种的树木或花草。

有的集约化种禽场为了确保卫生防疫安全有效，场区内不种树，避免鸟儿在树上栖息，以防病原微生物通过鸟粪等杂物在场内传播，继而引起传染病。场区内除道路及建筑物之外全部铺种草坪，可起到调节场区内小气候、净化环境的作用。

任务二　家禽舍的设计与建造

任务描述

家禽舍的类型与结构影响舍内小气候状况。本任务通过介绍开放式、密闭式家禽舍的特点，以做到正确选择禽舍类型，并设计鸡舍的外形结构和内部布局。

任务目标

掌握各类禽舍的构造特点；会根据实际情况选择禽舍的类型并对内部进行合理布局。

基本知识

(1)禽舍类型的选择；(2)鸡舍结构设计。

一、禽舍类型的选择

(一)开放式

指舍内与外部直接相通，可利用光、热、风等自然能源，建筑投资低，但易受外界不良气候的影响，需要投入较多的人工进行调节，有以下 3 种形式：

(1)全敞开式　又称棚式，即四周无墙壁，用网、篱笆或塑料编织物与外部隔开，由立柱或砖条支撑房顶。这种禽舍通风效果好，但防暑、防雨、防风效果差，适于炎热地区或北方夏季使用，低温季节需封闭保温。以自然通风为主，必要时辅以机械通风；采用自然光照；具有防热容易保温难和基建投资运行费用少的特点。

一般情况下，全敞开式家禽舍多建于我国南方地区，夏季温度高，湿度大，冬季也不太冷。此外，也可以作为其他地区季节性的简易家禽舍。在蛋鸡、鹅生产中使用较多。

(2)半敞开式　前墙和后墙上部敞开，一般敞开 1/2～2/3，敞开的面积取决于气候条件及家禽舍类型，敞开部分可以装上卷帘，高温季节便于通风，低温季节封闭保温。在肉鸡、蛋鸭、鹅和优质肉鸡生产中使用较多。

(3)有窗式　四周用围墙封闭，南北两侧墙上设窗户。在气候温和的季节里依靠自然通风，不必开动风机；在气候不利的情况下则关闭南北两侧墙上大窗，开启一侧山墙的进风口，并开动另一侧山墙上的风机进行纵向通风。该种禽舍既能充分利用阳光和自然通风，又能在恶劣的气候条件下实现人工调控室内环境，在通风形式上实现了横向、纵向通风相结合，因此兼备了开放式与密闭式的双重特点。在中小规模的蛋鸡、种鸡、肉鸡生产中使用较多。

(二)密闭式

一般无窗与外界隔离，屋顶与四壁保温良好，通过各种设备控制与调节作用，使舍内小气候适宜于禽体生理特点的需要。减少了自然界严寒、酷暑、狂风、暴雨等不利因素对家禽的影响。但建筑和设备投资高，对电的依赖性很大，饲养管理技术要求高，需要慎重考虑当地的条件而选用。由于密闭式禽舍具有防寒容易防热难的特点，一般适用于我国北方寒冷地区。

在控制禽舍小气候方面，有两个发展趋向。一是采用组装式禽舍，即禽舍的墙壁和门窗是活动的，天热时可局部或全部取下来，使禽舍成为全敞开或半敞开式；冬季则装起来，成为密闭式。二是采用环境控制式禽舍，就是在密闭式禽舍内，完全靠人为的方法来调节小气候。随着集约化畜牧业的发展，环境控制式禽舍越来越多，设备也越来越先进，舍内的温度、湿度、气流、光照等，全用人为方法控制在适宜的范围内。在大中型的蛋鸡、肉鸡生产中使用较多。

二、鸡舍结构设计

(一)鸡舍外形结构的设计

1. 鸡舍跨度、长度和高度

鸡舍的跨度根据鸡舍屋顶的形式，鸡舍类型和饲养方式而定。一般跨度为：开放式鸡舍6～10 m，采用机械通风跨度可在9～12 m，大型的可达20 m以上。笼养鸡舍要根据安装列数和走道宽度来决定鸡舍的跨度。

鸡舍的长度，取决于设计容量，应根据每栋鸡舍具体需要的面积与跨度来确定。大型机械化生产鸡舍较长，过短机械效率较低，房舍利用也不经济，按建筑模数一般为66 m、90 m、120 m。中、小型普通鸡舍为36 m、48 m、54 m。计算鸡舍长度的公式如下：

平养鸡舍长度＝鸡舍面积/鸡舍跨度

鸡舍的高度应根据饲养方式、清粪方法、跨度与气候条件而定。跨度不大、平养及不太热的地区，鸡舍不必太高，一般鸡舍屋檐高度2.0～2.5 m；跨度大，又是多层笼养，鸡舍的高度为3 m左右，或者以最上层的鸡笼距屋顶1.0～1.5 m为宜；若为高床密闭式鸡舍，由于下部设粪坑，高度一般为4.5～5.0 m(比一般鸡舍高出1.8～2.0 m)。

2. 地面

鸡舍地面应高出舍外地面0.3～0.5 m，表面坚固无缝隙，多采用混凝土铺平，易于洗刷消毒、保持干燥。笼养鸡舍地面设有浅粪沟，比地面深15～20 cm。为了有利于舍内清洗消毒时的排水，中间地面与两边地面之间应用一定的坡度。

3. 墙壁

选用隔热性能良好的材料，保证最好的隔热设计，应具有一定的厚度且严密无缝。多用砖或石头垒砌，墙外面用水泥抹缝，墙内面用水泥或白灰挂面，以便防潮和利于冲刷。近年来，也有使用彩钢板等材料作为墙体的。

4. 屋顶

屋顶必须有较好的保温隔热性能。此外，屋顶还要求承重、防水、防火、不透气、光滑、耐久、结构轻便、简单、造价低。小跨度鸡舍为单坡式，一般鸡舍常用双坡式、拱形或平顶式。在气温高雨量大的地区屋顶坡度要大一些，屋顶两侧加长房檐。

5. 门窗

鸡舍的门宽应考虑所有设施和工作车辆都能顺利进出。一般单扇门高2 m、宽1.2 m；双扇门高2 m、宽1.8 m。

鸡舍的窗户要考虑鸡舍的采光和通风，窗户与地面面积之比为1∶(10～18)。开放式鸡舍的前窗应宽大，离地面可较低，以便于采光。后窗应小，约为前窗面积的2/3，离地面可较高，以利夏季通风、冬季保温。网上或栅状地面养鸡，在南北墙的下部应留有通风窗，尺寸为

30 cm×30 cm，在内侧覆以铁丝网和设外开的小门，以防兽害和便于冬季关闭。密闭鸡舍不设窗户，只设应急窗和通风进出气孔。

（二）鸡舍内布局

1. 平养鸡舍

根据走道与饲养区的布置形式，平养鸡舍分无走道式、单走道单列式、中走道双列式、双走道双列式等。

（1）无走道式　鸡舍长度由饲养密度和饲养定额来确定；跨度没有限制，跨度在 6 m 以内设一台喂料器，12 m 左右设两台喂料器。鸡舍一端设置工作间，工作间与饲养间用墙隔开，饲养间另一端设出粪和鸡转运大门。

（2）单走道单列式　多将走道设在北侧，有的南侧还设运动场，主要用于种鸡饲养。但利用率较低；受喂饲宽度和集蛋操作长度限制，建筑跨度不大。

（3）中走道双列式　两列饲养区中间设走道，利用率较高，比较经济。但如只用一台链式喂料机，存在走道和链板交叉问题；若为网上平养，必须用两套喂料设备。此外，对有窗鸡舍，开窗困难。

（4）双走道双列式　在鸡舍南北两侧各设一走道，配置一套饲喂设备和一套清粪设备即可，利于开窗。

2. 笼养鸡舍

根据笼架配置和排列方式上的差异，笼养鸡舍的平面布置分为无走道式和有走道式两大类。

（1）无走道式　一般用于平置笼养鸡舍，把鸡笼分布在同一个平面上，两个鸡笼相对布置成一组，合用一条食槽、水槽和集蛋带。通过纵向和横向水平集蛋机定时集蛋；由笼架上的行车完成给料、观察和捉鸡等工作。其优点是鸡舍面积利用充分，鸡群环境条件差异不大。

（2）有走道式　鸡舍内安装若干列鸡笼，笼列之间设走道作为机具给料、人工拣蛋之用。二列三走道仅布置两列鸡笼架，靠两侧纵墙和中间共设 3 条走道，适用于阶梯式、叠层式和混合式笼养。三列二走道一般在中间布置三或二阶梯全笼架，靠两侧纵墙布置阶梯式半笼架。三列四走道布置三列鸡笼架，设 4 条走道，是较为常用的布置方式，建筑跨度适中。

（三）鸡舍的建筑方式

鸡舍建筑方式有砌筑型和装配型两种。砌筑型常用砖瓦或其他建筑材料。装配型鸡舍的复合板块材料有多种，房舍面层有金属镀锌板、玻璃钢板、铝合金板、耐用瓦面板。保温层有聚氨酯、聚苯乙烯等高分子发泡塑料，以及岩棉、矿渣棉、纤维材料等。

任务三　家禽环境调控

任务描述

外界环境对家禽的健康和生产性能产生重要影响。本任务依据环境因素对家禽的影响规律，重点阐述改善和控制环境采取的一系列措施。

任务目标

掌握外界环境因素对家禽健康和生产性能的影响规律；会对家禽的环境进行调控。

基本知识

(1)环境温度;(2)通风换气;(3)光照;(4)相对湿度;(5)噪声。

一、环境温度

(一)环境温度对家禽的影响

气温过高或过低对家禽的生长、产蛋和饲料利用都不利。雏鸡生长的最适温度随日龄的增加而下降,温度过高会导致鸡的生长迟缓,死亡率增加,温度过低会导致饲料利用率下降。鸡产蛋的适宜温度是13~23 ℃,在较高环境温度下,大约25 ℃以上,蛋重开始降低;30 ℃时产蛋量、蛋重、总蛋重降低,蛋壳厚度迅速降低,同时死亡率增加;37.5 ℃时产蛋量急剧下降;43 ℃以上,超过3 h,鸡就会死亡。相对来讲,低温对育成禽和产蛋禽的影响较少。成年家禽可以抵抗0 ℃以下的低温,但是饲料利用率降低。一般认为持续在7 ℃以下对产蛋量和饲料利用率有不良影响。鸭和鹅对温度的敏感性要比鸡低,对低温和高温(只要有水)的耐受性均比鸡高。但是高温对种鹅的产蛋具有明显的抑制作用。

(二)温度的控制

1. 建筑措施

屋顶和墙壁应选择导热系数较小的建筑材料,确定合理结构,并具有足够的厚度以加强防暑隔热。屋面和外墙面采用白色或浅色,增加其反射太阳辐射的作用,减少太阳辐射热向舍内传入。在炎热地区通过挂竹帘、搭凉棚、植树、棚架攀缘植物和在窗口设置水平和垂直挡板等形式遮阳是防暑降温的重要措施。

在寒冷地区,在受寒风侵袭的北侧、西侧墙应少设窗、门,并注意对北墙和西墙加强保温,以及在外门加门斗、设双层窗或临时加塑料薄膜、窗帘等,对加强禽舍冬季保温均有重要作用。

2. 通风

夏季当外界气温显著低于家禽体温时,通风有利于对流散热和蒸发散热。风速达到0.5 m/s,可使家禽的体感温度下降1.7 ℃;风速达到2.5 m/s,体感温度可下降5.6 ℃。夏季在禽舍安装机械通风设备,可以加大通风量,以缓解热应激。

3. 蒸发降温

(1)喷雾降温　利用喷雾降温设备喷出的雾状细小水滴(直径小于100 μm)蒸发,大量吸收空气中的热量,使空气温度得到降低。水温越低、空气越干燥,降温效果越好。当舍内相对湿度小于70%时,采用喷雾降温,能使舍温降低3~4 ℃。当空气相对湿度大于85%时,喷雾降温效果并不显著,故在湿热天气和地区不宜使用。实际生产中,使用喷雾降温系统一般都与机械通风相结合,可以获得更好的降温效果。

(2)湿帘风机降温系统　湿帘风机降温系统是在密闭舍内湿垫降温和纵向通风结合使用,能使舍温降低5~7 ℃,在舍外气温高达35 ℃时,舍内平均温度不超过30 ℃。湿帘可以用麻布、刨花或专用蜂窝状纸等吸水、透风材料制作。

4. 禽舍的供暖

(1)热风采暖　主要有热风炉式、空气加热器式和暖风机式3种。热风采暖时,通常要求送风管内的风速为2~10 m/s,热空气从侧向送风孔向舍内送风,可使畜禽活动区温度和气流比较均匀,且气流速度不致太大。送风孔直径一般取20~50 mm,孔距为1.0~2.0 m。为使舍内温度更加均匀,风管上的风孔应沿热风流动方向由疏到密布置。

(2)热水散热器采暖　主要由热水锅炉、管道和散热器3部分组成。散热器布置时应尽可能使舍内温度分布均匀,同时考虑到缩短管路长度,一般布置在窗下或喂饲通道上。

(3)局部采暖　主要用于雏禽保温,可通过红外线灯、电热保温伞(图2.1)或电热育雏笼等对局部区域实施供暖。

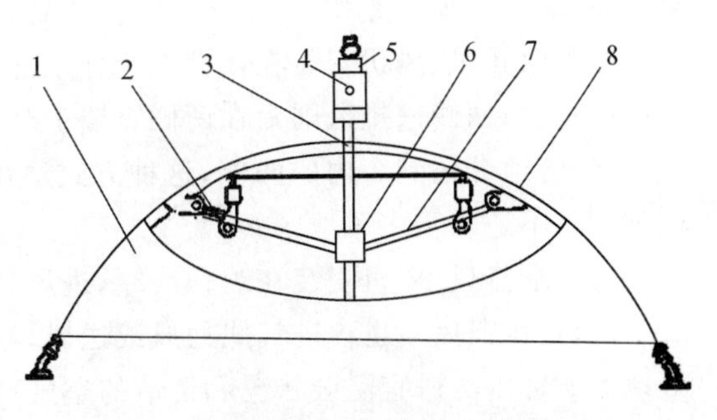

图2.1　折叠式电热保温伞示意图

1.伞面　2.热源　3.主管上接头　4.控温器
5.主管　6.主管下接头　7.撑杆　8.伞架

5. 管理措施

冬季在不影响饲养管理及舍内卫生状况的前提下,适当增加舍内家禽的饲养密度有助于防寒保温。及时清除粪尿,减少清洁用水,以减少水气产生,防止空气污浊。铺垫草不但可以改善冷硬地面的温热状况,而且可在禽体周围形成温暖的小气候,是在寒冷地区常用的另一种简便易行的防寒措施。夏季适当降低饲养密度,供给家禽充足的清凉饮水是防暑降温的重要措施。

二、通风换气

通风换气是调节禽舍空气环境状况最主要的措施。在气温高的情况下,通过加大气流可以缓解高温的不良影响;在禽舍密闭的情况下,引进舍外的新鲜空气,排出舍内水分和有害气体,以改善空气环境状况。

(一)自然通风

自然通风是依靠风压和热压进行的舍内外空气交换,非密闭式禽舍都可以使用。自然通风分为两种,一种是无专门进气管和排气管,依靠门窗进行的通风换气,适用于在温暖地区和寒冷地区的温暖季节使用;另一种是设置有专门的进气管和排气管,通过专门管道调节进行通风换气,适用于寒冷地区或温暖地区的寒冷季节使用。

在无管道自然通风系统中,靠近地面的纵墙上设置地窗,能增加热压通风量,有风时在地面形成“穿堂风”,这有利于夏季防暑。地窗可设置在采光窗之下,按采光面积的50%～70%设计成卧式保温窗。如果设置地窗仍不能满足夏季通风要求,可在屋顶设置天窗或通风屋脊,以增加热压通风。

在炎热地区的小跨度禽舍,通过自然通风,一般可以达到换气的目的。禽舍两侧的窗户对称设置,有利于穿堂风的形成。在寒冷地区,由于保暖需要,门窗关闭难以进行自然通风,需设置进气口和排气口以及通风管道,进行有管道自然通风。在寒冷地区,禽舍余热越多,能从舍外导入的新鲜空气越多。

(二)机械通风

依靠机械动力强制进行舍内外空气的交换。

1. 机械通风按通风时形成的压力分

(1)负压通风　也称排风式通风或排风,具有设备简单、投资少、管理费用低的优点。根据风机安装的位置,负压通风可分为:

①屋顶排风:风机安装于屋顶,将舍内的污浊空气、灰尘从屋顶上部排出,新鲜空气由侧墙风管或风口自然进入。这种通风方式适用于温暖和较热地区、跨度在12～18 m的禽舍或

2～3 排多层笼鸡舍使用。

②侧壁排风:风机安装在一侧纵墙上,进气口设置在另一侧纵墙上,适用于跨度在 12 m 以内的禽舍;两侧壁排风则为在两侧纵墙上分别安置风机,新鲜空气从山墙或屋顶上的进气口进入,经管道分送到舍内的两侧,这种方式适用于跨度在 20 m 以内的禽舍或舍内有 5 排笼架的鸡舍。不适用于多风地区。

③一端排风:风机安装在鸡舍一端,进风口设在另一端,即纵向通风。

(2)正压通风　也称进气式通风或送风,其优点在于可对进入的空气进行预处理,从而有效地保证舍内的适宜温湿状况和清洁的空气环境,在严寒、炎热地区均适用。但其系统比较复杂、投资和管理费用大。根据风机安装位置,正压通风分为:

①侧壁送风:分一侧送风或两侧送风。前者为穿堂风形式,适用于炎热地区和 10 m 内小跨度的家禽舍,而两侧壁送风适于大跨度家禽舍。

②屋顶送风:将风机安装在屋顶,通过管道送风,使舍内污浊气体经由两侧壁风口排出。这种通风方式,适用于多风或气候极冷或极热地区。

(3)联合通风　同时采用机械送风和机械排风的通风方式。在大型封闭家禽舍,尤其是在无窗封闭舍,单靠机械排风或机械送风往往达不到通风换气的目的,故需采用联合式机械通风。联合通风效率要比单纯的正压通风或负压通风好。

2. 机械通风按气流在舍内流动的方向分

(1)横向通风　风机和进风口分别均匀布置在禽舍两侧纵墙上,空气从进风口进入禽舍后横穿禽舍,由对侧墙上的排风扇抽出。适用于小跨度禽舍。采用横向通风的禽舍,不足之处在于舍内气流不够均匀,气流速度偏低,尤其死角多,舍内空气不够新鲜。

(2)纵向通风　风机安装在禽舍的一端山墙上或靠近山墙的两纵墙上,进气口设在禽舍的另一端山墙上或靠近山墙的两侧纵墙上,运行时舍内气流方向与长轴平行。进气口风速一般要求夏季 2.5～5 m/s,冬季 1.0 m/s。这是一种较为先进的通风方式,通风量大,耗电量少,噪声低,气流快,空气质量较好,夏季与湿垫降温技术结合起来,降温效果很好。

3. 通风换气量的确定

可以根据禽舍内产生的二氧化碳、水汽和热能计算,但主要是根据通风换气参数(表 2.2)确定通风换气量,这就为禽舍通风换气系统的设计,尤其是为大型禽舍机械通风系统的设计提供了依据。

在确定了通风量以后,必须计算禽舍的换气次数。禽舍换气次数是指在 1 h 内换入新鲜空气的体积与禽舍容积之比。一般规定,禽舍冬季换气每小时应保持 2～4 次,除炎热季节外,一般不应多于 5 次,因冬季换气次数过多,就会降低舍内气温。

表 2.2　鸡舍的通风量参数　　m^3/(min·只)

季节	成年鸡	青年鸡	雏鸡
夏	0.27	0.22	0.11
春	0.18	0.14	0.07
秋	0.18	0.14	0.07
冬	0.08	0.06	0.02

三、光照

(一)光照对鸡的影响

光照不仅影响鸡的饮水、采食、活动，而且对鸡的繁殖有决定性的刺激作用，即对鸡的性成熟、排卵和产蛋均有影响。

对于雏鸡和肉仔鸡，光照的作用主要是使它们能熟悉周围环境，进行正常的饮水和采食。对于育成鸡，在12周龄后日光照时间长于10 h，或处于每日光照时间逐渐延长的环境中，会促使生殖器官发育、性成熟提早。相反，若光照时间短于10 h或处于每日光照时间逐渐缩短的情况下，则会推迟性成熟期。光照时间长短对12周龄前的鸡生殖器官发育的影响不大。对于产蛋鸡，每天给予的光照刺激时间为14～16 h才能保证良好的产蛋水平，而且必须稳定。

光照强度对鸡的生长发育、性成熟和产蛋都可产生影响。强度小时，鸡表现安静，活动量和代谢产热较少，利于生长；强度过大，则会表现烦躁，啄癖发生较多。5 lx光照强度已能刺激肉用仔鸡的最大生长，而强度大则对生长不利。对于产蛋，光照强度以25～45 lx为宜。

鸡对光色比较敏感。在红、橙、黄光下鸡的视觉较好，在红光下趋于安静，啄癖极少，成熟期略迟，产蛋量稍有增加，蛋的受精率较低；在蓝光、绿光或黄光下，鸡增重较快，成熟较早，产蛋量较少，蛋重略大，饲料利用率略低，公鸡交配能力增强，啄癖极少。总之，没有任何一种单色光能满足鸡生产的各种要求。在生产条件下多数仍使用白光。

(二)光照管理

1. 光照制度的制定原则

(1)育雏期前1周保持较长时间的光照，以后逐渐减少。

(2)育成期光照时间应保持恒定或逐渐减少，不可增加。

(3)产蛋期光照时间逐渐增加到16～17 h后保持恒定，不可减少。

2. 光照制度

(1)蛋鸡与种鸡的光照制度。

①渐减法：育成期逐渐减少每天的光照时数，产蛋期逐渐延长光照时数，达到16～17 h后恒定。

②恒定法：育成期内每天的光照时数恒定不变，产蛋期逐渐延长光照时数，达到16～17 h后恒定。

(2)肉鸡的光照制度　主要有连续光照法和间歇光照法等。

3. 实行人工光照应注意的问题

(1)为使鸡舍内的照度比较均匀，应适当降低每个灯的瓦数，而增加舍内的总装灯数，如果选用白炽灯最好不超过60 W；一般灯的高度为2.0～2.4 m，灯距3 m；两排以上灯具，应交错排列；靠墙的灯同墙的距离应为灯间距的一半；如为笼养，灯具一般设置在两列笼间的走道上方。采用多层笼时，应保证底层笼光照强度。

白炽灯用于禽舍照明已逐步被淘汰，现多使用节能灯或LED灯提供光照。非严格的情况下，一盏5 W的节能灯光照可视为等于25 W的白炽灯，7 W的节能灯光照约等于40 W的白炽灯，9 W的节能灯光照约等于60 W的白炽灯。

(2)光照时间的控制采用微电脑时控开关，也可人工定时开关灯；光照强度的控制一般采用调压变压器，也可通过更换灯泡瓦数大小进行控制。

(3)开放式鸡舍需人工补充光照时，将人工补光的时间分早、晚各补充一半为宜。

(4)产蛋期间应逐渐增加光照时间,尤其在开始时最多不能超过1 h,以免突然加长光照时间而导致脱肛。

四、相对湿度

(一)相对湿度对家禽的影响

一般在高温或低温时,相对湿度过高(大于80%)会对家禽产生不良影响,造成抵抗力下降,发病率上升。空气湿度高,能促进某些病原微生物和寄生虫的繁殖,使相应的疾病发生流行。高温高湿时,饲料、垫草易于发霉,可使雏鸡发生曲霉菌病或霉菌毒素中毒,还有利于球虫病的传播。禽舍潮湿会使鸡的羽毛沾污、软脚瘫痪、蛋品污染。在低温高湿情况下,家禽易于发生感冒。

相对湿度过低(小于40%),能使皮肤和呼吸道黏膜发生干裂,减弱皮肤和黏膜对微生物的防御能力。低湿容易造成家禽羽毛生长不良,诱发啄癖,雏禽易于脱水。

(二)相对湿度的控制

鸡舍内的相对湿度一般应保持在50%~70%,较理想的相对湿度以60%为宜。

在养禽生产中,除育雏前期可能会出现舍内相对湿度不足外,多数情况是相对湿度偏高。控制湿度的措施:选择地势高燥,环境开阔,利于通风的地方建造鸡场,鸡舍宜坐北朝南。冬季做好鸡舍的保温工作,控制鸡群的饲养密度,防止饮水器漏水,及时清除地面积水、舍内粪便及地面污物。采用一次性清粪的鸡舍,要保证贮粪室(池)的干燥。坚持勤换污湿的垫草,保持垫草的清洁干燥,经常保持鸡舍适宜的通风换气量。

对鸡舍的整个空间进行少量、多次喷雾,冬季可在取暖设备上设置水盘等容器,由于水汽自由蒸发,增加空气湿度。

五、噪声

(一)噪声对家禽的影响

噪声能使鸡受惊,神经紧张,严重的噪声刺激,使鸡产生应激反应,导致体内环境失衡,诱发多种疾病,生产性能严重下降,甚至死亡。噪声会降低肉禽的生长速度,使蛋鸡产蛋量下降,使蛋鸡产软壳蛋、血斑蛋和褐壳蛋中浅色蛋的比率增加。鸡对90~100 dB短期噪声可以逐渐适应。130 dB噪声使鸡的体重下降,甚至死亡。但轻音乐能使产蛋鸡安静,利于生产性能的提高。

(二)噪声的控制

禽场噪声主要来源于交通噪声、工业噪声,禽舍内机械如风机、喂料机、除粪机工作运转时产生的和家禽鸣叫时产生的噪声。在饲喂、收蛋、开动风机时,各方面的噪声汇集在一起可达70~94.8 dB。

为了减少噪声的发生和影响,在建禽场时应选好场址,远离交通干线,远离工厂生产区。场内的规划要合理,使汽车、拖拉机等不能靠近禽舍,还可利用地形做隔声屏障,降低噪声。禽舍内进行机械化生产时,对设备的设计、选型和安装应尽量选用噪声最小者。禽舍周围大量种植树木,也可以降低外来噪声。

任务四　家禽生产设备选择

任务描述

家禽生产设备对于规模化家禽生产具有重要作用。先进的设备各有不同性能特点，必须与家禽企业不同生产方式、目的及规模相配套。本任务了解家禽生产设备的性能和特点，以做到科学合理使用，充分发挥设备的生产效率。

任务目标

了解各种家禽生产设备的性能和特点；能够科学选择、使用各种家禽生产设备。

基本知识

(1)孵化设备；(2)饲养设备；(3)环境控制设备；(4)卫生防疫设备；(5)人工智能设备。

一、孵化设备

(一)孵化机

1. 孵化机的类型

大型孵化机主要包括箱体式孵化机和巷道式孵化机。

(1)箱体式孵化机(图 2.2)　根据蛋架结构分为蛋盘架和蛋架车两种形式，现在广泛使用蛋架车，可以直接到蛋库装蛋，消毒后推入孵化机，减少了种蛋装卸次数。

图 2.2　箱体式孵化机

(2)巷道式孵化机(图 2.3)　巷道式孵化机的特点是多台箱式孵化机组合连体拼装，配备独有的空气搅拌和导热系统。使用时将种蛋码盘放在蛋架车上，经消毒、预热后，逐台按一定轨道推进巷道内，18～19 d 后转入出雏机。机内新鲜空气由进气口吸入，经加热加湿后从上部的风道由多个高速风机吹到对面的门上，大部分气体被反射下去进入巷道，通过蛋架车后又返回进气室。这种循环充分利用胚蛋的代谢热，箱内没有空气死角，温度均匀，所以比其他类型的孵化机省电，并且孵化效果好。

图 2.3 巷道式孵化机

2. 孵化机的构造

(1)箱体 孵化机的箱体由框架、内外板和中间夹层组成，金属结构箱体框架一般为薄形钢结构，面板多用玻璃钢或彩塑钢面板，夹层中填充聚苯乙烯或聚氨酯保温材料，整体坚固美观。

(2)蛋架车和种蛋盘 蛋架车为全金属结构，蛋盘架固定在 4 根吊杆上可以活动。常用的蛋架车的层数为 12～16 层，每层间距 12 cm。种蛋盘分孵化蛋盘和出雏盘两种，多采用塑料蛋盘，既便于洗刷消毒，又坚固不易变形。

(3)翻蛋系统 翻蛋机件一般与蛋盘架的型号相配套。翻蛋形式主要包括手工翻蛋、气动翻蛋和电动翻蛋。手工翻蛋通常采用涡轮蜗杆结构来推动整个蛋盘架转动；气动翻蛋多用于巷道式孵化机，每架蛋车上装有气缸和气阀、快速接头等，当把车推入孵化机后，将车上的接头与机内固定接头插入连接；电动翻蛋由小型电机和拉动连杆组成。

(4)控温系统 控温系统由电热管或远红外棒和孵化控制器中的温控电路以及感温元器件等组成。

(5)通风系统 通风系统由进气孔、出气孔、电机及风扇叶等组成。依风扇位置，可分侧吹式、顶吹式、后吹式及中吹式。

(6)供湿系统 较先进的控湿系统，装设叶片供湿轮，连接供水管、水银导电表和电磁阀自动控制喷雾。一般的孵化器在底部放置 2～4 个浅水盘，通过水盘蒸发水分，供给机内湿度。

(7)报警系统 由温度调节器、电铃和指示灯(红绿灯泡)组成。现代立体孵化机由于构造已经机械化、自动化，机械的管理非常简单。主要注意温度的变化，观察控制系统的灵敏程度。遇有失灵情况及时采取措施。

(二)出雏机

出雏机是与孵化机配套的设备。出雏机容蛋量与同容量孵化机的配置一般采用 1∶3 或

1∶4 的比例。不设翻蛋机构和翻蛋控制系统，其他构造与孵化机相同。出雏盘要求四周有一定高度，底面网格密集。

(三)配套设备

孵化机自动化配套设备有雏禽自动分拣、计数与包装设备，蛋盘出雏筐自动清洗机，蛋鸡或种鸡公母鉴别、人工免疫及分拣设备，健弱雏分拣、公母鉴别及计数与包装设备等，其他配套设备还有真空吸蛋器、移盘器、照蛋器等。

二、饲养设备

(一)鸡笼

1. 育雏笼

(1)叠层式电热育雏笼　这种雏鸡笼养设备带有加热源，适用于 1～45 日龄雏鸡的饲养。由加热笼、保温笼、雏鸡活动笼 3 部分组成，各部分之间是独立结构，根据环境条件，可以单独使用，也可进行各部分的组合。加热笼和保温笼前后都有门封闭，运动笼前后则为网。雏鸡在加热笼和保温笼内时，料盘和真空饮水器放在笼内。雏鸡长大后保温笼门可卸下，并装上网，饲槽和水槽可安装在笼的两侧，每层笼下设有粪盘，人工定期清粪(图 2.4)。

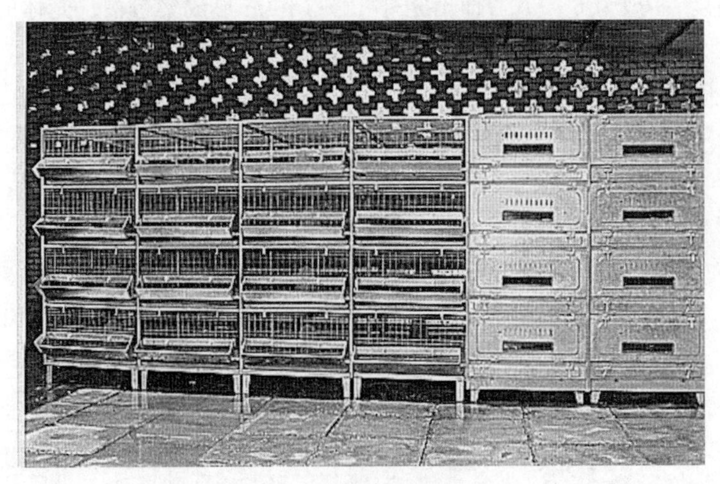

图 2.4　叠层式电热育雏笼

(2)叠层式育雏笼　指无加热装置的普通育雏笼，常用的是 4 层或 5 层。整个笼组用镀锌铁丝网片制成，由笼架固定支撑，每层笼间设承粪板，间隙 50～70 mm，笼高 330 mm(图 2.5)。此种育雏笼具有结构紧凑、占地面积小、饲养密度大，对于整室加温的鸡舍使用效果不错。

2. 育成笼

从结构上分为半阶梯式和叠层式两大类，有 3 层、4 层和 5 层之分，可以与喂料机、乳头式饮水器、清粪设备等配套使用。根据育成鸡的品种与体形，每只鸡占用底网面积在 340～400 cm^2。

3. 蛋鸡笼

我国目前生产的蛋鸡笼有适用于轻型蛋鸡的轻型蛋鸡笼和适用于中型蛋鸡的中型蛋鸡笼，多为 3 层全阶梯或半阶梯组合方式。由笼架、笼体和护蛋板组成。笼架由横梁和斜撑组

图 2.5 叠层式育雏笼

成，一般用厚 2.0～2.5 mm 的角钢或槽钢制成。笼体由冷拔钢丝经点焊成片，然后镀锌再拼装而成，包括顶网、底网、前网、后网、隔网和笼门等。一般前网和顶网压制在一起，后网和底网压制在一起，隔网为单网片，笼门作为前网或顶网的一部分，有的可以取下，有的可以上翻。笼底网要有一定坡度，一般为 6°～10°，伸出笼外 12～16 cm 形成集蛋槽。笼体的规格，一般前高 40～45 cm，深度为 45 cm 左右。护蛋板为一条镀锌薄铁皮，放于笼内前下方，下缘与底网间距 5.0～5.5 cm。每小笼装鸡数为 3～4 只。

目前，叠层式蛋鸡笼（图 2.6）在较大容量蛋鸡舍的应用越来越多，大型鸡场 H 型鸡笼基本上淘汰了传统 A 型阶梯式鸡笼，3、4、5、6、7、8 层，甚至 10、12 层都有。层间有传送带承接粪便并将其输送到鸡舍末端，这种鸡笼的喂饲、饮水、集蛋等均为自动化控制。

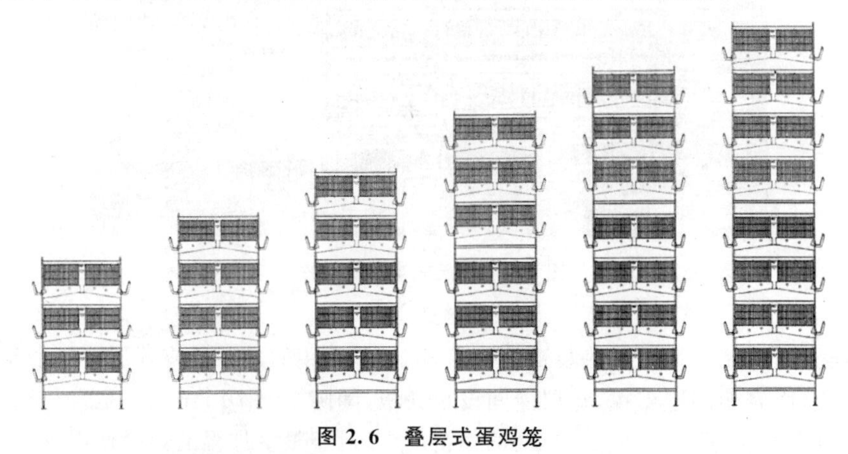

图 2.6 叠层式蛋鸡笼

二维码 2.2 机械集蛋

二维码 2.3 自动集蛋

4. 种鸡笼

可分为蛋用种鸡笼和肉用种鸡笼，从配置方式上又可分为 2 层和 3 层。种母鸡笼与蛋鸡笼养设备结构差不多，只是尺寸放大一些，但在笼门结构上做了改进，以方便抓鸡进行人工授精。

(二)供料设备

1. 料塔

料塔用于大、中型机械化鸡场，主要用于短期储存干粉状或颗粒状配合饲料。一般在其外面需要涂隔热涂料。

二维码 2.4　料塔及输料管道

2. 输料机

输料机是料塔和舍内喂料机的连接纽带，将料塔或储料间的饲料输送到舍内喂料机的料箱内。输料机有螺旋弹簧式、螺旋叶片式、链式。目前使用较多的是前两种。

(1)螺旋弹簧式　螺旋弹簧式输料机由电机驱动皮带轮带动空心弹簧在输料管内高速旋转，将饲料传送入鸡舍，通过落料管依次落入喂料机的料箱中。当最后一个料箱落满料时，该料箱上的料位器弹起切断电源，使输料机停止输料的作用。反之，当最后料箱中的饲料下降到某一位置时，料位器则接通电源，输料机又重新开始工作。

(2)螺旋叶片式　螺旋叶片式输料机是一种广泛使用的输料设备，主要工作部件是螺旋叶片。在完成由舍外向舍内输料作业时，由于螺旋叶片不能弯成一定角度，故一般由两台螺旋叶片式输料机组成，一台倾斜输料机将饲料送入水平输料机和料斗内，再由水平输料机将饲料输送到喂料机各料箱中。

3. 喂饲设备

常用的喂饲设备有螺旋弹簧式、索盘式、链板式和轨道车式 4 种。

(1)螺旋弹簧式喂饲机　由料箱、内有螺旋弹簧的输料管以及盘筒形饲槽组成，见图 2.7，属于直线型喂料设备。工作时，饲料由舍外的贮料塔运入料箱，然后由螺旋弹簧将饲料沿着管道推送，依次向套接在输料管道出口下方的饲槽装料，当最后一个饲槽装满时，限位控制开关开启，使喂饲机的电动机停止转动，即完成一次喂饲。

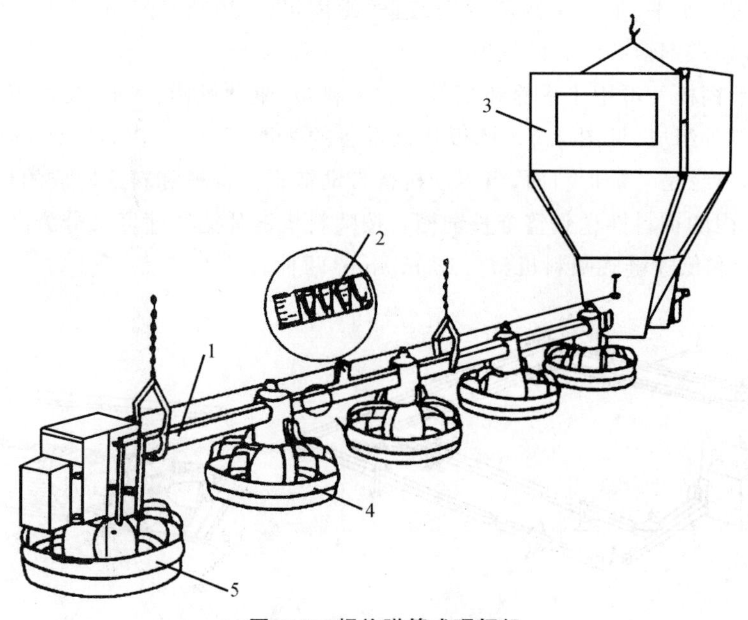

图 2.7　螺旋弹簧式喂饲机

1. 输料管　2. 螺旋弹簧　3. 料箱　4. 盘筒式饲槽　5. 带料位器的饲槽

螺旋弹簧式喂饲机一般只用于平养鸡舍，优点是机构简单，便于自动化操作和防止饲料被污染。

(2)索盘式喂饲机　由料斗、驱动机构、索盘、输料管、转角轮和盘筒式饲槽组成，见图 2.8。工作时由驱动机构带动索盘，索盘通过料斗时将饲料带出，并沿输料管输送，再由斜管送入盘筒式饲槽，管中多余饲料由回料管进入料斗。

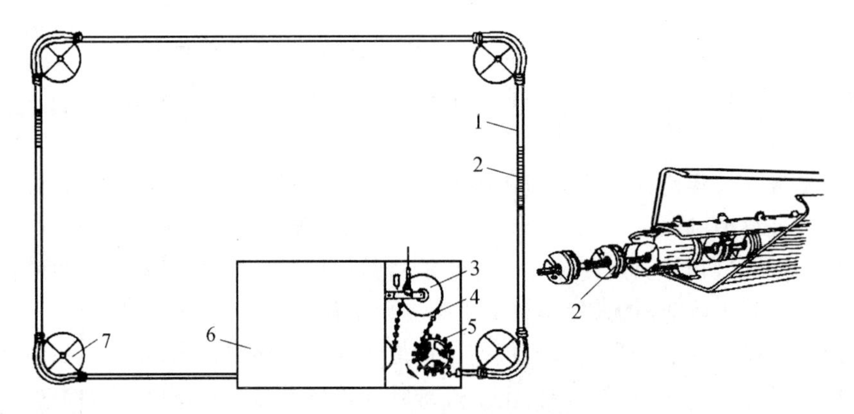

图 2.8　8WS－35 型索盘式喂饲机

1. 长饲槽　2. 索盘　3. 张紧轮　4. 传动装置　5. 驱动轮　6. 料箱　7. 转角轮

索盘是该设备的主要部件，它由一根直径 5～6 mm 的钢丝绳和若干个塑料塞盘组成，塞盘采用低温注塑的方法等距离（50～100 mm）地固定在钢丝绳上。

索盘式喂饲机既可用于平养，也可用于笼养。用于笼养时，为长形镀铸钢板，位于饲槽内的输料管侧面有一缝隙，饲料由此进入饲槽。

索盘式喂饲机的优点是饲料在封闭的管道中运送，清洁卫生，不浪费饲料；工作平稳无声，不惊扰鸡群；可进行水平、垂直与倾斜输送；运送距离可达 300～500 m。缺点是当钢索折断时，修复困难，故要求钢索有较高的强度。

(3)链板式喂饲机　可用于平养和笼养。它由料箱、驱动机构、链板、长饲槽、转角轮、饲料清洁筛、饲槽支架等组成，见图 2.9。链板是该设备的主要部件，它由若干链板相连而构成一封闭环。链板的前缘是一铲形斜面，当驱动机构带动链板沿饲槽和料斗构成的环路移动时，铲形斜面就将料斗内的饲料推送到整个长饲槽。按喂料机链片运行速度又分为高速链式喂料机（18～24 m/min）和低速链式喂料机（7～13 m/min）两种。

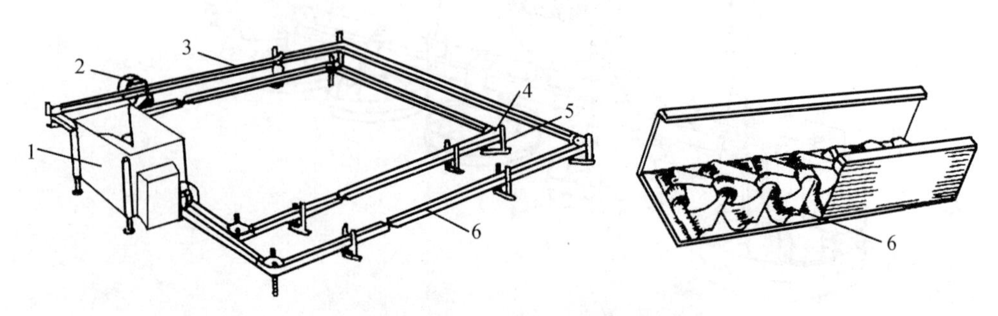

图 2.9　9WL－42P 链板式喂饲机

1. 料箱　2. 清洁器　3. 长饲槽　4. 转角轮　5. 升降器　6. 输送链

一般跨度10 m左右的种鸡舍、跨度7 m左右的肉鸡舍和蛋鸡舍常用单链；跨度10 m左右的蛋鸡舍和肉鸡舍常用双链。链板式喂饲机用于笼养时，3层料机可单独设置料斗和驱动机构，也可采用同一料斗和使用同一驱动机构。

链板式喂饲机的优点是结构简单、工作可靠。缺点是饲料易被污染和分级(粉料)。

(4)轨道车式喂饲机　用于多层笼养鸡舍，是一种骑跨在鸡笼上的喂料车，沿鸡笼上或旁边的轨道缓慢行走，将料箱中的饲料分送至各层食槽中。根据料箱的配置形式可分为顶料箱式和跨笼料箱式。顶料箱式喂料机只有一个料桶，料箱底部装有搅龙，当喂料机工作时搅龙随之运转，将饲料推出料箱沿溜管均匀流入食槽。跨笼料箱式喂饲机根据鸡笼形式配置，每列食槽上都跨设一个矩形小料箱，料箱下部锥形扁口通向食槽中，当沿鸡笼移动时，饲料便沿锥面下滑落入食槽中。见图2.10、图2.11。

二维码2.5
笼养(喂料)

图2.10　轨道车式喂饲机(顶料箱式)

图2.11　轨道车式喂饲机(跨笼料箱式)

(三)供水设备

1. 饮水器的种类

(1)乳头式　乳头式饮水器(图2.12)有锥面、平面、球面密封型三大类。该设备利用毛细管原理，使阀杆底部经常保持挂有一滴水，当鸡啄水滴时便触动阀杆顶开阀门，水便自动流出供其饮用。平时则靠供水系统对阀体顶部的压力，使阀体紧压在阀座上防止漏水。乳头式饮水设备适用于笼养和平养鸡舍给成鸡或2周龄以上雏鸡供水。要求配有适当的水压和纯净的水源，使饮水器能正常供水。

(2)吊塔式　吊塔式又称普拉松饮水器(图2.13)，由饮水碗、活动支架、弹簧、封水垫及安在活动支架上的注水管和进水管等组成。靠盘内水的重量来启闭供水阀门，即当盘内无水时，阀门打开，当盘内水达到一定量时，阀门关闭。主要用于平养鸡舍，用绳索吊在离地面一定高度(与雏鸡的背部或成鸡的眼睛等高)。该饮水器的优点是适应性广，不妨碍鸡群活动。

(3)水槽式　水槽一般安装于鸡笼食槽上方，是由镀锌板、搪瓷或塑料制成的V形槽，每2 m一根由接头连接而成。水槽一头通入长流动水，使整条水槽内保持一定水位供鸡只饮用，另一头流入管道将水排出鸡舍。槽式饮水设备简单，但耗水量大。安装要求在整列鸡笼几十米长度内，水槽高度误差小于5 cm，误差过大不能保证正常供水。

(4)杯式　杯式饮水设备分为阀柄式和浮嘴式两种。该饮水器耗水少，并能保持地面或笼体内干燥。平时水杯在水管内压力下使密封帽紧贴于杯体锥面，阻止水流入杯内。当鸡饮水

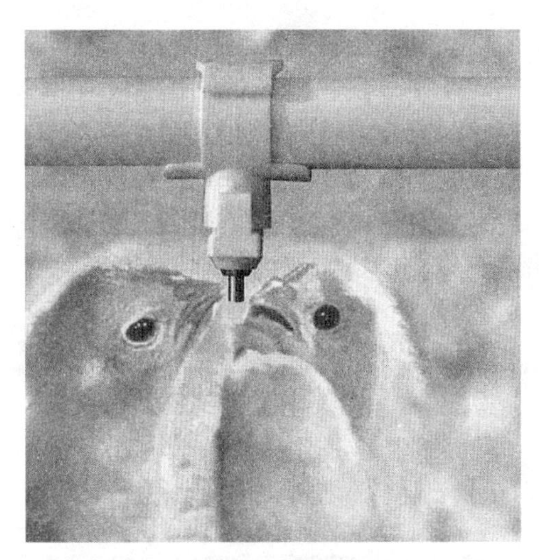

图 2.12 乳头式饮水器

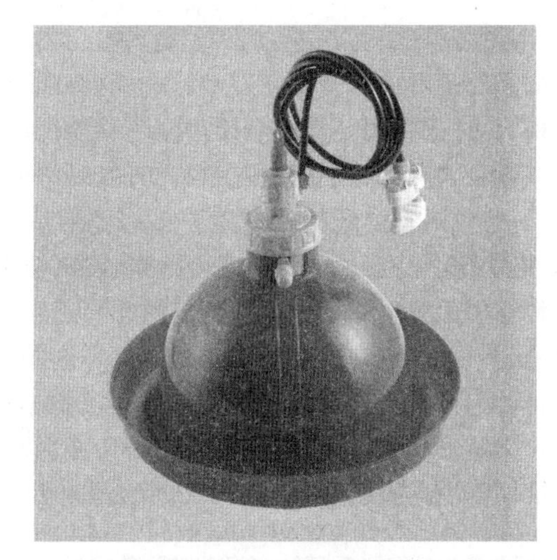

图 2.13 吊塔式饮水器

时将杯舌下啄水流入杯体,达到自动供水的目的。

(5)真空式 由水桶和盘两部分组成,多为塑料制品。桶倒扣在盘中部,并由销子定位。桶内的水由桶下部壁上的小孔流入饮水器盘的环形槽内,能保持一定的水位。真空式饮水器主要用于平养鸡舍。

2. 供水系统

乳头式、杯式、吊塔式饮水器要与供水系统配套,供水系统由过滤器、减压装置和管路等组成。

(1)过滤器 过滤器的作用是滤去水中杂质,使减压装置和饮水器能正常供水。过滤器由壳体、放气阀、密封圈、上下垫管、弹簧及滤芯等组成。

(2)减压装置 减压装置的作用是将供水管压力减至饮水器所需要的压力,减压装置分为水箱式和减压阀式两种。

三、环境控制设备

(一)降温设备

1. 湿帘-风机降温系统

该系统(图 2.14)由湿帘(或湿垫)、风机、循环水路与控制装置组成。具有设备简单、成本低廉、降温效果好、运行经济等特点,比较适合高温干燥地区。

二维码 2.6

鸭舍湿帘

在湿帘风机降温系统中,关键设备是湿帘。国内使用比较多的是纸质湿帘,采用特种高分子材料与木浆纤维空间交联,加入高吸水、强耐性材料胶结而成,具有耐腐蚀、使用寿命长、通风阻力小、蒸发降温效率高、能承受较高的过流风速、安装方便、便于维护等特点。湿帘-风机降温系统是目前最成熟的蒸发降温系统。

湿帘的厚度以 100～200 mm 为宜,干燥地区应选择较厚的湿帘,潮湿地区所用湿帘不宜过厚。

2. 喷雾降温系统

用高压水泵通过喷头将水喷成直径小于 100 μm 雾滴,雾滴在空气中迅速汽化而吸收舍

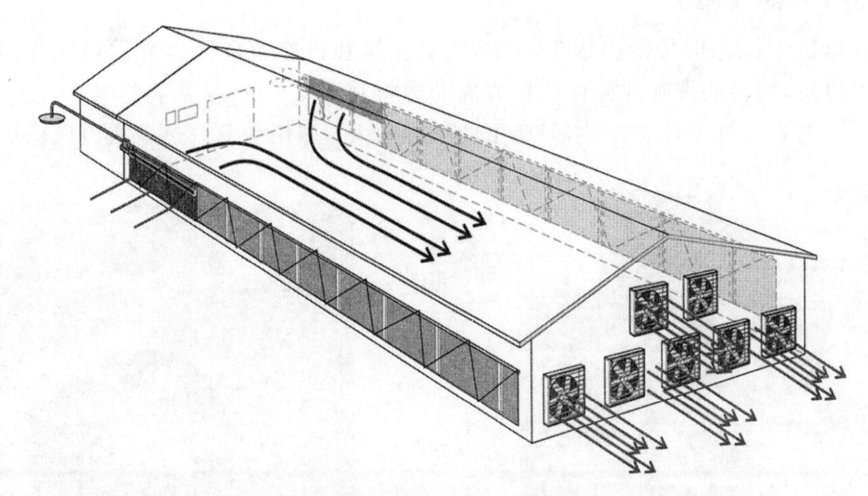

图 2.14　禽舍湿帘-风机降温系统示意图

内热量使舍温降低。常用的喷雾降温系统主要由水箱、水泵、过滤器、喷头、管路及控制装置组成,该系统设备简单,效果显著,但易导致舍内湿度提高。若将喷雾装置设置在负压通风畜舍的进风口处,雾滴的喷出方向与进气气流相对,雾滴在下落时受气流的带动而降落缓慢,延长了雾滴的汽化时间,提高了降温效果。但鸡舍雾化不全时,易淋湿羽毛影响生产性能。

(二)采暖设备

1. 保温伞

保温伞适用于垫料地面和网上平养育雏期供暖。有电热式和燃气式两类。

(1)电热式　热源主要为红外线灯泡和远红外板,伞内温度由电子控温器控制,可将伞下距地面 5 cm 处的温度控制在 26～35 ℃,温度调节方便。

(2)燃气式　主要由辐射器和保温反射罩组成。可燃气体在辐射器处燃烧产生热量,通过保温反射罩内表面的红外线涂层向下反射远红外线,以达到提高伞下温度的目的。燃气式保温伞内的温度可通过改变悬挂高度来调节。

由于燃气式保温伞使用的是气体燃料(天然气、液化石油气和沼气等),所以育雏室内应有良好的通风条件,以防由于不完全燃烧产生一氧化碳而使雏鸡中毒。

2. 热风炉

热风炉供暖系统主要由热风炉、送风风机、风机支架、电控箱、连接弯管、有孔风管等组成。热风炉有卧式和立式两种,是供暖系统中的主要设备。它以空气为介质,采用燃煤板式换热装置,送风升温快,热风出口温度为 80～120 ℃,热效率达 70%以上,比锅炉供热成本降低 50%左右,使用方便、安全,是目前推广使用的一种采暖设备。可根据鸡舍供热面积选用不同功率热风炉。立式热风炉顶部的水套还能利用烟气余热提供热水。

(三)通风设备(风机)

1. 轴流式风机

轴流式风机(图 2.15)主要由外壳、叶片和电机组成,叶片直接安装在电机的转轴上。轴流式风机风向与轴平行,具有风量大、耗能少、噪声低、结构简单、安装维修方便、运行可靠等特点,而且叶片可以逆转,以改变输送气流的方向,而风量和风压不变,因此,既可用于送风,也可用于排风,但风压衰减较快。禽舍的纵向通风常用节能、大直径、低转速的轴流式风机。

2. 离心式风机

离心式风机(图 2.16)主要由蜗牛形外壳、工作轮和机座组成。这种风机工作时,空气从进风口进入风机,旋转的带叶片工作轮形成离心力将其压入外壳,然后再沿着外壳经出风口送入通风管中。离心风机不具逆转性,但产生的压力较大,多用于禽舍热风或冷风输送。

图 2.15 轴流式风机

图 2.16 离心式风机

(四)照明设备

(1)人工光照设备 包括白炽灯、荧光灯、节能灯、LED 灯等。

(2)照度计 可以直接测出光照强度的数值。由于家禽对光照的反应敏感,禽舍内要求的照度比日光低得多,应选用精确的仪器。

(3)光照控制器 基本功能是自动启闭禽舍照明灯,即利用定时器的多个时间段自编程序功能,实现精确控制舍内光照时间。

(五)清粪设备

1. 刮板式清粪机

用于网上平养和笼养,安置在鸡笼下的粪沟内,刮板略小于粪沟宽度。每开动一次,刮板做一次往返移动,刮板向前移动时将鸡粪刮到鸡舍一端的横向粪沟内,返回时,刮板上抬空行。横向粪沟内的鸡粪由螺旋弹簧横向清粪机排至舍外。根据鸡舍设计,一台电机可负载单列、双列或多列。

二维码 2.7 层叠式笼养传输带自动清粪

在用于半阶梯笼养和叠层笼养时采用多层式刮板,其安置在每一层的承粪板上,排粪设在安有动力装置相反一端。以 4 层笼养为例,开动电动机时,两层刮板为工作行程,另两层为空行,到达尽头时电动机反转,刮板反向移动,此时另两层刮板为工作行程,到达尽头时电动机停止。

二维码 2.8 传送带自动清粪

2. 输送带式清粪机

适用于叠层式笼养鸡舍清粪,主要由电机和链传动装置,主、被动辊,承粪带等组成。承粪带安装在每层鸡笼下面,启动时由电机、减速器通过链条带动各层的主动辊运转,将鸡粪输送到一端,被端部设置的刮粪板刮落,从而完成清粪作业。

3. 螺旋弹簧横向清粪机

螺旋弹簧横向清粪机是机械清粪的配套设备。当纵向清粪机将鸡粪清理到鸡舍一端时，再由横向清粪机将刮出的鸡粪输送到舍外。作业时清粪螺旋直接放入粪槽内，不用加中间支承，输送混有鸡毛的黏稠鸡粪也不会堵塞。

四、卫生防疫设备

（一）多功能清洗机

多功能清洗机具有冲洗和喷雾消毒两种用途，使用 220 V 电源作动力，适用于禽舍、孵化室地面冲洗和设备洗涤消毒，该产品进水管可接到水龙头上，水流量大压力高，配上高压喷枪，比常规手工冲洗快而洁净，还具有体积小、耐腐蚀、使用方便等优点。

（二）禽舍固定管道喷雾消毒设备

禽舍固定管道喷雾消毒设备是一种用机械代替人工喷雾的设备，主要由泵组、药液箱、输液管、喷头组件和固定架等构成。饲养管理人员手持喷雾器进行消毒，劳动强度大，消毒剂喷洒不均。采用固定式机械喷雾消毒设备，只需 2～3 min 即可完成整个禽舍消毒工作，药液喷洒均匀。固定管道喷雾消毒设备安装时，根据鸡舍跨度确定装几列喷头，一般 6 m 以下装一列，7～12 m 装两列，喷头组件的距离以每 4～5 m 装一组为宜。此设备在夏季与通风设备配合使用，还可降低舍内温度 3～4 ℃，配上高压喷枪还可作清洗机使用。

（三）火焰消毒器

火焰消毒器是利用煤油燃烧产生的高温火焰对禽舍设备及建筑物表面进行消毒的。火焰消毒器的杀菌率可达 97%，一般用药物消毒后，再用火焰消毒器消毒，可达到禽场防疫的要求，而且消毒后的设备和物体表面干燥。而只用药物消毒，杀菌率一般仅达 84%，达不到规定的必须在 93%以上的要求。

火焰消毒器所用的燃料为煤油，也可用农用柴油，严禁使用汽油或其他轻质易燃易爆燃料。火焰消毒器不可用于易燃物品的消毒，使用过程中也要做好防火工作。对草、木、竹结构禽舍更应慎重使用。

五、人工智能设备

（一）计算机

随着计算机各类软件的开发，将生产中各种数据及时输入计算机内，经处理后可以迅速地做出各类生产报表，并结合相关技术和经济参数制订出生产计划或财务计划，及时地为各类管理人员提供丰富而准确的生产信息，作为辅助管理和决策的智能工具。

（二）禽舍环境控制系统

环境控制系统主要由环境控制器、计算机终端、远程控制中心三个部分组成。例如：EI-3000 型环境控制器，采用微电脑原理将温度、湿度、纵横向风机、变频风机、小窗（侧窗）、湿帘、水量、光照、静压、氨气、家禽体重、喂料、公禽供料、母禽供料、电子称重和斗式称重（主要是称饲料重量）等饲养工艺参数关联起来统一控制；并将强弱电分开。多点采集温湿度以达到禽舍内温度均匀，以满足禽舍内控温控湿稳定、合理，通风充分合理，自动定时光照，准确可靠，并可控制不同方式的加热器（如电加热器、燃气加热器等）。具有记忆、查询以往历史温度、湿度、通风、光照时间、家禽体重和历史报警信息、密码保护等多种十分实用的功能，并具有可供用户随意组合预留选配系统。除自动控制系统以外还设有手动控制系统，以确保饲养过程的安全。

（三）视频监控系统

视频监控系统是将摄像头安装在禽舍内部，将视频信号传到计算机终端，可在计算机终端实时浏览禽舍内的生产状况，保存记录，并自动响应实时远程监控中心指令，向上传视频信号历史记录，向下控制摄像头等。

复习与思考

1. 如何选择鸡场场址？
2. 怎样规划家禽场？
3. 鸡舍防暑降温的措施有哪些？
4. 家禽场常用的生产设备有哪些？

项目三 家禽饲料的配制

任务一 家禽常用饲料选择

任务描述

家禽为了维持自身的生命活动和生产，必须从外界环境中摄取所需要的各种营养物质或含有这些营养物质的饲料。掌握各种饲料的营养特点与饲用价值，是配制家禽日粮和正确利用饲料的基础。本任务重点阐述家禽常用饲料的营养特点与饲用价值。

任务目标

掌握家禽各种常用饲料的营养特点与饲用价值；能够根据饲料的营养特点为不同品种、生理阶段的家禽选用饲料；会消除某些饲料中的抗营养因素，提高饲料的利用率。

基本知识

(1)能量饲料；(2)蛋白质饲料；(3)矿物质饲料；(4)饲料添加剂。

一、能量饲料

(一)谷物类饲料

1. 玉米

玉米是家禽的基础饲料，有“饲料之王”之称，全世界70%～75%的玉米作为饲料。我国是世界上第二大玉米生产国，主要产区在东北和华北等地。

玉米的有效能值高，主要由于玉米无氮浸出物含量高(74%～80%)，而且主要是易消化的淀粉；另外粗纤维含量低(1.2%～2.6%)，粗脂肪含量较高(3.1%～5.3%)，且必需脂肪酸含量高达2%。粗蛋白质含量低(7.8%～9.4%)，品质差，缺乏赖氨酸、蛋氨酸及色氨酸等必需氨基酸。钙含量低(0.02%～0.16%)，磷含量相对钙含量较高(0.25%～0.27%)，有50%～60%为植酸磷，这些植酸磷不能被家禽很好利用。黄玉米中含有较丰富的维生素A和维生素E，几乎不含维生素D和维生素K；维生素B_1含量较多，其他B族维生素含量则很少。

含水率、破粒率、杂质含量和发霉率是衡量玉米质量的关键指标。玉米在长期贮存过程中，很容易产生一种致癌性很高的黄曲霉毒素，霉玉米中所含的呕吐毒素容易引起鸡的腺肌胃炎，应引起高度重视。

玉米是家禽最重要的饲料原料，适口性好，容易消化，容重大，最适宜肉用仔鸡的肥育用，而且黄玉米因含胡萝卜素和叶黄素对蛋黄、脚、皮肤等有良好的着色效果。在鸡配合饲料中，玉米用量可达50%～70%。

2. 小麦

小麦是世界上主要粮食作物之一，只有少量小麦用作饲料。我国小麦产量居世界第二位，主产区在华北、东北和淮河流域。

小麦的有效能值略低于玉米，主要原因是小麦粗脂肪含量低(1.7%)，且必需脂肪酸的含量也低；另外无氮浸出物含量(67.6%)也较玉米低。粗蛋白质含量较高(13.0%左右)，品质稍好于玉米，但仍缺乏赖氨酸、蛋氨酸和苏氨酸等必需氨基酸。粗纤维含量为1.9%。矿物质含量不平衡，钙少磷多，磷有70%属于植酸磷。小麦富含B族维生素和维生素E，维生素A、维生素D、维生素C、维生素K含量较少。

小麦等量取代鸡日粮中的玉米时，其饲喂效果仅为玉米的90%，故替代量以1/3～1/2为宜。此外小麦中含有较多的非淀粉多糖，饲喂过多，还会引起蛋鸡的饲料转化率下降、粪便发黏，对肉用仔鸡常引起垫料过湿，氨气过多，生长受抑制，跗关节损伤和胸部水泡发病率增加，屠体等级下降等；对于蛋禽可能会引起蛋黄颜色变浅。小麦粉碎太细会引起黏嘴现象，适口性降低。

3. 高粱

高粱是重要的粗粮作物，有褐高粱、黄高粱(红高粱)、白高粱、混合高粱之分。我国高粱产量居世界第四位，主产区位于东北和华北等地。

高粱的粗蛋白质含量(9.0%)略高于玉米，但同样品质不佳，且不易被动物消化，缺乏赖氨酸(0.18%)、含硫氨基酸(0.29%)和色氨酸(0.08%)等必需氨基酸。粗脂肪含量(3.4%)低于玉米。无氮浸出物含量(70.4%)与玉米相近。粗纤维1.4%左右。矿物质中含磷、镁、钾较多，钙含量少，40%～70%的磷为植酸磷，利用率低。维生素B_1和维生素B_6含量与玉米相当，泛酸、烟酸和生物素含量高于玉米，其余维生素含量少，尤其是维生素A。

高粱中含有的主要抗营养因子是单宁(鞣酸)，单宁的苦涩味重，影响适口性以及饲料的转化率和代谢能值。

鸡的日粮要求单宁含量不得超过0.2%，所以高单宁的褐色高粱用量宜控制在10%～20%，低单宁的浅色高粱用量为40%～50%。鸡日粮中高粱用量高时，应补充维生素A，注意氨基酸与能量之间的平衡，并考虑色素的来源及必需氨基酸是否足够。

4. 稻谷

稻谷为世界上最重要的谷物之一。稻谷脱去壳后，大部分种皮仍残留在米粒上，称为糙米；大米加工过程中产生的破碎粒称为碎米。稻谷是我国第一大粮食作物，主产区在长江、淮河流域以及华南地区。

稻谷的有效能值低，主要由于稻谷有坚硬的外壳包被，稻壳占稻谷重的20%～25%，粗纤维含量较高(9.0%以上)；另外粗脂肪含量低(2.0%)，无氮浸出物(63.8%)比玉米低。粗蛋白质含量(7.8%)及品质与玉米相似，赖氨酸和含硫氨基酸等必需氨基酸含量低。矿物质含量不多，钙少磷多，磷的利用率低。糙米富含B族维生素。

因稻谷粗纤维含量高，所以对肉鸡应限制使用。糙米或碎米喂鸡，不论肉鸡还是蛋鸡效果均与玉米相近(脂肪含量稍低)，只是鸡的皮肤和蛋黄颜色较浅，应注意补充必要的色素。

5. 大麦

大麦是重要的谷物之一，我国冬大麦主产区在长江流域各省和河南等地，春大麦则分布在东北、内蒙古、山西、青藏高原等地。

大麦的有效能值较低，主要是因为粗纤维含量高（5%～6%）；另外粗脂肪含量低（1.7%～2.1%），其中亚油酸含量只有0.78%，无氮浸出物（67.1%～67.7%）比玉米低。粗蛋白质含量较高（11.0%～13.0%），其中赖氨酸、色氨酸、含硫氨基酸的含量较玉米高。矿物质含量较高，主要是钾和磷，其中63%的磷为植酸磷，利用率低。大麦富含B族维生素。

大麦对鸡的饲养效果明显比玉米差。饲喂蛋鸡，虽不明显影响产蛋率，但对蛋黄、皮肤无着色效果，不是鸡的理想饲料。一般用量不超过10%，种鸡可以适当提高用量。

（二）糠麸类饲料

1. 小麦麸

小麦麸是小麦加工面粉时的副产物，主要由种皮、糊粉层和少量胚芽及胚乳组成。具有特有的香甜味，形状为粗细不等的碎屑状。

小麦麸的粗蛋白质含量较高（14.3%～15.7%），氨基酸较平衡，赖氨酸和蛋氨酸含量分别为0.6%和0.13%。粗脂肪含量为4%左右，以不饱和脂肪酸居多。无氮浸出物低（56.0%～57.0%），粗纤维含量高（6.3%～6.5%），故属于能量价值较低的能量饲料。矿物质含量较丰富，钙少磷多，而且大多是植酸磷，但小麦麸富含植酸酶，有利于磷的利用。B族维生素和维生素E含量丰富，缺乏维生素A和维生素D。

因为小麦麸的能量价值偏低，在肉鸡和高产蛋鸡饲料中用量有限，雏鸡阶段可以使用少量小麦麸；后备母鸡可使用较多的小麦麸，一般以不超过10%～15%为宜。

2. 次粉

次粉同样是小麦加工面粉时的副产品，是介于麦麸与面粉之间的产品，主要由小麦的糊粉层、胚乳及少量细麸组成。次粉分为普通次粉和高筋次粉。依小麦品种、加工工艺而异。

次粉的粗蛋白质含量（13.6%～15.4%）稍低于小麦麸。粗脂肪含量（2.1%～2.2%）低于小麦麸。无氮浸出物较高（66.7%～67.1%），粗纤维低（1.5%～2.8%），故次粉的能量价值高于小麦麸。次粉的矿物质和维生素含量均低于小麦麸。

次粉的饲用价值与小麦麸相似，对于鸡饲料用量可达10%～12%，但一般需要制粒，否则会造成黏嘴现象，降低适口性。在鸭饲料中用量可达35%左右。

3. 米糠

米糠是糙米精加工过程中脱除的果皮层、种皮层及胚芽等混合物，有时混有少量稻壳和碎米。

全脂米糠的粗蛋白质（12.8%）和赖氨酸（0.74%）均高于玉米，且品质比玉米好。粗纤维含量在13%以下。粗脂肪含量高达10%～18%，大多属于不饱和脂肪酸，容易发生氧化酸败和水解酸败，严重影响米糠的质量和适口性。富含B族维生素和维生素E。

米糠一般不宜作为鸡的能量饲料，但可少量使用补充鸡所需的B族维生素、矿物质和必需脂肪酸。一般以使用5%以下为宜，颗粒饲料可酌情增加至10%左右。

（三）油脂类饲料

天然存在的油脂种类较多，主要来源于动植物，是畜禽重要的营养物质之一。油脂能够提供比任何其他饲料都多的能量，同时也是必需脂肪酸的重要来源，能促进色素和脂溶性维生素的吸收，降低畜禽的热增耗，提高代谢能的利用率，减轻畜禽热应激等。此外，还可改善饲料适口性，减少粉尘和机械磨损，改善饲料外观，提高颗粒饲料的生产效率。

添加油脂后，日粮能量浓度提高，动物采食量降低，因此应相应提高日粮中其他养分的含量。建议油脂添加量为：产蛋鸡3%～5%，肉鸡5%～8%。

二、蛋白质饲料

（一）植物性蛋白质饲料

1. 大豆饼（粕）

大豆饼（粕）是大豆提取油后的副产物。由于制油工艺不同，通常将压榨法提油后的产品称为豆饼，而将浸提法提油后的产品称为豆粕。我国的主产区为北方，以黑龙江、吉林产量最高；国内市场上70%的大豆是进口的。

大豆饼（粕）的粗蛋白质含量高（40%～48%），必需氨基酸含量高且组成合理，其中赖氨酸含量达2.5%～2.9%，但缺乏蛋氨酸（0.6%）。粗纤维含量不高（4.0%～5.0%），主要来自豆皮。无氮浸出物主要是蔗糖、棉籽糖、水苏糖及多糖类，淀粉含量低，故所含可利用能量较低。矿物质中钙少磷多，磷多属于植酸磷，家禽利用率低。维生素A、维生素B_1、维生素B_2和胡萝卜素含量少，烟酸和泛酸含量稍多，胆碱含量丰富。

大豆饼（粕）含有胰蛋白酶抑制因子、大豆凝集素、大豆抗原等抗营养因子，对动物健康和生产性能产生不利影响，适当加热或膨化处理可破坏这些抗营养因子。

大豆饼（粕）适量添加蛋氨酸后，即是家禽饲料的最好蛋白质来源，任何生产阶段的家禽都可以使用，尤其对雏鸡的效果更为明显，是其他饼（粕）难以取代的。

2. 菜籽饼（粕）

油菜籽是我国主要的油料作物之一。菜籽饼（粕）是菜籽提取油后的副产物。我国的主产区为四川、湖北、湖南和江苏等地。

菜籽饼（粕）的粗蛋白质含量为35%～38%，各种氨基酸含量较丰富且平衡，但消化率较大豆饼（粕）低。菜籽饼（粕）的能量价值取决于其外壳及粗纤维的含量，此外榨油加工工艺对它的能量价值也有较大影响，残油高的能量价值高。矿物质中钙、磷均高，但所含磷大多为植酸磷，利用率低。胡萝卜素和维生素D含量很少，烟酸和胆碱含量高。

菜籽饼（粕）中含有多种抗营养因子，主要的有硫代葡萄糖苷、芥子碱和单宁，使用上要注意其含量并加以限制。

在鸡配合饲料中菜籽饼（粕）应限量使用。品质优良的菜籽饼（粕），肉鸡后期用量宜低于10%，蛋鸡、种鸡可用至8%，一般雏鸡避免使用。

3. 棉籽饼（粕）

棉籽饼（粕）是棉籽经去毛、去壳提取油后的副产品。我国的主产区为河北、河南、山东、安徽、江苏、新疆等地。

棉籽饼（粕）的粗蛋白质含量高（36.0%～47.0%），氨基酸中赖氨酸含量低，为第一限制性氨基酸，利用率也差。粗纤维含量随去壳程度而不同，不脱壳者纤维含量可达18%。矿物质中钙少磷多，磷多为植酸磷，家禽对其几乎不能利用。维生素B_1含量较高，维生素A和维生素D含量少。

棉籽饼（粕）含有游离棉酚和环丙烯类脂肪酸等抗营养因子。

棉籽饼（粕）对鸡的饲用价值主要取决于游离棉酚和粗纤维的含量。含壳多的棉籽饼（粕）粗纤维含量高、热能低，应避免在肉鸡饲料中使用。游离棉酚含量在50 mg/kg以下的棉籽饼

(粕),肉鸡饲料中可添加10%～20%,产蛋鸡可添加5%～15%。

4. 花生饼(粕)

花生饼(粕)是花生脱壳提取油后的副产品。我国是花生的生产大国,主要产区为山东、河南、河北、江苏等地。

花生饼(粕)的粗蛋白质含量很高(44.0%～47.0%),但氨基酸组成不佳,赖氨酸和蛋氨酸含量偏低,而精氨酸与组氨酸含量相当高。脱壳花生饼(粕)的代谢能水平很高,可达12.26 MJ/kg,无氮浸出物中大多为淀粉和戊聚糖等。矿物质中钙少磷多,磷多为植酸磷,利用率低。维生素中除维生素A、维生素D、维生素C和维生素B_2外,其他维生素含量丰富,尤其是烟酸含量高。

花生饼(粕)中含有少量胰蛋白酶抑制因子,也极易感染黄曲霉,产生黄曲霉毒素,引起动物黄曲霉毒素中毒。

花生饼(粕)适用于成年家禽,育成期可用至6%,产蛋鸡可用至9%。注意补充赖氨酸和蛋氨酸,或与鱼粉、豆粕配合使用,效果较好。

5. 向日葵仁饼(粕)

向日葵仁饼(粕)是向日葵经机械压榨或溶剂浸提制油后的副产物,可制成脱壳或不脱壳两种,是一种较好的蛋白质饲料。

向日葵仁饼(粕)的粗蛋白质含量为33%～36%,氨基酸组成不佳,赖氨酸含量不足(0.96%～1.22%),是第一限制性氨基酸,但蛋氨酸含量较高(0.59%～0.72%),高于大豆饼(粕)。我国生产的向日葵仁饼(粕),一般脱壳不净,其粗纤维的含量有的高达20%,因此代谢能水平低。矿物质中钙、磷含量比一般油粕类饲料原料高,微量元素中锌、铁、铜含量较高。维生素中B族维生素含量丰富,但胡萝卜素含量低。

向日葵仁饼(粕)含有少量酚类化合物,主要是绿原酸,对胰蛋白酶、淀粉酶和脂肪酶活性均有明显的抑制作用。

带壳饼(粕)因有效能值低,肥育效果差,肉鸡不易食用,但脱壳者可少量使用。蛋鸡用量宜在10%以下,脱壳饼(粕)可用至20%,但使用量太高会造成蛋壳出现斑点现象。

6. 亚麻仁饼(粕)

亚麻仁饼(粕)是亚麻籽经机械压榨或溶剂提油后的副产物。亚麻是我国高寒地区主要的油料作物之一,主要产区在黑龙江、吉林两省。

亚麻仁饼(粕)的蛋白质含量为32%～35%,其氨基酸组成不佳;赖氨酸和蛋氨酸缺乏,分别为0.73%～1.16%、0.46%～0.55%;富含精氨酸、色氨酸,分别可达3.59%、0.7%。矿物质中钙、磷均高,富含微量元素硒。维生素A、维生素D和维生素E含量少,但B族维生素含量丰富。

亚麻仁饼(粕)中含有生氰糖苷、抗维生素B_6因子、亚麻籽胶等抗营养因子。

因亚麻籽饼(粕)含有黏性胶质,使雏鸡采食困难,不宜作为雏鸡饲料。蛋鸡日粮中也不宜超过5%,加大用量会造成其食欲减退,生长受阻,产蛋量下降,并排出黏性粪便,影响鸡舍环境。

(二)动物性蛋白质饲料

1. 鱼粉

鱼粉是以鱼类加工食品剩余的下脚料或全鱼加工的产品。世界上鱼粉产量较多的国家有日本、智利、秘鲁和美国等,国内鱼粉主要产区在浙江、上海、福建、山东等地。

鱼粉的营养特点是粗蛋白质含量高,一般脱脂全鱼粉的粗蛋白质含量高达60%以上,而且品质好，消化率高，必需氨基酸含量高，比例平衡。粗脂肪含量高，尤其是海水鱼粉中的脂肪含有大量高度不饱和脂肪酸，具有特殊营养生理作用。富含B族维生素和维生素A、维生素D以及未知生长因子。鱼粉中含有肌胃糜烂素，引起鸡的“黑吐病”。在高温高湿环境，易受微生物浸染，氧化酸败，腐败变质。

鱼粉对鸡的饲养效果很好，不但适口性好，而且可以补充必需氨基酸、B族维生素及其他矿物元素，一般用量为：雏鸡、肉鸭和肉仔鸡3%～5%，蛋鸡3%。

2. 水解羽毛粉

家禽屠体脱毛处理所得的羽毛，经洗涤、高压水解处理后粉碎的产品即为水解羽毛粉。

水解羽毛粉粗蛋白质含量高达78%，氨基酸中以含硫氨基酸含量最高，其中以胱氨酸为主，含量达3%左右，赖氨酸和蛋氨酸含量不足。矿物质中硫含量很高，可达1.5%。钙、磷含量较少。维生素B_{12}含量较高，而其他维生素含量很低。

水解羽毛粉可补充鸡饲料中的含硫氨基酸需要，在家禽饲料中用量以不超过3%为宜，雏鸡饲料中可添加1%～2%。

三、矿物质饲料

（一）含钠、氯的饲料

（1）氯化钠　化学式为NaCl，含钠39.7%，含氯60.3%。饲用氯化钠纯度为98%，即含钠38.91%，含氯59.1%。家禽日粮中以0.3%～0.5%为宜。

（2）碳酸氢钠　俗称小苏打，化学式为$NaHCO_3$，纯品含钠27.38%，工业品纯度为99%，即含钠27.10%。采用食盐供给动物钠和氯时，钠少氯多，尤其对产蛋家禽，更需要其他供钠的物质。碳酸氢钠，除提供钠离子外，还是一种缓冲剂，可缓解热应激，改善蛋壳强度。用量一般为0.2%～0.4%

（3）无水硫酸钠　俗称元明粉或芒硝，化学式为Na_2SO_4。纯品含钠16.19%，硫22.57%，工业品纯度99%，即含钠16.03%，硫22.35%。硫酸钠既可补钠，又可以补硫，对鸡的啄羽有预防作用。

（二）含钙的饲料

（1）石灰石粉　为天然的碳酸钙，一般含钙35%以上，是补充钙来源最广、价格最低的矿物质原料。质量指标为：钙≥35%，铅≤0.002%，砷≤0.001%，汞≤0.000 2%，水分≤0.5%，盐酸不溶物≤0.5%。在鸡饲料中的用量：雏鸡2%，蛋鸡和种鸡5%～7%，肉鸡2%～3%。

（2）贝壳粉　本品为各类贝壳外壳（牡蛎壳、蚌壳、蛤蜊壳等）经加工粉碎而成的粉状或颗粒状产品。主要成分为碳酸钙，一般含钙不低于33%。质量标准：钙≥33%，杂质≤1%，不得检出沙门菌，不得有腥臭味。

（三）含钙、磷的饲料

最常用的是磷酸氢钙。我国饲料级磷酸氢钙的标准为：磷≥16%，钙≥21%，砷≤0.003%，铅≤0.002%，氟≤0.18%。

四、饲料添加剂

按照其功能可以分为营养性添加剂和非营养性添加剂两类。

（一）营养性添加剂

（1）维生素添加剂　包括各种单体维生素和专用复合维生素添加剂。

(2)微量元素添加剂 包括各种单体微量元素化合物或螯合物及专用复合微量元素添加剂。

(二)非营养性添加剂

(1)酶制剂 包括蛋白酶、纤维素酶、脂肪酶等,有单体形式和复合型。

(2)益生素 主要含有乳酸杆菌、芽孢杆菌、粪链球菌等对机体有益的微生物。

(3)蛋黄增色剂 用于提高蛋黄颜色,有天然色素和合成色素(食用级)。

(4)饲料保质添加剂 包括霉菌毒素吸附剂、分解剂、霉菌抑制剂、抗氧化剂等。

任务二 家禽日粮配制

任务描述

营养需要是指在一定环境条件下,家禽正常、健康生长或达到理想生产成绩对各种营养物质的要求,饲养标准则是家禽所需的各种营养物质在数量上的叙述或说明。在实际应用中,饲养标准是设计饲料配方、制作配合饲料及规定家禽采食量的依据,而营养需要又是制订饲养标准的依据。本任务重点阐述家禽的营养需要及饲养标准,并根据饲养标准为家禽配制日粮。

任务目标

掌握家禽对各种营养物质的需要;了解并学会应用饲养标准;熟悉家禽配合饲料设计的原则与方法;能够熟练设计家禽全价配合饲料。

基本知识

(1)家禽的营养;(2)鸡的饲养标准;(3)家禽配合饲料的设计。

一、家禽的营养

(一)蛋白质

蛋白质具有重要的营养作用,是家禽体组织和禽蛋的主要成分。

饲料蛋白质的营养价值主要取决于氨基酸的组成和比例,有些氨基酸在家禽体内不能合成或合成的数量不能满足需要,必须由饲料中供给,称之为必需氨基酸。家禽的必需氨基酸包括蛋氨酸、赖氨酸、组氨酸、色氨酸、异亮氨酸、苏氨酸、精氨酸、亮氨酸、苯丙氨酸、缬氨酸和甘氨酸。一般饲粮中容易缺乏蛋氨酸、赖氨酸和色氨酸,而蛋氨酸通常是第一限制性氨基酸。不同种类的饲料中所含氨基酸的种类和比例存在很大差异,只有多种饲料搭配或添加氨基酸添加剂,才能保证氨基酸的平衡。

育雏和育成期间家禽的生长速度受蛋白质进食量的影响较大。在产蛋期家禽采食的蛋白质有 2/3 用于产蛋,1/3 用于维持生命需要,饲料中提供的蛋白质主要用于形成禽蛋,如果不足,直接的后果是蛋重下降,进而影响产蛋量。

(二)能量

家禽的一切生命活动和生产活动都需要能量的支持。能量来源于日粮中的碳水化合物、脂肪以及在机体代谢中多余的蛋白质,其中碳水化合物是家禽能量的最主要来源。另外,脂肪的热量价值高，是碳水化合物的 2.25 倍，对高产家禽有能量增效作用。

育雏和育成期间家禽的生长与日粮能量浓度有直接的关系，尤其 14～20 周龄的生长速度受能量进食量的影响最大。在产蛋期母禽进食能量有 2/3 用于维持生命活动，1/3 用于产蛋，饲料中提供的能量先用于维持生命活动，多余时才用于产蛋，如果不足，产蛋量下降。

(三)矿物质

矿物质是家禽体组织、细胞、骨骼和体液的重要成分，是家禽正常生命活动与生产活动所不可缺少的重要物质。

(1)钙、磷、镁　主要参与骨骼和蛋壳的形成。钙构成骨骼与蛋壳，维持神经和肌肉兴奋性，维持细胞膜的通透性，调节激素分泌；磷构成骨骼与蛋壳，参与能量代谢，维持膜的完整性，作为重要生命遗传物质 DNA、RNA 和一些酶的结构成分；镁参与骨骼与蛋壳组成，参与酶系统的组成与作用，参与核酸和蛋白质的代谢，调节神经和肌肉的兴奋性，维持心肌的正常结构和功能。

(2)钠、钾、氯　主要存在于体液中，对维持渗透压、调节酸碱平衡、控制水代谢起着重要作用。钠在保持体液的酸碱平衡和渗透压方面起着重要作用；钾参与碳水化合物代谢，并在维持细胞内液渗透压的稳定和调节酸碱平衡方面起着重要作用；氯是胃液中形成盐酸的主要成分，与钠、钾共同维持体液的酸碱平衡和渗透压调节。

(3)硫　硫是以含硫氨基酸形式参与羽毛、爪等角蛋白合成，是维生素 B_1、生物素的成分。家禽缺硫易发生啄癖，影响羽毛质量。

(4)铁　铁是合成血红蛋白和肌红蛋白的原料，是细胞色素和多种氧化酶的重要成分，参与机体内的物质代谢及生物氧化过程；具有预防机体感染疾病的作用。缺铁主要表现是贫血。

(5)铜　铜参与血红蛋白的合成及某些氧化酶的合成和激活；在红细胞和血红素的形成过程中起催化作用；促进骨骼的正常发育；有助于维持血管的弹性和正常功能；维持中枢神经系统正常活动。缺铜家禽患贫血、骨折或骨畸形，出现神经症状，羽毛褪色。

(6)锰　锰是家禽骨骼正常发育所必需；与家禽的繁殖有关；参与碳水化合物及脂肪的代谢。缺锰时家禽骨骼发育不良，易患“滑腱症”，生长减缓，饲料利用率降低，产蛋率、繁殖率降低，蛋壳变薄。

(7)锌　锌是构成家禽体内各种酶的主要成分或激活剂；参与蛋白质、碳水化合物和脂类的代谢；与羽毛的生长、皮肤的健康等有关。缺锌时家禽生长缓慢，羽毛、皮肤等发育不良。

(8)碘　碘参与甲状腺组成；与家禽的基础代谢密切相关，几乎参与所有的物质代谢过程。缺碘时可引起甲状腺肿大而损害家禽的健康。

(9)硒　硒具有抗氧化作用，它是谷胱甘肽过氧化物酶的成分，可促使机体代谢中产生的过氧化物还原，防止这类物质在体内的积累，保护细胞膜结构完整和功能正常；对胰腺组织和功能有重要影响。鸡缺硒主要表现渗出性素质病和胰腺纤维变性。

(四)维生素

1. 脂溶性维生素

(1)维生素 A　维生素 A 维持动物在弱光下的视力；维持上皮组织和神经组织的正常机能；促进动物生长，增进食欲，促进消化；增强机体免疫力和抗感染能力。维生素 A 缺乏时，家禽发生“干眼病”，生长缓慢，产蛋量减少，种蛋的孵化率降低，易发生各种疾病。

(2)维生素 D　维生素 D 在动物体内转化为具有活性的物质才能发挥其生理功能。主要与钙、磷代谢有关，调节钙、磷比例，促进钙、磷吸收，它还可直接作用于成骨细胞，促进钙、磷在骨骼的沉积，有利于骨骼钙化。家禽缺乏维生素D时，表现行动困难，不能站立，生长缓慢，喙变软，蛋壳薄而脆或产软蛋，产蛋率和孵化率下降。

(3)维生素E　维生素E是一种细胞内抗氧化剂，可阻止过氧化物的产生，保护细胞膜免遭氧化破坏；维持毛细血管结构的完整和中枢神经系统的机能健全；增强机体免疫力和抵抗力；维持正常的繁殖机能。雏鸡缺少维生素E时，毛细血管通透性增强，导致大量渗出液在皮下积蓄，患"渗出性素质病"；小脑出血或水肿，运动失调；母鸡的产蛋率和孵化率降低，公鸡睾丸萎缩。

(4)维生素K　维生素K主要参与凝血活动，致使血液凝固；与钙结合蛋白质的形成有关。雏鸡缺乏维生素K时皮下和肌肉间隙呈现出血现象，断喙或受伤时流血不止；母鸡缺少维生素K，所产的蛋壳有血斑，孵化时，鸡胚也常因出血而死亡。

2. 水溶性维生素

包括B族维生素和维生素C。

(1)维生素B_1　维生素B_1是以羧化辅酶的成分参与能量代谢；维持神经组织和心脏正常功能；维持胃肠正常消化功能；为神经介质和细胞膜组分，影响神经系统能量代谢和脂肪酸合成。维生素B_1缺乏时，雏鸡患多发性神经炎，头部后仰，呈现出一种"观星"的特有姿态。

(2)维生素B_2　维生素B_2以辅基形式与特定酶结合形成多种黄素蛋白酶，参与蛋白质、能量代谢及生物氧化。维生素B_2缺乏时，雏鸡发生典型的卷爪麻痹症，足爪向内弯曲，用跗关节行走、腿麻痹，母鸡产蛋量和孵化率下降，鸡胚死亡率增高。

(3)烟酸　以辅酶Ⅰ、Ⅱ的形式参与三大营养物质代谢，是多种脱氢酶的辅酶，在生物氧化中起传递氢的作用，参与视紫红质的合成；促进铁吸收和血细胞的生成；维持皮肤的正常功能和消化腺分泌；参与蛋白质和DNA合成。烟酸缺乏时，鸡患黑舌病，口腔发炎，羽毛蓬乱，生长缓慢，下痢，踝关节肿大，腿骨弯曲；母鸡产蛋率和孵化率下降。

(4)维生素B_6　维生素B_6以转氨酶和脱羧酶等多种酶系统的辅酶形式参与蛋白质、脂肪和碳水化合物代谢，促进血红蛋白中原卟啉的合成。维生素B_6缺乏时，雏鸡生长缓慢，易发生神经障碍，由兴奋而至痉挛，种蛋孵化率降低。

(5)泛酸　是辅酶A的成分，参与三大营养物质代谢，促进脂肪代谢及类固醇和抗体的合成，为生长动物所必需。泛酸缺乏时，鸡生长受阻，皮炎，羽毛生长不良；雏鸡眼分泌物增多，眼睑周围结痂；母鸡产蛋率与孵化率下降，鸡胚死亡，胚胎皮下出血及水肿等。

(6)维生素B_{12}　在鸡体内为胱氨酸转化为蛋氨酸所必需；参与核酸、胆碱的生物合成及三种有机物的代谢。维生素B_{12}缺乏时，家禽患贫血、生长不良，易患脂肪肝，母禽的产蛋率和孵化率降低。

(7)叶酸　叶酸以辅酶形式通过一碳基团的转移参与蛋白质和核酸的生物合成；促进红细胞、白细胞的形成与成熟。叶酸缺乏时，家禽生长发育受阻，羽毛生长不良、色素减退，贫血，胚胎死亡率较高。

(8)生物素　以各种羧化酶的辅酶形式参与三种有机物代谢，它和碳水化合物与蛋白质转化为脂肪有关。生物素缺乏时，鸡脚趾肿胀、开裂，脚、喙及眼周围发生皮炎，胫骨粗短症，生长缓慢，种蛋孵化率降低，鸡胚骨骼畸形。

(9)维生素C　维生素C在动物体内具有杀灭细菌和病毒、解毒、抗氧化作用；可缓解铅、砷、苯及某些细菌毒素的毒性；促进铁的吸收；可刺激肾上腺皮质激素等多种激素的合成；还能促进抗体的形成和白细胞的噬菌能力，增强机体免疫功能和抗应激能力。维生素C缺乏时，家禽食欲下降，生长缓慢，体重减轻，皮下慢性出血，贫血，抗病力和抗应激能力下降。

（10）胆碱　胆碱是细胞的组成成分，是细胞卵磷脂、神经磷脂和某些原生质的成分，同样也是软骨组织磷脂的成分；参与肝脏脂肪的代谢，可促使肝脏脂肪以卵磷脂形式或者提高脂肪酸本身在肝脏内的氧化利用，防止脂肪肝的产生。胆碱缺乏时，鸡的典型症状是“骨短粗症”和“滑腱症”；母鸡产蛋量减少，甚至停产，蛋的孵化率下降。

二、鸡的饲养标准

本标准引用中华人民共和国农业行业标准（NY/T 33—2004），适用于专业化养鸡场和配合饲料厂。蛋用鸡营养需要适用于轻型和中型蛋鸡，肉用鸡营养需要适用于专门化培育的品系。

1. 蛋用鸡的营养需要

生长蛋鸡、产蛋鸡的营养需要分别见表 3.1、表 3.2，生长蛋鸡体重与耗料量见表 3.3。

表 3.1　生长蛋鸡营养需要

营养指标	单位	0～8 周龄	9～18 周龄	19 周龄至开产
代谢能	MJ/kg(Mcal/kg)	11.91(2.85)	11.70(2.8)	11.50(2.75)
粗蛋白质	%	19.0	15.5	17.0
蛋白能量比	g/MJ(g/Mcal)	15.95(66.67)	13.25(55.30)	14.78(61.82)
赖氨酸能量比	g/MJ(g/Mcal)	0.84(3.51)	0.58(2.43)	0.61(2.55)
赖氨酸	%	1.00	0.68	0.70
蛋氨酸	%	0.37	0.27	0.34
蛋氨酸＋胱氨酸	%	0.74	0.55	0.64
苏氨酸	%	0.66	0.55	0.62
色氨酸	%	0.20	0.18	0.19
精氨酸	%	1.18	0.98	1.02
亮氨酸	%	1.27	1.01	1.07
异亮氨酸	%	0.71	0.59	0.60
苯丙氨酸	%	0.64	0.53	0.54
苯丙氨酸＋酪氨酸	%	1.18	0.98	1.00
组氨酸	%	0.31	0.26	0.27
脯氨酸	%	0.50	0.34	0.44
缬氨酸	%	0.73	0.60	0.62
甘氨酸＋丝氨酸	%	0.82	0.68	0.71
钙	%	0.90	0.80	2.00
总磷	%	0.70	0.60	0.55
非植酸磷	%	0.40	0.35	0.32
钠	%	0.15	0.15	0.15

续表 3.1

营养指标	单位	0～8 周龄	9～18 周龄	19 周龄至开产
氯	%	0.15	0.15	0.15
铁	mg/kg	80	60	60
铜	mg/kg	8	6	8
锌	mg/kg	60	40	80
锰	mg/kg	60	40	60
碘	mg/kg	0.35	0.35	0.35
硒	mg/kg	0.30	0.30	0.30
亚油酸	%	1	1	1
维生素 A	IU/kg	4 000	4 000	4 000
维生素 D	IU/kg	800	800	800
维生素 E	IU/kg	10	8	8
维生素 K	mg/kg	0.5	0.5	0.5
维生素 B_1	mg/kg	1.8	1.3	1.30
维生素 B_2	mg/kg	3.6	1.8	2.2
泛酸	mg/kg	10	10	10
烟酸	mg/kg	30	11	11
吡哆醇	mg/kg	3	3	3
生物素	mg/kg	0.15	0.1	0.10
叶酸	mg/kg	0.55	0.25	0.25
维生素 B_{12}	mg/kg	0.010	0.003	0.004
胆碱	mg/kg	1 300	900	500

注：根据中型体重鸡制定，轻型鸡可酌减 10%；开产日龄按 5%产蛋率计算。

表 3.2　产蛋鸡营养需要

营养指标	单位	开产至高峰期(>85%)	高峰后(<85%)	种鸡
代谢能	MJ/kg(Mcal/kg)	11.29(2.70)	10.87(2.65)	11.29(2.70)
粗蛋白质	%	16.5	15.5	18.0
蛋白能量比	g/MJ(g/Mcal)	14.61(61.11)	14.26(58.49)	15.94(66.67)
赖氨酸能量比	g/MJ(g/Mcal)	0.64(2.67)	0.61(2.54)	0.63(2.63)
赖氨酸	%	0.75	0.70	0.75
蛋氨酸	%	0.34	0.32	0.34
蛋氨酸+胱氨酸	%	0.65	0.56	0.65
苏氨酸	%	0.55	0.50	0.55

续表 3.2

营养指标	单位	开产至高峰期(>85%)	高峰后(<85%)	种鸡
色氨酸	%	0.16	0.15	0.16
精氨酸	%	0.76	0.69	0.76
亮氨酸	%	1.02	0.98	1.02
异亮氨酸	%	0.72	0.66	0.72
苯丙氨酸	%	0.58	0.52	0.58
苯丙氨酸+酪氨酸	%	1.08	1.06	1.08
组氨酸	%	0.25	0.23	0.25
缬氨酸	%	0.59	0.54	0.59
甘氨酸+丝氨酸	%	0.57	0.48	0.57
可利用赖氨酸	%	0.66	0.60	—
可利用蛋氨酸	%	0.32	0.30	—
钙	%	3.5	3.5	3.5
总磷	%	0.60	0.60	0.60
非植酸磷	%	0.32	0.32	0.32
钠	%	0.15	0.15	0.15
氯	%	0.15	0.15	0.15
铁	mg/kg	60	60	60
铜	mg/kg	8	8	6
锌	mg/kg	60	60	60
锰	mg/kg	80	80	60
碘	mg/kg	0.35	0.35	0.35
硒	mg/kg	0.30	0.30	0.30
亚油酸	%	1	1	1
维生素 A	IU/kg	8 000	8 000	10 000
维生素 D	IU/kg	1 600	1 600	2 000
维生素 E	IU/kg	5	5	10
维生素 K	mg/kg	0.5	0.5	1.0
维生素 B_1	mg/kg	0.8	0.8	0.8
维生素 B_2	mg/kg	2.5	2.5	3.8
泛酸	mg/kg	2.2	2.2	10
烟酸	mg/kg	20	20	30
吡哆醇	mg/kg	3.0	3.0	4.5
生物素	mg/kg	0.10	0.10	0.15
叶酸	mg/kg	0.25	0.25	0.35
维生素 B_{12}	mg/kg	0.004	0.004	0.004
胆碱	mg/kg	500	500	500

表 3.3　生长蛋鸡体重与耗料量　　g/只

周龄	周末体重	耗料量	累计耗料量
1	70	84	84
2	130	119	203
3	200	154	357
4	275	189	546
5	360	224	770
6	445	259	1 029
7	530	294	1 323
8	615	329	1 652
9	700	357	2 009
10	785	385	2 394
11	875	413	2 807
12	965	441	3 248
13	1 055	469	3 717
14	1 145	497	4 214
15	1 235	525	4 739
16	1 325	546	5 285
17	1 415	567	5 852
18	1 505	588	6 440
19	1 595	609	7 049
20	1 670	630	7 679

注:0～8 周龄为自由采食,9 周龄开始结合光照进行限饲。

2. 肉用鸡的营养需要

肉用仔鸡和肉用种鸡的营养需要、体重与耗料量,见表 3.4 至表 3.8。

表 3.4　肉用仔鸡营养需要(一)

营养指标	单位	0～3 周龄	4～6 周龄	7 周龄以后
代谢能	MJ/kg(Mcal/kg)	12.54(3.0)	12.96(3.10)	13.17(3.15)
粗蛋白质	%	21.5	20.0	18.0
蛋白能量比	g/MJ(g/Mcal)	17.14(71.67)	15.43(64.52)	13.67(57.14)
赖氨酸能量比	g/MJ(g/Mcal)	0.92(3.83)	0.77(3.23)	0.67(2.81)
赖氨酸	%	1.15	1.00	0.87
蛋氨酸	%	0.50	0.40	0.34
蛋氨酸+胱氨酸	%	0.91	0.76	0.65
苏氨酸	%	0.81	0.72	0.68
色氨酸	%	0.21	0.18	0.17
精氨酸	%	1.20	1.12	1.01
亮氨酸	%	1.26	1.05	0.94
异亮氨酸	%	0.81	0.75	0.63
苯丙氨酸	%	0.71	0.66	0.58
苯丙氨酸+酪氨酸	%	1.27	1.15	1.00
组氨酸	%	0.35	0.32	0.27

续表 3.4

营养指标	单位	0～3 周龄	4～6 周龄	7 周龄以后
脯氨酸	%	0.58	0.54	0.47
缬氨酸	%	0.85	0.74	0.64
甘氨酸＋丝氨酸	%	1.24	1.10	0.96
钙	%	1.00	0.9	0.80
总磷	%	0.68	0.65	0.60
非植酸磷	%	0.45	0.40	0.35
氯	%	0.20	0.15	0.15
钠	%	0.20	0.15	0.15
铁	mg/kg	100	80	80
铜	mg/kg	8	8	8
锌	mg/kg	100	80	80
锰	mg/kg	120	100	80
碘	mg/kg	0.70	0.70	0.70
硒	mg/kg	0.30	0.30	0.30
亚油酸	%	1	1	1
维生素 A	IU/kg	8 000	6 000	2 700
维生素 D	IU/kg	1 000	750	400
维生素 E	IU/kg	20	10	10
维生素 K	mg/kg	0.5	0.5	0.5
维生素 B_1	mg/kg	2.0	2.0	2.0
维生素 B_2	mg/kg	8	5	5
泛酸	mg/kg	10	10	10
烟酸	mg/kg	35	30	30
吡哆醇	mg/kg	3.5	3.0	3.0
生物素	mg/kg	0.18	0.15	0.10
叶酸	mg/kg	0.55	0.55	0.50
维生素 B_{12}	mg/kg	0.010	0.010	0.007
胆碱	mg/kg	1 300	1 000	750

表 3.5 肉用仔鸡营养需要(二)

营养指标	单位	0～2 周龄	3～6 周龄	7 周龄以后
代谢能	MJ/kg(Mcal/kg)	12.75(3.05)	12.96(3.10)	13.17(3.15)
粗蛋白质	%	22.0	20.0	17.0
蛋白能量比	g/MJ(g/Mcal)	17.25(72.13)	15.43(64.52)	12.91(53.97)
赖氨酸能量比	g/MJ(g/Mcal)	0.88(3.67)	0.77(3.23)	0.62(2.60)
赖氨酸	%	1.20	1.00	0.82
蛋氨酸	%	0.52	0.40	0.32
蛋氨酸＋胱氨酸	%	0.92	0.76	0.63
苏氨酸	%	0.84	0.72	0.64
色氨酸	%	0.21	0.18	0.16
精氨酸	%	1.25	1.12	0.95
亮氨酸	%	1.32	1.05	0.89
异亮氨酸	%	0.84	0.75	0.59

续表 3.5

营养指标	单位	0～2 周龄	3～6 周龄	7 周龄以后
苯丙氨酸	%	0.74	0.66	0.55
苯丙氨酸＋酪氨酸	%	1.32	1.15	0.98
组氨酸	%	0.36	0.32	0.25
脯氨酸	%	0.6	0.54	0.44
缬氨酸	%	0.90	0.74	0.72
甘氨酸＋丝氨酸	%	1.30	1.10	0.93
钙	%	1.05	0.95	0.80
总磷	%	0.68	0.65	0.60
非植酸磷	%	0.5	0.4	0.35
钠	%	0.20	0.15	0.15
氯	%	0.20	0.15	0.15
铁	mg/kg	120	80	80
铜	mg/kg	10	8	8
锌	mg/kg	120	80	80
锰	mg/kg	120	100	80
碘	mg/kg	0.70	0.70	0.70
硒	mg/kg	0.30	0.30	0.30
亚油酸	%	1	1	1
维生素 A	IU/kg	10 000	6 000	2 700
维生素 D	IU/kg	2 000	1 000	400
维生素 E	IU/kg	30	10	10
维生素 K	mg/kg	1.0	0.5	0.5
维生素 B_1	mg/kg	2	2	2
维生素 B_2	mg/kg	10	5	5
泛酸	mg/kg	10	10	10
烟酸	mg/kg	45	30	30
吡哆醇	mg/kg	4.0	3.0	3.0
生物素	mg/kg	0.20	0.15	0.10
叶酸	mg/kg	1.00	0.55	0.50
维生素 B_{12}	mg/kg	0.010	0.010	0.007
胆碱	mg/kg	1 500	1 200	750

表 3.6　肉用仔鸡体重与耗料量　　g/只

周龄	周末体重	耗料量	累计耗料量
1	126	113	113
2	317	273	386
3	558	473	859
4	900	643	1 502
5	1 309	867	2 369
6	1 696	954	3 323
7	2 117	1 164	4 487
8	2 457	1 079	5 566

表 3.7 肉用种鸡营养需要

营养指标	单位	0～6 周龄	7～18 周龄	19 周龄至开产	开产至高峰期（产蛋率＞65%）	高峰期后（产蛋率＜65%）
代谢能	MJ/kg(Mcal/kg)	12.12(2.90)	11.91(2.85)	11.70(2.80)	11.70(2.80)	11.70(2.80)
粗蛋白质	%	18.0	15.0	16.0	17.0	16.0
蛋白能量比	g/MJ(g/Mcal)	14.85(62.07)	12.59(52.63)	13.68(57.14)	14.53(60.71)	13.68(57.14)
赖氨酸能量比	g/MJ(g/Mcal)	0.76(3.17)	0.55(2.28)	0.64(2.68)	0.68(2.86)	0.64(2.68)
赖氨酸	%	0.92	0.65	0.75	0.80	0.75
蛋氨酸	%	0.34	0.30	0.32	0.34	0.30
蛋氨酸＋胱氨酸	%	0.72	0.56	0.62	0.64	0.60
苏氨酸	%	0.52	0.48	0.50	0.55	0.50
色氨酸	%	0.20	0.17	0.16	0.17	0.16
精氨酸	%	0.90	0.75	0.90	0.90	0.88
亮氨酸	%	1.05	0.81	0.86	0.86	0.81
异亮氨酸	%	0.66	0.58	0.58	0.58	0.58
苯丙氨酸	%	0.52	0.39	0.42	0.51	0.48
苯丙氨酸＋酪氨酸	%	1.00	0.77	0.82	0.85	0.80
组氨酸	%	0.26	0.21	0.22	0.24	0.21
脯氨酸	%	0.50	0.41	0.44	0.45	0.42
缬氨酸	%	0.62	0.47	0.50	0.66	0.51
甘氨酸＋丝氨酸	%	0.70	0.53	0.56	0.57	0.54
钙	%	1.00	0.90	2.00	3.30	3.50
总磷	%	0.68	0.65	0.65	0.68	0.65
非植酸磷	%	0.45	0.40	0.42	0.45	0.42
钠	%	0.18	0.18	0.18	0.18	0.18
氯	%	0.18	0.18	0.18	0.18	0.18
铁	mg/kg	60	60	80	80	80
铜	mg/kg	6	6	8	8	8
锌	mg/kg	60	60	80	80	80
锰	mg/kg	80	80	100	100	100
碘	mg/kg	0.70	0.70	1.00	1.00	1.00
硒	mg/kg	0.30	0.30	0.30	0.30	0.30
亚油酸	%	1	1	1	1	1
维生素 A	IU/kg	8 000	6 000	9 000	12 000	12 000
维生素 D	IU/kg	1 600	1 200	1 800	2 400	2 400
维生素 E	IU/kg	20	10	10	30	30

续表 3.7

营养指标	单位	0～6 周龄	7～18 周龄	19 周龄至开产	开产至高峰期（产蛋率＞65％）	高峰期后（产蛋率＜65％）
维生素 K	mg/kg	1.5	1.5	1.5	1.5	1.5
维生素 B_1	mg/kg	1.8	1.5	1.5	2.0	2.0
维生素 B_2	mg/kg	8	6	6	9	9
泛酸	mg/kg	12	10	10	12	12
烟酸	mg/kg	30	20	20	35	35
吡哆醇	mg/kg	3.0	3.0	3.0	4.5	4.5
生物素	mg/kg	0.15	0.10	0.10	0.20	0.20
叶酸	mg/kg	1.0	0.5	0.5	1.2	1.2
维生素 B_{12}	mg/kg	0.010	0.006	0.008	0.012	0.012
胆碱	mg/kg	1 300	900	500	500	500

表 3.8 肉用种鸡体重与耗料量 g/只

周龄	周末体重	耗料量	累计耗料量
1	90	100	100
2	185	168	268
3	340	231	499
4	430	266	765
5	520	287	1 052
6	610	301	1 353
7	700	322	1 675
8	795	336	2 011
9	890	357	2 368
10	985	378	2 746
11	1 080	406	3 152
12	1 180	434	3 586
13	1 280	462	4 048
14	1 380	497	4 545
15	1 480	518	5 063
16	1 595	553	5 616
17	1 710	588	6 204
18	1 840	630	6 834
19	1 970	658	7 492
20	2 100	707	8 199

续表 3.8

周龄	周末体重	耗料量	累计耗料量
21	2 250	749	8 948
22	2 400	798	9 746
23	2 550	847	10 593
24	2 710	896	11 489
25	2 870	952	12 441
29	3 477	1 190	13 631
33	3 603	1 169	14 800
43	3 608	1 141	15 941
58	3 782	1 064	17 005

目前，绝大多数家禽育种公司在推出商用配套系的同时会提供该配套系的饲养标准供使用。

三、家禽配合饲料的设计

(一)饲料配方设计原则

(1)科学先进原则　设计饲料配方时，必须选择与家禽品种、性别、体重、生产阶段等相适应的饲养标准，以确定出营养需要指标，然后根据短期饲养实践中家禽的生长与生产性能反映的情况予以适当调整。

(2)营养平衡原则　设计饲料配方时，首先必须满足家禽对能量的要求，其次考虑蛋白质、氨基酸、矿物质和维生素的需要，并注意能量与蛋白的比例、能量与氨基酸的比例应符合饲养标准的要求。

(3)经济效益原则　设计饲料配方时，必须考虑经济效益。在家禽生产中，饲料费用占很大比例，必须因地因时制宜，尽量选用营养丰富、质量稳定、价格低廉、资源充足的饲料原料。

(4)安全合法原则　设计饲料配方应安全合法，动物食品的安全，很大程度依赖于饲料的安全，而饲料安全必须在配方设计时考虑，要严禁使用有毒有害的成分、非饲料原料目录收录的原料、各种违禁的饲料添加剂、药物和生长促进剂等。

(5)市场适应原则　配方设计必须明确饲料产品的档次、市场定位、客户范围以及特定需求。

(二)饲料配方设计的计算方法

1. 交叉法

在饲料种类不多及营养指标少的情况下，采用此法较为简单。

【例】用玉米、豆粕为主要原料给 9～18 周龄的生长蛋鸡配制饲料。步骤如下：

第一步，查饲养标准制定营养需要量，9～18 周龄的生长蛋鸡要求饲料的粗蛋白质为 15.5%。经取样分析或查饲料营养成分表，设玉米粗蛋白质为 8.5%，豆粕粗蛋白质为 43%。

第二步，做交叉图。把所需要混合饲料达到的粗蛋白质含量 15.5%放在交叉处，玉米和豆粕的粗蛋白质含量分别放在左上角和左下角；然后以左方上、下角为出发点，各向对角通过中心做交叉，大数减小数，所得的数值分别记在右上角和右下角。

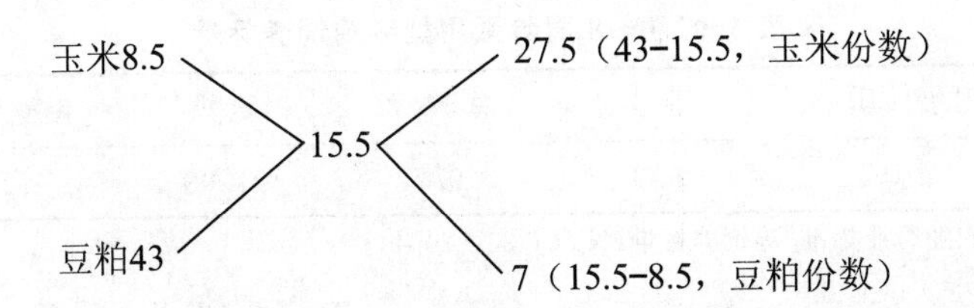

第三步，上面所计算的差数，分别除以这两差数之和，就得到两种饲料原料混合的百分比。

玉米应占比例＝27.5/(27.5＋7)×100％＝79.71％

豆粕应占比例＝7/(27.5＋7)×100％＝20.29％

检验：

8.5％×79.71％＋43％×20.29％＝15.5％

因此，9～18周龄生长蛋鸡的混合饲料，由79.71％的玉米和20.29％的豆粕组成。

2. 代数法

此法是利用数学上二元一次方程来计算饲料配方。优点是条理清晰，方法简单。缺点是饲料种类多时，计算较复杂。

【例】某肉鸡场要配制含粗蛋白质18％的配合饲料，现有含粗蛋白质9％的能量饲料(其中玉米占80％，小麦占20％)和含粗蛋白质40％的蛋白质补充料，其方法如下：

(1)配合饲料中能量饲料占X％，蛋白质补充料占Y％。

$$X+Y=100$$

(2)能量混合料的粗蛋白质含量为9％，蛋白质补充料含粗蛋白质为40％，要求配合饲料含粗蛋白质为18％。

(3)列联立方程：$\begin{cases}0.09X+0.40Y=18\\X+Y=100\end{cases}$

(4)解联立方程：$X=70.97$

$Y=29.03$

(5)求能量饲料中玉米、小麦在配合饲料中所占的比例：

玉米占比例＝70.97％×80％＝56.78％

小麦占比例＝70.97％×20％＝14.19％

因此，配合饲料中玉米、小麦和蛋白质补充料各占56.78％、14.19％和29.03％。

3. 试差法

这种方法首先根据经验初步拟出各种饲料原料的大致比例，然后计算该配方的营养成分含量，与饲养标准进行对照，相应调整原料比例，直到所有营养含量都基本满足要求为止。

【例】用玉米、小麦麸、豆粕、鱼粉、石粉、磷酸氢钙、食盐、维生素预混料和微量元素预混料，配合0～8周龄蛋用型雏鸡饲粮。

第一步，确定饲养标准。查蛋鸡饲养标准表，列出0～8周龄蛋用型雏鸡饲粮的营养水平(表3.9)。

表 3.9　0～8 周龄蛋用型雏鸡饲养标准

代谢能/(MJ/kg)	粗蛋白质/%	钙/%	总磷/%	赖氨酸/%	蛋氨酸/%	胱氨酸/%
11.91	19	0.9	0.7	1.00	0.37	0.37

注：中华人民共和国农业行业标准 鸡饲养标准(NY/T 33—2004)。

第二步，查饲料成分及营养价值表，列出所用各种饲料的营养成分及含量(表 3.10)。

表 3.10　饲料原料的养分含量

原料名	代谢能/(MJ/kg)	粗蛋白质/%	钙/%	磷/%	赖氨酸/%	蛋氨酸/%	胱氨酸/%
玉米	13.56	8.7	0.02	0.27	0.24	0.18	0.20
小麦麸	6.82	15.7	0.11	0.92	0.58	0.13	0.26
豆粕	9.62	43	0.32	0.61	2.45	0.64	0.66
鱼粉	12.18	62.5	3.96	3.05	5.12	1.66	0.55
磷酸氢钙			23.3	18			
石粉			36				

第三步，初拟配方。根据实践经验，初步拟定日粮中各种饲料的比例。雏鸡饲粮中各类饲料的比例一般为：能量饲料 65%～70%，蛋白质饲料 25%～30%，矿物质饲料及添加剂预混料等 3%～5%(其中维生素和微量元素预混料一般各为 0.5%)。据此先拟定蛋白质饲料用量(按占饲粮的 27.5%估计)；鱼粉拟定为 5%；则豆粕可拟定为 22.5%；矿物质饲料等拟定为 3.5%；能量饲料中小麦麸设为 6%，玉米则为 63%。计算初拟配方结果如表 3.11。

表 3.11　初拟配方

品名	日粮组成/% ①	代谢能/(MJ/kg)		粗蛋白质/%	
		饲料原料中 ②	饲粮中 ①×②	饲料原料中 ③	饲粮中 ①×③
玉　米	63	13.56	8.543	8.7	5.481
小麦麸	6	6.82	0.409	15.7	0.942
豆　粕	22.5	9.62	2.164	43	9.675
鱼　粉	5	12.18	0.609	62.5	3.125
合　计	96.5		11.73		19.22
标　准			11.91		19

第四步，调整配方。上述配方经计算可知，饲粮中代谢能浓度比标准低 0.18 MJ/kg，粗蛋白质高 0.22%。用能量高和粗蛋白质低的玉米代替小麦麸，每代替 1%可使能量升高 0.067 MJ/kg[(13.56－6.82)×1%]，粗蛋白质降低 0.07%[(15.7－8.7)×1%]。可见，以 2.7%玉米代替 2.7%小麦麸，则饲粮能量和粗蛋白质均与标准接近(分别为 11.91 MJ/kg 和 19.03%)，则配方中玉米改为 65.7%，小麦麸改为 3.3%。

第五步，计算矿物质饲料和氨基酸用量。调整后配方的钙、磷、赖氨酸、蛋氨酸含量计算结果(表 3.12)。

表 3.12 配方已满足钙、磷和氨基酸程度 %

品名	饲粮组成	钙	磷	赖氨酸	蛋氨酸	胱氨酸
玉米	65.7	0.013	0.177	0.158	0.118	0.132
小麦麸	3.3	0.004	0.03	0.019	0.004	0.005
豆粕	22.5	0.072	0.137	0.551	0.144	0.149
鱼粉	5	0.198	0.153	0.256	0.083	0.028
合计	96.5	0.269	0.497	0.984	0.349	0.314
标准		0.9	0.7	1.00	0.37	0.37
与标准比较		−0.631	−0.203	−0.016	−0.021	−0.056

与饲养标准相比，磷的含量低0.203%，钙的含量低0.631%。先用磷酸氢钙来满足磷，需磷酸氢钙1.13%(0.203%/18%)。1.13%磷酸氢钙可为饲粮提供钙0.26%(23.3%×1.13%)，还差0.371%可用石粉补充，约需1.03%(0.37%/36%)。

上述日粮经计算，赖氨酸需补充0.016%；蛋氨酸和胱氨酸比标准共差0.077%，可用蛋氨酸补充。

食盐用量在使用了鱼粉时可设定为0.20%，维生素预混料用量设为0.5%，微量元素预混料用量设为0.5%。

根据结果计算实际总量：磷酸氢钙＋石粉＋赖氨酸＋蛋氨酸＋食盐＋维生素预混料＋微量元素预混料＝1.13%＋1.03%＋0.016%＋0.077%＋0.20%＋0.5%＋0.5%＝3.45%，比估计值3.5%低0.05%，在玉米或小麦麸中增加0.05%即可。

第六步，列出配方及主要营养指标(表3.13、表3.14)。

表 3.13 0～8周龄蛋用型雏鸡饲粮配方

品名	饲料配比/%	品名	饲料配比/%
玉米	65.75	食盐	0.20
小麦麸	3.30	赖氨酸	0.016
豆粕	22.50	蛋氨酸	0.077
鱼粉	5.00	维生素预混料	0.50
磷酸氢钙	1.13	微量元素预混料	0.50
石粉	1.03	合计	100.00

表 3.14 0～8周龄蛋用型雏鸡营养指标

项目	营养水平
代谢能/(MJ/kg)	11.91
粗蛋白质/%	19.03
钙/%	0.90
磷/%	0.70
赖氨酸/%	1.00
蛋氨酸＋胱氨酸/%	0.74

另外,还有计算机 Excel“规划求解”“试差法求解”及配方软件等方法,不在此赘述,可参考相关书籍。

四、饲料与家禽产品品质

(一)饲料与家禽皮肤色泽

二维码 3.1 散养鸡的饲料调制

肉鸡一般以带皮全胴体或分割形式出售,因此,肉鸡皮肤颜色的深浅已成为重要的经济指标。大多数消费者均偏爱黄色,被认为是肉鸡健康的象征。肉鸡皮肤的黄色来自饲料中的类胡萝卜素(叶黄素)在皮肤和皮下脂肪的沉积,最重要的黄色色素有黄体素和玉米黄质,其最好来源是黄玉米、紫花苜蓿草粉及其加工产品。

(二)饲料与禽蛋品质

1. 饲料对蛋重的影响

蛋重受产蛋鸡开产体重、产蛋阶段、营养和环境等因素的影响。饲粮能量、蛋白质、氨基酸和亚油酸水平在一定程度上影响蛋重。

(1)能量　能量是控制蛋重的主要营养因素,对一枚蛋重量的影响大于蛋白质。提高开产前 2～3 周至产蛋高峰期的能量供给,可提高蛋重。

(2)蛋白质和氨基酸　蛋白质和氨基酸对产蛋鸡产蛋早期的蛋重影响较小,对以后的蛋重影响较大,达最大蛋重需要的蛋白质略高于达最大产蛋率的需要。对蛋重影响最大的氨基酸是蛋氨酸。

(3)亚油酸　提高亚油酸水平可提高蛋重。

2. 饲料对蛋壳质量的影响

影响蛋壳质量的因素包括产蛋阶段、母鸡行为、设备、环境和营养等。

(1)钙和磷的影响　饲料钙水平和来源对蛋壳质量影响较大,饲料中钙缺乏时,蛋壳厚度和强度均降低,所以,产蛋家禽的饲料中应含有充足的钙。贝壳粉和石粉是应用最为广泛的钙原饲料,而贝壳粉在改善蛋壳质量上优于石粉,且颗粒较大时效果更好。磷是动物必需且与钙的代谢关系密切的元素。

(2)维生素的影响　维生素 D 与钙、磷的代谢关系密切,所以对蛋壳品质影响较大。

3. 饲料对蛋黄颜色的影响

蛋黄颜色对鸡蛋的销售起着重要作用,消费者偏爱的蛋黄颜色介于金黄色和橙黄色之间。同肉鸡皮肤着色一样,蛋黄着色取决于饲粮中的类胡萝卜素在蛋黄中的沉积。提高蛋黄着色的方法有两种:一是添加人工合成色素或天然色素提取物;二是使用富含叶黄素的饲料原料,如黄玉米、玉米蛋白粉和苜蓿草粉。

4. 饲料对禽蛋风味的影响

蛋的风味在很大程度上受饲料的影响。产蛋鸡摄入较多菜籽饼(粕)后,芥子碱的代谢产物三甲胺在蛋黄中沉积,可使鸡蛋产生明显的鱼腥味。另外,鱼粉用量过多也会导致腥味蛋产生。

复习与思考

1. 家禽常用饲料有哪些?

2. 试述家禽常用饲料的营养特点和饲用价值。
3. 家禽的必需氨基酸有哪几种?
4. 简述家禽的营养需要。
5. 结合实践谈谈家禽配合饲料设计的原则及方法。

项目四
家禽孵化

任务一　种蛋管理

任务描述

种蛋是种鸡所产的用于孵化的受精蛋，种蛋的管理对种鸡场来说是十分重要的，种蛋质量是孵化的关键，关系到种蛋的入孵率、孵化率、健雏率的高低，所以直接影响种鸡场的经济效益。种蛋从产出到入孵这段时期，要进行选择、保存、运输和消毒等管理环节，每个管理环节都与孵化率和雏鸡品质密切相关。

任务目标

熟知种蛋选择要考虑的因素；了解种蛋消毒目的及方法；了解种蛋的保存方法；通过理论学习和现场操作，掌握种蛋的选择、消毒、保存和包装的操作技术。

基本知识

(1)种蛋收集与选择；(2)种蛋消毒；(3)种蛋保存；(4)种蛋包装和运输。

一、种蛋收集与选择

(一)种蛋的收集

种蛋应保持清洁，尽量避免粪便和微生物的污染，并减少破损。为此种蛋收集应注意做到以下两点：

(1)种蛋要及时收集　种鸡舍内每天收集3～4次，鸭鹅每天收集2次(水中蛋不宜用来孵化)。

(2)蛋盘要适宜　采用适合于鸡、鸭、鹅蛋规格的蛋盘，轻拿轻放，种蛋大头朝上。

(二)种蛋的选择

1. 种蛋选择的意义

种蛋的质量对孵化率和健雏率均有很大的影响，不合格的种蛋不能用来孵化。合格与不合格种蛋的孵化成绩见表4.1。

表 4.1　合格与不合格种蛋的孵化成绩　%

项目	受精率	受精蛋孵化率	入孵蛋孵化率
正常蛋	82.3	87.2	71.7
裂壳蛋	74.6	53.2	39.7
畸形蛋	69.1	48.9	33.8
薄壳蛋	72.5	47.3	34.3
气室不正常蛋	81.1	68.1	53.2
大血斑蛋	78.7	71.5	56.3

2. 种蛋的选择

合格种蛋的选择，必须从以下几个方面考虑：

(1)种蛋来源　种蛋应来源于生产性能高、经过系统免疫、无经蛋传播的疾病、受精率高、饲喂全价料、管理良好的鸡群，蛋用种禽受精率 90%以上，肉用种禽受精率 85%以上为好。受精率在 80%以下，患有严重传染病或患病初愈或有慢性病的种鸡所产的蛋，均不宜做种蛋。若种蛋需外购，应先调查种蛋来源和种鸡群健康状况和饲养管理水平，然后签订种蛋供应合同，并协助种鸡场搞好饲养管理和疫病防治工作。种禽场应有种畜禽生产经营许可证、养殖场卫生防疫条件合格证、畜禽场重大疫病净化验收合格证。

(2)种蛋表面要清洁　合格种蛋不应被粪便或其他污物污染，凡是蛋壳表面被污染的种蛋不宜用来孵化。轻度污染的种蛋，认真擦拭或用消毒液洗后可以入孵。

(3)适宜的蛋重　种蛋过大或过小都影响孵化率和雏鸡质量，蛋重应符合品种标准。一般要求蛋用鸡种蛋重为 50～65 g，肉用鸡种蛋 52～68 g，优质肉鸡种蛋 42～60 g，鸭蛋 60～80 g。种鸡 26～66 周龄所产的蛋较适宜用来孵化，双黄蛋不宜用来孵化。

(4)蛋形要良好　合格种蛋蛋形应为椭圆形，蛋形指数(长径/短径)为 1.30～1.35，剔除细长、短圆、橄榄形(两头尖)、腰凸等异形蛋。

(5)蛋壳颜色要正常　蛋壳颜色是品种特征之一，育成品种或纯系所产种蛋的蛋壳颜色应符合品种标准，如京白鸡壳色应为白色，伊莎褐的壳色应为褐色。选育程度不高的地方品种或杂交鸡可适当放宽些，饲养管理不正常或发病禽群所产的蛋颜色也不太正常，要注意辨别。

(6)蛋壳厚度适宜　要求蛋壳均匀致密，厚薄适度。壳面粗糙、皱纹蛋不作种蛋用。蛋壳过厚，孵化时蛋内水分蒸发过慢，出雏困难。过薄，蛋内水分蒸发过快，造成胚胎代谢障碍。鸡蛋蛋壳适宜厚度为 0.27～0.37 mm，鸭蛋 0.35～0.40 mm。

(7)剔除破口、裂纹蛋　破口、裂纹蛋孵化时水分蒸发过快，微生物容易感染，不但孵化不出雏禽，而且对其他种蛋造成威胁。所以应及早挑出，裂纹蛋眼睛不宜发现，通过碰击听声来辨别。方法是两手各拿 3 枚蛋，转动五指，轻轻碰撞，正常蛋声音清脆，裂纹蛋则有破裂声。

(8)照蛋透视　通过以上肉眼选择后，还可再用照蛋器或专门的照蛋设备透视蛋壳、气室、蛋黄、血斑。挑出有下列特征的蛋：

裂纹蛋：蛋壳表面有树枝状亮纹。

砂壳蛋：蛋壳表面有许多不规则亮点。

钢壳蛋：蛋壳透明度低，蛋色暗。

气室异常：气室破裂、气室不正、气室过大(陈蛋)。

蛋黄上浮：运输过程中受震动引起系带断裂或种蛋保存时间过长，蛋黄阴影始终在蛋的上端。

蛋黄沉散：运输过程中受剧烈震动或细菌侵入，引起蛋黄膜破裂，看不见蛋黄阴影。

血斑：可见能转动的黑点。

(9)抽样剖视　多用于外购种蛋或孵化率异常时。方法是将蛋打开倒在衬有黑纸(或黑绒)的玻璃板上，观察新鲜程度及有无血斑、肉斑。

新鲜蛋：系带完整，蛋白浓厚，浓稀蛋白界限清楚，蛋黄高突，蛋黄指数(高/直径)0.401～0.442。

陈蛋：系带不完整或脱落，蛋白稀薄成水样，浓稀蛋白界限不清楚，蛋黄扁平甚至散黄。

一般只用肉眼观察即可，育种蛋则可用蛋白高度仪等仪器测定。

二、种蛋消毒

禽蛋蛋壳表面有许多细菌，尤其蛋壳污染有粪便等其他污物时，细菌更多，经存放一段时间后，这些微生物还会迅速繁殖，如蛋库温度高，湿度大时，微生物繁殖就更快。这些细菌可进入蛋内，影响种蛋的孵化率和雏禽质量。所以对保存前和入孵前的种蛋，必须各进行一次严格消毒。如果消毒不严，可导致种蛋在孵化过程中胚胎死亡。

(一)消毒时间

种蛋保存前消毒时间，最好在种蛋产出后 2 h 内进行。每次集蛋完毕就马上消毒，然后入库保存。据报道，鸡蛋刚产下时，蛋壳上有 100～300 个细菌，15 min 后增到 500～600 个，60 min 后达 4 000 个以上，种蛋切不可在禽舍内过夜。种蛋入孵前再消毒一次，消毒时间安排在入孵前 2～5 h 较好。

(二)消毒方法

消毒种蛋的方法有熏蒸消毒法、药液喷雾消毒法、药液浸洗消毒法、紫外线消毒法及臭氧发生器消毒法等，生产中常用的是甲醛熏蒸消毒法。

1. 熏蒸消毒法

熏蒸消毒必须在密闭的容器内进行，禽舍内用消毒柜(可用塑料棚代替)，入孵消毒一般在选蛋码盘后把蛋车推入熏蒸室或孵化机内进行熏蒸消毒。熏蒸消毒常用下列药品进行：

(1)甲醛熏蒸消毒　用福尔马林(37％～40％甲醛溶液)和高锰酸钾发生反应，产生白色甲醛气体进行熏蒸消毒。为了节约消毒药品，可用塑料布封罩蛋架车进行熏蒸，甲醛熏蒸消毒的药量和方法见表 4.2。

表 4.2　甲醛熏蒸消毒的药量和方法

序号	地点	每立方米体积用药量		消毒时间/min	环境条件	
		福尔马林/mL	高锰酸钾/g		温度/℃	相对湿度/％
1	鸡舍内每次拣蛋后在消毒柜中	28	14	20	25～27	75～80
2	孵化前同孵化器一起消毒	28	14	30	30	70～80
3	落盘后在出雏器中消毒	14	7	30	37～38	65～75

甲醛对早期胚胎发育不利，应避免在入孵后的 24～96 h 内进行熏蒸。

(2)过氧乙酸熏蒸消毒　每立方米用含 16％的过氧乙酸溶液 40～60 mL，加高锰酸钾 4～

6 g,熏蒸 15 min。稀释液现配现用,过氧乙酸应在低温保存。

2. 药液喷雾消毒法

用喷雾器将消毒药品直接喷在种蛋表面进行消毒,可用以下药品进行消毒:

(1)新洁尔灭药液喷雾　新洁尔灭原液浓度为 5%,加水稀释 50 倍配成 0.1%的溶液,用喷雾器喷洒在种蛋的表面(注意蛋面上下均要喷到),经 3~5 min,药液晾干后即可入孵。

(2)过氧乙酸溶液喷雾消毒　用 10%的过氧乙酸原液,加水稀释 200 倍,用喷雾器喷于种蛋表面。过氧乙酸对金属及皮肤均有损害,用时应注意避免用金属容器盛药和勿与皮肤接触。

另外还可用百毒杀、强力消毒灵等进行消毒,用量按包装说明进行。

3. 药液浸洗消毒法

(1)碘液浸洗　把种蛋置于 0.1%碘溶液中浸洗 0.5~1 min,药液温度保持在 37~40 ℃,取出晾干即可装盘入孵。碘液的配制:20 mL 水中加碘片 1 g,碘化钾 2 g,研碎溶解后再加热水 980 mL,即成为 0.1%的碘液。经数次浸洗种蛋的碘液,其浓度逐渐降低,适当延长浸泡时间(1.5 min),浸洗 10 次更换新液,才能达到良好的消毒效果。

(2)高锰酸钾溶液浸洗　将种蛋浸泡在 0.5%的高锰酸钾溶液中 1~2 min,取出晾干入孵。高锰酸钾溶液的配制:将 5g 高锰酸钾溶于 1 000 mL 水中,冷却后转入干燥的试剂瓶中静置 24 h,过滤后使用。

采用药液浸洗消毒法,要注意水温和擦洗方法,切勿使劲擦拭蛋面,以免破坏蛋面胶护膜的完整性。浸洗时间不能超过规定时间,以免影响孵化效果。药液浸洗消毒法容易导致破蛋率增高,只适宜小规模孵化采用。

4. 紫外线及臭氧发生器消毒法

紫外线消毒法是安装 40 W 紫外线灯管,距离蛋面 40 cm,照射 1 min,翻过种蛋的背面再照射一次即可。

臭氧发生器消毒是把臭氧发生器装在消毒柜或小房内,放入种蛋后关闭所有气孔,使室内的氧气变成臭氧,达到消毒的目的。

三、种蛋保存

当天产的种蛋不能及时入孵,需存放数天,才够一批入孵或销售。受精的种蛋,在母禽输卵管内蛋的形成过程中已开始发育,即已存在着生命,因此从母禽产出至入孵这段时间内,必须注意种蛋保存的环境条件,应给予合适的温度、湿度等保存条件。否则,即使来自优秀禽群,又经过严格挑选的种蛋,如保存不当,也会降低孵化率,甚至造成无法孵化的后果。

1. 贮蛋室(库)的要求

贮蛋库要求保温和隔热性能良好,通风便利,卫生清洁,防止阳光直射和穿堂风,并能杜绝苍蝇、老鼠等危害。若有条件,最好建成无窗、四壁有隔热层并配有空调的贮蛋库,这样在一年四季都能有效地控制贮蛋库的温度、湿度。贮蛋库的高度不能低于 2 m,并在顶部安装抽气装置。

2. 种蛋保存的适宜温度

种蛋产出母体外,胚胎发育暂停。胚胎发育的临界温度是 23.9 ℃,种蛋保存中若温度超过此温度,胚胎会开始发育,但不是最佳温度,胚胎在发育时会因老化而死亡,还会给蛋中各种酶的活动以及残余细菌创造有利条件,不利于以后胚胎的发育,容易导致胚胎早期死亡;温度低于 10 ℃,虽然胚胎发育处于静止状态,但是胚胎活力严重下降,甚至死亡,低于 0 ℃则失去孵化能力。

种蛋保存最适宜温度是:保存 1 周以内的以 15～17 ℃为好。保存超过 1 周的则以 12～14 ℃为宜。

3. 种蛋保存的适宜湿度

种蛋保存期间,蛋内水分通过气孔不断蒸发,其速度与贮蛋室湿度成反比,为了尽量减少蛋内水分蒸发,贮蛋室的相对湿度以保持在 70%～75%为宜。

4. 种蛋的摆向

在种蛋贮存期间,种蛋摆放位置也对孵化率有一定影响。种蛋贮存一周以内为方便放置,应以钝端向上为宜;种蛋贮存 1～2 周,为避免蛋黄逐渐向气室移动,数日后会与壳下膜粘连,应以锐端向上为佳。

保存种蛋的环境要求见表 4.3。

表 4.3 保存种蛋的环境要求

项目	保存时间						
	1～4 d 内	1 周内	2 周内		3 周内		
			第 1 周	第 2 周	第 1 周	第 2 周	第 3 周
温度/℃	17	15	15	13	15	13	10.5
相对湿度/%	70～75		75		75		
蛋的摆向	钝端向上		锐端向上				

5. 种蛋保存时间

种蛋即使贮存在最适宜的环境条件下,孵化率也会随着存放时间的增加而下降,孵化时间也会延长,因为随着时间的延长,蛋内的水分耗失多,改变了蛋内的酸碱度(pH),引起系带和蛋黄膜变脆,并因蛋内各种酶的活动,使胚胎活力降低,残余细菌的繁殖也对胚胎造成危害。有空调设备的贮蛋室,种蛋保存 2 周,孵化率下降幅度较小;保存 2 周以上,孵化率明显下降;保存 3 周以上,孵化率急剧下降。存蛋时间对孵化率和孵化期的影响见表 4.4。

表 4.4 存蛋时间对孵化率和孵化期的影响

贮存天数/d	入孵蛋孵化率/%	超过正常孵化时间/h
0	87.16	—
4	85.96	0.71
8	82.34	1.66
12	76.30	3.14
16	67.86	5.44
20	57.00	9.03
24	43.73	14.61

因此,原则上种蛋入孵越早越好。冬春气温较低,以 7 d 以内为佳;夏季气温较高,最好不要超过 5 d。

6. 种蛋保存时放置位置

种蛋贮存 10 d 内,蛋的钝端向上放置,其孵化率较高。种蛋保存期间需翻蛋,其目的是防止胚盘与壳膜粘连,以免造成胚胎早期死亡。一般认为,保存时间在 1 周以内的不用翻蛋,超过 1 周,应每天翻蛋 1～2 次。种蛋保存时间及是否翻蛋对孵化率的影响见表 4.5。

表 4.5 种蛋保存时间及是否翻蛋对孵化率的影响

处理	重复	孵化率/%		
		保存天数/d		
		14	21	28
保存期间每天翻蛋	1	72.1	58.4	36.6
	2	72.6	63.1	47.2
保存期间不翻蛋		72.1	51.1	30.7

另外,种蛋在保存期间不宜洗涤,以免胶护膜被溶解破坏而加速蛋的变质。蛋库内应无特殊气味,空气清新,避免阳光直射,并有防鼠、防蚊、防蝇的设施。

四、种蛋包装和运输

种蛋运输要尽量减少途中的颠簸,避免种蛋破损,系带和卵黄膜松弛及气室破裂等而使孵化率下降,因此包装和运输都很重要。

(一)种蛋的包装

包装种蛋常用的器具有种蛋箱、纸蛋托、打包机、打包带、剪刀等。种蛋应采用规格化的专用种蛋箱包装,箱子要结实,有一定的承受压力,蛋托最好用纸质的,每个蛋托装蛋 30 枚,每 12 或 14 托装一箱,最上层应覆盖一个不装蛋的蛋托保护种蛋。也可用一般的纸箱或箩筐等装种蛋,但蛋与蛋之间,层与层之间应用柔软物品(如碎稻草、木屑、稻壳等)隔开并填实。包装种蛋时,钝端向上放置。种蛋箱外面应注明“种蛋”“防震”“易碎”等字样或标记,印上种禽场名称、时间及许可证编号,开具检疫合格证。

(二)种蛋的运输

运输时要求快速平稳安全,防日晒雨淋,防冻,严防震荡,因为震荡易使种蛋系带松弛,使胚盘与蛋壳膜粘连,造成死胎或破壳、裂纹,降低孵化率。应轻拿轻放,防止倒置,最好采用空运和火车运输。种蛋一运到目的地,最好将种蛋摊开,立即准备入孵。

任务二 孵化管理

任务描述

孵化管理贯穿整个孵化过程,管理者要熟悉蛋的构造,了解胚胎发育的过程,了解孵化机的构造及工作原理,掌握孵化的基本条件。孵化管理包括做好孵化前的准备工作,进行种蛋预热和上蛋操作,孵化期间通过照蛋检出无精蛋和死胚蛋,落盘操作和拣雏工作,对孵化机和出雏机的清洗和消毒。整个孵化期间要定时记录温度、湿度和翻蛋次数,保持孵化室卫生清洁,空气良好，要根据实际情况调整好孵化条件，这些管理工作好坏影响孵化率和雏鸡品质。

任务目标

知道各种家禽孵化期；了解不同时期胚胎发育特征；熟悉胎膜的作用；了解孵化机的构造及工作原理；熟知孵化的基本条件；会调控孵化条件；掌握孵化操作技术。

基本知识

(1)家禽的胚胎发育；(2)孵化条件；(3)孵化管理。

一、家禽的胚胎发育

(一)家禽孵化期及其影响因素

1. 各种家禽的孵化期

胚胎在孵化过程中发育的时期称为孵化期。家禽种类不同，孵化期也不一样，各种家禽孵化期见表4.6。

表4.6 各种家禽孵化期

家禽种类	孵化期/d	家禽种类	孵化期/d
鸡	21	火鸡	28
鸭	28	珠鸡	26
鹅	30～32	鹌鹑	17～18
番鸭	33～35	鸽	18

由于胚胎发育快慢受诸多因素影响，实际表现的孵化期有一个变动范围，在一般情况下，孵化期上下浮动12 h以内。

2. 影响孵化期的因素

同一种家禽孵化期也有所差异，影响因素主要有以下几方面：

(1)保存时间　种蛋保存时间越长，孵化期越长(表4.4)，且出雏时间参差不齐。

(2)孵化温度　孵化期温度偏高，则孵化期缩短；孵化温度偏低，则孵化期延长。

(3)家禽类型　蛋用型家禽的孵化期比兼用型、肉用型的时间短。

(4)蛋重　大蛋的孵化期比小蛋的长。

孵化期的缩短或延长，对孵化率及雏禽的健康状况都有不良影响。

(二)家禽的胚胎发育

家禽胚胎发育全程分两个阶段，体内阶段和体外阶段，体内阶段也就是蛋形成过程中的发育，体外阶段就是孵化过程中的发育。

1. 蛋形成过程中的胚胎发育

成熟的卵子，落入输卵管喇叭部受精后不久就开始发育。受精卵在输卵管大约停留24 h，经过不断分裂，发育到囊胚期或原肠期早期，外观呈白色的圆形盘状，故称为胚盘。胚盘中央较薄的透明部分为明区，周围较厚的不透明部分为暗区。胚胎在胚盘的明区部分开始发育，分化形成内胚层和外胚层。胚胎形成两个胚层之后蛋即产出。蛋产出体外后因温度下降(23.9 ℃以下)，胚胎发育暂时停止。

2. 孵化过程中的胚胎发育

(1)胚胎发育的外部特征　受精蛋入孵后，胚胎即开始第二阶段发育，在原有两个胚层的基础上很快形成中胚层，以后就从内、中、外3个胚层分化形成新个体的所有组织和器官。外胚层形成羽毛、皮肤、喙、趾、感觉器官和神经系统；中胚层形成肌肉、骨骼、生殖泌尿器官、血液循环系统、消化系统的外层及结缔组织；内胚层形成呼吸系统的上皮、消化器官的黏膜部分以及内分泌器官。

从形态上看，家禽胚胎发育大致分为四个阶段：内部器官发育阶段(鸡1～4 d，鸭1～5 d，鹅1～6 d)；外部器官发育阶段(鸡5～14 d，鸭6～16 d，鹅7～18 d)；禽胚生长阶段(鸡15～20 d，鸭17～27 d，鹅19～29 d)；出壳阶段(鸡20～21 d，鸭28 d，鹅30～31 d)。

二维码4.1
照蛋

胚胎逐日发育及照蛋特征见表4.7、表4.8。胚胎发育的几个关键时期的主要形态特征见图4.1。

表4.7　鸡胚胎逐日发育一览表

胚龄/d	照检术语	照检主要特征	胚蛋解剖所见主要特征
1	“鱼眼珠”	蛋透明均匀，可见卵黄在蛋中漂动，无明显发育变化	胚盘变大达0.7 cm，明区向上隆起，形成原条，暗区边缘出现红血点
2	“樱桃珠”	卵黄囊血管区出现，呈樱桃形	胚体透明，小红点心脏搏动
3	“蚊虫珠”	卵黄囊血管区范围扩大达1/2，胚体形如蚊虫	出现背主动脉，卵黄体积增大，尿囊开始发育
4	“小蜘蛛” “叮壳”	卵黄囊血管贴靠蛋亮，头部明显增大，胚体呈蜘蛛状	胚体出现四肢胚芽，见尿囊透明水泡和灰色眼点，胚体与卵黄分离
5	“起珠” “单珠”	卵黄的投影伸向锐端，胚胎极度弯曲，见黑眼珠	见大脑泡、性腺、肝、脾发育，羊膜长成，有二支尿囊血管
6	“双珠”	胚胎的躯干部增大，胚体变直，血管分布占蛋的大部分	见胚胎头尾两个小圆团形似哑铃，可见到肋骨和脊椎软骨胚芽
7	“沉”	胚胎增大，羊水增多，时隐时现沉浮在羊水中	见喙、翼，口腔、鼻孔、肌胃形成，卵黄变稀
8	“浮” “边口发硬”	胚胎活动增强，亮白区在钝端窄，在锐端宽	胚胎腹腔愈合，四肢形成，尿囊包围卵黄囊
9	“发边”	尿囊向锐端伸展，锐端面有楔形亮白区	心、肝、胃、食道、肠、肾、性腺等发育良好，能分雌雄，皮肤出现羽毛基点
10	“合拢”	尿囊在小头端合拢	喙开始角质化，胚胎体躯生出羽毛
11	—	胚蛋背面血管变粗，钝端血色加深，气室增大	背部有绒毛，见到腺胃和冠齿以及浆羊膜道
12	—	胚蛋背面血色加深，黑影由气室端向中间扩展	卵黄左右两边连接，眼能闭合，蛋白从浆羊膜道进入羊膜腔
13～16	—	气室逐渐增大，胚蛋背面的黑影已向小头端扩展，看不到胚胎	绒毛覆盖全身，蛋白大量吞食，先后出现脚鳞、冠髯、头部转向气室端
17	“封门”	胚蛋锐端看不见亮的部分，全黑	蛋白输送完，上喙尖出现破壳齿

续表 4.7

胚龄/d	照检术语	照检主要特征	胚蛋解剖所见主要特征
18	“斜口” “转身”	气室倾斜而扩大,看到胚体转动	头弯曲在右翅下,眼睁开,喙向气室
19	“闪毛”	胚体黑影超过气室,似小山丘,能闪动	卵黄绝大部分进入腹腔,尿囊血管开始枯萎
20	“见嘌” “啄壳”	听到叫声,壳已啄口	喙进入气室,肺开始呼吸,继而啄壳;卵黄全部吸入
21	“满出”	大量出雏	腹中蛋黄 6 g 左右

表 4.8　不同胚龄胚胎发育的主要外形特征

特征	胚龄/d		
	鸡	鸭	鹅
出现血管	2	2	2
羊膜覆盖头部	2	2	3
开始眼的色素沉着	3	4	5
出现四肢原基	3	4	5
肉眼可明显看出尿囊	4	5	5
出现口腔	7	7	8
背出现绒毛	9	10	12
喙形成	10	11	12
尿囊在蛋的尖端合拢	10	13	14
眼睑达瞳孔	13	15	15
头覆盖绒毛	13	14	15
胚胎全身覆盖绒毛	14	15	18
眼睑合闭	15	18	22～25
蛋白基本用完	16～18	21	22～26
蛋黄开始吸入,开始睁眼	19	23	24～26
颈压迫气室	19	25	28
眼睁开	20	26	28
开始啄壳	19.5	25.5	27.5
蛋黄吸入,大批啄壳	19 d 18 h	25 d 18 h	27.5
开始出雏	20～20 d 6 h	26	28
大批出雏	20.5	26.5	28.5
出雏完毕	20 d 18 h	27.5	30～31

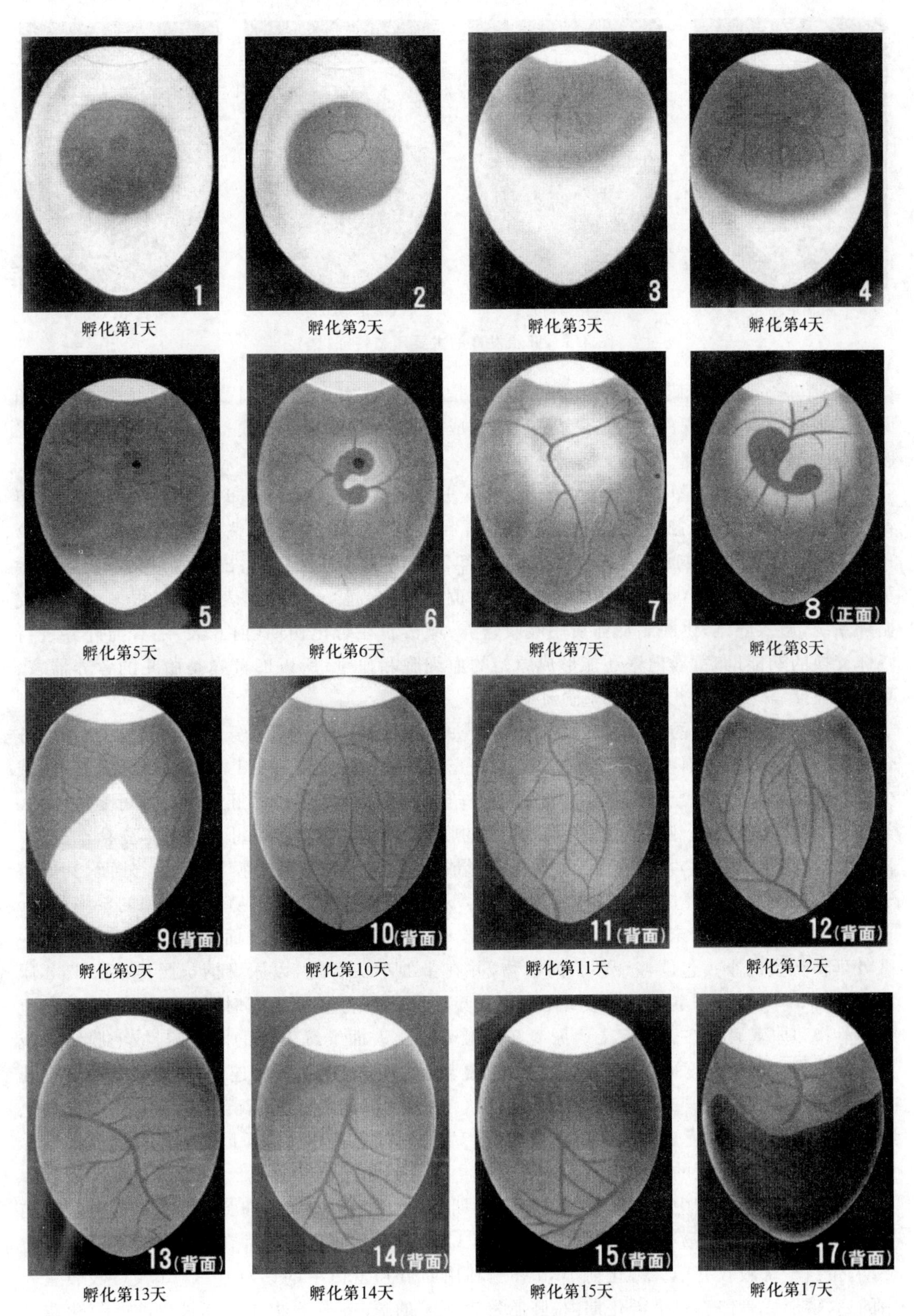

孵化第1天　孵化第2天　孵化第3天　孵化第4天
孵化第5天　孵化第6天　孵化第7天　孵化第8天
孵化第9天　孵化第10天　孵化第11天　孵化第12天
孵化第13天　孵化第14天　孵化第15天　孵化第17天

图 4.1　胚胎发育的主要形态特征

孵化第18天

孵化第19天

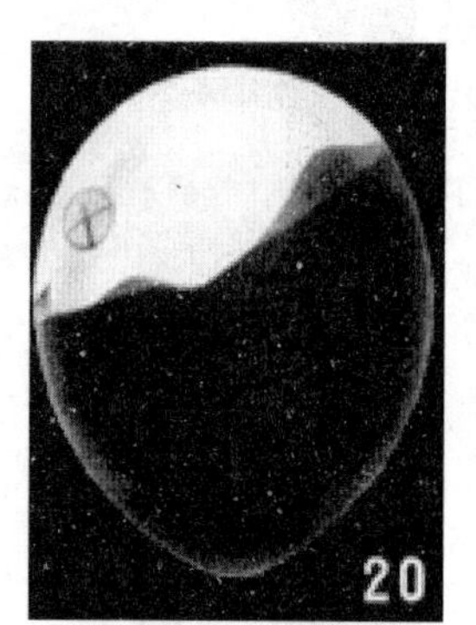

孵化第20天

孵化第21天

图 4.1 胚胎发育的主要形态特征(续)

(2)胎膜的形成及其功能　家禽胚胎发育是一个非常复杂的生理代谢过程,胚胎的呼吸和营养主要是靠胎膜实现的,胚胎发育过程中形成 4 种胎膜(也称胚外膜),包括卵黄囊、羊膜、浆膜(也称绒毛膜)和尿囊。

卵黄囊:是形成最早的胚膜,在孵化第 2 天开始形成,以后逐渐向卵黄表层扩展,第 4 天卵黄囊包裹 1/3 的蛋黄;第 6 天,包裹 1/2 的蛋黄;第 9 天,几乎覆盖整个蛋黄表面。孵化第 19 天,卵黄囊及剩余蛋黄绝大部分进入腹腔;第 20 天,完全进入腹腔;出壳时,剩余 5～8 g 蛋黄;出壳后 6～7 d 被小肠吸收完毕,仅留一卵黄蒂(小突起)。卵黄囊表面分布很多血管汇成循环系统,通入胚体,供胚胎从卵黄中吸收营养;卵黄囊在孵化初期(前 6 天)还有与外界进行气体交换的功能;卵黄囊内壁还能形成原始的血细胞和血管;所以卵黄囊是胎儿的营养器官、早期呼吸器官,又是胎儿的早期造血器官。

羊膜:羊膜在孵化的第 2 天即覆盖胚胎的头部并逐渐包围胚胎全身,第 4 天在胚胎背上方合并(称羊膜脊)并包围整个胚胎,而后增大并充满液体(羊水),5～6 d 羊水增多,17 d 开始减少,18～20 d 急剧降低至枯萎。因羊膜腔内有羊水,可缓冲外部震动,胚胎在其中可受到保护。羊膜是由能伸缩的肌纤维构成,能产生有规律的收缩,促使胚胎运动,防止胚胎和羊膜粘连。

浆膜(也称绒毛膜):绒毛膜与羊膜同时形成,孵化前 6 d 紧贴羊膜和蛋黄囊外面,其后由于尿囊发育而与尿囊外层结合形成尿囊绒毛膜。浆膜透明无血管,不易看到单独的浆膜。

尿囊:孵化第 2 天末至第 3 天初开始生出,第 6 天长到壳膜内表面,以后迅速生长,10～11 d 延伸至蛋的小头包围整个胚胎内容物,并在蛋的小头合拢,以尿囊柄与肠连接。17 d 尿囊液开始下降,19 d 尿囊动静脉萎缩,20 d 尿囊血液循环停止。出壳时,尿囊柄断裂,黄白色的排泄物和尿囊膜留在壳内壁上。尿囊在接触壳膜内表面继续发育的同时,与绒毛膜结合成尿囊绒毛膜。这种高度血管化的结合膜由尿囊动、静脉与胚胎循环相连接,其位置紧贴在多孔的壳膜下面,起到排出二氧化碳,吸收外界氧气的作用,并吸收蛋白营养和蛋壳上的无机盐供给胚胎生长发育。尿囊还是胚胎蛋白质代谢产生废物的贮存场所。所以尿囊既是胎儿的营养和排泄器官,又是胎儿的呼吸器官。发育过程中的胚胎和胎膜见图 4.2。

(3)胚胎发育过程中的物质代谢　孵化初期,胚胎以渗透方式从卵黄囊吸收养分。入孵前 4 d 胚胎主要利用糖,第 5 天开始利用脂肪,第 11 天后大量利用脂肪并在胚胎体内贮存。孵化后期,蛋白全部吸收完毕。孵化前 10 d 胚胎利用卵黄和蛋白中的钙,10～18 d 大量吸收蛋壳中的钙、磷形成骨骼。整个孵化期内,胚胎发育所需的氧气、营养物质及其排出的二氧化碳及废物,主要依赖于尿囊血液循环和卵黄囊血液循环,其次是胚内循环。

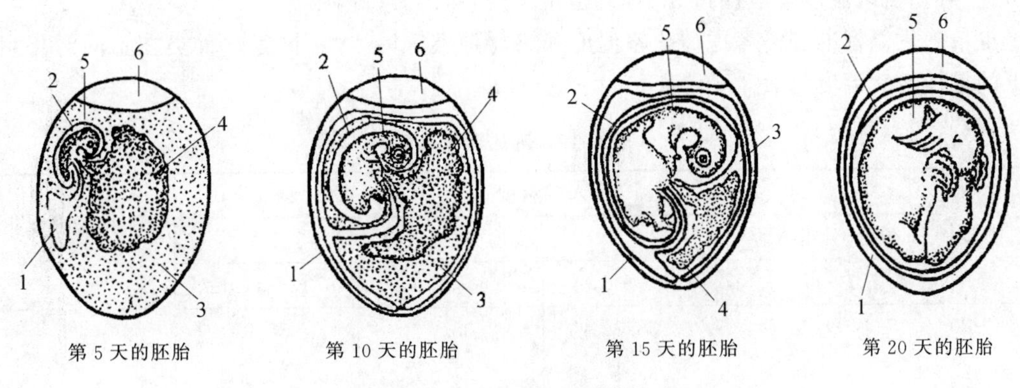

图 4.2　鸡的胚胎和胎膜的发育

1. 尿囊　2. 羊膜　3. 蛋白　4. 卵黄囊　5. 胚胎　6. 气室

二、孵化条件

家禽胚胎发育主要依靠蛋内的营养物质和适合的外界条件。孵化就是为胚胎发育创造合适的外界条件。因此，在孵化中应根据胚胎的发育规律，严格掌握温度、湿度、通风、翻蛋及凉蛋等孵化条件。

(一)温度

1. 温度对胚胎发育的影响

温度是孵化的重要条件，孵化温度掌握得适当与否会直接影响孵化效果。孵化温度偏高，胚胎发育偏快，出雏时间提前，雏禽软弱，成活率低，当超过 42 ℃，经过 2～3 h 胚胎就会死亡。孵化温度偏低时，胚胎发育变慢，出壳时间推迟，也不利于雏禽生长发育，孵化率降低，若温度低于 24 ℃，经 30 h 胚胎全部死亡。孵化温度对孵化率和孵化期的影响如表 4.9 所示。

表 4.9　孵化温度与孵化率、孵化期的关系

温度/℃	受精蛋孵化率/%	所需孵化时间/d	温度/℃	受精蛋孵化率/%	所需孵化时间/d
36.1	50	22.5	37.2	80	21
36.7	70	21.5	37.8	88	19.5

2. 适宜的孵化温度

孵化的供温标准与种禽的品种、蛋的大小、孵化机类型、不同日龄的胚胎、孵化季节等因素有关。立体孵化低于平面孵化，胚龄大的低于胚龄小的，夏季低于早春或晚秋。一般适宜的孵化温度是 37.5～38.2 ℃，在出雏机内的出雏温度为 37.3～37.5 ℃。生产中，上蛋方式不同，供温标准也不一样。

(1)整批上蛋　就是一个孵化机内一次性上满蛋，同时出雏，孵化机内是同一胚龄的蛋，随着胚龄的增加胚胎自身产热增加，孵化温度要逐渐下降，所以整批上蛋的孵化机可采用变温孵化，温度掌握的原则是前期高，中期平，后期低。以鸡为例，1～5 d 适宜温度为 38.2 ℃，6～12 d 为 38.0 ℃，13～19 d 为 37.8 ℃，而出雏机内(20～21 d)则保持 37.3～37.5 ℃。

(2)分批上蛋　就是一个孵化机内分几次上蛋，一般每隔 5～7 d 上一批种蛋，“新蛋”和“老蛋”的蛋盘交错放置以相互调节温度，分批上蛋的孵化机内有不同胚龄的蛋，所以应采用恒温孵化，孵化机内温度一般保持 37.8 ℃恒定不变，而出雏机内则保持 37.3～37.5 ℃。

更精确供温标准还需考虑孵化室温度和家禽种类等因素，不同家禽种类在不同孵化室温度下的最佳孵化温度见表 4.10、表 4.11、表 4.12。

表 4.10　鸡的孵化温度

℃

室温	入孵温度				出雏温度
	恒温(分批入孵)	变温(整批入孵)			18～20.5 d
	1～17 d	1～5 d	6～12 d	13～17 d	
15～20	38.0	38.3	38.0	37.8	37.3
20～25	37.8	38.1	37.8	37.5	
25～30	37.6	37.9	37.6	37.3	
30～35	37.2	37.8	37.2	36.7	

表 4.11　鸭的孵化温度

℃

禽蛋	室温	入孵温度					出雏温度
		恒温	变温				
		1～23 d	1～5 d	6～11 d	12～16 d	17～23 d	24～28 d
蛋鸭	23～ 29	38.1	38.3	38.1	37.8	37.5	37.2
	29～ 32	37.8	38.1	37.8	37.5	37.2	36.9
大型肉鸭	23～ 29	37.8	38.3	37.8	37.5	37.2	36.9
	29～ 32	37.5	37.8	37.5	37.2	36.9	36.7

表 4.12　鹅的孵化温度

℃

室温	恒温	变温(整批入孵)			出雏温度
	1～23 d	1～7 d	8～16 d	17～23 d	24～30.5 d
15～20	37.5	38.1	37.5	36.9	36.4 左右
20～25	37.2	37.8	37.2	36.7	
25～30	36.9	37.5	36.9	36.4	
30～35	36.4	36.9	36.4	35.8	

(二)相对湿度

1. 湿度对胚胎发育的影响

湿度也是影响孵化的重要条件，适宜的孵化湿度可使胚胎初期受热均匀，后期散热加强，既有利于胚胎发育，又有利于破壳出雏。孵化湿度过低蛋内水分蒸发多，胚胎易与壳膜发生粘连，孵出的雏鸡较轻，有脱水现象；湿度过高，影响蛋内水分蒸发，孵出的雏鸡肚子大，软弱，脐部愈合不良，成活率也较低。所以，湿度过高或者过低都会对孵化率和雏禽健康有不良影响。孵化时应特别注意防止高温高湿和高温低湿。

2. 适宜的孵化湿度

湿度虽然不像温度那么要求严格，但必须尽量给不同胚龄的胚蛋创造适宜的湿度。上蛋方式不同，供湿标准也不同。

(1)整批上蛋　整批孵化时湿度应掌握“两头高，中间低”的原则，即孵化初期相对湿度为60%～65%；中期相对湿度为50%～55%；后期相对湿度为65%～70%。出雏期湿度为70%～75%。

(2)分批上蛋　分批孵化时，孵化机内相对湿度应保持在50%～60%，出雏机内湿度为70%～75%。

不管采用哪种上蛋方式，落盘后出雏机内的相对湿度要求比孵化机内的高，一般为70%～75%。出雏机内高湿度能使蛋壳中的碳酸钙在水分的参与下转变成碳酸氢钙，从而使蛋壳变脆，利于啄壳出雏，高湿度也可防止雏鸡绒毛粘壳。

孵化湿度是否正常，可用干湿球温度计测定，也可根据胚蛋气室大小，失重多少和出雏情况判定。

(三)通风换气

1. 通风换气的作用

(1)供给胚胎发育所需氧气，排出胚胎发育产生的二氧化碳　胚胎发育过程中，不断吸入氧气，产生二氧化碳。随着胚龄的增加，其氧气需要量也在增加。通风换气可使空气保持新鲜，减少二氧化碳，以利于胚胎正常发育。一般要求孵化机内氧气含量达21%，二氧化碳含量低于0.5%。实践证明，当氧气含量低于21%时，每下降1%，孵化率下降5%。当二氧化碳含量达到1%时，胚胎发育迟缓，死亡率增高，并出现胎位不正和畸形等。超过1%时，每增加1个百分点，孵化率下降15%。可见通风换气对孵化率有明显影响。

(2)调节孵化机内温度和湿度　通风良好，孵化机内各空间温度均衡，湿度适宜；通风不良，空气不流畅，湿度大，温度不均衡；通风过大，则温度、湿度都难以保持。

(3)利于孵化后期胚胎散热　胚胎产热随胚龄增加而增加，尤其是孵化后期，胚胎代谢旺盛，产热多，如果热量散不出去，将严重阻碍胚胎发育，甚至烧死，所以孵化后期通风量要大，以便及时排出余热。孵化后期若遇到停电，应及时开门散热，防止胚胎闷死、烧死。

2. 通风换气量的掌握

掌握通风换气量的原则是在保证正常温度、湿度的前提下，要求通风换气充分。通过调节孵化机内通风孔位置、大小和进气孔启开程度，可以控制空气的流速及路线。通风量大，机内温度降低，胚胎内水分蒸发加快，增加能源消耗；通风量小，机内温度不均衡，气体交换缓慢。通风与温度的调节要彼此兼顾，冬季或早春孵化时，机内外温差较大，冷热空气对流速度增快，故应严格控制通风量。夏季机内外温差较小，冷热空气交换量的变化不大，就应注意加大通风量。一般孵化初期，可关闭进、排气孔，随胚龄增加逐渐打开，到后期可全部打开。

为了确保孵化机内的空气质量，必须经常保持孵化厅的空气新鲜，所以要注意孵化厅的通风换气和清洁卫生，从孵化机内排出的废气要直接通到孵化厅外面，以防止影响孵化厅的空气质量。

(四)翻蛋

1. 翻蛋作用

改变种蛋的孵化位置和角度称为翻蛋。其作用是改变胚胎位置，使胚胎受热均匀，防止胚胎与壳膜粘连而死亡，翻蛋可促进胚胎运动和改善胚胎血液循环。

2. 翻蛋要求

一般每隔2 h翻蛋一次，若翻蛋的角度以水平位置为标准，鸡蛋前俯后仰各45°角，而鸭蛋以50°～55°角为宜，鹅蛋以55°～60°角为宜。翻蛋角度不足，会降低孵化率。翻蛋在孵化前期更为重要，据试验：整个孵化期间都不翻蛋，孵化率仅为29%；仅第1周翻蛋，孵化率为78%；第1～14天翻蛋，孵化率为85%；第1～18天翻蛋，孵化率为92%。机器孵化落盘后可停止翻蛋。翻蛋时要注意轻、稳、慢。

(五)凉蛋

1. 凉蛋的作用

凉蛋的目的是驱散孵化器内余热，保持适宜的孵化温度；同时供给新鲜空气，排除孵化器内污浊的气体。胚胎发育到中后期，因物质代谢产生大量的热能，需要及时凉蛋，防治胚胎被烧死。凉蛋也可通过较低的温度来刺激胚胎，促使胚胎发育并增加将来雏禽对外界气温的适应能力。

鸭蛋、鹅蛋含脂量高，物质代谢产热多，孵化至16～17 d以后必须凉蛋，否则，易引起胚胎“自烧致死”。在炎热的夏季，整批入孵的鸡蛋到后期，如超温也要凉蛋。

2. 凉蛋方法

一般每天上、下午各凉蛋一次，每次20～40 min。凉蛋时间的长短，应根据孵化日期、禽蛋类型及孵化季节而定，还可根据蛋温来定。一般用眼皮来试温，即以蛋贴眼皮，感到微凉(31～33 ℃)就应停止凉蛋。夏季高温情况下，应增加孵化厅的湿度后再凉蛋，时间也可长些。鸭蛋、鹅蛋也可采用在蛋面喷雾温水的办法，来增加湿度和降温。凉蛋时间不宜过长，否则死胎增多，脐带愈合不良。凉蛋时要注意，若胚胎发育缓慢可暂停凉蛋。

三、孵化管理

(一)孵化前的准备

1. 制订孵化计划

制订孵化计划要依据孵化设备条件、种蛋供应、雏禽销售市场等具体情况，制订出周密的孵化计划并填写孵化工作计划表(表4.13)。

表4.13 孵化工作计划表

批次	入孵日期	入孵蛋数	头照日期	移盘日期	出雏日期	预计出雏数	结束日期	备注
1								
2								

制订孵化计划时，尽量把费时、费力的工作(如上蛋、照蛋、落盘、出雏等)错开。一般每周入孵两批，工作效率高。计划一旦制订，不要随便变化，以便使孵化工作顺利进行。

2. 用具准备

事先要准备好发电机、供暖设备、照蛋器、温度计、登记表格、消毒药品及设备、防疫注射器材等。

3. 做好消毒工作

孵化前1周，对孵化厅、孵化机和孵化用具进行清洗，最后消毒。消毒药品用福尔马林溶液和高锰酸钾晶体。操作方法：按孵化厅每立方米容积用福尔马林溶液30 mL加高锰酸钾15 g。将消毒药品放入非金属容器，封闭环境，熏蒸消毒0.5～1 h，然后打开机门通风换气。

4. 孵化机的检修与试机

(1)孵化机的检修　检查电动机，看运转是否正常，检查恒温电气控制系统的水银导电表、继电器触点、指示灯、电热盘、超温报警装置等是否正常。校对温度计，测试机内不同部位的温度差别。检查蛋盘、蛋架是否牢固，给风扇、翻蛋、加湿等转动装置加足润滑油。

(2)孵化机试机　打开电源开关，分别启动各系统，开机试运行1～2 d，安排值班人员，做好机器运行情况记录，运转正常即可入孵。

(二)孵化操作

1. 码盘入孵

(1)入孵前种蛋预热　从蛋库取出的种蛋或在冬天孵化的种蛋需放在孵化厅(室内温度22～25 ℃)预热12 h。预热的作用是减少孵化机内温度下降的幅度，防止种蛋表面凝水；使胚胎逐渐“苏醒”过来，对孵化的环境有个适应的过程。

(2)码盘　种蛋在孵化时将钝端向上放置在孵化蛋盘上称码盘，这样有利于胚胎的气体交换。蛋盘一定要码满，蛋盘上要做好标记(种蛋来源、入孵时间、批次等)。码盘结束，对剔除的不合格种蛋和剩余的种蛋及时处理，然后清理工作场地。

(3)入孵　入孵的时间最好安排在下午4时左右，这样大批出雏的时间在白天，有利于出雏操作，也便于第二天雏鸡的运输。将蛋码满盘后插入蛋架，插时一定要使蛋盘卡入蛋架滑道内，插盘顺序为由下至上。采用八角式蛋架孵化机上蛋时，应注意蛋架前后、左右蛋盘数量相等，重量平衡，以防一侧蛋盘过重，导致蛋架翻转。采用同一孵化机分批入孵时，各批入孵的新蛋和老蛋要相互交叉放置，以利于新蛋与老蛋互相调节温度。

种蛋在码盘后或上蛋架后即进行消毒。

2. 孵化日常管理

(1)检查孵化机的运转情况　孵化机如出现故障要及时排除，孵化机最常见的故障有皮带松弛或断裂，风扇转慢或停止转动，蛋架上的长轴螺栓松动或脱出造成蛋的翻倒等。因此，对皮带要经常检查，发现有裂痕或张力不足应及时更换，风扇如有松动，特别是发出异常声响应及时维修，另外，如发现电子继电器不能准确控制温度应立即更换，如检查电动机听其音响异常，手摸外壳烫手，应立即维修或换上备用电动机。此外，还应注意孵化机内的风扇、电动机及翻蛋装置工作是否正常。

(2)温度的观察与调节　孵化器控温系统，在入孵前已经校正。检验并试机运转正常，一般不要随意更动。刚入孵时，开门入蛋引起热量散失以及种蛋和孵化盘吸热，因此孵化器里温度暂时降低，是正常的现象。待蛋温、盘温与孵化器里的温度相同时，孵化器温度就会恢复正常。每隔30 min通过观察窗观察一次里面的温度计温度，每2 h记录一次温度。有经验的孵化人员，还经常用手触摸胚蛋或将胚蛋放在眼皮上测温，必要时，还可照蛋，以了解胚胎发育情况和孵化给温是否合适(“看胎施温”)。

孵化温度是指孵化给温，在生产上又大多以“门表”所示温度为准。在生产实践中，存在着3种温度要加以区别。即孵化给温(显示温度)、蛋面温度和门表温度。上述3种温度是有差别的，只要孵化器设计合理，温差不大且孵化厅内温度不过低，则门表所示温度可视为孵化给温，并定期测定胚蛋温度，以确定孵化时温度掌握得是否正确。如果孵化器各处温差太大，孵化厅温度过低，观察窗仅一层玻璃，尤其是停电时，则门表温度绝不能代表孵化温度，此时要以测定胚蛋温度为主。

(3)湿度的观察与调节　现代孵化机都是自动控湿，要随孵化期的不同及时调节湿度，另外，在孵化器观察窗内挂一干湿球温度计，定期观察记录，并换算出机内的相对湿度。与显示湿度对照，若有较大差距，说明湿度显示不灵敏，要及时检修。要注意包裹湿度计棉纱的清洁，并加蒸馏水。

(4)观察通风和翻蛋情况　定期检查进出气口开闭情况，根据胚龄决定开启大小，整批孵化的前 3 d(尤其是冬季)，进出气孔可不打开，随着胚龄的增加逐渐打开进出气孔，出雏期间进出气孔全部打开。分批入孵，进出气孔可打开 1/3～2/3。注意每次翻蛋时间和角度，对不按时翻蛋和翻蛋速度过快或过慢的现象要及时处理解决，停电时定时手动翻蛋。

(5)孵化记录　整个孵化期间，每天必须认真做好孵化记录和统计工作，它有助于孵化工作顺利有序进行和对孵化效果的判断。孵化结束，要统计受精率、孵化率和健雏率。孵化厅日常管理记录见表 4.14，孵化生产记录见表 4.15。

表 4.14　孵化厅日常管理记录

机号　　　第　　批　　　　　　胚龄　　　　　　　　年　　月　　日

时间	机器情况					孵化厅		停电	值班员
	温度	湿度	通风	翻蛋	凉蛋	温度	湿度		

表 4.15　孵化生产记录

批次	入孵日期	种蛋来源	品种	入孵数量	头照			二照		出雏				受精率/%	受精蛋孵化率/%	入孵蛋孵化率/%	健雏率/%
					无精蛋	死胚蛋	破损蛋	死胚蛋	破损蛋	落盘数	毛蛋数	弱死雏	健雏数				

(6)孵化厅管理　要求孵化厅卫生清洁，通风良好，空气新鲜，温度、湿度适宜，保暖性能好。

3. 照蛋

(1)照蛋的意义　照蛋是检查胚胎发育状况和调节孵化条件的重要依据。照蛋即在禽蛋孵化到一定的时间后，用照蛋器在黑暗条件下对胚蛋进行透视，检查禽胚胎发育情况，剔除无精蛋、死胚蛋和破损蛋的过程。孵化期中应照蛋 3 次。孵化正常情况下，一般孵化厂每批胚蛋照蛋 2 次(第 10 天的抽样照检省去)。在大型孵化厂，为节省工时、减轻劳动强度和避免照蛋对胚胎产生的应激反应，通常在落盘前只照 1 次。

(2)照蛋的时间及内容要求　孵化过程中应照 3 次蛋，3 次照蛋时间见表 4.16。

表 4.16　不同家禽 3 次照蛋的时间　　d

家禽种类	头照	二照	三照
鸡	5～6	10～11	18～19
鸭	6～7	13～14	25
鹅	7～8	15～16	27～28

头照：头照的主要目的是剔除无精蛋、死胚蛋，区别弱胚蛋和正常胚蛋，头照时各类型的蛋有如下特征：

正常活胚蛋：整个蛋暗红色（除气室外），气室界限清楚，胚胎发育像蜘蛛形态，其周围血管鲜红、明显，扩散面占蛋体的 4/5，胚胎的黑色眼点清楚，将蛋微微晃动，胚胎也随之而动。

弱胚蛋：发育缓慢，胚体较小，血管淡而纤细，扩散面不足蛋体的 4/5，黑色眼点不明显。

死胚蛋：俗称“血蛋”，只见蛋内有不规则的血线、血点或紧贴内壳面的血圈，有时可见到死胚小黑点贴壳静止不动。

无精蛋：俗称“白蛋”，蛋内发亮，只见蛋黄阴影稍扩大，气室界限不明显，颜色淡黄，看不见血管及胚胎。

第一次照检时各类型胚蛋特征如图 4.3 所示。

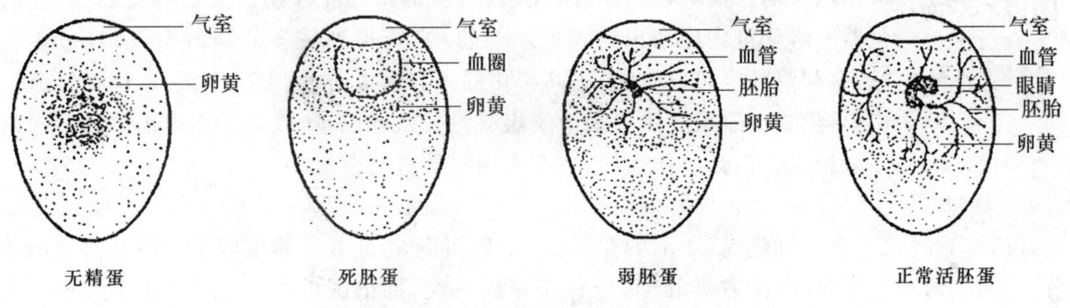

图 4.3　鸡胚头照时各类型胚蛋示意图

二照：此次照蛋一般抽样进行，主要目的是检查胚胎发育是否正常，以便及时调节孵化条件，此时胚胎的典型特征是“合拢”，即尿囊绒毛膜已延伸至蛋的小头，将蛋白包裹。照检时，若有 60%～70%的胚蛋“合拢”，说明胚胎发育正常；若有 90%以上的“合拢”，说明胚胎发育偏快，应适当降低孵化温度 0.1～0.3 ℃；若只有 20%～30%的胚蛋“合拢”，说明胚胎发育偏慢，应适当升高孵化温度 0.1～0.3 ℃。

三照：三照一般结合落盘进行，主要目的是检查胚胎发育情况，将发育差或死胚蛋剔除，各类型蛋的特征如下（图 4.4）。

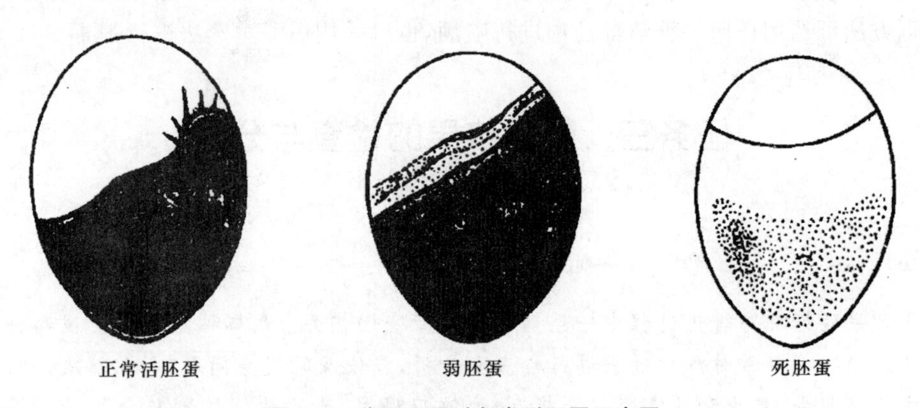

图 4.4　鸡胚三照时各类型胚蛋示意图

正常活胚蛋：可见蛋内全为黑色，蛋的小头部不透光（已“封门”），气室口变斜，气室边界弯曲明显，有时可见胚胎颤动(俗称“闪毛”)，触摸蛋发热。

弱胚蛋：气室边界平整，血管纤细，看不见胎动，有的小头有少部分透亮。

死胚蛋：气室口未变斜，气室边界颜色较淡，无血管分布，黑阴影浑浊不清，蛋的小头透亮，摸之感觉发凉。

照检蛋时动作要快，轻拿轻放。胚蛋在室温中放置不超过 25 min，室温要求保持在 22～28 ℃，操作过程中不小心打破胚蛋应及时剔出。

4. 落盘(也叫“移盘”)

鸡胚孵至 19 d(鸭 25 d，鹅 28 d)，经过最后一次照蛋后，将胚蛋从孵化器的孵化盘移到出雏器的出雏盘的过程，称落盘或移盘。过去多在孵化第 18 天落盘。现认为鸡蛋孵满 19 d 再落盘较为合适。生产实践中约有 10%鸡胚“打嘴”时进行落盘为宜。孵化 18～19 d，正是鸡胚从尿囊绒毛膜呼吸转换为肺呼吸的生理变化最剧烈时期。此时，鸡胚气体代谢旺盛，是死亡高峰期。推迟落盘，鸡胚在孵化器的孵化盘中比在出雏器的出雏盘中，能得到较多的新鲜空气，且散热较好，有利鸡胚度过危险期，提高孵化效果。落盘时，应提高室温，动作要轻、稳、快，尽量减少碰破胚蛋。最上层出雏盘加铁丝网罩，以防雏鸡窜出。目前国内多采用人工落盘(“扣盘”)，也有采用机器进行落盘的。

二维码 4.2 种蛋孵化人工落盘

5. 拣雏

(1)拣雏时间　鸡蛋孵化满 20 d，鸭蛋满 27 d，鹅蛋满 30 d 就开始出雏了。应及时拿出绒毛已干的雏禽和空蛋壳，在出雏高峰期，应每 4 h 拣一次，拣出绒毛已干的雏鸡同时，拣出蛋壳，以防蛋壳套在其他胚蛋上闷死雏鸡。每次拣完后进行拼盘。取出的雏禽放入箱内，置于 25～28 ℃室温内存放。出雏期间要保持孵化厅和出雏机内的温度、湿度，室内安静，机门尽量少开。

(2)人工助产　对少数未能自行脱壳的雏禽，应进行人工助产。助产时只需破去钝端蛋壳，拉直头颈，然后让雏禽自行挣扎脱壳，不能全部人为拉出，以防出血而引起死亡或成为残弱雏。

6. 机具清洗与消毒

(1)清洗用具　出雏结束后，将出雏厅、出雏机、出雏盘进行彻底清洗。

(2)消毒用具　所有出雏器具清洗完后，消毒出雏盘、水盘和出雏机，以备下次出雏时使用。消毒方法可选用任何一种消毒药物进行喷洒，也可采用甲醛熏蒸法进行消毒。

任务三　孵化效果的检查与分析

任务描述

孵化效果的好坏与孵化过程中一系列管理环节密切相关，也与种禽饲养管理和种蛋管理密切相关，所以，应经常对孵化效果进行检查和分析，以便及时发现问题，加以解决。孵化效果检查的方法有照蛋、蛋重和气室变化分析、初生雏鸡观察、死亡曲线绘制与分析等。每次孵化结束之后应统计种蛋合格率、受精率、入孵蛋孵化率、受精蛋孵化率和健雏率等指标，并进行分析，以便总结，积累经验，提高孵化技术水平。

任务目标

了解孵化效果检查与分析的方法；熟知并会计算衡量孵化效果的相关指标；掌握照蛋、死亡曲线绘制等孵化效果检查技术；学会孵化效果分析的方法。

基本知识

(1)衡量孵化效果的指标；(2)孵化效果检查；(3)孵化效果分析。

一、衡量孵化效果的指标

(1)入孵种蛋合格率(%)　入孵种蛋合格率应大于98%。

入孵种蛋合格率=(入孵种蛋数/接到种蛋数)×100%

(2)受精率(%)　种蛋的受精率，鸡蛋要求在90%以上，鸭蛋要求在85%以上。受精率在头照后可算出，计算受精蛋包括活胚蛋和死胚蛋，血圈、血线蛋按受精蛋计数，散黄蛋按未受精蛋计数。

受精率=(受精蛋数/入孵蛋数)×100%

(3)早期死胚率(%)　早期死胚是指孵化前5 d内的死胚，正常情况下，早期死胚率在1%～2.5%范围内。

早期死胚率=(1～5 d胚龄死胚数/受精蛋数)×100%

(4)受精蛋孵化率(%)　受精蛋孵化率应在90%以上，高水平应达93%以上，此项是衡量孵化效果的主要指标。

受精蛋孵化率=(出雏总数/受精蛋总数)×100%

(5)入孵蛋孵化率(%)　该指标反映出种禽场及孵化场的综合水平，入孵蛋孵化率应达到80%以上。

入孵蛋孵化率=(出雏总数/入孵蛋总数)×100%

(6)健雏率(%)　健雏是指能够出售、用户认可的雏禽。健雏率应达97%以上。

健雏率=(健雏数/出雏总数)×100%

(7)死胎率(%)　死胎蛋指出雏结束后扫盘时尚未出壳的胚蛋，也称毛蛋。死胎率一般低于4%～5%。

死胎率=(死胎蛋数/受精蛋数)×100%

二、孵化效果检查

(一)照蛋检查

正常情况下，每批蛋入孵后要进行2次照蛋(第10天的抽样照检可免去)。每次照蛋时根据照检时特征，判断胚胎发育是否正常。同时根据死胚蛋的多少推测种蛋品质的好坏和孵化条件是否适宜。

头照时，如果死亡率高，则说明种蛋是陈蛋或受震严重；多数发育良好，但有充血、溢血、异位现象，说明孵化初期温度偏高；胚胎发育缓慢，可推测温度偏低；血环蛋和无精蛋多，说明种禽维生素 A 缺乏所致。二照时（落盘时进行），若死亡率高可推测种禽营养不良或蛋白中毒所致；如果胚胎畸形多说明孵化温度过高，羊水中有血液或内脏充血、淤血则是通风换气不良所致。

（二）蛋重和气室变化

孵化期间，由于蛋内水分的蒸发，蛋重逐渐减轻。在开始孵化至移盘时，蛋重减轻约为原蛋重的 10.5%，平均每天减重为 0.55%。具体方法是先称一个孵化盘的重量，然后将种蛋码在该孵化盘内再称重量，减去孵化盘的重量，得出入孵时的总蛋重；以后定期称重，算出各个时期减重的百分率。如果蛋的减重超过标准，且照检时气室过大，可能是湿度过低。如果低于标准过远，且气室过小，可能是湿度过大，蛋的品质不良。

（三）初生雏的观察

雏禽孵出后，观察雏禽的活力，体重的大小，蛋黄吸收情况，绒毛状况。

健雏：体格健壮，精神活泼，体重合适，蛋黄吸收良好，腹部平坦，脐部愈合良好，绒毛整洁而有光泽，站立稳健有力，叫声洪亮。

弱雏：蛋黄未完全吸收、脐带愈合不良或腹大拖地站立不稳。残雏和畸形雏骨骼弯曲、脚和头麻痹、脐部开口并流血、绒毛稀短焦黄。

正常情况下，出雏有明显的高峰时间，持续时间较短。若孵化异常时，出雏无明显的高峰时间，持续时间较长，出雏超出 1 d 尚有部分胚蛋未破壳。

（四）死胚的外表观察及剖检

出雏时随机抽测 5%左右的毛蛋，检查其胎位、绒毛、体表出血或淤血、水肿等；解剖胚体，检查其内脏器官是否异常。

三、孵化效果分析

（一）胚胎死亡原因的分析

1. 孵化期胚胎死亡的分布规律

由于种种原因，受精蛋的孵化率不可能达到 100%。胚胎死亡在孵化期不是平均分布的，而是存在着两个死亡高峰。鸡胚第一个高峰期出现在孵化前期，即孵化的第 3～5 天，第二个高峰期出现在孵化后期，即孵化的第 18～21 天。一般来说，第一高峰的死胚数约占全部死亡数的 15%，第二高峰的死胚数约占全部死亡数的 50%，两个高峰期死胚率共占全期死胚的 65%。但是对高孵化率鸡群来讲，鸡胚多死于第二高峰，而低孵化率鸡群，第一、二高峰期的死亡率大致相似。一般鸡胚死亡的分布规律见表 4.17。

表 4.17 一般鸡胚死亡的分布规律 %

孵化率水平	孵化各阶段中死胚数占受精蛋数的百分率		
	第 1～5 天	第 6～17 天	第 18～21 天
95%左右	1～2.5	<1	2～2.5
90%左右	2～3	2～3	4～6
85%左右	3～4	3～4	7～8

根据一般鸡胚死亡的分布规律,可对照检查每一批的具体孵化结果。要想提高孵化率,关键是减少后期的死亡率。这个阶段的增产潜力最大,技术难度也高,主要解决好两个问题,即运用眼皮感温法防止蛋温超高,正确解决好加大通风量和保持较高湿度的矛盾。

2. 出现死亡高峰的一般原因

孵化第1～5天出现死亡高峰是因为此时正是胚胎各器官的分化、形成的关键时期,如心脏开始搏动,血液循环的建立及各胎膜的形成,均处初级阶段,均不够健全,胚胎的生命力非常脆弱,对外界环境的变化很敏感,稍有不适,例如温度过高或过低,使胚胎和胎膜的发育受阻以致夭折。孵化第18～21天出现的死亡高峰是因为此时尿囊萎退,尿囊血管的呼吸机能消失,鸡胚胎由尿囊呼吸转变为肺呼吸,胚胎生理变化剧烈,需氧量剧增,加上胚胎的自温猛增,如果通风换气及散热不好,就会造成一部分体质较弱的胚胎不能顺利破壳出雏。另外,大量畸形胚胎此时也死亡。

胚胎死亡是由外部因素与内部因素共同影响的结果,种蛋内部因素对孵化第1～5天出现死亡影响较大;孵化条件因素对孵化第18～21天出现死亡影响大。影响胚胎发育的内部因素主要是种蛋的品质,它们是由种禽的饲养管理水平与遗传因素所决定;影响胚胎发育的外部因素,包括入孵前环境(种蛋保存环境)和孵化环境(孵化条件)等。

胚胎死亡原因可能会同时由几个原因引起,因此,要根据生产实际,进行综合分析,找出降低孵化率的实际原因,以便引起以后注意。

(二)种禽营养与孵化效果的关系

种禽缺乏某种营养,势必造成其所产种蛋的营养不足,若用于孵化则会影响孵化效果,各种营养缺乏对胚胎发育影响见表4.18。

表4.18 各种营养缺乏对胚胎发育影响

缺乏营养种类	对胚胎发育的影响
维生素A	孵化初期死胚率高,后期发育迟缓,肾有尿酸盐沉淀物,眼肿,无力破壳,出壳时间延长
维生素D_3	尿囊发育迟缓,死亡高峰出现在中期,皮肤水肿,肾肥大,出壳拖延,初生雏软弱
维生素B_2	胚胎死亡多在前期或中期,蛋重损失少,禽胚绒毛卷缩,颈、脚麻痹的雏禽增多
维生素B_{12}	胚胎死亡高峰出现在中期,大量胚胎头部位于两腿间,水肿、喙短、趾弯、肌肉发育不良
维生素E	胚胎死亡多发生在出雏后3 d内,全身水肿,单眼或双眼突出
钙	蛋壳薄而脆,蛋白稀薄,腿短粗,翼与腿弯曲,额部突出,颈部水肿

(三)孵化中异常现象的产生与原因

在孵化过程中,经常会出现各种异常现象,出现这些异常现象后要及时分析原因,及时校正,以提高孵化率和雏禽品质,孵化中容易出现的异常现象及产生的原因见表4.19。

表4.19 孵化中异常现象及产生的原因

异常现象	产生的原因
臭蛋	脏蛋、破壳、裂纹蛋或未拣出的死胚蛋被细菌污染;蛋未消毒或消毒不当;种蛋保存时间太长;孵化机内污染等原因
胚胎死于2周内	种禽患病、营养不良;种蛋被污染;种蛋保存不当;孵化机内温度过高或过低;停电;翻蛋不正常;通风不良

续表 4.19

异常现象	产生的原因
气室过小	孵化过程中相对湿度过高或温度过低
气室过大	孵化过程中相对湿度过低或温度过高
雏禽提前出壳	蛋重小;全程温度偏高
雏禽延迟出壳	蛋重大;全程温度偏低;室温多变;种蛋保存时间太长;温度计不准确
死胚充分发育,但喙未进入气室	种禽营养不平衡;前期温度过高;最后几天相对湿度过高
死胚充分发育,且喙在气室内	种禽营养不平衡;出雏机通风不良;胚胎有的可以孵出,有的则死于壳内。正常情况下,胎位不正的数量占1%～4%,在进行孵化效果检查分析时,应注意剖检死胎蛋,确定胎位不正的比率及发生的原因

任务四　初生雏禽的处理

任务描述

雏禽孵出后必须在24 h内按品种要求进行挑选、雌雄鉴别和数查鸡数,对要出售的雏禽在24 h内注射马立克氏病疫苗并对初生雏挑选分级。种用雏禽要按种禽的配套方式进行标号处理。对公雏要进行剪冠和去爪。对处理过的雏禽要及时送至目的地。

任务目标

熟知利用伴性遗传原理自别雌雄的方法;掌握翻肛鉴别雌雄技术;掌握初生雏的剪冠与去爪技术;掌握初生雏的挑选、分级及免疫技术。

基本知识

(1)初生雏鸡的雌雄鉴别;(2)水禽的雌雄鉴别;(3)初生雏的免疫;(4)初生雏的挑选分级;(5)初生雏的剪冠、去爪、断喙;(6)出生雏的运输。

一、初生雏鸡的雌雄鉴别

对初生雏鸡进行雌雄鉴别,有重要的经济意义,尤其是商品代蛋鸡,只养母鸡,不养公鸡,要等到4周龄能从外观上区别雌雄时再淘汰,则每只小公鸡要投入600 g左右的饲料。及早鉴别淘汰公雏还可以节省设施和设备,降低饲养密度,节省许多劳动力和各种饲养费用,提高母雏的成活率和均匀度。因公雏发育快,吃食与活动能力强,公母混群饲养,会影响母雏的生长发育。需要留养的公雏,也应根据公雏的生理特点及其对营养的需求情况进行合理的饲养管理。

二维码 4.3
雏鸡雌雄鉴别

雌雄鉴别法在生产中用得较多的有两种。

(一)伴性遗传鉴别法

伴性遗传鉴别是利用伴性遗传原理,培育自别雌雄品系,通过不同品系间杂交,根据初生雏鸡羽毛的颜色、羽毛生长速度准确地辨别雌雄。

1. 快慢羽鉴别法

控制羽毛生长速度的基因存在于性染色体上，且慢羽(K)对快羽(k)为显性。用慢羽母鸡与快羽公鸡杂交，其后代中凡快羽的是母鸡，慢羽的是公鸡。区别快慢羽的方法是：初生雏鸡若主翼羽长于覆主翼羽为快羽，若主翼羽短于或等于覆主翼羽则为慢羽，现代白壳蛋鸡和粉壳蛋鸡多可羽速自别雌雄。

2. 羽色鉴别法

利用初生雏鸡绒毛颜色的不同来区别雌雄。如：褐壳蛋鸡品种依莎、罗曼、海兰等就可利用其羽色自别雌雄。银白色为显性(S)，金黄色(s)为隐性，用金黄色羽的公鸡与银白色羽的母鸡杂交，商品代雏鸡中，凡绒毛金黄色的为母雏，银白色的为公雏。现代褐壳蛋鸡可羽速自别雌雄。

3. 羽斑鉴别法

用非横斑公鸡(白来航等显性白羽鸡除外)与横斑母鸡交配，其子一代呈交叉遗传，即公雏全部是横斑羽色，母雏全部是非横斑羽色。例如用洛岛红公鸡和横斑母鸡交配，则子一代公雏皆为横斑羽色(黑色绒毛，头顶上有不规则的白色斑点)，母雏全身黑色绒毛或背部有条斑。

(二)翻肛鉴别法

翻肛鉴别法是根据初生雏鸡有无生殖隆起以及生殖隆起在组织形态上的差异，以肉眼分辨雌雄的一种鉴别方法。

1. 初生雏鸡生殖隆起的形态和分类

雄雏生殖隆起分为正常型、小突起型、分裂型、肥厚型、扁平型和纵型；雌雏分为正常型、小突起型和大突起型。初生雏鸡生殖突起的形态特征见表 4.20。

表 4.20　初生雏鸡生殖突起的形态特征

性别	类型	生殖突起	八字皱襞
雌雏	正常型	无	退化
	小突起	突起较小，不充血，突起下有凹陷，隐约可见	不发达
	大突起	突起大，不充血，突起下有凹陷	不发达
雄雏	正常型	大而圆，形状饱满，充血，轮廓明显	很发达
	小突起	小而圆	比较发达
	分裂型	突起分为两部分	比较发达
	肥厚型	比正常型大	发达
	扁平型	大而圆，突起变扁	发达，不规则
	纵　型	尖而小，着生部位较深，突起直立	不发达

2. 初生雏鸡雌雄生殖隆起的组织形态差异

初生雏鸡有无生殖隆起是鉴别雌雄的主要依据，但部分初生雌雏的生殖隆起仍有残迹，这种残迹与雄雏的生殖隆起在组织上有明显的差异。正确掌握这些差异，是提高鉴别率的关键。

3. 鉴别操作方法

(1)抓雏、握雏　雏鸡的抓握法一般有两种：一种是夹握法(图 4.5)，右手朝着雏鸡运动的方向，掌心贴雏背将雏抓起，然后将雏鸡头部向左侧迅速移至放在排粪缸附近的左手，雏背贴掌心，肛门向上，雏颈轻夹在中指与无名指之间，双翅夹在食指与中指之间，无名指与小指弯曲，将两脚夹在掌面；技术熟练的鉴别员，往往右手一次抓两只雏鸡，当一只移至左手鉴别时，将另一只夹在右手的无名指与小指之间。另一种是团握法(图 4.6),左手朝雏尾部的方向,掌心贴雏背将雏抓起,雏背向掌心,肛门朝上,将雏鸡团握在手中;雏的颈部和两脚任其自然。两种抓握法没有明显差异,虽然右手抓雏移至左手握雏需要时间,但因右手较左手敏捷而得以弥补。团握法多为熟练鉴别员采用。

图 4.5 握鸡法之一(夹握法)

图 4.6 握鸡法之二(团握法)

(2)排粪、翻肛。

①在鉴别观察前,必须将粪便排出,其手法是左手拇指轻压腹部左侧髋骨下缘,借助雏鸡呼吸将粪便挤入排粪缸中。

②翻肛手法较多,下面介绍常用的 3 种方法。

第一种方法:左手握雏,左拇指从前述排粪的位置移至肛门左侧,左食指弯曲贴于雏鸡背侧,与此同时右食指放在肛门右侧,右拇指侧放在雏鸡脐带处(图 4.7)。右拇指沿直线往上顶推,右食指往下拉、往肛门处收拢,左拇指也往里收拢,三指在肛门处形成一个小三角区,三指凑拢一挤,肛门即翻开。

第二种方法:左手握雏,左拇指置于肛门左侧,左食指自然伸开,与此同时,右中指置于肛门右侧,右食指置于肛门端(图 4.8)。然后右食指往上顶推,右中指往下拉,左拇指向肛门处收拢,三指在肛门形成一个小三角区,由于三指凑拢,肛门即翻开。

第三种方法:此法要求鉴别员右手的大拇指留有指甲。翻肛手法基本与翻肛手法一相同(图 4.9)。

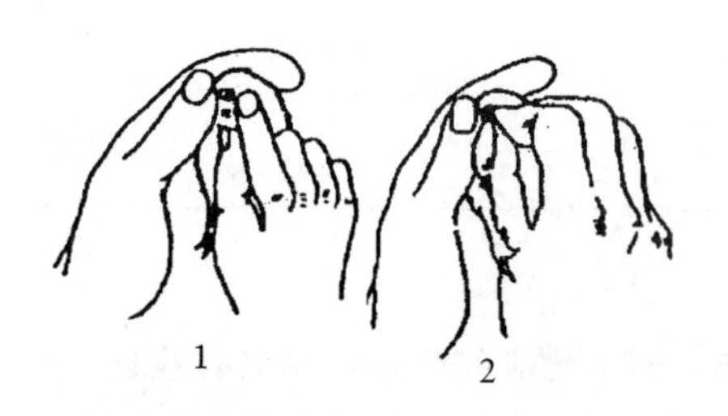

图 4.7 翻肛手法之一

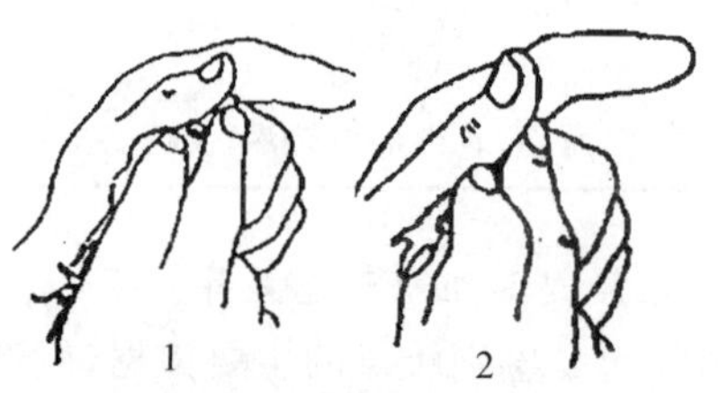

图 4.8 翻肛手法之二

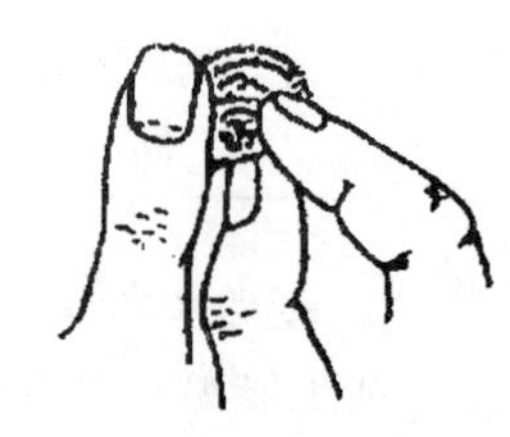

图 4.9 翻肛手法之三

(3)鉴别、放雏　根据生殖隆起的有无和形态差别,便可判断雌雄。如果有粪便或渗出物排出,可用左拇指或右食指抹去,再行观察。遇生殖隆起一时难以分辨时,也可用左拇指或右食指触摸,观察其充血和弹性程度。鉴别后的雏鸡根据习惯把公雏放在左侧雏鸡盒内,母雏放在右侧雏鸡盒内。

4. 鉴别的适宜时间与鉴别要领

(1)鉴别的适宜时间　最适宜的鉴别时间是出雏后 12～24 h,在此时间内,雌雄雏鸡生殖隆起的性状差异最显著,也好抓握、翻肛。而刚孵出的雏鸡,身体软绵呼吸弱,蛋黄吸收差,腹部充实,不易翻肛,技术不熟练者甚至造成雏鸡死亡。

孵出 24 h 以上的雏鸡,肛门发紧,难以翻开,而且生殖隆起萎缩,甚至陷入泄殖腔深处,不便观察。因此,鉴别时间以出壳后不超过 24 h 为宜。

(2)鉴别要领　生产中要求翻肛分辨雌雄准确率达到 95%以上,技术熟练者每小时可鉴别 1 000 只左右。提高鉴别的准确性和速度,关键在于正确掌握翻肛手法和熟练而准确无误分辨雌雄雏的生殖隆起。翻肛时,三指的指关节不要弯曲,三角区宜小,不要外拉和里顶才不致人为地造成隆起变形而发生误判。一般容易发生误判的有以下几种情况:雌雏的小突起型误判为雄雏的小突起型;雌雏的大突起型误判为雄雏的正常型;雄雏的肥厚型误判为雌雏的正常型。只要不断实践是不难分辨的。

5. 鉴别注意事项

(1)动作要轻捷　鉴别时动作粗鲁容易损伤肛门或使卵黄囊破裂,影响以后发育,甚至引起雏鸡的死亡;鉴别时间过长,肛门容易被粪便或渗出液掩盖或过分充血,而无法辨认。

(2)姿势要自然　鉴别员坐的姿势要自然。

(3)光线要适中　肛门雌雄鉴别法是一种细微结构的观察,故光线要充足而集中,从一个方向射来,光线过强过弱都容易使眼睛疲劳。自然光线一般不具备上述要求,常采用有反光罩的 40～60 W 乳白灯泡的光线。光线过强,不仅刺激眼睛,而且炽热烤人。

(4)盒位要固定　鉴别桌上的鉴别盒分三格,中间一格放未鉴别的混合雏,左边一格放雄雏,右边一格放雌雏。要求位置固定,不要更换,以免发生差错。

(5)鉴别前要消毒　为了做好防疫工作,鉴别前,要求鉴别员穿工作服、鞋,戴帽子、口罩,并用消毒液洗手。

二、水禽的雌雄鉴别

雏鸭的雌雄鉴别有翻肛鉴别法和鸣管鉴别法两种,使用最普遍、准确率最高的是翻肛鉴别法。

1. 翻肛鉴别法

(1)方法　鉴别者左手握雏鸭,雏鸭背部贴手掌,尾部在虎口处,大拇指放在雏鸭肛门右下方、食指放在尾根部,右手大拇指放在雏鸭肛门左下方、食指放在肛门左上方。右手大拇指和左手食指向外轻拉,左手拇指向上轻顶,雏鸭的泄殖腔就会外翻。初生的公雏鸭,在肛门口的下方有一长 2～3 mm 的小阴茎,状似芝麻,翻开肛门时肉眼可以看到(图 4.10)。

(2)注意事项　鉴别要在光线较强的地方进行,这样才容易看清楚有无外生殖器;雏鸭的肛门比较紧,翻肛时的力度比雏鸡鉴别时稍大,在出壳 48 h 内鉴别。

2. 鸣管鉴别法

鸣管又称下喉,在颈的基部两锁骨内,位于气管分叉顶端的球状软骨(图 4.11)。公雏鸭的鸣管较大,直径有 3～4 mm,呈圆柱形,微偏于左侧。母雏鸭的鸣管则很小,比气管略大一点。触摸时,左手大拇指与食指抬起鸭头,右手从腹部握住雏鸭,食指触摸颈基部,如有直径 3～4 mm 的小突起,鸣叫时能感觉到振动,即是公雏鸭。

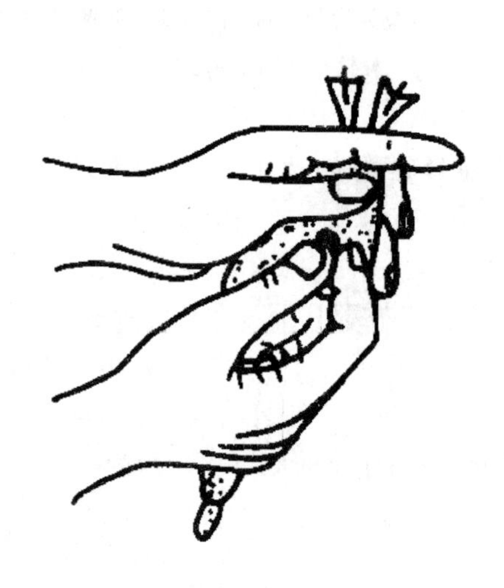

图 4.10 雏鸭翻肛鉴别手势

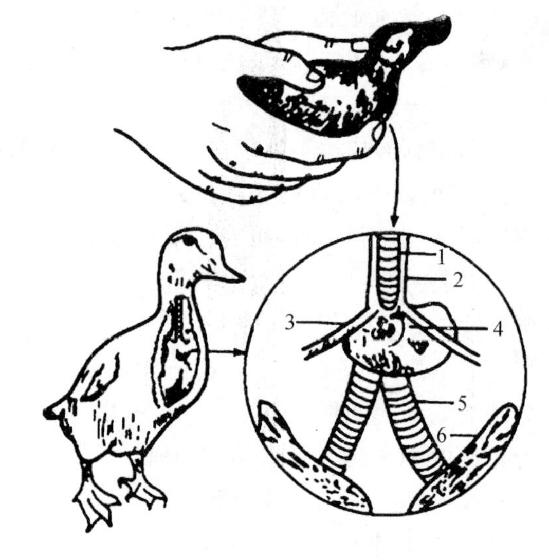

图 4.11 雏鸭的鸣管示意图

1. 气管 2. 气管肌层 3. 胸骨气管肌
4. 鸣管 5. 初级支气管 6. 肺

3. 捏肛法

经验丰富的鉴别师，采用捏肛法鉴别雌雄。

(1)方法 鉴别鸭雌雄时，左手抓鸭(鹅)，鸭(鹅)头朝下，腹部朝上，背靠手心，鉴定者右手拇指和食指捏住肛门的两侧，轻轻揉搓，如感觉到肛门内有个芝麻似的小突起，上端可以滑动，下端相对固定，这便是阴茎，即可判断为公鸭(鹅)；如无此小突起的即是母鸭(鹅)(母雏在用手指揉搓时，虽有泄殖腔的肌肉皱襞随着移动，但没有芝麻点的感觉)。

(2)注意事项 采用捏肛鉴别法时，术者必须手皮薄、感觉灵敏方能学会。有经验的人捏摸速度很快。每小时可鉴别 1 000 余只，准确率达 98%～100%。

雏鹅的雌雄鉴别不像雏鸭那样容易判断，主要是用捏肛和翻肛鉴别，方法同鉴别雏鸭雌雄一样。

4. 顶肛鉴别法

用左手捉住鸭(鹅)，以右手的中指在鸭(鹅)的泄殖腔中部轻轻往上一顶，如感觉有小突起，即为雄雏。

二维码 4.4
雏鸡皮下人工注射免疫

三、初生雏的免疫

马立克氏病是由疱疹病毒所引起的一种淋巴组织增生性疾病，对养鸡业危害较大。为预防马立克氏病，在雏鸡出壳后 24 h 内接种马立克氏病疫苗，每只雏鸡用连续注射器将稀释后的疫苗在颈部皮下注射 0.2 mL。注射时捏住皮肤，确保针头插入皮下，稀释后的疫苗须在 0.5 h 内用完。马立克氏病疫苗在孵化厂接种。在白羽肉鸡孵化厂，雏鸡出壳后需要接种新城疫、传支二联疫苗。

四、初生雏的挑选分级

选择初生雏的目的是将初生雏按大小、强弱分群单独培育，减少疾病的传播，提高成活率。

一般通过眼看、手摸、耳听进行选择，选择的同时计数、装箱，准备运往育雏地点。

眼看选择初生雏：即看初生雏的精神状态，羽毛整洁程度，动作是否灵活，喙、腿、趾、翅、眼有无异常，肛门有无粪便黏着，脐孔愈合是否良好等。

手摸选择初生雏：即将初生雏抓握在手中，触摸初生雏的膘情、体重，是否挣扎有力。

耳听选择初生雏：即听初生雏的叫声来判断初生雏的强弱。

此外，选择初生雏还应结合种禽群的健康状况、孵化率的高低和出壳时间的早晚来进行综合考虑。来源于高产健康种禽群的、孵化率比较高的、正常出壳的初生雏质量比较好；来源于患病禽群的、孵化率较低的、过早或过晚出壳的初生雏质量较差。

五、初生雏的剪冠、去爪、断喙

(1)剪冠　在1日龄进行，剪冠是为防止鸡冠啄伤、擦伤和冻伤而采取的技术措施，冠大也影响采食。方法是一手握住雏鸡，拇指和食指固定雏鸡头部，另一手用消毒过的弯剪紧贴冠基由前向后一次剪掉。

(2)去爪　为防止自然交配时种公鸡踩伤母鸡背部或为了做标记，在1日龄用断趾器将第一、二趾的指甲根部的关节切去并灼烧以防流血。

(3)断喙　在一些大型孵化场装备有红外线自动断喙设备，能够精确进行断喙处理。经过处理的雏鸡在7日龄前后其喙的前端自动干枯脱落。

二维码 4.5
雏鸡自动断喙与免疫

六、初生雏的运输

运输初生雏是一项技术要求高的细致性工作。随着商品化养鸡生产的发展，初生雏的长途运输频繁发生。运输初生雏的基本原则是迅速及时、舒适安全、清洁卫生。否则，稍有不慎就会给养殖户或养鸡场带来较大的经济损失。

因此，要求运输人员要有一定的专业知识和运输经验，要有很强的责任心，最好由养殖场的人负责押运。由于初生雏体内残留部分未被利用的蛋黄，可以作为初生阶段的营养来源。所以远途运输初生雏，可在48 h或稍长时间不喂。但从保证雏鸡的健康和正常生长发育考虑，待初生雏绒毛干后，应将初生雏分级、鉴别、接种疫苗后尽早运达育雏舍，在孵化室停留时间越长，对初生雏就越不利，一般初生雏最好在24～36 h内运至育雏室。

运输初生雏应用专用雏箱，也可用厚纸箱。纸箱四壁应有孔洞。注意每箱数量要适当，不可过分拥挤。装运时要注意平稳、通气，箱与箱或箱与车体之间要留有空隙，并根据季节、气候情况做好保温、防暑、防震、防雨工作。如早春运雏要带防寒物品，夏季运雏要带防雨用具，运输途中要注意观察初生雏状态，每隔1 h左右检查一次，如发现过热、过凉或通风不良，要及时采取措施，防止因闷、压、凉或日光直射而造成伤亡或继发疾病。

大型孵化厂有专用送雏车，环境条件可以控制。

复习与思考

1. 如何挑选合格种蛋？
2. 家禽胚胎正常发育的条件有哪些？
3. 孵化前需要做哪些准备工作？
4. 试述鸡胚孵化照检的时间及目的。画出5日龄、11日龄、18日龄鸡胚胎形态特征图。

5. 简述提高孵化率的综合措施。

6. 对初生雏需要做哪些处理?

技能训练三 孵化机的构造及孵化操作技术

目的要求

认识孵化机各部构造并熟悉其工作原理。实际参加孵化各项工作环节,掌握机器孵化的操作技术。

材料和用具

种蛋、孵化机、出雏机、控温仪、温度计、湿度计、体温计、标准温度计、标准湿度计、转数计、风速计、孵化室有关设备用具、记录表格、孵化规程。

内容和方法

1. 孵化机的构造和使用

按实物依序识别孵化机和出雏机的各部构造并熟练掌握其使用方法和工作原理。

2. 孵化前的准备

在孵化室,说明孵化所用的一切设备用具,事先应如何去准备。

3. 孵化的操作技术

根据孵化操作规程,在教师指导和工人的帮助下,进行各项实际操作。

(1)选择种蛋。

①将过大、过小的,形状不正的、破蛋、脏蛋或壳面粗糙的剔出。

②选出裂纹蛋。每手握蛋 3 个,活动手指使其轻度冲撞,撞击时如有破裂声,则将裂纹蛋取出。

③照验,初选后再用照蛋器透视,将遗漏的破蛋和壳面结构不良的蛋剔出。

(2)码盘和消毒。

①码盘,选蛋同时进行装盘。码盘时使蛋的钝端向上,装盘后清点蛋数,登记于孵化记录表中。

②消毒,种蛋码盘后即上架,在单独的消毒间内按每立方米容积置福尔马林 30 mL,高锰酸钾 15 g 的比例熏蒸 20～30 min。熏蒸时关严门窗,室内温度保持 25～27 ℃,湿度 75%～80%,熏后排出气体。

(3)预热 入孵前 12 h 将种蛋移至孵化室内,使种蛋初步升温。

(4)入孵。

①预热后按计划于下午 3～5 时上架孵化,便于出雏时工作。

②天冷时,上蛋后打开孵化机的辅助加热开关,使加速升温,以免影响早期胚胎的发育,待温度接近要求时即关闭辅助加热器。

(5)孵化条件调控。

①孵化室条件,温度 20～22 ℃,湿度 55%～60%,通风换气良好。

②孵化条件，根据不同上蛋方式，供给相应的孵化条件。

(6)翻蛋　每 2 h 翻蛋一次，翻动宜轻稳，防止滑盘。出雏期停止翻蛋。每次翻蛋时，蛋盘应转动 90°。

(7)温、湿度的检查和调节　应经常检查孵化机和孵化室的温、湿度情况，观察机器的灵敏程度，遇有超温或降温时，应及时查明原因检修和调节。机内水盘每天加水一次。

(8)孵化机的管理　孵化过程中应注意机件的运转，特别是电机和风扇的运转情形，注意有无发热和撞击声响的机件，定期检修加油。

(9)移蛋和出雏。

①孵化 18 d 或 19 d 照检后将蛋移至出雏机中，同时增加水盘，改变孵化条件。

②孵化满 20 d 后，将出雏机玻璃门用黑布或黑纸遮掩，免得已出的雏鸡骚动。

③孵化满 20 d 后，每隔 4～8 h 拣出雏鸡和蛋壳一次，并拼盘。

④出雏完毕，清洗出雏盘，消毒出雏设备。

(10)熟悉孵化规程与记录表格　仔细阅览孵化室内的操作规程、孵化日程表、工作时间表、记温表和孵化记录等。

实训报告

根据现场观察和操作，写出孵化机和出雏机的各部构造名称及其工作原理。写出孵化操作程序及注意事项。

技能训练四　蛋的构造和品质鉴定

目的要求

熟悉蛋的构造，掌握蛋的品质鉴定方法。

材料和用具

(1)新鲜鸡蛋，保存 1 周和 1 个月左右的鸡蛋，煮熟的新鲜鸡蛋、鸭蛋、鹅蛋。

(2)照蛋器、蛋秤、粗天平、比重计、游标卡尺、蛋壳厚度测定仪、放大镜、培养皿、搪瓷筒或玻璃缸(至少 9 个，容量最好为 2～5 L)、小镊子、吸管、滤纸、高锰酸钾、酒精棉、食盐(精盐)、直尺、蛋壳强度测定仪、罗氏(Roche)比色扇。

内容和方法

1. 称蛋重

用蛋秤或粗天平称测各种家禽的蛋重。鸡蛋的重量为 40～70 g，鸭蛋重为 70～100 g。

2. 测量蛋形指数

蛋形由蛋的长径(纵径)和短径(横径)的比例即蛋形指数来表示，用游标卡尺测定蛋的长径和短径，以 mm 为单位，精确度 0.5 mm。正常鸡蛋的蛋形指数为 1.30～1.35，鸭蛋的蛋形指数为 1.20～1.58。

3. 蛋的相对质量密度测定

蛋的相对质量密度不仅能反映蛋的新陈程度，也与蛋壳厚度有关。测定方法是在每 1 L 水中加入不同数量的食盐，配制成不同相对质量密度的溶液，用比重计校正后分盛于 9 个大烧杯内。每种溶液的相对质量密度依次相差 0.005，详见表 4.21。

表 4.21 溶液的相对质量密度

溶液相对质量密度	加入食盐量/g	溶液相对质量密度	加入食盐量/g
1.060	92	1.085	132
1.065	100	1.090	140
1.070	108	1.095	148
1.075	116	1.100	156
1.080	124		

测定时先将蛋浸入清水中，然后依次从低相对质量密度到高相对质量密度放入，若蛋悬浮在某溶液中即表明其相对质量密度与该溶液的相对质量密度相等。蛋壳质量良好的蛋的相对质量密度在 1.080 以上。鸡蛋的适宜相对质量密度为 1.085，鸭蛋为 1.090。

4. 蛋的照检

用照蛋器检测蛋的构造和内部品质。可检视气室大小、蛋壳质地、蛋黄颜色深浅和系带的完整与否等。观察气室大小，气室越小蛋越新鲜。一般新产出的蛋气室高度仅 1.7～1.9 mm，5 d 后增至 4.6 mm，15 d 后可达 6.4 mm，食用蛋以不超过 9.6 mm 为宜。

照检时要注意观察蛋壳组织及其致密程度，也要判断系带的完整性，如系带完整，蛋黄的阴影由于旋转鸡蛋而改变位置，但又能快回到原来位置；如系带断裂，则蛋黄在蛋壳下面不停晃动。

5. 破壳观察

目的在于直接观察蛋的构造和进一步研究蛋的各部分重量的比例以及蛋黄和蛋白的品质等。

取种蛋和商品蛋各一枚，横放于水平位置 10 min，用镊子从蛋的上部敲开 1.2 cm 左右的小孔，比较胚盘和胚珠。受精蛋胚盘的直径 3～5 mm，并有稍透明的同心边缘结构，形如小盘。未受精蛋的胚珠较小，为一不透明的灰白色小点。

取一新鲜鸡蛋，称重后从一端打一小孔让蛋白流出，称取蛋白的重量，再倒出蛋黄，分别称取蛋黄、蛋白和蛋壳（包括碎片）的重量，计算各部分占蛋总重量的百分比。

为观察和统计蛋壳上的气孔及其数量，应将蛋壳膜剥下，用滤纸吸干水分，并用乙醚或酒精棉去除油脂。在蛋壳内面滴上美蓝或高锰酸钾溶液。经 15～20 min，蛋壳表面即显出许多小的蓝点或紫红点。

在等待气孔染色时，可进一步观察蛋的内部构造和内容。

为观察蛋黄的层次和蛋黄心，可用马尾或头发将去壳的熟鸡蛋沿长轴切开。蛋黄由于鸡体日夜新陈代谢的差异，形成深、浅层次，深色层为黄蛋黄，浅色层为白蛋黄。

观察蛋的内部构造和研究内容物结束之后，可借助于放大镜来统计蛋壳上的气孔数（锐端和钝端要分别统计）。

6. 蛋壳厚度测定

用蛋壳厚度仪或千分尺分别测定蛋的锐端、钝端和中部 3 个部位的厚度，以 mm 为单位，精确度 0.01 mm，然后加以平均。蛋壳质量良好的鸡蛋的平均厚度在 0.33 mm 左右，鸭蛋 0.43 mm。

7. 蛋黄色泽

主要比较蛋黄色泽的深浅度。用罗氏(Roche)比色扇的15个蛋黄色泽等级比色,统计该批蛋各级色泽数量和所占的百分比。种蛋蛋黄色泽要鲜艳,出口鸡蛋的蛋黄颜色不低于8,放养条件下的蛋黄色度一般在10左右。

8. 测量蛋壳强度

蛋壳强度是指蛋对碰撞和挤压的承受能力,为蛋壳致密坚固性的指标。用蛋壳强度测定仪测定,单位为 kg/cm^2。

9. 蛋白浓度

蛋白浓度是反映蛋白品质的指标,国际上用哈氏单位(Haugh unit)表示蛋白浓度。哈氏单位越大,则蛋白黏稠度越大,蛋白品质越好,蛋的最佳哈氏单位指标为75～80。

$$\text{哈氏单位}=100\lg(H-1.7W^{0.37}+7.57)$$

式中:H 为浓蛋白高度,mm;W 为蛋重,g。

10. 血斑、肉斑率的统计

血斑蛋是蛋内有血点,肉斑蛋是蛋内有肉色斑块。血斑、肉斑率是指血斑蛋数和肉斑蛋数之和占总测蛋数的百分比。

实训报告

写出各个项目的测定方法,统计测定结果并根据测定的结果评定其优劣。

技能训练五　家禽的胚胎发育观察

目的要求

通过照蛋,能准确判别正常活胚蛋、无精蛋、弱胚蛋和死胚蛋;并能判断出不同胚龄的胚蛋是否正常。

材料和用具

5～6 d、10～11 d、17～19 d的正常鸡胚蛋或7～8 d、14～15 d、23～25 d的正常鸭胚蛋若干;不同时期的弱胚蛋、死胚蛋和无精蛋若干;照蛋器、蛋盘、操作台及暗室等。

内容和方法

1. 判别正常活胚蛋与弱胚蛋、死胚蛋、无精蛋

用照蛋器照检5～7 d胚蛋,观察胚蛋的外部特征。

(1)正常活胚蛋　整个蛋呈暗红色,气室界限清楚,胚胎发育像蜘蛛形态,其周围血管分布明显,并可看到胚上的黑色眼点,将蛋轻微晃动,胚胎也随之而动。

(2)弱胚蛋　黑色眼点不清楚,血管网扩展面小,血管不明显。

(3)死胚蛋　无黑点,可见到血圈或血线,无血管网扩散,蛋透亮,气室界限不清楚。

(4)无精蛋　蛋内发亮(俗称"白蛋"),只见蛋黄稍扩大,颜色淡黄,看不到血管分布,气室

界限不清楚。

2. 观察10～11 d鸡胚胎发育的特征

此时胚胎的典型特征是“合拢”，即尿囊血管已延伸至蛋的小头，将蛋白包裹。

3. 观察17～19 d鸡胚胎发育的特征

17 d的典型特征是“封门”，即蛋的小头不透光；18 d的典型特征是“斜口”，即气室口已变斜；19 d的典型特征是“闪毛”，即胚胎已发育完成，喙伸入气室，开始用肺呼吸，可见喙的阴影闪动。

这一时间段的活胚胎气室下面黑阴影呈波浪状，气室界限清楚，气室下边有明显的血管。死胚则黑阴影浑浊不清，气室界限不清楚，气室下边看不见血管。

实训报告

根据所观察的各类型胚蛋，描述其特征，画图表示无精蛋、死胚蛋、弱胚蛋和正常活胚蛋。

技能训练六 初生雏鸡的处理

目的要求

初步掌握家禽性别鉴定技术要点，熟练掌握雏鸡的分级、剪冠、去爪技术和免疫操作方法。

材料和用具

初生雏、台灯、弯剪、断趾器、马立克氏病疫苗、连续注射器、雏鸡箱等。

内容和方法

1. 初生雏的雌雄鉴别

(1)肛门鉴别法。

①左手握雏，将雏鸡颈部夹在无名指与中指之间，两脚夹在无名指与小指之间，先用左手拇指轻按雏鸡腹部使其排粪，之后将拇指移至肛门左侧，左食指弯曲贴于雏鸡背侧，与此同时右食指放在肛门右侧，右拇指侧放在雏鸡脐带处。右拇指沿直线往上顶推，右食指往下拉、往肛门处收拢，左拇指也往里收拢，三指在肛门处凑拢一挤，肛门即翻开，在灯光下观察生殖突起。观察内容可参考表4.22。

表4.22 初生雏雌雄生殖突起的差异

生殖突起状态	公雏	母雏
体积大小	较大	较小
充实和鲜明程度	充实，轮廓鲜明	相反
周围组织陪衬程度	陪衬有力	无力，突起显示孤立
弹力	富弹力，受压迫不易变形	相反
光泽及紧张程度	表面紧张而有光泽	有柔软而透明之感，无光泽
血管发达程度	发达，受刺激易充血	相反

②注意固定雏鸡时不得用力压迫，如腹部压力过大则易损坏卵黄囊。开张肛门必须完全彻底，否则不能将生殖突起全部露出。

(2)伴性性状鉴别法。

①羽速鉴别法：用快羽公鸡(kk)配慢羽母鸡(K-)，所生雏鸡慢羽是公雏(Kk)，快羽是母雏(k-)，根据此方法鉴别准确率达99%。

②羽色鉴别法：用带金黄色基因的公鸡(ss)与带银白色基因的母鸡(S-)交配，所生雏鸡中银白色绒羽的是公雏(Ss)，金黄色绒羽的是母雏(s-)。

③羽斑鉴别法：用非横斑公鸡(白来航等显性白羽鸡除外)与横斑母鸡交配，其子一代公雏全部是横斑羽色，母雏全部是非横斑羽色。

(3)雏鸭、雏鹅的雌雄鉴别　可按鸡的肛门鉴别法操作，雏鸭、雏鹅有外部生殖器，呈螺旋形，翻转或触摸泄殖腔时鉴别外生殖器的有无。

(4)剖检鉴定　将已鉴别的初生雏，双翅放于胸前，左手握住鸡颈部，右手捏住双翅，轻微用力将鸡撕开，公鸡可见左右各一“香蕉”样黄色睾丸，母鸡可见在左侧有三角形粉红色的卵巢。

2. 初生雏的分级

根据活力、卵黄吸收及脐带愈合、胫和喙的色泽等对初生雏进行鉴别分级。

健雏：活泼、两脚站立稳定；蛋黄吸收和脐孔愈合良好，腹部不大，脐部无残痕；喙和胫色泽鲜艳，体重适中。

3. 剪冠、去爪

(1)剪冠　剪冠是为防止鸡冠啄伤、擦伤和冻伤而采取的技术措施，冠大也影响采食。方法是一手握住雏鸡，拇指和食指固定雏鸡头部，另一手用消毒过的弯剪紧沿冠基由前向后一次剪掉。要剪平，剪后一般不需要其他处理。

(2)去爪　为防止自然交配时种公鸡踩伤母鸡背部，在1日龄用断趾器将第一趾和第二趾(后趾、内趾)的指甲根部的关节切去并灼烧以防流血。

4. 免疫

为预防马立克氏病，初生雏24 h内接种马立克氏病疫苗，每只雏鸡用连续注射器将稀释后的疫苗在颈部皮下注射0.2 mL。注射时用拇指和食指在颈部后1/3处捏起皮肤，使针头由前向后呈30°斜插入隆起的皮下，待把疫苗注入后再松开拇指和食指。稀释后的疫苗须在0.5 h内用完。

实训报告

绘图说明羽色、羽速的伴性遗传原理，写出初生雏鸡的处理项目及操作要领。

项目五 蛋鸡生产

二维码 5.1
鸡蛋生产全流程

任务一 雏鸡的培育

任务描述

雏鸡通常是指出壳到 6 周龄的小鸡，雏鸡的培育是蛋鸡生产中重要的一个环节，育雏工作的好坏不仅直接关系着雏鸡整个培育期的正常生长发育，也影响到产蛋期生产性能的发挥。本任务结合雏鸡的生理特点和培育目标，重点阐述如何做好育雏前的各项准备以及雏鸡的饲养管理等工作任务。

任务目标

掌握雏鸡的生理特点和培育目标；掌握育雏前的准备工作；掌握育雏饲养管理操作规程，掌握雏鸡饲养管理的相关要求与技术。

基本知识

(1)雏鸡的生理特点；(2)雏鸡的培育目标；(3)育雏前的准备；(4)雏鸡的饲养；(5)雏鸡的管理。

一、雏鸡的生理特点

(一)体温调节机能差

初生雏鸡的体温比成年鸡低 2～3 ℃，10 日龄以后才接近成年鸡体温；早期雏鸡体温容易随外界环境温度变化而变，3 周龄左右体温调节机能逐渐趋于完善，7～8 周龄以后才具有适应外界环境变化的能力。

(二)胃肠容积小，消化能力弱

初生雏鸡胃肠容积小，不能贮存足够的食物。胃肠消化机能不健全，饲料利用率低。因此，喂料时要少喂勤添，要喂给容易消化的配合饲料。

(三)生长迅速，代谢旺盛

雏鸡的生长速度在出壳后前两周并不很快，两周后则明显加快，体重迅速增长。2 周龄的体重约为初生时体重的 2 倍，6 周龄体重是初生体重的 10 倍多，8 周龄约为初生时的 15 倍。

这个阶段雏鸡生长快、饲料利用率高。代谢旺盛，心跳加快，耗氧量大。所以，在饲养上要满足其营养需要，管理上要注意供给新鲜空气。

(四)群居性强，胆小

雏鸡胆小、缺乏自卫能力，喜欢群居，并且比较神经质，稍有外界的异常刺激，就有可能引起混乱炸群，影响正常的生长发育和抗病能力。所以育雏需要安静的环境，要防止异常声响和鼠、雀、害兽的侵入，同时在管理上要注意鸡群饲养密度的适宜性。

(五)抗病力差

幼雏由于对外界的适应力差，对各种疾病的抵抗力也弱，在饲养管理上稍有疏忽，就有可能患病。在30日龄之内雏鸡的免疫机能还未发育完善，虽经多次免疫，自身产生的抗体水平还是难以抵抗强病毒的侵扰，所以应尽可能为雏鸡创造一个适宜的环境。

(六)羽毛生长快

幼雏的羽毛生长特别快，且从育雏到体成熟20周龄，羽毛要脱换4次：分别在4～5周龄，7～8周龄，12～13周龄，18～20周龄。因此，雏鸡对日粮中蛋白质(特别是含硫氨基酸)水平要求较高，并且在脱羽时应注意预防慢性呼吸道疾病。

二、雏鸡的培育目标

(1)成活率　达98%以上。

(2)体重　群体平均体重应达本品种标准体重，均匀度达80%以上。

(3)体型　群体平均胫长应达本品种标准胫长，均匀度达80%以上。

三、育雏前的准备

(一)育雏方式与供温方式的选择

1. 育雏方式

立体育雏是大中型饲养场常采用的一种育雏方式。立体育雏笼一般分为3～4层，每层之间有承粪板，四周外侧挂有料槽和水槽。立体育雏方式具有单位面积饲养量大，热源集中，容易保温，雏鸡成活率高，管理方便的优点，但笼架投资大，且上、下层温差大，鸡群发育不整齐，对营养、通风换气等要求较为严格。在管理上可采取初期在上面2～3层集中饲养，中后期逐渐移到底层饲养，或者将弱雏放置上层饲养，体格强壮的雏鸡放置下层饲养。叠层式育雏笼通常为4～6层，每层之间有传送带用于清粪。

二维码5.2
蛋雏鸡笼养

只有少数的鸡场采用地面育雏和网上育雏方式。

2. 供温方式

(1)保温伞　这是平面育雏常采用的一种供温方式，有电热育雏伞和燃气育雏伞两种类型。此法的优点主要是育雏量大，雏鸡可在伞下自由进出，选择自身需要的温度，换气良好，使用方便，其缺点主要是热量不大，应有保温良好的育雏室，或在育雏室内另设加温设施以帮助提高室温，此法适宜于南方气候较温和的地区使用。

(2)暖气供温　大规模养鸡场可采用集中供暖。房舍内安装暖气片(有挂暖和地暖两种)，通过阀门调节热水或热气流量控制舍温。这种育雏方法室内温度比较稳定，空气新鲜，育雏效果好。

(3)热风炉　热风炉采暖是指加装热风炉，利用燃煤或燃油、燃气直接加热空气和水，从而实现给育雏室加温的目的。

(4)煤炉加热　这是小型鸡场和养鸡户最常用的加热取暖方式。其方法是在育雏室内生上煤炭炉,煤炭炉上设置炉管,将炉管的出口引向室外以排出煤烟。煤炉的大小及多少应根据育雏舍的大小而定。一般保温良好的房舍,20～30 m^2 采用1个家用煤炉(两用炉)就可以达到雏鸡所需要的温度了。此法简单易行,投资不大,但添煤、除灰比较麻烦,而且温度不太容易控制。

(5)烟道式育雏　烟道育雏又分地上烟道和地下烟道两种,两者都是采用烧煤或本地其他燃料。烟道建在育雏室内,一头砌有炉灶,另一头砌有烟囱,烟囱要高出屋顶1 m以上。通过烟道把炉灶和烟囱连接起来,把炉温导入烟道内,通过烟道提高室温。

出于治理大气污染的需要,有些地方已相继出台规定,禁止烧煤取暖,有条件的地方由烧煤改为燃气。

(6)红外线灯育雏　利用红外线灯散发的热量育雏,一般是将250 W的红外线灯泡连成一组,悬挂于离地面35～45 cm的高处。随着雏鸡日龄增加,育雏温度要逐渐降低时,逐渐减少灯泡的盏数。红外线灯育雏供温稳定,室内清洁,垫料干燥,雏鸡可以选择合适的温度,育雏效果也较好。但是耗电量大,灯泡易损坏,成本较高,电力供应不稳定的地区不能使用。红外线灯育雏每盏灯泡的育雏数与室温高低有一定的关系,具体应用时可参见表5.1。

表5.1　每盏250 W红外线灯泡育雏数与室温的关系

室温/℃	30	24	18	12	6
雏鸡数/只	110	100	90	80	70

(二)育雏季节的选择

现代化大型蛋鸡养殖场,一般都采取密闭育雏舍,不受季节条件变化的影响,一年四季均可育雏。一些中小型蛋鸡场会通过对市场分析,预测鸡蛋价格较高的季节并提前20周育雏。

(三)制订育雏计划

为了防止盲目生产,要制订好育雏计划。育雏计划应包括全年总育雏数、育雏批次、育雏时间,每批雏鸡的数量、雏鸡的来源与饲养目的、饲料和垫料的数量、免疫用药计划和预期达到的育雏成绩等。

(四)房舍及器具的准备和消毒

1. 育雏舍

育雏舍应做到保温良好,不透风,不漏雨,还要能够适当保持干燥,不过于光亮,布局应合理,方便饲养人员的操作和防疫工作,因此,育雏前要选择好育雏舍。对老育雏舍要进行检修,彻底打扫干净,准备消毒。育雏舍通风设备运转良好,所有通风口设置防兽害的铁网。舍内照明分布要合理,供温系统要正常。平养时要备好垫料。

2. 用具

育雏用具如食、水槽的数量要备足,力求每只鸡都能同时吃食,且尚有空位,饮水器周围应不见拥挤;食、水槽的结构要合理,食槽要有回槽,以减少雏鸡扒损饲料而造成的浪费,水槽应不漏水且不宜把雏鸡羽毛弄湿;食、水槽的高低、大小应适中,槽高与鸡背高度应相近,以便于雏鸡采食和饮水。

3. 消毒

育雏舍及舍内所有的用具设备均要在雏鸡进舍前进行彻底的清洗和消毒。育雏室的墙壁、烟道等可用3%克辽林溶液消毒后，再用10%的生石灰乳刷白。舍内及运动场可用2%氢氧化钠溶液喷洒。料槽、饮水器等用具可用2%～3%热克辽林乳剂或1%～2%氢氧化钠溶液(金属用具除外)消毒，而后用清水冲洗后再在日光下晒干备用。对密闭性能好的育雏舍，最好采用熏蒸消毒，其方法是将所有的育雏用具经清洗后放入育雏舍，门窗全部封闭，每立方米空间采用30 mL福尔马林溶液，15 g高锰酸钾于瓦钵或搪瓷容器中，熏蒸消毒(先加高锰酸钾，再加入福尔马林，室温25～27 ℃，湿度70%以上)，1～2 d后打开门窗通风，换入新鲜空气后关闭待用。

(五)饲料、垫料、药品等的准备

育雏前必须按雏鸡标准拟定的日粮配方预先配好饲料，其量可按每只鸡1.1～1.5 kg配合料计算，地面平养时还要准备足够干燥、松软、无霉烂、吸水性强、清洁的垫料。育雏前还要适当准备一些常用药品，如消毒药类、抗生素(非禁用的)、球虫药物、疫苗、用于增强体质或补充营养的添加剂等。

(六)预热试温

无论采用何种育雏方式，在育雏前2～3 d都要做好育雏舍和育雏器的预热试温工作，使其达到标准要求，并检查能否恒温，以便及时调整。如用烟道或煤炉供温，还应注意检查排烟及防火安全情况，严防倒烟、漏烟或火灾。

四、雏鸡的饲养

(一)雏鸡的饮水

先饮水后开食是育雏的基本原则之一。雏鸡第一次饮水为初饮，初饮在雏鸡接入育雏室后立即进行，最迟不超过出壳后24～36 h。尽早饮水有利于促进肠道蠕动，吸收残留卵黄，排除粪便，增进食欲和饲料的消化吸收。初饮后无论如何都不能断水，在第一周内应给雏鸡饮用降至室温的开水，一周后可直接饮用自来水。

初饮时的饮水，需要添加糖分、抗菌药物、多种维生素。糖分可用浓度为5%的葡萄糖，也可用浓度为8%的蔗糖。加糖能起到速效性的补充能量的作用，可利于体力恢复，消除应激反应，并使开食顺利进行。此外通过同时投给吸收利用良好的水溶性维生素，还有可能增强其抗病力。饮水中加糖、加抗菌药物能提高雏鸡成活率和促进生长，但要注意以不影响饮水的适口性为好。

为使所有的雏鸡都能尽早饮水，应进行诱导。用手轻轻握住雏鸡，手心对着雏鸡背部，拇指和中指轻轻扣住颈部，食指轻按头部，将其喙部按入水盘，注意别让水没及鼻孔，然后迅速让鸡头抬起，雏鸡就会吞咽进入嘴内的水。如此做几次，雏鸡就知道喝水了。当有几只雏鸡喝水后，其余的就会跟着迅速学会喝水。

饮水器要放在光线明亮处，和料盘交错安放。平面育雏时水盘和料盘的距离不要超过1 m。育雏期内每只雏鸡最好有1.5～2 cm的饮水位距，饮水器均匀放置，但要尽量靠近热源、保温伞等。饮水器的大小及距地面的高度应随雏鸡日龄的增长而逐渐调整。

一般情况下，雏鸡的饮水量是其采食量的1～2倍。需要密切注意的是雏鸡的饮水量突然发生变化，这往往是鸡群出现问题的征兆。比如鸡群的饮水量突然增加，而且采食量减少，则可能有球虫病、传染性法氏囊病发生了，或者饲料中盐分含量过高等。雏鸡各周龄饮水量见表5.2。

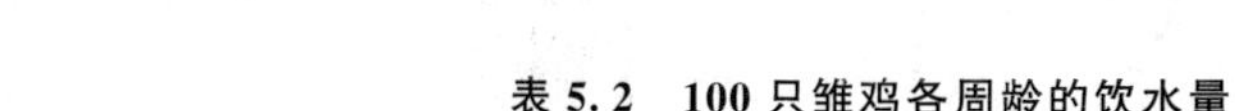

表 5.2　100 只雏鸡各周龄的饮水量　L/d

周龄	1	2	3	4	5	6
饮水量	2.0～2.5	3.8～4.0	4.0～5.0	5.0～6.0	7.0～7.4	8.0～8.6

(二)雏鸡开食及饲喂

给初生雏鸡第一次喂料叫开食。适宜的开食时间，原则上是等到雏鸡羽毛干后能逐步站立活动，而且鸡群中要有大约 1/3 的雏鸡有觅食表现时进行，现一般掌握在雏鸡出壳后 24～36 h 进行。

开食时使用浅平食槽或开食盘，让雏鸡自由采食。食槽分布应均匀，和水槽间隔放开，平面育雏开始几天放到离热源近些，便于雏鸡取暖采食和饮水，5～7 d 后应逐步过渡到使用料槽或料桶喂料。笼养除笼内放料盘和饲料外，笼外的料槽中也放满料，便于雏鸡及早到笼外食槽中采食。料、水盘数量根据鸡数而定。料槽与料桶的大小和高度应随鸡龄的增大而逐渐调整。

雏鸡饲料最好用配合料，第一周每天饲喂 7 次，以后每天喂 5～6 次，6 周以后逐步过渡到 4 次。喂食时间应相对稳定，不宜轻易变动。

一般来说，蛋用型雏鸡 0～20 周龄大约需料 8 kg，育雏期需 1.1～1.25 kg，中型蛋雏鸡每只每日或每周平均饲料消耗及体重增长参见表 5.3。

表 5.3　中型蛋鸡育雏期喂料量参考标准　g

周龄	每天每只料量	每周每只料量	累计料量	体重范围
1	10	70	0.07	80～100
2	18	126	0.19	130～150
3	26	182	0.38	180～220
4	33	231	0.60	250～310
5	40	280	0.88	360～440
6	47	329	1.21	470～570

五、雏鸡的管理

(一)提供适宜的环境条件

1. 合适的温度

适宜的温度是育雏成败的首要条件。育雏温度过低，雏鸡不愿采食，互相拥挤打堆，雏鸡会因互相挤压而死亡，而且容易导致雏鸡感冒，诱发雏鸡白痢等疾病。育雏温度过高，会影响雏鸡的正常代谢，雏鸡食欲减退，体质变弱，生长发育缓慢，而且引起呼吸道疾病和互啄等，因此育雏时一定要掌握好温度。

育雏温度包括育雏器的温度和舍内温度，舍温一般低于育雏器的温度。育雏的温度因雏鸡品种、年龄及气候等的不同而有差异。一般来说，育雏初期的温度宜高一些，而后随着鸡龄的增长而逐步降低；弱雏的育雏温度应比强雏高一些；小群饲养比大群饲养的要高一些；室温低时育雏器里的温度要比室温高时高一些。蛋用型雏鸡平面育雏时雏鸡的各周龄对温度的要求参见表 5.4。

表 5.4　雏鸡的各周龄供温参考标准

日龄	0～3	4～7	8～14	15～21	22～28	29～35	36～42
供温标准/℃	35～33	33～31	31～29	29～27	26～24	23～21	22～18

平面育雏时，测定育雏温度是指将温度计挂在育雏器边缘（如保温伞边缘）或热源附近，距离垫料 5 cm 处，相当于鸡背高的位置测得的温度，育雏室的温度是指将温度计挂在远离育雏器或者热源的墙上，高出地面 1 m 处测得的温度。由于育雏器的温度比育雏室的温度高，在整个育雏室内形成了一定的温度差，这样有利于空气的对流，而且雏鸡可以根据自身的需要选择适温地带。

立体笼育时，育雏的温度是指笼内热源区的温度（如电热板下的温度等），即离笼底网 5 cm 高处的温度。育雏初期笼温一般维持在 29～31 ℃，而后随雏鸡日龄增加逐渐降低，每周以降 2～3 ℃为宜。育雏开始时要求育雏室的温度控制在 22～24 ℃，随着鸡龄的增加，笼温与室温的差距逐渐缩小，3 周龄时接近室温。室温最低应保持在 18 ℃才能满足雏鸡的需要，但是立体笼育时室温又不宜过高，因笼育时雏鸡羽毛生长比平面育雏时差，温度过高时比平面育雏更容易引起雏鸡啄癖。

育雏温度掌握是否得当，温度计上温度的反映只是一种参考依据，要求饲养人员能“看鸡施温”，即通过观察雏鸡的表现正确地控制育雏的温度。育雏温度合适时，雏鸡活泼好动，精神旺盛，叫声轻快，食欲良好，饮水适度，羽毛光滑整齐。饱食后休息时，均匀地分布在育雏器的周围或育雏笼底网上，头颈伸直熟睡，无奇异状态或不安的叫声，鸡舍内极为安静；育雏温度过低时，雏鸡行动缓慢，羽毛蓬松，身体发抖，聚集到热源下面，不敢外出采食，不时发出尖锐、短促的叫声，雏鸡不能安静休息；育雏温度过高时，雏鸡远离热源，精神不振，嘴脚充血发红，展翅张口呼吸，饮水量增加，严重时雏鸡表现出脱水现象。另外，当育雏室内有贼风、间隙风、穿堂风侵袭时，雏鸡也有密集拥挤的现象，但大多密集于远离贼风吹入方向的某一侧。

在控制温度时，要注意及时降温。随着鸡日龄的加大，温度应逐步降下来，否则会影响鸡的生长发育，但降温不能突然，每周下降 2～3 ℃，即每天下降约 0.5 ℃，而不是在周末突然下降 2～3 ℃。

2. 适宜的湿度

湿度的高低，对雏鸡的健康和生长有较大的影响。雏鸡进入育雏室后，如果空气的湿度过低，雏鸡体内的水分会通过呼吸大量散发出去，这就影响到雏鸡体内剩余卵黄的吸收，雏鸡羽毛的生长也会受到影响。一旦给雏鸡初饮以后，雏鸡会因饮水过多而发生下痢，同时，由于育雏室内空气过分干燥，容易引起尘土飞扬，使雏鸡易患呼吸道疾病。育雏初期，必须注意室内水分的补充，使舍内相对湿度达到 60%～65%，方法是在火炉上放置水壶烧开水，以产生蒸汽或定期向空间、地面喷水，或在育雏室内放上湿草捆等来提高湿度。

雏鸡饲养到 10 日龄以后，随着日龄增长，体重增加，小鸡的采食量、饮水量、呼吸量、排粪量等逐日增加，加上育雏的温度又逐周下降，很容易造成室内潮湿。因此雏鸡 10 日龄以后，育雏室内要注意加强通风。勤换垫料，加添饮水时要防止水溢于地面或垫料上，尽可能将育雏室内空气的相对湿度控制在 60%左右。

育雏室内湿度的测定一般使用湿度计（常用的是干湿球温度表），有经验的饲养员还可通过自身的感觉和观察雏鸡的表现来判定湿度是否适宜。最佳湿度标志是人进入育雏室时有湿热感觉，不鼻干口燥，雏鸡的脚爪润泽、细嫩，精神状态良好，鸡群飞动时室内基本无尘土飞扬。如果人进入育雏室时感觉到鼻干口燥，鸡群大量饮水，鸡群骚动时灰尘四起，这说明育雏室内湿度偏低。反之，雏鸡羽毛黏湿，舍内用具、墙壁上好像有一层露珠，室内到处都感到湿漉漉的，则说明湿度过高。

3. 良好的通风

经常保持育雏舍内空气新鲜，这是雏鸡正常生长发育的重要条件之一。一般地，育雏舍内二氧化碳的含量要求以不超过 0.15%为宜；氨气的含量要求低于 10 mg/m^3，不能超过 15 mg/m^3；硫化氢气体的含量要求在 5 mg/m^3 以下，不应超过 10 mg/m^3。

育雏舍内通风换气的方法有自然通风和强制通风两种，密闭式鸡舍及笼养密度大的鸡舍通常通过动力机械（风机）进行强制通风，开放式鸡舍基本上都是依靠开门窗进行自然通风。

值得注意的是，育雏舍内的通风与保温常常是矛盾的，要强调保温特别是寒冷季节，就要尽可能控制通风，结果育雏舍内空气污浊，一些有害气体导致雏鸡体弱、多病，死亡率增加；通风过度，育雏舍内温度会大幅度波动，同样给雏鸡的生长发育和健康带来很大的影响，雏鸡的死亡率也会明显提高。因此，生产上要正确解决通风与保温这一对矛盾，其具体做法是：通风之前先提高育雏室的温度（一般提高 1～2 ℃），待通风完毕后基本上下降到了原来的舍温。通风的时间最好选择在晴天中午前后，通风换气应缓慢进行，门窗的开启度应从小到大最后呈半开状态。切不可突然将门窗大开，让冷风直吹，使舍温突然下降。机械通风时雏鸡的通风量参见表 5.5。

表 5.5 雏鸡的通风量 m^3/(只·min)

周龄	轻型品种	中型品种
2	0.012	0.015
4	0.021	0.029
6	0.032	0.044

4. 适宜的光照

光照包括自然光照（太阳光）和人工光照（电灯光）。合理的光照时间是：1～3 日龄每天可采用 24 h 的光照时间；4～14 日龄的光照时间控制在 16～19 h；从 15 日龄开始到开产前，密闭式鸡舍每天 8～10 h 光照（也有 4 日龄开始就采用每天 8～10 h 光照的），开放式鸡舍采用自然光照。有条件的开放式鸡舍制定 4 日龄以后的光照方案时，要考虑到当地日照时间的变化。

合理的光照强度可以这样掌握：除第 1 周为了让雏鸡尽早熟悉料槽、饮水器和舍内环境，可采用 20～30 lx 的较强光照外，其余都以弱光（15 lx）为好。具体应用中，按每 15 m^2 的鸡舍在第 1 周时，用 1 个 40 W 灯泡悬挂于 2 m 高的位置，第 2 周开始换用 25 W 的灯泡就可以了。人工光照一般采用白炽灯（电灯），其功率以 25～60 W 为宜，不可过大。

5. 控制饲养密度

饲养密度与育雏室内的空气质量以及鸡群中恶癖的产生有着直接的关系。雏鸡适宜的饲养密度见表 5.6，雏鸡的采食和饮水位置要求见表 5.7。

表 5.6　蛋用雏鸡饲养密度参考标准

只/m²

周龄	地面平养		立体笼养		网上平养
	轻型鸡	中型鸡	轻型鸡	中型鸡	
0～2	35～30	30～26	60～50	55～45	40
3～4	28～20	25～18	45～35	40～30	30
5～6	16～12	15～12	30～25	25～20	25

表 5.7　雏鸡的采食和饮水位置要求

雏鸡周龄	采食位置		饮水位置		
	料槽/(cm/只)	料桶/(只/个)	水槽/(cm/只)	饮水器/(只/个)	乳头饮水器/(只/个)
0～2	3.5～5	45	1.2～1.5	60	10
3～4	5～6	40	1.5～1.7	50	10
5～6	6.5～7.5	30	1.8～2.2	45	8

与密度相关的群数量。实践证明,组群过大,其育雏的效果往往整齐性很差,死亡率也较高。育雏组群,按育雏器而定,平养条件一般以 300～400 只一群较妥,最多不超过 500 只一群,这样生长发育较易控制,饲料浪费较少,便于管理,死亡率也低。实行强弱分群,公母分群,以便于管理,提高经济效益。

(二)科学管理

1. 预防啄癖,及时断喙

在雏鸡的饲养管理中,如果育雏温度过高,鸡舍通风不良,饲料配合不当,如日粮中缺乏动物性蛋白质饲料、矿物质,鸡群密度过大或光线过强等,都会引起雏鸡的啄羽、啄肛、啄趾等恶癖。恶癖一旦发生后,鸡群骚乱不安,淘汰率提高,如不及时采取有效措施,将会造成严重损失。解决的办法是先查明导致恶癖的原因,及时改变饲养管理,如减弱光照强度、改善鸡舍通风条件、疏散鸡群等。另外,断喙可以有效地防止恶癖的发生,而且断喙还可以避免雏鸡扒损饲料,提高养鸡的效益。断喙一般进行两次,第一次断喙在 6～10 日龄(有的是在孵化厂进行),第二次断喙是对第一次断喙不成功或重新长出的部分进行修整,其时间在 7～10 周龄。

2. 疾病预防与免疫接种

(1)免疫接种　各个鸡场因自身的条件和环境不同,不可能执行完全相同的免疫项目。免疫项目的确定和免疫程序的制定应由兽医师根据本场实际情况而定,而且一个鸡场不可能执行始终不变的免疫程序,应随时间和环境的变化而逐步调整。疫苗免疫可分为群体免疫和个体免疫,采用哪一种方法,应依据实际情况和疫苗使用说明为准。

(2)投药　为了治疗、预防疾病和营养保健等需要进行适当的投药,投药可在饲料中混加或在饮水中添加。在饲料中添加时,一定要混合均匀;在饮水中添加时,要考虑该药物的溶解性和水溶液的稳定性;不论投放何种药物,一定要准确计算使用浓度和使用量,以防过量中毒。

(3)搞好卫生防疫。

①实行全进全出制,以避免交叉感染;育雏结束后,鸡舍要彻底消毒,并空舍 2～3 周。

②制定严格的消毒制度,定期对育雏舍和周边环境进行消毒,并注意消毒剂应轮换使用。

③搞好饮水卫生,定期清洗和消毒饮水器具。

3. 加强日常看护

雏鸡管理中，日常周密的看护是一项比较重要的工作。饲养员和技术员只有对雏鸡的一切变化情况了如指掌，并能及时分析原因，采取对应的措施加强护理，才能提高雏鸡成活率，减少损失。

育雏期间，应经常检查料槽、水槽的位置是否合适、够用。注意观察鸡群的采食饮水情况和雏鸡的精神状态，如发现问题，要及时查明原因，并采取相应措施加以解决。早晨注意观察粪便的形状及颜色，夜间应注意观察鸡群睡眠是否正常，有无异常呼吸声等。此外，还应注意有无野兽和老鼠等出入，以防惊群和意外死亡。

4. 做好日常记录

育雏期间，每天应记录死亡及淘汰雏鸡数，进出周转或出售数，各批鸡每天耗料情况，免疫接种、用药情况，体重抽测情况，环境条件变化情况等资料，以便育雏结束时进行系统分析。

5. 减少饲料浪费

饲料费用一般占养鸡成本的60%～70%，在养鸡生产中，由于多种原因，会导致饲料浪费。应注意以下几个方面：采用全价配合饲料，提高饲料报酬；料槽结构应合理，高度适中，添料以不超过料槽容量的1/3；饲料加工和添料方法要合理，粉料不宜过细；饲养环境应适宜，温度不宜过高或过低；妥善保管饲料，以防污染或变质；适时断喙；及时淘汰病弱鸡。

任务二　育成鸡的培育

任务描述

育成鸡一般是指7～18周龄的鸡。育成期的培育目标是鸡的体重体型符合本品种或品系的要求；群体整齐，均匀度在80%以上；性成熟一致，符合正常的生长曲线；良好的健康状况，适时开产，在产蛋期发挥其遗传因素所赋予的生产性能，育成率应达95%以上。

任务目标

掌握育成鸡的生理特点和培育标准；掌握育成鸡的限制饲养和光照控制技术，能进行限制饲喂操作；掌握育成鸡的日常管理操作规程和饲养管理关键技术，能确定育成鸡每天的采食量、饲喂次数和饲喂时间；能测定、统计体重均匀度和调整鸡群；能制定正确的光照方案。

基本知识

(1)育成鸡的生理特点；(2)育成鸡的培育要求；(3)育成鸡的饲养；(4)育成鸡的管理。

一、育成鸡的生理特点

(一)对环境具有良好的适应性

育成鸡的羽毛已经丰满，具有健全的体温调节能力和较强的生活能力，对外界环境的适应能力和对疾病的抵抗能力明显增强。

(二)消化机能提高

消化机能已趋于完善，食欲旺盛，对麸皮、草粉、叶粉等粗饲料可以较好地利用，所以，饲料中可适当地增加粗饲料和杂粕。

(三)生长迅速,是肌肉和骨骼发育的重要阶段

肌肉、骨骼发育处在旺盛时期,钙、磷吸收和沉积能力不断提高。

(四)性器官发育加快

10 周龄以后,性腺及性器官开始活动和发育,15 周龄以后,公、母鸡性器官发育更为迅速,对饲料营养水平和光照时间的反应更敏感。

基于以上特点,育成期饲养管理技术的关键,是在骨骼、肌肉发育良好、体重达到标准的前提下,控制性器官的过早发育,这在 12～18 周龄期间,特别需要注意。

二、育成鸡的培育要求

(一)育成率标准及要求

现代良种蛋鸡若饲养管理符合要求,育成率应达到以下标准:每周死亡率不超过 0.5%,育成期满 20 周龄时成活率应达到 96%～97%。

(二)体重、体型标准及要求

育成期应定期称测体重,并与本品种标准相对照,以便通过调整喂料量使其体重达到本品种标准要求。应定期测量胫长,用于衡量鸡只的体格(骨架)发育情况。海兰 W-36 白壳蛋鸡、罗曼褐蛋鸡的体重与胫长的参考标准分别如表 5.8 和表 5.9 所示。

表 5.8　海兰 W-36 白壳蛋鸡体重与胫长标准

周龄	体重/g	胫长/mm	周龄	体重/g	胫长/mm
6	390	62	14	1 100	96
7	470	69	15	1 160	97
8	550	76	16	1 210	98
9	640	82	17	1 250	98
10	740	87	18	1 280	98
11	850	91	19	1 300	99
12	950	93	20	1 320	99
13	1 030	95			

表 5.9　罗曼褐蛋鸡体重与胫长标准

周龄	公鸡		母鸡	
	体重/g	胫长/mm	体重/g	胫长/mm
4	310	58	282	54
6	520	73	415	66
8	740	86	585	77
10	980	98	778	88
12	1 220	110	958	96
14	1 460	119	1 100	101
16	1 720	123	1 320	103
18	1 950	125	1 500	104
20	2 130	126	1 620	104

二维码 5.3
笼养育成鸡

(三)均匀度要求

育成鸡尤其是在育成后期群体的整齐度对产蛋期的生产性能会产生极大的影响,整齐度高,可在产蛋阶段取得高的产蛋率和成活率。因此,育成期要求鸡群整齐一致,有 80%以上鸡只的体重与胫长在本品种标准体重和胫长的±10%范围内。

三、育成鸡的饲养

(一)育成鸡的营养

逐渐降低能量、蛋白质等营养的供给水平,保证维生素、矿物质及微量元素的供给,这样可使鸡的生殖系统发育缓慢,又可促进骨骼和肌肉生长,增强消化系统机能,使育成鸡具备一个良好的繁殖体况,能适时开产。

限制水平一般为 7~14 周龄日粮中粗蛋白质含量 15%~16%,代谢能 11.49 MJ/kg;15~18 周龄蛋白质 13%~14%,代谢能 11.28 MJ/kg。应当强调的是,在降低蛋白质和能量水平时,应保证必需氨基酸,尤其是限制性氨基酸的供给。育成期饲料中矿物质含量要充足,钙磷应保持在(1.2~1.5)∶1,同时,饲料中各种维生素及微量元素比例要适当。为改善育成鸡的消化机能,地面平养每 100 只鸡每周喂 0.2~0.3 kg 砂砾,笼养鸡按饲料量的 0.5%饲喂。育成期白壳蛋鸡和褐壳蛋鸡的推荐喂料量如表 5.10 所示。

表 5.10 蛋鸡育成期的推荐喂料量 g/只

周龄	白壳蛋鸡		褐壳蛋鸡	
	日耗料	累计耗料	日耗料	累计耗料
7	44	1 300	45	1 414
8	46	1 626	50	1 764
9	48	1 960	55	2 149
10	51	2 317	57	2 548
11	54	2 695	60	2 968
12	57	3 094	64	3 416
13	59	3 507	69	3 899
14	61	3 934	72	4 403
15	63	4 375	75	4 928
16	65	4 830	78	5 474
17	67	5 300	80	6 034
18	68	5 775	83	6 615

(二)限制饲养

限制饲养就是通过人为控制鸡的采食量或降低饲料的营养水平,达到控制体重和防止性早熟的目的。

1. 作用

(1)通过限制饲养可获得合适的体重。经限制饲养的母鸡体重一般比自由采食的母鸡体重轻 10%~20%。

(2)控制性腺发育,使母鸡适时开产。经限制饲养的母鸡性成熟时间比自由采食的母鸡可延迟5～10 d,且开产比较整齐。

(3)节省饲料成本5%～10%。

(4)由于限制饲养中不健康的鸡耐受不住而被淘汰,可提高产蛋期存活率。

2. 方法

(1)限量饲喂　就是不限制采食时间,把配合好的日粮按限制量喂给。限制量一般蛋用鸡为自由采食量的85%～90%。

(2)限质饲喂　是让日粮中某些营养成分低于正常水平,从而达到限饲的目的。如降低饲料中能量、蛋白质、氨基酸的含量,使育成鸡的生长速度变慢,达到限制过肥和早熟的目的。

(3)限时饲喂　就是通过限制鸡的采食时间达到控制鸡体重的目的。一般有每日限饲、隔日限饲、或每周限饲。此法常与限量饲喂相结合,所以在生产中比较常用。

采用何种方法进行限制饲养,养殖者应根据鸡群状况、技术力量、鸡舍设备、季节、饲料条件等具体情况而定。

3. 限制饲养的注意事项

(1)限饲前应对鸡群实行断喙,淘汰病、弱、残鸡,并根据雏鸡的饲养状况及本品种的要求制订合理的限饲方案。

(2)设置足够的采食、饮水位置,以防止鸡只采食不均,发育不整齐。保证每只鸡应有8～12 cm宽的采食位置,2 cm宽的饮水位置。

(3)定期进行体重抽测。蛋用型鸡限饲一般在8周龄开始进行,限制饲养要根据鸡的体重情况灵活掌握,只有当鸡体重超过标准时,才实行限制饲喂。因此,要经常抽测体重,一般商品蛋鸡群随机抽测5%～10%,但最少不得少于50只。每周或每两周喂前称重一次,与标准体重相比较,差异不能超过±10%。如果出现偏高或偏低的鸡只,应按大、中、小分群,体重大的不减少饲料给量,但随着鸡龄的增长不增加给料量,体重达到同期标准后,再增加给料量,体重小的可适当增加给料量。

(4)限饲必须与控制光照相结合,才能达到控制性成熟的效果。

(5)在限饲过程中,如遇接种、发病、转群、高温等逆境时,可由限饲转为正常饲喂,同时在限饲过程中,对发育不良的鸡应及时挑出,另行饲喂。

(6)限饲时,饲喂次数宜少不宜多,一般早晚各喂1次或在早上一次性投给,并且上料的速度要快且均匀,以保证鸡只采食均匀。

(7)限饲应以增加总体经济效益为宗旨,不能因限饲而加大产品成本,如造成过多的死亡或降低产品品质,成功的限饲不应导致育成率降低。

四、育成鸡的管理

育成鸡的管理,可分为前期管理、日常管理和开产前的管理。

(一)前期管理

1. 转群

如果育雏和育成是在同一鸡舍完成,则不需要转群,只需调整饲养密度,并将弱小的鸡挑出来单独饲养,以保持鸡群的健壮整齐。如果育雏和育成在不同鸡舍饲养,则到6～7周龄需把雏鸡转到育成舍;如果是专业化的青年鸡场则在10～13周龄期间转入产蛋鸡场。在转群前应对育成鸡舍及用具进行彻底清洗、消毒。转群时,严格挑选,淘汰病弱残鸡,保证育成率。在转群抓鸡、入笼、装车、卸车时动作要轻、不可粗暴，防止因转群人为造成鸡的死淘率上升。

转群第1天应实施全天光照，使育成鸡能尽快熟悉新环境，尽量减少因转群而造成的应激反应，以后再按照育成期光照制度执行。

鸡群转入育成鸡舍后，要及时整理鸡群，使每笼鸡数符合饲养密度的要求，并清点鸡数，便于管理。

2. 脱温

雏鸡到6周龄时各种生理机能已经健全，羽毛长齐，对外界温度变化的适应能力增强，应逐步停止给温，以利于更好地生长发育。降温要求缓慢，脱温要求稳妥，一般有1～2周的过渡时间。脱温期间饲养人员要注意观察鸡群，特别是夜间和阴雨天应严密观察，防止挤堆压死，保证脱温安全。

3. 换料

从育雏期到育成期，饲料的更换是个很大的转折。雏鸡料和育成料在营养成分上有很大差别，转入育成鸡舍后不能突然换料，而应有个适应过程，一般以1～2周的时间为宜。

当鸡群7周龄平均体重和胫长达标时，即将育雏料换为育成料。若此时体重和胫长达不到标准，则继续喂雏鸡料，达标时再换；若此时两项指标超标，则换料后保持原来的饲喂量，并限制以后每周饲料的增加量，直到恢复标准为止。

(二)日常管理

日常管理是养鸡生产的常规性工作，必须认真、仔细地完成，这样才能保证鸡体的正常生长发育，提高鸡群的整齐度。

育雏、育成期主要工作程序参见表5.11。

表5.11 育雏、育成期主要工作程序

序号	鸡的日龄	工作内容	备注
1	1	接雏，育雏工作开始	
2	7～10	第1次断喙	
3	42～49	第1次调整饲料配方。先脱温，后转群	
4	50～56	强弱分群	
5	84	第2次断喙，只切去再生部分	
6	98～105	第2次调整饲料配方	
7	119～126	驱虫，灭虱，转入产蛋鸡舍	
8	126～140	第3次调整饲料配方，增加光照	
9	140	总结育雏、育成期工作	

引自：杨慧芳，2006。

1. 做好卫生防疫工作

为了保证鸡群健康发育，防止疾病发生，除按期接种疫苗，预防性投药、驱虫外，要加强日常卫生管理，经常清扫鸡舍，更换垫料，加强通风换气，疏散密度，严格消毒等。

2. 仔细观察，精心看护

每日仔细观察鸡群的采食、饮水、排粪、精神状态、外观表现等，发现问题及时解决。

3. 保持环境安静稳定，尽量减缓或避免应激

由于生殖器官的发育，特别是在育成后期，鸡对环境变化的反应很敏感，在日常管理上应尽量减少干扰，保持环境安静，防止噪声，不要经常变动饲料配方和饲养人员，每天的工作程序更不能变动。调整饲料配方时要逐渐进行，一般应有1周的过渡期。断喙、接种疫苗、驱虫等必须执行的技术措施要谨慎安排，最好不转群，少抓鸡。

4. 光照管理

育成阶段光照控制的好坏直接影响到鸡的性成熟，应制订合理的光照程序，严格控制光照。对于密闭式鸡舍，每天的光照时间控制在8 h左右。

5. 保持适宜的密度

适宜的密度不仅增加了鸡的运动机会，还可以促进育成鸡骨骼、肌肉和内部器官的发育，从而增强体质。网上平养时一般每平方米10～12只，笼养条件下，按笼底面积计算，比较适宜的密度为每平方米15～16只。

6. 定期称测体重和体尺，控制均匀度

育成期的体重和体况与产蛋阶段的生产性能有较大的相关性，育成期体重可直接影响开产日龄、产蛋量、蛋重、蛋料比及产蛋高峰持续期。体型是指鸡骨骼系统的发育，骨骼宽大，意味着母鸡中后期产蛋的潜力大。饲养管理不当，易导致鸡的体型发育与骨骼发育失衡。鸡的胫长可表明鸡体骨骼发育程度，所以通过测量胫长长度来反映体格发育情况。

为了掌握雏鸡的生长发育情况，应定期随机抽测5%～10%的育成鸡体重和胫长，与本品种标准比较，如发现有较大差别时，应及时修订饲养管理措施，为培育出健壮、高产的新母鸡提供参考依据，实行科学饲养。

7. 淘汰病、弱鸡

为了使鸡群整齐一致，保证鸡群健康整齐，必须注意及时淘汰病、弱鸡，除平时淘汰外，在育成期要集中两次挑选和淘汰。第1次在8周龄前后，选留发育好的，淘汰发育不全，过于弱小或有残疾的鸡；第2次在17～18周龄，结合转群时进行，挑选外貌特征良好的，淘汰不符合本品种特征和过于消瘦的个体，断喙不良的鸡在转群时也应重新修整。同时还应配有专人计数。

8. 做好日常工作记录

定时做好工作记录，以备查看。

9. 制定科学的免疫程序

商品蛋鸡免疫程序，见表5.12。

表5.12　商品蛋鸡免疫程序(仅供参考)

日龄	疫苗名称	接种途径剂量和方法
1	马立克氏疫苗	1.5～3头份/羽，肌内注射或皮下注射
5～7	新城疫克隆-30＋H120＋肾传支弱毒苗	冻干苗，1羽份，滴鼻或点眼
	同时新城疫-支气管炎多价(包括呼吸型、肾型、腺胃型和生殖型)二联油佐剂灭活苗	油苗，0.25～0.3 mL/羽，颈背侧皮下或肌内注射
11～13	法氏囊弱毒苗	1头份/羽，滴口
19	新城疫克隆-30＋H120＋肾型传支弱毒苗	2羽份，混合饮水
	新城疫油苗(此苗选作)	0.25～0.3 mL，颈背侧皮下注射

续表 5.12

日龄	疫苗名称	接种途径剂量和方法
26	法氏囊中毒苗	2 头份/羽，饮水
35	新城疫Ⅳ系-传支 H52 二联弱毒苗 同时禽流感油佐剂灭活苗	2 头份/羽，饮水 0.3 mL/羽，皮下或肌内注射
42～45	传染性喉气管炎弱毒苗	1～1.5 头份/羽，涂肛或点眼
55	新城疫Ⅰ系中毒苗 同时新城疫油苗	2～4 头份/羽，肌内注射 0.3～0.5 mL/羽，肌内注射
65	禽流感油佐剂灭活苗	0.5 mL/羽，肌内注射
75	传支 H52	2 羽份，饮水
90	传染性喉气管炎弱毒苗	1.5～2 头份/羽，点眼
110	新城疫Ⅰ系中毒苗 同时新-支-减三联油佐剂灭活苗	4 头份/羽，肌内注射 0.5～0.7 mL/羽，皮下或肌内注射
120	禽流感油佐剂灭活苗	0.5 mL/羽，皮下或肌内注射
130	传支 H52(选作)	2 羽份，饮水
160～180	新城疫克隆-30 弱毒苗	4 头份/羽，饮水免疫

(三)开产前的管理

1. 转群

应在鸡群开产前及时转群，使鸡有足够的时间熟悉和适应新的环境，以减少因环境变化给开产带来的不良影响。转群的时间视具体情况而定，三段制生产模式一般在 16 周龄前完成转群。限饲的鸡群，转群前 48 h 应停止限饲；转群应在鸡正好休息的时间内进行，为减少惊扰鸡群，可在夜间进行，将鸡舍灯泡换成小瓦数或绿色灯泡，使光线变暗，或白天将门窗遮挡好，以便于抓鸡。捉鸡时要抓两腿，不要捉颈捉翅，动作迅速，轻抓轻放，不能粗暴，以最大限度减少鸡群惊慌。

二维码 5.4
层叠式笼养蛋鸡

转群前要准备充足的水和饲料。转群时注意天气不应太冷、太热，冬天尽量选择在晴天转群，夏天可在早晚或阴凉天气转群。转群后的 1～2 周应做好向产蛋期过渡的工作，如调换饲料配方，增加光照等，准备产蛋。

2. 准备产蛋箱

平养蛋鸡产蛋箱的形状、数量、位置及高度对于减少窝外蛋、提高蛋品质量非常重要。一般在鸡群开产前两周，要放置产蛋箱，否则会造成窝外蛋现象。每 4～6 只母鸡放一个产蛋箱，箱内铺垫草，要保持垫草清洁卫生。产蛋箱的规格是长 40 cm，宽 30 cm，高 35 cm(也有 30 cm×27 cm×30 cm)。为了减少占地面积，产蛋箱可重叠 2～3 层，下层距地面 50 cm，上、下层之间安装可上下翻动的踏板，一般下踏板应比上踏板宽。产蛋箱要尽量匀开放置，放在墙角或光线较暗、通风良好、母鸡常去的地方。

任务三　产蛋鸡的饲养管理

任务描述

产蛋鸡一般是指18～72周龄的鸡。产蛋阶段的饲养任务是最大限度地减少或消除各种不利因素对蛋鸡的有害影响，提供一个有益于蛋鸡健康和产蛋的环境，使鸡群充分发挥生产性能，从而达到最佳的经济效益。

产蛋期饲养管理的目标在于提高产蛋量和蛋品质量，降低死淘率和耗料量。

任务目标

掌握产蛋鸡的生理特点和产蛋规律；掌握产蛋鸡对饲养和环境管理条件的需要标准；熟练掌握蛋鸡日常管理操作规程，能确定鸡群的采食量及选择正确的饲喂方法；掌握产蛋鸡饲养管理技术要点，能对鸡群进行检查、挑选和分群工作，能从外形上区别高、低产鸡；能制订产蛋期的方案，能统计各种生产数据。

基本知识

(1)衡量蛋鸡生产性能的指标；(2)产蛋规律和生产标准；(3)笼养蛋鸡的饲养；(4)笼养产蛋鸡的管理；(5)蛋鸡散养技术。

一、衡量蛋鸡生产性能的指标

(一)生活力指标

母鸡存活率为入舍母鸡数减去死亡数和淘汰数后的存活数占入舍母鸡数的百分比。

$$母鸡存活率=\frac{入舍母鸡数-(死亡数+淘汰数)}{入舍母鸡数}\times 100\%$$

(二)产蛋力指标

1. 开产日龄

个体记录，以产第一枚蛋的日龄计算。群体记录时，蛋鸡、蛋鸭按日产蛋率达50%时的日龄计算，肉种鸡、肉种鸭、鹅按日产蛋率达5%时的日龄计算。

2. 产蛋量

母鸡在统计期内的产蛋个数，是养鸡生产的重要经济指标。可用饲养日产蛋量和入舍母鸡产蛋量来表示，计算公式如下：

$$饲养日产蛋量(枚)=\frac{统计期内总产蛋数}{平均饲养母鸡只数}=\frac{统计期内总产蛋数}{统计期内总饲养只日数\div 统计期日数}$$

1只母鸡饲养1 d即为1个饲养日。

$$入舍母鸡产蛋量(枚)=统计期内总产蛋数/入舍母鸡数$$

目前普遍使用500日龄(72周龄)入舍母鸡产蛋量表示鸡的产蛋数量，不仅客观准确地反映了鸡群的实际产蛋水平和生存能力，还进一步反映了鸡群的早熟性。

$$500\text{日龄(72周龄)入舍母鸡产蛋量(枚)}=\frac{500\text{日龄(72周龄)的总产蛋数}}{\text{入舍母鸡数}}$$

3. 产蛋率

指母鸡在统计期内的产蛋百分率。有饲养日产蛋率和入舍母鸡产蛋率两种计算方法。

(1)饲养日产蛋率

$$\text{饲养日产蛋率}=\frac{\text{统计期内总产蛋数}}{\text{实际饲养日母鸡只数的累加数}}\times 100\%$$

(2)入舍母鸡产蛋率

$$\text{入舍母鸡产蛋率}=\frac{\text{统计期内总产蛋数}}{\text{入舍母鸡数}\times\text{统计期日数}}\times 100\%$$

(3)高峰产蛋率　指产蛋期内最高周平均产蛋率。

4. 蛋重

是衡量蛋鸡产蛋性能的重要指标，用平均蛋重和总蛋重表示。

(1)平均蛋重　通常在35～38周龄期间测定。个体记录时，每只母鸡连续称3个以上的蛋重，求平均值；群体记录时，连续称3 d产蛋总重，求平均值；大型鸡场按日产蛋量的2%以上称蛋重，求平均值，以克为单位。

(2)总蛋重　总蛋重(kg)=平均蛋重(g)×平均产蛋量÷1 000。

(三)饲料报酬

常用产蛋期料蛋比来表示，即产蛋期消耗的饲料量除以总蛋重，也就是每产1 kg蛋所消耗的饲料量。

$$\text{产蛋期料蛋比}=\frac{\text{产蛋期耗料量(kg)}}{\text{总产蛋重量(kg)}}$$

二、产蛋规律和生产标准

(一)产蛋鸡的生理特点和产蛋规律

1. 蛋鸡的生理特点

(1)开产后身体尚在发育　刚进入产蛋期的母鸡，虽然已性成熟，开始产蛋，但身体还没有发育完全，体重仍在继续增长，开产后20周，约达40周龄时生长发育基本停止，增重极少，40周龄后体重增加多为脂肪蓄积。

(2)产蛋鸡富于神经质，对于生产条件变化非常敏感　母鸡产蛋期间对于饲料配方变化，饲喂设备改换，环境温度、湿度、通风、光照、密度的改变，饲养人员和日常管理程序等的变换以及其他应激因素很敏感，会对产蛋造成不良影响。

(3)不同周龄的产蛋鸡对营养物质的利用率不同　母鸡刚达性成熟时(蛋用鸡在17～18周龄)，成熟的卵巢释放雌激素，使母鸡的贮钙能力显著增强。随着开产到产蛋高峰时期，鸡对营养物质的消化吸收能力增强，采食量持续增加，而到产蛋后期，其消化吸收能力减弱而脂肪沉积能力增强。

(4)换羽的特点　母鸡经过1个产蛋期以后，便自然换羽。从开始换羽到新羽长齐，一般需2～4个月的时间。换羽期间因卵巢机能减退，雌激素分泌减少而停止产蛋。换羽后的母鸡又开始产蛋，但产蛋率较第一个产蛋年降低10%～15%，蛋重提高6%～7%，饲料效率降低12%左右。产蛋持续时间缩短，仅34周左右，但抗病力增强。

2. 蛋鸡的产蛋规律

母鸡产蛋具有规律性，就年龄来讲，第一年产蛋量最高，以后每年递减15%～20%，这也是商品蛋鸡一般只饲养1个生产周期的原因之一。

就第一个产蛋年而言，产蛋随着周龄的增长呈低→高→低的产蛋曲线。按照产蛋曲线的变化特点和各阶段鸡群的生理特点，可将产蛋期划分为初产期、高峰期和产蛋后期3个不同的时期。初产期就是指从初产到产蛋率达70%以上这一阶段。现代蛋鸡品种，一般在18周龄开始见蛋，23周龄产蛋率达50%，即开产。此期内母鸡的产蛋模式不定，常常出现产蛋间隔时间长等现象。高峰期鸡群的产蛋率应在85%以上，现代商品蛋鸡一般在27周龄前后产蛋率可超过90%，最高产蛋率可达95%以上。产蛋高峰期可持续20周左右，54周龄后产蛋率低于80%。此期内母鸡的产蛋模式趋于正常，每只母鸡均具有自己特有的产蛋模式。产蛋后期产蛋率逐渐下降，产蛋末期产蛋率仍可达50%～70%。

根据母鸡的产蛋规律，其产蛋曲线有三个特点：即产蛋率上升快、下降平稳和不可补偿性。现代蛋鸡因具有优异的生产性能，故各品系鸡种的正常产蛋曲线均有如下特点：

(1)开产后迅速增加，曲线向高峰过渡所用时间短，此时期产蛋率应每周成倍增加，达40%以后则呈半倍增加，即5%、10%、20%、40%、60%、80%，在产蛋6～7周之内达90%以上，这就是产蛋高峰。产蛋高峰最早可在27～29周龄到达，至少持续8周以上。

(2)产蛋高峰过后，产蛋率下降平缓，一般每周下降不超过1%，至72周龄降至65%～70%。

(3)在产蛋过程中如遇饲养管理不当或疾病等应激，使产蛋所受到的影响(产蛋率低于正常标准)是不能完全补偿的。这种影响如发生在产蛋率上升过程中，则会造成严重后果。一般表现在产蛋下降，永远达不到正常产蛋高峰，而且在以后各周产蛋率还会依产蛋高峰低于标准高峰的百分比等比例下降。例如，某鸡群产蛋高峰低于标准高峰10%，以后各周产蛋率就会比该周标准产蛋率低10%。由此看来，良好的饲养管理条件，为鸡群减少各种应激，对整个鸡群的生产性能有着极其重要的意义。

(二)蛋鸡生产标准

不同品种(系)鸡的生产标准是不同的，生产性能指标是各个蛋鸡场在不同饲养环境和生产条件下达到的生产水平，它作为可能实现的鸡群遗传潜力的参考，是制定生产目标、财务计划的依据。表5.13列出现代蛋鸡商品代生产性能遗传潜力，表5.14列出海兰褐商品代蛋鸡部分生产性能指标。

表5.13　现代蛋鸡商品代生产性能遗传潜力

类型	50%产蛋日龄/d	19～72周龄产蛋数/枚	总蛋重/kg	平均蛋重/g	料蛋比	产蛋期死亡率/%
白壳蛋鸡	146	320	19.7	61.5	2.00∶1	<6.0
褐壳蛋鸡	142	320	20.3	63.5	2.05∶1	<5.0
粉壳蛋鸡	144	320	19.8	62.0	2.02∶1	<5.0

表 5.14 海兰褐商品代蛋鸡部分生产性能指标(产蛋期 18～80 周龄)

50%产蛋率日龄/d	饲养日产蛋数	入舍母鸡产蛋数/(枚/只)	饲养日产蛋总量/(kg/只)	平均蛋重/g(70 周龄)	日耗料/(g/只)	料蛋比(21～74 周龄)
146	354	347	22.6	66.9	112	(2.0～2.3)∶1

三、笼养蛋鸡的饲养

笼养就是将鸡饲养在一定规格的笼内。由于笼养具有一定的优点,所以我国绝大部分蛋鸡场都采用笼养方式。蛋鸡笼养有重叠式、全阶梯式、半阶梯式等多种方式,养殖者可根据不同条件进行选择。

二维码 5.5 笼养蛋鸡舍

二维码 5.6 蛋鸡层叠式笼养

二维码 5.7 层叠式笼养蛋鸡喂料

(一)营养标准

鸡的营养标准有许多种,如美国的 NRC 饲养标准、日本家禽饲养标准,我国也制定了鸡饲养标准(NY/T 33—2004)。目前许多育种公司根据其培育的鸡的品种特点、生产性能、饲料以及环境条件变化等,制定其培育品种的营养需要标准(表 5.15)。

表 5.15 罗曼商品蛋鸡营养需要标准

营养成分	1～8 周龄	9～16 周龄	17 周龄～5%产蛋率日龄	20～45 周龄	45 周龄后
代谢能/(MJ /kg)	11.51～11.72	11.09～11.51	11.09～11.51	11.09～11.51	11.09～11.51
粗蛋白/%	18.5	14.5	17.5	17.0	16.0
钙/%	1.0	0.9	2.0	3.6	3.75
总磷/%	0.7	0.58	0.65	0.52	0.47
可利用磷/%	0.45	0.37	0.45	0.36	0.33
钠/%	0.16	0.16	0.16	0.15	0.15
蛋氨酸/%	0.38	0.31	0.36	0.35	0.33
蛋氨酸+胱氨酸/%	0.67	0.55	0.68	0.66	0.62
赖氨酸/%	1	0.65	0.85	0.76	0.72
苏氨酸/%	0.7	0.5	0.6	0.56	0.5
色氨酸/%	0.21	0.16	0.2	0.19	0.18
亚油酸/%	1.4	1.0	1.0	1.75	1.4
…					

(二)饲养方法

1. 分段饲养

蛋鸡产蛋期间的分段饲养是指根据鸡群的产蛋率和周龄,将产蛋期分为若干阶段,并根据环境温度喂以不同水平的蛋白质、能量和钙质的饲料，从而达到既满足蛋鸡营养需要，又节约饲料的饲养方法。分段饲养分为三段饲养法和两段饲养法。

(1)三段饲养法　三段饲养法是目前采用较为普遍的饲养法，通常按周龄划分。第一阶段(产蛋前期)自开产至产蛋的第20周(约40周龄)；第二阶段(产蛋中期)从产蛋的第21周到产蛋的第40周(约60周龄)；第三阶段(产蛋后期)产蛋40周以后。

产蛋前期母鸡的繁殖机能旺盛，代谢旺盛，母鸡除迅速提高产蛋率到达产蛋高峰并维持一段高峰期外，还要较快地增加体重(约400 g)以达完全成熟。因此，该阶段要注意提高饲料中的蛋白质、矿物质和维生素水平。产蛋前期每日喂给每只母鸡18 g蛋白质、1.26 MJ代谢能。该阶段应加强饲养管理，不要让母鸡群遭受额外应激并保证饲料的质量。

第二、第三阶段母鸡体重几乎不再增加，产蛋率缓慢下降，但蛋重仍略有增加，故可降低饲料中蛋白质水平，但应注意钙水平的提高，因母鸡40周龄后钙的代谢能力降低。以产蛋率为主要依据的三阶段划分：第一阶段从开产至高峰后产蛋率降至85%为止，每日的蛋白质饲喂量应为每只鸡18～19 g；当产蛋率降至75%～80%时为第二阶段，蛋白质饲喂量减至16～17 g；待产蛋率降至65%～75%时，蛋白质给量仅为每日15～16 g。只要日粮中各种氨基酸平衡，粗蛋白质降低1%对鸡的产蛋性能不会有影响。

不同环境温度条件下的能量、蛋白质及钙的水平见表5.16。应注意的是在炎热季节，饲料的采食量可能降低10%～15%，势必减少蛋白质进食量，因此产蛋中、后期如遇炎热天气，不宜降低日粮中蛋白质水平，计算母鸡每日的蛋白质进食量要比日粮蛋白质水平更有实际意义。

表5.16　不同温度下三阶段饲养法营养水平

气温/℃	代谢能/(MJ/kg)	前期		中期		后期	
		蛋白质/%	钙/%	蛋白质/%	钙/%	蛋白质/%	钙/%
10～13	12.89	17.0	3.2	15.5	3.0	14.0	3.2
18～21	11.97	18.0	3.2	16.5	3.2	15.0	3.4
29～35	11.05	19.0	3.4	17.5	3.4	16.0	3.7

引自：杨慧芳，2006年。

我国的蛋鸡饲养者常采用三段制饲养。

产蛋前期饲养：18～22周龄将饲料中的钙含量提高到2%，22～24周龄含钙量提高到3%，逐步改为产蛋期饲料，蛋白质含量为16%。

产蛋高峰期饲养：25～34周龄或产蛋率在85%以上，采取自由采食方法喂料，并提供产蛋高峰期饲料，蛋白质含量17%。每天早晨喂料时检查料槽中剩料情况，如果槽底还有很薄的一层料，说明前1 d的喂料量合适，当天可仍按前1 d的喂料量加料；如果槽底完全没有一点剩余饲料，说明前1 d喂料量少了，当天就要增加喂料量。35～58周龄或产蛋率在85%～70%之间，此时产蛋率虽有所下降，但是产蛋率仍不算低，要给以足够的饲料，可采取定量喂料的方法。

产蛋后期饲养：59～69周龄或产蛋率在70%～60%的产蛋后期，产蛋率低，蛋鸡容易长肥，必须降低饲料能量和蛋白质水平，同时限制饲养，限饲量为自由采食量的90%～95%。若不够吃，也不要增加饲料量。此时，母鸡对钙的吸收利用率降低，蛋壳质量变差，应将饲料中的钙含量增到3.7%～4.0%。

(2)两段饲养法　开产至42周龄为产蛋前期，42周龄以后为产蛋后期。也有人以50周龄为界将产蛋期划分为两个阶段，产蛋前期喂给较高水平蛋白质日粮，蛋白质水平为16%或17%，产蛋后期日粮蛋白质水平降为14%或15%。

商品蛋鸡一般利用一个生产周期，当产蛋率低于50%或饲料价格高、蛋价低，出现亏本，即使不到72周龄也应淘汰。如果继续利用一年，则必须实行强制换羽技术，让母鸡重新恢复产蛋。

2. 调整饲养

根据环境条件和鸡群状况的变化，及时调整日粮配方中主要营养成分的含量，以适应鸡的生理和产蛋需要的饲养方法称调整饲养。

调整饲养必须以饲养标准为基础，保持饲料配方的相对稳定。要尽量维持原配方的格局，保证日粮营养平衡，不能大增大减，不能因饲料调整而使产蛋量下降。应根据鸡的产蛋量、蛋重、鸡群健康状况、环境变化等，做到适时调整。调整日粮时，主要调整日粮中蛋白质、必需氨基酸及主要矿物质的水平。当产蛋率上升时，提高饲料营养水平要走在产蛋量上升的前面；当产蛋率下降时，降低饲料营养水平应落在产蛋量下降的后面。也就是上高峰时要"促"，下高峰时要"保"。要注意观察调整后的效果，对效果不好的应立即纠正。调整的方法主要有以下几种：

(1)按育成鸡体重调整饲养　育成鸡体重达不到标准的，从转群后(18～19周龄)就应换用营养水平较高的蛋鸡饲料，粗蛋白质控制在18%左右，经3～4周饲养，使体重恢复正常。

(2)按产蛋规律调整饲养　在产蛋量上升阶段，从18周龄起要增加日粮中钙的比例，由育成鸡的1%增加到2%，逐渐改喂产蛋期的饲料；当产蛋率达到5%时，蛋白质增加为14%，钙为3.2%；当产蛋率达到50%时，蛋白质应为15%，钙为3.4%；当产蛋率达到70%时，蛋白质为16.5%，钙为3.5%；进入产蛋高峰期时，每只轻型鸡每天食入蛋白质不少于18 g，中型鸡不少于20 g。在高峰期维持最高营养水平2～4周，以保持高峰期长时间产蛋。当产蛋率下降时，应逐渐降低营养水平，直至最低档，(蛋白质为14%)，以后保持不变。正常情况下，鸡群产蛋率每周下降0.5%～0.6%。因此，在日粮调整时，不能一见到产蛋率下降，就急于降低营养水平，而应该认真分析产蛋率下降的原因。

(3)按季节气温变化调整饲养　在能量水平一致的情况下，冬季由于采食量大，日粮配方中应适当降低粗蛋白质水平；夏季由于采食量下降，日粮配方中应适当提高粗蛋白质水平，以保证产蛋的需要(表5.17)。

表5.17　不同季节产蛋鸡日粮的能量和蛋白质变化

饲养日产蛋率/%	夏季炎热气候			冬季寒冷气候		
	代谢能/(MJ/kg)	蛋白质/%	蛋白能量比/(MJ/kg)	代谢能/(MJ/kg)	蛋白质/%	蛋白能量比/(MJ/kg)
>80	11.49	18	15.7	12.67	17	13.4
70～80	11.27	17	15.1	12.65	16	12.6
<70	11.04	16	14.5	12.42	15	12.1

(4)鸡群出现异常时的调整饲养　鸡群出现啄羽、啄趾、啄肛和啄蛋时，除消除引起啄癖发生的原因外，饲料中可适当增加粗纤维含量，也可短时间喂些石膏。开产初期脱肛、啄肛严重时，加喂1%～2%的食盐1～2 d。鸡群发病时，适当提高日粮中营养成分，如蛋白质增加1%～2%，多种维生素提高0.02%，还应考虑饲料品质对鸡适口性和病情发展的影响。

3. 限制饲养

对蛋用型产蛋鸡实行限制饲养的主要优点是降低饲料成本。最理想的情况是减少饲喂量既对产蛋性能没有影响，又能达到改善饲料利用率和降低饲料成本的目的。有时即使产蛋量减少，但能节省饲料，而最终计算时，每只鸡收入多于自由采食时的收入，这也达到了限饲的目的。

产蛋鸡实行限制饲养开始的时期，应该在鸡群产蛋高峰过后两周起，即从开产到高峰后两周期间一直采取自由采食。限饲的具体方法是将每100只鸡的每天饲料摄取量减少227 g，连续观察3～4 d，假如饲料减少未使产蛋量比正常情况产蛋标准降得更多，则再次按照这个数据减少给料量并继续观察3～4 d。只要产蛋量下降正常，这一减量方法可一直持续下去。如产蛋量下降异常，就将给料量恢复到前一水平，当鸡遭受应激或气候异常寒冷时，不要减少给料量。

在正常情况下，限制饲养的产蛋鸡消耗的饲料量不应低于同周龄自由采食鸡的耗料量的91%～92%，即减量不超过8%～9%。但在实践中，由于影响采食的因素极多，无法准确估计具体应减多少料才不会低于自由采食量的91%～92%，所以在实践中，可以安排一小群鸡自由采食，每周计算一次这群母鸡的平均每天耗料量，在下一周每天给其余的限饲鸡群减少8%～9%的饲料量，然后再按测定自由采食量的方法重新计算并调整。

四、笼养产蛋鸡的管理

(一)环境控制

1. 温度

产蛋鸡适宜的环境温度为13～23 ℃，最经济的温度是21～22 ℃，一般应保持在7～22 ℃，冬季室温不宜低于4 ℃，夏季不应超过30 ℃。一般认为商品蛋鸡在27 ℃以下产蛋率不会下降，但低于16 ℃时，饲料利用率下降，以产每千克蛋计，在25 ℃时，需要饲料最少。环境温度对产蛋鸡生产性能的影响见表5.18。

表5.18　环境温度对产蛋鸡生产性能的影响

平均温度/℃	相对产蛋量/%	相对蛋大小/%	每枚蛋相对饲料需要/%	每单位蛋重相对饲料需要/%
15.6	100	100	100	100
18.3	100	100	95	95
21.1	100	100	91	91
23.9	100	99	88	89
26.7	99～100	96	86	89
29.4	97～100	93	85	91
32.2	94～100	86	84	98

2. 湿度

湿度对蛋鸡的影响是与温度相结合共同起作用的。温度适宜时，湿度对鸡体的健康和产蛋性能影响不大，但高温高湿和低温高湿，对蛋鸡的健康和产蛋多是不利的。蛋鸡适宜的湿度为60%～65%。如温度适宜，其范围可适当放宽至50%～70%。

3. 通风

通风换气是调控鸡舍空气环境状况最主要、最常用的手段，它可以及时排出鸡舍内污浊空气，保持鸡舍内的空气新鲜和一定的气流速度，还可以在一定范围内调节温湿度状况。一般舍内气温高于舍外，通风可以排出余热，换入较低温度的空气。蛋鸡舍空气中氨气的含量每立方米应低于 10 mg,CO_2 的允许浓度为不超过 0.15%。

4. 光照

产蛋期的光照管理是一项十分重要的工作。产蛋期的光照强度以 20 lx 为宜,光照时间以每天 14～16 h 为宜。如果光照时间过长,强度过强,鸡会兴奋不安,并会诱发啄癖,严重时会导致脱肛;强度过弱,时间过短,又达不到光照的目的。安装的灯泡要有灯伞,坏灯泡应及时更换,要注意经常擦拭灯泡,否则会影响光照效果。

控制光照时应注意每天开关灯的时间要固定,不可轻易改动,如要延长,也应逐渐增加。开关灯时应渐亮或渐暗,突然亮或黑,易引起惊群。

5. 饲养密度

产蛋鸡的饲养密度直接影响着鸡的采食、饮水、活动、休息以及产蛋,所以必须保证合理的密度。笼养条件下,轻型蛋鸡每只约为 380 cm^2 的笼底面积,中型蛋鸡约为 480 cm^2。

(二)开产前后的饲养管理

1. 转群

转群应在开产前完成,以 15～17 周龄,最迟不超过 17 周龄时进行。转群前,应淘汰生长发育不良的弱鸡、残次鸡及外貌不符合品种标准的鸡,并对断喙不彻底的鸡进行补断。

2. 增加光照

一般在第 18 周龄起,每周延长光照 0.5 h,直至增加到 14～16 h 后恒定不变。如果鸡群在 18 周龄仍达不到标准体重,可将补充光照时间往后推迟 1 周,即在 19 周龄时开始进行。

3. 更换饲料

产蛋前增加光照必须与更换饲料相结合,如果只增加光照,不改变饲料,或无足够的给料量,易造成生殖系统与整个体躯发育不协调。如果只更换饲料,不增加光照时间,又会使鸡体聚积脂肪,所以一般在增加光照一周后将育成期料过渡为营养水平较高的蛋鸡料。如育成鸡体重正常,可将粗蛋白质控制在 16%～17%,代谢能控制在 11.5～11.7 MJ/kg,钙为 2.5%,蛋氨酸＋胱氨酸为 0.69%,赖氨酸为 0.8%。

(三)日常管理

商品蛋鸡饲养管理的主要任务是最大限度地消除或减少各种逆境对蛋鸡的有害影响,为它们提供一个最有利于健康和产蛋的环境,使其遗传潜力能充分发挥出来,以生产出更多的优质商品蛋。生产中应从以下几方面入手,做好蛋鸡的日常管理工作。

1. 注意观察鸡群

经常细心观察鸡群,是蛋鸡生产中不可忽视的重要环节。一般在早饲、晚饲及夜间都应注意观察,主要观察以下内容:

(1)精神状态　就是观察鸡群是否有活力,动作是否敏捷,鸣叫是否正常等。

(2)采食情况　采食量是否正常,饲料的质量是否符合要求,喂料是否均匀,料槽是否充足,有无剩料等。

(3)饮水情况　饮水是否新鲜、充足,饮水量是否正常,水槽是否卫生,有无漏水、溢水、冻结等现象。

(4)鸡粪情况　主要观察鸡粪颜色、形状及稀稠情况。如茶褐色粪便是盲肠的排泄物,并非疾病所致。绿色粪便是消化不良、中毒或新城疫所致;红色或白色的粪便,一般是球虫、蛔虫、绦虫所致。对颜色不正常的粪便，要查找原因，对症处理。

(5)有无啄癖鸡　如发现有啄癖鸡，应查找原因，及时采取措施。对有严重啄癖的鸡要立即隔离治疗或淘汰。

(6)及时发现低产鸡　对鸡冠发白或萎缩、开产过晚或开产后不久就换羽的鸡，要及时淘汰。

(7)产蛋情况　注意每天产蛋率和破蛋率的变化是否符合产蛋规律，有无软壳蛋、畸形蛋，蛋壳颜色有无异常，比例占多少。

(8)鸡舍环境　鸡舍温度是否适宜，有无防暑、保温等措施；室内有无严重的恶臭和氨味等。

2. 定时喂料

产蛋鸡消化力强，食欲旺盛，每天喂料以3次为宜：第1次早晨7～8时；第2次上午11～12时；第3次傍晚6～7时，三次的喂料量分别占全天喂料量的30%、30%和40%。也可将1 d的总料量于早晚两次喂完，晚上喂的应在早上喂料时还有少许余料，早上喂的料量应在晚上喂料时基本吃完。每天喂两次料时，每天要匀料3～4次，以刺激鸡采食。应定期补喂砂砾，每100只鸡每周补喂300～400 g砂砾。砂砾必须是不溶性沙，大小以能吃进为度。每次砂砾的喂量应在1 d内吃完。不要无限量地喂砂砾，否则会引起硬嗉症。

3. 减少应激因素

保持良好而稳定的环境，固定工作程序，严格执行光照计划，每天按时开关灯；抓鸡、注射等动作要轻。

4. 调整鸡舍环境条件

通过观察鸡舍环境，了解温度、湿度、光照、通风、密度等情况，发现问题应根据具体情况及时做出调整，为蛋鸡创造最适宜的环境条件。

5. 按综合性卫生防疫措施的要求进行各项日常操作

保持舍内和环境清洁卫生，及时清除粪便；经常洗刷水槽、料槽及用具，并定期消毒。

6. 减少饲料浪费

减少饲料浪费是养鸡者提高经济效益的途径。可采取以下措施：加料时，不超过料槽容量的1/3；及时淘汰低产鸡、停产鸡；做好匀料工作；使用全价饲料，注意饲料质量，不喂发霉变质的饲料；产蛋后期对鸡进行限饲；提高饲养员的责任心。

7. 做好生产记录

生产记录能反映鸡群的实际生产动态和日常活动的各种情况，以便于及时了解生产，指导生产，应认真完成。生产记录的内容应含有鸡舍存栏数、死亡数、产蛋量及耗料等情况，见表5.19。

(四)蛋鸡的四季管理

1. 春季

春季气温逐渐升高，日照时间逐渐延长，且波动较大，因此要特别注意气候的变化，以便采取相应措施。包括充分满足营养需要，日粮营养全价；设足产蛋箱，减少窝外蛋；笼养时要及时清理笼底下的鸡粪；遇到大风降温天气要及时关闭门窗和通风孔，并在保证通风换气的同时注意保温；春季各种病原微生物容易滋生繁殖，为了减少疾病的发生，最好在天气变暖前彻底清扫和消毒鸡舍，并加强疾病检测工作。

表 5.19 ____月份产蛋记录表

舍号________ 品种________ 出雏时间____________ 入舍数________

日期	周龄	耗料情况			产蛋情况				鸡群情况					环境条件				卫生防疫				其他
		总耗料/kg	只日耗料/g	饲料类型	总产蛋量/枚	破蛋数/枚	软壳蛋数/枚	平均蛋重/g	当日死亡数/只	当日淘汰数/只	当日转入数/只	当日转出数/只	当日存栏数/只	光照时间/h	最高舍温/℃	最低舍温/℃	舍内湿度/%	用药情况	免疫接种情况	消毒情况	清粪情况	
1																						
2																						
3																						
4																						
⋮																						
合计																						

2. 夏季

夏季饲养管理的主要任务是防暑降温，以保证营养的足够摄入，维持生长生产所必需。夏季饲养管理主要应抓好以下几方面的工作：

(1)湿帘降温与纵向通风　近几年来，夏季气温变得越来越高，采用湿帘降温、纵向通风是夏季降温最有效的方法。此法在夏季能够将室内温度降低 5～6 ℃，不但减少了中暑死亡鸡数，而且能够提高生产水平。

(2)减少鸡舍所受到的辐射和反射热　在鸡舍的周围种植梧桐等伞盖较大的树，鸡舍房顶增加厚度，或内设顶棚，房顶外部涂以白色涂料，在房顶上安装喷头喷水，可使鸡舍温度有较大幅度下降。

(3)增加通风量　开放式鸡舍应将门窗及通风孔全部打开，当气温高而通过加大舍内的换气量舍温仍不能下降时，可采用接力通风，以达到降温的目的。密闭式鸡舍要开动全部风机，昼夜运转。如果采用纵向通风，进风口面积至少大于 2 倍的风扇面积，一般通风量 12 000 m^3/h 需 1 m^3 的进气孔，进气孔风速夏季常为 2.5～4 m/s。此外，有条件的鸡场(尤其是种鸡场)可采用空调系统降温。一般的商品鸡饲养户也可采用吊扇吹风，使鸡的体温尤其是头部温度下降。

(4)喷雾降温　在鸡舍或鸡笼顶部安装喷雾器械，直接对鸡体进行喷雾。设备可选用高压隔膜泵，也可用背负式或手压式喷雾器喷水降温。喷雾结束后要加强通风，尽量降低舍内湿度，以利于鸡体蒸发散热。

(5)供给饮水　夏季的饮水要保持清凉，水塔中的水要勤换，水温以 10～30 ℃为宜。水对鸡的体温起着重要的调节作用。在炎热环境中，鸡主要靠水分蒸发散热，水温过高会使鸡的耐热性降低。让鸡饮冷水，可刺激其食欲，增加采食，从而提高产蛋量和增加蛋重。

(6)提高采食量　刺激采食量所采用的方法有多种。通常是增加饲喂次数，在一天中最凉爽的时间喂鸡是增加采食量的有效方法。通过改变饲料的形状也能提高采食量，可由粉状料改为颗粒料，因为鸡喜欢采食颗粒状的饲料。

3. 秋季

秋季日照逐渐变短，天气逐渐凉爽。产蛋后期的鸡开始换羽，此时应对鸡群进行一次选择。一般换羽和停产早的鸡多为低产鸡和病鸡，尽早予以淘汰。这样可以保持较好的产蛋率和节约饲料，降低成本。

晚秋季节早晚温差大，在保持舍内空气卫生的前提下，适当降低通风换气量，避免冷空气侵袭鸡群而诱发呼吸道疾病，同时还要着手越冬的准备工作。

入冬前还要进行一次环境卫生大扫除和大消毒，消灭蚊、蝇等有害昆虫，并清除掉它们越冬的栖息场所，搞好秋季的防疫工作。

4. 冬季

冬季日照时间最短，气温低，无论是密闭式鸡舍还是开放式鸡舍都要做好防寒保暖工作。一般情况，低温对鸡的影响不如高温影响严重，但如果温度过低，就会使产蛋量和饲料转化率降低。舍温 7 ℃时生产基本正常，−9 ℃以下时鸡就有冻伤的可能。有条件的鸡场在冬季大风降温天气，可采用直热式"热风炉"，供暖效果良好。在做好保温的前提下，应注意通风换气，特别要处理好通风换气与保温的矛盾。

五、蛋鸡散养技术

利用平缓牧区草场、山区和平原林地、果园等实行蛋鸡散养方式，在补充全价饲料的同时，鸡可以自由采食青草、树叶、落果、虫子等，不仅可以增加鸡蛋的口味和蛋黄颜色，同时，散养鸡运动量大、体质好，有利于生产绿色禽蛋产品。散养鸡在品种选择上要求适应性较强、耐粗饲及抗病力强等。最适宜养殖的品种，首先是地方土种鸡，其次是地方杂交鸡，最后是良种蛋鸡。

（一）鸡群散养的合适场地

由于我国地域广阔，各地自然和气候条件差别大，鸡群散养场地也千差万别，牧区平缓草场、林地、果园、滩地等均可作为鸡群散养的合适场地。由于鸡性情活泼，喜飞跃树木枝头，为不影响树木生长发育，不宜选择处于幼龄期或树形矮小的林果地。利用果园进行蛋鸡散养时，为了给鸡提供充足、优质的青草，树木间可套种蔬菜、牧草，如白菜、白三叶等。

二维码 5.8
丘陵草地散养鸡

用于鸡群散养的场地要与周围有相对较好的隔离条件，防止鸡只丢失。有条件的用围墙，或用 2 cm×2 cm 的尼龙网将鸡群活动范围围起来，网的高度不低于 2 m，养殖场地偏僻，不影响周边环境，也可不用围网。选择的场地应无污染，必须远离住宅区、工矿区和主干道路。环境僻静安宁、空气洁净。附近应有无污染的小溪、池塘等清洁水源。

二维码 5.9
散养鸡群

（二）养殖规模

实施散养，养鸡规模必须根据散养地的面积大小合理确定。果园养鸡，一般每亩地养鸡以 80 只左右为宜。密度过大，既不利于果木日常管理，也会使鸡粪自然净化困难，造成环境污染；密度过小，则会削弱林果地的利用效率和养鸡的经济效益。山地放养，根据牧草量确定散养鸡密度。一般草地每亩可容鸡数量 20～30 只，草量丰富的可以散养鸡数量 40～50 只，最多不超过 80 只。否则，放养地的饲草量不仅满足不了鸡的采食，还会对放牧地的生态平衡造成破坏。鸡群散养应采用全进全出制。

(三)蛋鸡散养的房舍及设备要求

1. 房舍

无论选择哪种场地放养鸡群,都必须有合适的房舍作为蛋鸡夜间休息、不良天气躲避风雨的场所。

房舍的建设形式因所饲养鸡群的类型、场所而定,有临时性的棚舍或长期性的鸡舍。选择果园、林地等场所养鸡,建造鸡舍时应考虑使用长久性的有窗鸡舍类型;而在滩区或浅山地、草原放养鸡群,都有明显的季节性,鸡舍建造时主要考虑使用临时性的鸡舍。建造鸡舍时可采用土打墙房、搭棚等形式。搭建棚舍应在放养区找一避风向阳、地势较平坦、不积水的平地,旁边应有树林或果园,以便鸡群在太阳强烈时到树荫下乘凉,还要有一片比较开阔的地带,有青草,让鸡自由栖息和啄食。附近应有水源。

二维码 5.10 塑料大棚散养鸡舍

二维码 5.11 散养母鸡舍内产蛋箱

二维码 5.12 散养鸡舍内栖架

鸡舍可采用塑料大棚式,宽 6 m,长度按鸡的数量而定,大棚顶内层铺无滴膜,上铺一层用以保温隔热的稻草,在稻草上再用塑料薄膜覆盖,并用绳固定。塑料大棚纵轴的两侧下沿可卷起或放下,以调节室内温度和换气,对棚的主要支架要牢靠,以防暴风雨把大棚掀翻,棚舍数量依据鸡群放养数量来决定。棚内地面可垫细沙,使室内干燥,每平方米养鸡 6～8 只,同时,搭建多层产蛋窝和栖架,产蛋窝大小以容纳 2 只鸡为宜。若不搭栖息架,为了保暖,地面应铺些垫料。垫料要求新鲜无污染,松软,干燥,吸水性强,长短粗细适中,如青干草、稻草、锯屑、谷壳、小刨花等,可以混合使用。使用前应将垫料曝晒,发现发霉垫草应当挑出,铺设厚度以 3～5 cm 为宜。

2. 其他设施设备

(1)喂料设备　采用食槽或料桶,为避免鸡争抢饲料及采食不均,喂料设备应准备充足,每 100 只鸡准备 1 m 长的食槽 5 个。

(2)饮水器　场内应分散放置饮水器,供鸡随时饮水,如周围有洁净池塘,也可不备。

(3)产蛋箱　鸡舍内要设置产蛋箱以便为鸡提供产蛋场所;为了防止部分鸡随地产蛋,也需在放养场地设置若干个产蛋棚窝,窝内铺设干燥柔软的垫草,引导母鸡到窝内产蛋,既能保证蛋壳的干净,又可以减少蛋的丢失。

(四)散养蛋鸡的饲养与管理

1. 雏鸡的饲养与管理

(1)育雏时间的选择　在我国北方大部分地区,选择早春(2～3 月份)育雏较为适宜。早春培育的雏鸡生长发育速度快,成活率高。进入育成阶段正是春末夏初季节,青绿植物、昆虫等丰富,可提供优质的饲料,育成后期光照时间逐渐缩短,可防止雏鸡过早开产,从而保证适宜的产蛋体况,维持较长的产蛋期。春季培育的雏鸡在当年秋季开产,气温适宜,作物和昆虫丰富,蛋品质好。产蛋 1 年后第 2 年秋天才停产换羽,产蛋时间较长,产蛋量高。

(2)进雏前的准备工作　进雏前对雏鸡舍进行彻底的消毒,舍内全部设备要进行检修。将鸡舍温度升至 33～35 ℃,相对湿度不低于 60%。光照定为 23 h 光照 1 h 黑暗。将饮水器放置于亮光处,便于雏鸡找到。

(3)日常管理　适时饮水与开食,提供适宜的环境温度与湿度,对强弱病雏要及时分群饲养。经常观察雏鸡的精神状态、食欲、活动及粪便等情况。

(4)放养训练　幼雏一般在6～8周即可脱温饲养,脱温后即可转移到外面放养。为了尽早让小鸡养成外出觅食的习惯,从脱温转至舍外开始,每天早晨进行外出引导训练。一般要两人配合,一人在前边吹哨开道并抛撒颗粒饲料,让鸡跟随哄抢,另一人在后用竹竿驱赶,直到全部出舍。为强化效果,每天中午可在放养地吹哨补食1次,同时饲养员应坚持在棚舍及时赶走提前归舍的鸡,并控制鸡群活动范围,直到傍晚再用同样的方法进行归舍训导。如此训练5～7 d,鸡群就建立起了吹哨—采食的条件反射,以后只要吹哨召唤即可。

2. 育成期的饲养与管理

此阶段以放养结合补饲方式饲养,使鸡体得到充分发育,羽毛丰满,为以后的产蛋打下基础。

(1)放养场地建设　围网放养场地确定后,要选择尼龙网围成封闭围栏,鸡可在栏内自由采食。围栏面积根据饲养数量而定,一般每只鸡平均占地8 m^2。

(2)饲养管理要点

二维码 5.13
散养鸡补喂青饲料

①放养季节选择:尽量安排雏鸡脱温后且白天气温不低于10 ℃时开始放养。

②放养驯导与调教:为使鸡按时返回棚舍,便于饲喂,在早晚放归时,可定时用敲盆或吹哨来驯导和调教。

③供给充足的饮水:在鸡活动的范围内放置一些饮水器具,如每50只鸡准备1个5～7 L的真空饮水器,同时避免让鸡喝不干净的水。

④定时定量补饲:补饲时间要固定,不可随意改动。补饲量结合放养场地野生饲料资源的多少而定。

⑤补充光照:冬春季节自然光照短,必须实行人工补光,每平方米以3 W为宜。若自然光照超过每日11 h,可不补光。晚上熄灯后,还应有一些光线不强的灯通宵照明,使鸡可以行走和饮水。在夏季昆虫较多时,可在栖息的地方挂些紫光灯或白炽灯。

⑥防兽害和药害:特别要注意完善防护设施,避免老鼠、猫、犬、黄鼠狼、蛇等兽害;在对树木喷洒农药时,将鸡赶入鸡舍,防止鸡农药中毒,或者使用生物农药。

⑦定期防疫与驱虫:根据当地疫病发生状况制订科学的免疫程序,定期使用药物进行驱虫。

⑧精心管理:育成期管理要做到"五勤"。一是放鸡时勤观察。健康鸡总是争先恐后向外飞跑,病弱鸡行动迟缓或不愿离舍。二是清扫时勤观察。清扫鸡舍和清粪时,观察粪便是否正常。三是补料时勤观察。补料时勤观察鸡的精神状态,健康鸡往往显得迫不及待,病弱鸡不吃食或反应迟钝。四是休息时勤观察。晚上关灯后勤听鸡的呼吸是否正常,若带有"咯咯"声,则说明呼吸道有疾病。五是采食时勤观察。从放养到开产前,采食量逐渐增加为正常。若发现病鸡,应及时治疗和隔离。

3. 产蛋期的饲养管理

母鸡体重达1.3～1.5 kg时开产。饲养管理是白天让鸡在放养区内自由采食,早晨和傍晚各补饲1次,日补饲量以50～55 g为宜,在整个产蛋期要做到以下几点。

(1)产蛋期营养成分　饲料应以精料为主,适当补饲青绿多汁饲料。精料中,粗蛋白含量在15%～16%、钙为3.5%、有效磷为0.33%、食盐为0.37%。要加强鸡过渡期的管理,由育成期转为产蛋期喂料要有个过渡期,当产蛋率在5%时,开始喂蛋鸡料,一般过渡期为6 d,在精料中每2 d换1/3,最后完全变为蛋鸡料。

(2)增加光照时间　一般实行早晚两次补光,全天光照为16 h以上,产蛋后期,可将光照时间调整为 17 h。补光的同时补料，补光一经固定下来，就不要轻易改变。

(3)预防母鸡就巢　昏暗环境和窝内积蛋不取，可诱发母鸡就巢性，所以应增加拣蛋次数，做到当日蛋不留在产蛋窝内过夜。一旦发现就巢鸡应及时改变环境，将其放在凉爽明亮的地方，多喂些青绿多汁饲料，鸡会很快离巢。

(4)严格防疫消毒　在放养环境中生长的鸡，容易受外界疾病的影响，所以防疫、消毒工作必须到位。一要在兽医人员指导下严格按照鸡疫病防疫程序进行防制。二要搞好卫生消毒。放养场进出口设消毒带或消毒池，并谢绝参观。三要做到“全进全出”。每批鸡放养完后，应对鸡棚彻底清扫、消毒，对所用器具、盆槽等熏蒸消毒后再进下一批鸡。

(5)注意天气　恶劣天气或天气不好时，应及时将鸡群赶回棚内进行舍饲，不要外出放养，避免死伤造成损失。

任务四　蛋种鸡的饲养管理

任务描述

现代家禽生产需要有高产、优质、高效、专门化、规格化的优良禽种。优良品种(或品系)通过合理配套的良种繁育体系，按照曾祖代、祖代、父母代的层次，将家禽品种(或品系)的优良遗传特性扩散到商品场，用于大规模的家禽生产，为现代家禽业奠定重要的基础。种鸡指的是纯系鸡、祖代鸡和父母代鸡，是现代商品鸡生产的供种来源。种鸡质量的好坏关系到商品鸡生产性能的高低，饲养种鸡的目的是提供优质的种蛋、种雏和商品雏鸡。种鸡饲养管理的重点应放在始终保持种鸡具有健康良好的种用体况和旺盛的繁殖能力上，能确保生产尽可能多的合格种蛋，并保持种蛋受精率、孵化率和健雏率较高。

任务目标

了解蛋种鸡饲养管理的主要任务；了解鸡的强制换羽技术；掌握蛋种鸡的饲养管理要点；会对蛋种鸡的体重进行称重；能对蛋种鸡的均匀度进行测定。掌握提高种鸡产蛋率、种蛋合格率、受精率等相关技术措施。

基本知识

(1)蛋种鸡饲养管理的主要任务；(2)后备种鸡的饲养管理；(3)产蛋期种母鸡的饲养管理；(4)种公鸡的选择与培育；(5)提高种蛋合格率的措施；(6)鸡的强制换羽技术。

一、蛋种鸡饲养管理的主要任务

(一)高的产蛋率和种蛋合格率

高的产蛋率取决于种鸡的遗传基础和饲养管理水平，种鸡的产蛋率高才能获得生产性能高的商品鸡，不同鸡种间有一定差异。对于种鸡还要强调蛋重、蛋壳质量和蛋的形状要符合要求，种蛋合格率的高低，直接影响种鸡的生产效益。正常情况下，种蛋合格率为 90%～96%。

(二)高的种蛋受精率

种蛋繁殖价值最重要的标志是种蛋的受精率。种蛋受精率能综合反映种鸡场的饲养管理水平、公鸡的精液品质、种鸡的公母比例、人工授精技术水平、鸡群的健康状况等。正常情况下,种蛋受精率不应低于90%。

(三)低的种鸡死淘率

种鸡产蛋期的死淘率是鸡群健康状况、饲养管理状况、疫病预防状况以及生产力状况的综合体现。种鸡的生产成本较高,每死亡或淘汰一只种鸡,就会带来较大的经济损失。因此,在种鸡的饲养管理和卫生防疫方面,要求比商品蛋鸡更为严格。种鸡产蛋期的死淘率应控制在10%以内。

(四)高的种蛋利用率

一枚种蛋的生产成本远远高于一枚食用鲜蛋。根据市场种蛋供求情况,确定种鸡饲养期,并采取措施,促进种蛋销售。

(五)控制可垂直传播疾病

可垂直传播疾病,是指当种鸡感染后,病原微生物可进入蛋内,并在孵化过程中感染胚胎,使幼雏先天感染相应的疾病。这些疾病包括鸡白痢、白血病、支原体等。对于这些疾病应通过种鸡群的检疫和净化来控制。

二、后备种鸡的饲养管理

(一)饲养方式

有地面平养、网上平养和笼养3种饲养方式。在生产实践中,为了便于饲养管理和防疫,目前后备种鸡多采用笼养。

(二)饲养密度

种鸡的饲养密度比商品蛋鸡小。合适的饲养密度有利于种鸡的正常发育,也有利于提高种鸡的成活率和均匀度。随着日龄的增加,饲养密度逐步降低,可在断喙、免疫接种的同时,调整饲养密度并将强弱分开、公母分开饲养。

(三)卫生管理

为了培育合格健壮的种用后备鸡,除要求按商品鸡的标准控制温度、湿度和其他环境外,更应该强调卫生防疫工作。

(1)种鸡场应尽量远离商品场、屠宰场和其他养殖场,防止野鸟或其他禽类进入鸡舍,要经常扑杀场内啮齿动物。

(2)全进全出的饲养模式能减小鸡群发病的风险。

(3)谢绝一切与生产无关的人员进入鸡场,接待客人应安排在办公室或接待室。

(4)鸡舍经冲洗消毒后空舍时间越长越安全。一般情况下,冲洗和初步消毒后应空舍3~4周,进雏前再进行彻底消毒。有条件时要做消毒效果的监测工作,不具条件者,至少消毒3次。在鸡场发生严重疫病的情况下,应在增加消毒次数和消毒药浓度的基础上,适当延长空舍时间。

(5)进入鸡舍的人员必须经淋浴洗澡、更换场内工作服和可消毒工作鞋后才可进入鸡场的生产区。鸡舍门口应设可淹没雨鞋鞋面的消毒盆,并在出入鸡舍时对鞋进行踩踏消毒。

(6)舍外进行彻底消毒,特别是春秋季节。应采取焚尸炉焚烧或远离鸡舍深埋的方式处理每日的死鸡。清出的鸡粪决不可遗留在场内和鸡舍周围。

(7)从育雏第2天开始带鸡消毒,雏鸡每周2次,育成阶段每周1次。一种消毒药长期使用,会产生耐药性,同时,消毒药的刺激性太强,会诱发呼吸道疾病,腐蚀性较强的消毒剂对鸡体和笼具都有损伤。因此,消毒剂的选择要慎重。

(8)种鸡在有病期间的种蛋不能入库，只能作为商品蛋出售，所以种鸡一旦发病，损失是相当大的。

(四)控制适宜的体重

现代鸡种均有其能最大限度发挥遗传潜力的标准体重，也就是最适宜的体重，特别是种鸡，在育成和达到性成熟时，更强调要有适宜的体重和良好的均匀度。

三、产蛋期种母鸡的饲养管理

(一)转群时间

由于种鸡比商品蛋鸡通常要推迟1～2周开产，所以，转群时间比商品鸡推后1～2周。及时转群能让育成母鸡对产蛋舍有个认识和熟悉的过程，可减少脏蛋、破损蛋，以提高种蛋的合格率。

(二)合理的公母比例

鸡群中公鸡比例大，吃料多，会增加饲养成本；公鸡比例小，虽能节省饲料，但可能出现公鸡配种任务过重，受精率降低。因此，笼养人工授精时公母比例一般为1∶(20～30)。

(三)控制开产日龄

种鸡开产过早，蛋重小，蛋形不规则，受精率低，早产易引起早衰，也会影响整个产蛋期种蛋的数量。因此，必须在种鸡生长阶段通过控制光照、限制饲喂以延迟其开产日龄。

(四)检疫与疾病净化

种鸡群要对一些可以通过种蛋垂直感染的疾病进行检疫和净化工作。通过检疫淘汰阳性个体，留阴性的鸡做种用，就能大大提高种源的健康水平，检疫工作要年年进行才能有效。有些种鸡场在做净化的同时，还采用不饲喂动物性饲料(如鱼粉、骨肉粉)，效果很好。

四、种公鸡的选择与培育

种公鸡的优劣对后代鸡群的影响较母鸡大，因此，必须认真挑选和培育。

(一)种公鸡的选择

1. 第一次选择

在6～8周龄，体重符合该鸡种的标准要求；身体健康，发育匀称，胸肩宽阔，骨骼坚实，腿爪强健；冠大鲜红，眼睛明亮，行动敏捷。生长发育不良、体质差、有生理缺陷的公鸡要及时进行淘汰。

2. 第二次选择

在16～18周龄，此时可根据外貌和生理特征进行选择，应选留鸡体各部匀称、发育良好、体质良好、体型较大、羽毛丰满、精力旺盛、姿势雄伟、雄性特征显著的留作种用。要求鸡冠大，直立、鲜红饱满、有温暖感，肉垂红而细致，左右对称，皮肤柔软有弹性，胸宽而深，向前突出，胸骨直而长，背宽而直，腿直。淘汰第二性征不明显、体弱、体重过大或过小、有生理缺陷、性反射不强烈的个体。

3. 第三次选择

在开始人工采精训练时，选留适时性成熟、射精量大、精液品质好的公鸡。对于性欲差、采不出精液、精液品质差、有缺陷的公鸡予以淘汰。

(二) 种公鸡的培育

1. 繁殖期种公鸡的营养

种公鸡的营养水平要比母鸡低。配种期间代谢能为10.8～12.12 MJ/kg、粗蛋白质含量在12%～14%的日粮最为适宜。同时应注意蛋白质的质量，保证必需氨基酸的平衡，日粮中添加精氨酸，可以有效地提高精液品质。繁殖期种公鸡饲粮中钙以 0.9%～1.2%，有效磷以 0.65%～0.8%的含量为宜。种公鸡饲料中的维生素对精液品质、种蛋的受精率、雏鸡的质量等都有很大的影响。每千克饲粮中维生素 A 10 000～20 000 IU，维生素 D_3 2 000～3 850 IU，维生素 E 20～40 mg，维生素 C 50～150 mg。具体运用时，各种营养物质的需要量可参照各育种公司提供的标准。

2. 种公鸡的管理技术

(1)剪冠　由于种公鸡的冠较大，既影响视线，也影响种公鸡的活动、饮食和配种，还容易受到机械设备或在公鸡打斗时损伤，同时为了便于在引种时区别公母鸡，种公鸡一般应进行剪冠。

剪冠的方法有两种：一是出壳后通过性别鉴定，用手术剪刀剪去公雏的冠。要注意不要太靠近冠基，防止出血过多，影响发育和成活。二是在南方炎热地区，只把冠齿截除即可，以免影响散热。2 月龄以上的公鸡剪冠后，容易出血，也会影响生长发育。所以剪冠应在 2 月龄以内进行。

现在有些蛋种鸡场建议不要对种公鸡进行剪冠处理。理由是种公鸡保持全冠有利于较早、较有效地实施公母分饲以及体重控制，不剪冠的种公鸡有助于维持产蛋后期种蛋的受精率，种公鸡保持全冠不易受到热应激的影响。

(2)断喙、断趾　人工授精的公鸡一般要断喙，以减少育雏期、育成期的死亡。现在先进的断喙方法是用红外线光束穿透喙基部的外表层直至基础组织，而后数周内雏鸡正常的啄食行为使坚硬的外表层逐渐脱落，大约在 4 周的时间内所有的鸡只都有了圆滑的喙部。由于没有任何外伤，不会出现细菌感染，并可大大减少对雏鸡的应激。自然交配的公鸡不用断喙，但要断趾，以免配种时踩伤、抓伤母鸡。

目前全世界种鸡不断喙的趋势正在上升，许多未断喙的鸡群生产性能表现甚好，尤其是在遮光或半遮光条件下育雏育成的鸡群。

(3)单笼饲养　在群养时公鸡会有互相打斗、爬跨等现象，影响精液数量和品质，为了避免应激，繁殖期人工授精的公鸡应单笼饲养。

(4)温度和光照　成年公鸡在 20～25 ℃环境条件下，可产生理想的精液品质。温度高于 30 ℃时，导致公鸡暂时抑制精子的产生；而温度低于 5 ℃时，公鸡的性活动降低。

光照时间在 12～14 h，公鸡可产生优质精液；少于 9 h 光照，则精液品质明显下降。光照强度在 10 lx 就能维持公鸡的正常生理活动。

(5)体重检查　为了保证整个繁殖期公鸡的健康和具有优质的精液，应每月检查一次体重，凡体重低于或超过标准 100 g 以上的公鸡，应暂停采精，或延长采精间隔，并另行单独饲养，以使公鸡尽快恢复体质。

五、提高种蛋合格率的措施

只有合格种蛋才能入孵，因此提高种蛋合格率是提高种鸡场经济效益的重要措施。

(一)鸡种

影响种蛋品质的肉斑、血斑及各种畸形蛋都与遗传有关。因此，必须选择肉斑率、血斑率及畸形蛋比例低的鸡种做种用。

(二)增加拣蛋次数

种蛋收集和存放应使用专用的蛋托和蛋箱，所使用的蛋托和蛋箱必须经过消毒。拣蛋时必须洗手消毒，将不合格的蛋拣出单独存放。拣出的脏蛋应先擦干净，再消毒。每天应拣蛋 4～6 次。

(三)年龄

年龄较大的鸡所产的蛋,蛋重大,蛋壳品质差,破损率高,种蛋的合格率低。因此,种母鸡一般使用到64～66周龄就要淘汰,否则,就要进行强制换羽。

(四)防疫

许多传染性疾病都会使蛋壳质量变差,因此应加强防疫,减少种鸡群疾病的发生,另外种鸡在有病期间的种蛋不能入孵,只能作为商品蛋鸡出售。所以,种鸡一旦发病,损失是相当大的。

六、鸡的强制换羽技术

换羽是鸡正常的生理现象,从换羽开始到结束为3～4个月。人工强制换羽是人为采取强制性方法,给鸡以突然应激,造成新陈代谢紊乱,营养供应不足,促使鸡迅速换羽然后迅速恢复产蛋的措施。

(一)强制换羽的意义

(1)延长产蛋鸡的利用年限,减少培育育成鸡的费用。一般父母代种鸡饲养至64～66周龄(种蛋利用9～10个月后)淘汰更新。通过强制换羽,父母代种鸡也可延长利用6个月左右。因此强制换羽可以提高种鸡的利用率,节省饲料。青年鸡150日龄产蛋率50%,强制换羽2个月产蛋率就可达到50%。

(2)第二个产蛋期母鸡存活率高。采用强制换羽措施,让鸡的体重下降25%～30%,将沉积在子宫腺中的脂肪耗尽,使其分泌蛋壳的功能得以恢复,从而改善蛋壳质量,降低蛋的破损率,提高种蛋合格率,还能提高种蛋受精率和孵化率。

(3)缩短换羽期。任其自然换羽需3～4个月,人工强制换羽只需2个月左右。

(4)可根据市场需要控制休产期和产蛋期,提高种蛋的利用率。

(二)采用强制换羽的一般条件

参加强制换羽的种鸡群健康状况要良好,产蛋性能较高,种鸡种用价值高。一般来讲,第一个产蛋期产蛋性能好的鸡群,实行强制换羽后,第二个产蛋期母鸡生产性能也较高。

(三)强制换羽的方法

1. 断水绝食法(饥饿法,畜牧学法)

通过对饲料、饮水和光照的控制,使鸡体重减轻,生殖器官相应萎缩,从而达到停产换羽的目的。此法又因鸡种、体质、产蛋水平和季节气温等不同而方法各异。

(1)严格的方法　最初1～2 d(夏季1 d)断水绝食,从第3天(夏季第2天)开始只供应饮水不喂食,持续到8～13 d,每天8 h光照,以后再逐渐恢复给料和增加光照。换羽期短,一般50 d即可恢复产蛋,但死亡率高,损失较大。适合于鸡群体质健壮、气候适应、饲养管理条件好的鸡场采用。

(2)缓和的方法　间断给水给料,或只限料不限水,死亡率低,生产上采用较多。

2. 高锌饲料换羽法(化学法)

在鸡的饲料中加入2%的锌,鸡的采食量急剧减少,连续7 d喂饲含锌饲料,鸡就停止产蛋。从第8天开始,喂给普通日粮。在喂含锌饲料期间不停水,自由采食,每天光照8 h。这种方法使母鸡迅速换羽,迅速恢复产蛋,但开产后产蛋率上升慢。

3. 综合法

目前生产中多采用断水绝食法和加锌日粮相结合的强制换羽方法,即断水断料2～3 d,停止人工给光或光照降到8 h,然后开始给水,第3天让鸡自由采食含2%锌的饲料连喂7 d,一般 10 d 后全部停产。这时可恢复光照，换羽 20 d 后，母鸡开始产蛋。

（四）衡量强制换羽的指标

（1）换羽期的长短　从强制换羽开始到产蛋率恢复到 50%的时间一般为 6～8 周。

（2）失重率　根据鸡群的周龄、季节和饲养方式等，一般失重率达 20%～30%才能使输卵管中的脂肪基本消耗尽。

（3）死亡率　小于 3%～5%，一般第 1 周死亡率为 1%，1～10 d 为 1.5%，1～5 周为 2.5%，1～8 周为 3%。

（4）羽毛脱换速度　7～10 d 羽毛应大部脱落，10～20 d 主翼羽开始脱落，70%以上的主翼羽在 10～50 d 内脱落。

（五）实行强制换羽应注意的事项

（1）鸡群的选择　选择健康无病的高产鸡群，并选择体重一致的鸡只，淘汰病、弱和已经换羽的鸡只。

（2）疫苗接种和驱虫　强制换羽前 1 周对选择的鸡群进行新城疫疫苗的接种和药物驱虫。

（3）换羽期间　应掌握好脱羽速度、失重率和死亡率三项指标相对平衡。

（4）恢复给料和光照时要逐渐进行　给料量和营养水平都应逐渐增加，一般恢复给料的第 1 天每只喂 10～30 g，以后每天增加 10～20 g，到第 10 天左右达到正常采食。要保证料槽充足，喂料时使全群鸡只都能同时吃上料。

（5）注意鸡舍卫生　及时清扫羽毛杂物，防止因饥饿啄食，引起消化道疾病。

（6）实行强制换羽的适宜周龄　一般在种母鸡产蛋 60 周龄左右，当产蛋率在 60%以上时为好。

（7）适宜的换羽时间　强制换羽选在秋冬之交进行，换羽效果最好。

（8）不能连续强制换羽和给种公鸡换羽　种母鸡强制换羽只能进行一次，种公鸡强制换羽会影响精液品质。

拓展知识六　NY/T 2798.11—2015　无公害农产品生产质量安全控制技术规范（鲜禽蛋）

1　范围

本部分规定了无公害鲜禽蛋生产的场址和设施、禽只引进、饮用水、饲料和饲料添加剂、兽药、饲养管理、疫病防控、无害化处理、包装和贮运以及记录等技术要求。

本部分适用于无公害农产品鲜禽蛋的生产、管理和认证。

2　规范性引用文件

下列文件对于本文件的应用是必不可少的。凡是注日期的引用文件，仅注日期的版本适用于本文件。凡是不注日期的引用文件，其最新版本（包括所有的修改单）适用于本文件。

GB 13078　饲料卫生标准

GB 16548　畜禽病害肉尸及其产品无害化处理规程

GB 16549　畜禽产地检疫规程

GB/T 16569　畜禽产品消毒规范

GB 18596　畜禽养殖业污染物排放标准

NY/T 388　畜禽场环境质量标准

NY/T 2798.1　无公害农产品　生产质量安全控制技术规范 第1部分:通则

NY 5027 无公害食品　畜禽饮用水水质

中华人民共和国兽药典

进口兽药质量标准

农业部、卫生部、国家药品监督管理局公告第176号　禁止在饲料和动物饮用水使用的药物品种目录

中华人民共和国农业部公告第168号　饲料药物添加剂使用规范

中华人民共和国农业部公告第193号　食品动物禁用兽药及其他化合物清单

中华人民共和国农业部公告第278号　休药期规定

中华人民共和国农业部公告第560号　兽药地方标准废止目录

中华人民共和国农业部公告第1519号　禁止在饲料和动物饮水中使用的物质

中华人民共和国农业部公告第1773号　饲料原料目录

中华人民共和国农业部公告第2045号　饲料添加剂品种目录

3　控制技术及要求

3.1 场址和设施

序号	关键点	主要风险因子	控制措施
3.1.1	选址	致病微生物、有毒有害化合物、重金属	a)场址宜选在地势高燥、采光充足、水源充沛、水质良好、便于污水粪便等废弃物处理、无污染、隔离条件好、远离噪声的区域,且通过所在地县级以上有资质的环境测评部门的环境评估 b)距离生活饮用水源地、动物屠宰加工场所、动物和动物产品集贸市场500 m以上,距离种畜禽场1 000 m以上,动物饲养场(养殖小区)之间距离不少于500 m c)距离动物隔离场所、无害化处理场所3 000 m以上 d)距离城镇居民区、文化教育科研等人口集中区域及公路、铁路等主要交通干线500 m以上,距离大型化工厂、矿厂应至少1 000 m以上
3.1.2	布局	致病微生物	a)场区周围应建有隔离设施;场区出入口处应设置适合运输车辆进出的消毒设施 b)场区合理布局,生产区与生活办公区分开,有隔离设施;生产区内净道、污道分设,各养殖栋舍之间距离在5 m以上或者有隔离设施;各区域均有明确标识 c)应分别设立饲料和饲料添加剂、兽药、禽蛋贮存区,且有明确标识 d)应分别设立粪便、污水、病死蛋禽等废弃物处理区,粪便污水处理设施和尸体焚烧炉处于生产区、生活区的常年主导风向的下风向或侧风向处,且应远离生产区

续表

序号	关键点	主要风险因子	控制措施
3.1.3	设施设备	重金属、致病微生物	a)生产区入口处应设有相适应的消毒室、更衣室，配备相应的消毒设施，以满足进出人员和运输工具的消毒以及生产区域的消毒 b)禽舍面积应与饲养规模相适应，且建筑材料应符合环保要求、无潜在污染，如禁止使用含铅油漆。禽舍地面和墙壁应便于清洗消毒，且能耐酸、耐碱 c)禽舍门口应设消毒池（或消毒盆），应具备良好的排水、通风换气、光照及保温、降温设施 d)应有相对独立的患病动物隔离舍 e)应设有与生产规模相适应的无害化处理、污水污物处理设施设备。储粪场应有防雨、防渗漏、防溢流措施 f)应具备良好的防鼠、防虫及防鸟设施，以防野生动物或宠物进入禽舍

3.2 禽只引进

序号	关键点	主要风险因子	控制措施
3.2.1	来源	致病微生物	a)引进的禽只应来自具有种畜禽生产经营许可证的种禽场 b)同一栋禽舍的所有蛋禽应来源于同一种禽场相同批次的蛋禽
3.2.2	健康证明	致病微生物	引进的禽只需经产地动物卫生监督机构检疫，达到 GB 16549 的要求，具有动物检疫合格证明
3.2.3	运输	致病微生物	运输所用的车辆和笼具在使用前后应彻底清洗消毒

3.3 饮用水

序号	关键点	主要风险因子	控制措施
3.3.1	水质	致病微生物、重金属	a)蛋禽饮用水应来自无污染的水源，水质应符合 NY 5027 的要求 b)应定期检测蛋禽饮用水水质 c)舍外放养时，应避免蛋禽接近可能有污染的水源
3.3.2	消毒	致病微生物	应定期对饮水设施设备进行清洗、消毒，保持清洁卫生

3.4 饲料和饲料添加剂

序号	关键点	主要风险因子	控制措施
3.4.1	来源	违禁物质	a)应执行《饲料和饲料添加剂管理条例》,购买国家允许使用的、产品质量合格的饲料和饲料添加剂 b)外购饲料和饲料添加剂应来源于具有生产经营许可证的企业,且持有合格证明 c)自制饲料所用的原料和饲料添加剂应符合国家饲料主管部门颁布的《饲料原料目录》和《饲料添加剂品种目录》。添加药物饲料添加剂的自制饲料应有明确标识
3.4.2	质量	生物毒素、污染物	a)饲料和饲料添加剂应无发霉、变质、结块、虫蛀及异味、异臭、异物 b)符合单一饲料、饲料添加剂、配合饲料、浓缩饲料和添加剂预混剂产品的饲料质量标准规定,且所有饲料和饲料添加剂的卫生指标应符合 GB 13078 的规定 c)舍外放养时,应确保放养场所的牧草上不存在影响动物产品安全的污染物质或化学产品(如重金属、农药、除草剂等),必要时可对牧草或土壤进行安全检测
3.4.3	使用	生物毒素、兽药残留	a)应执行《饲料和饲料添加剂管理条例》,使用产品质量合格的饲料和饲料添加剂 b)应按照标签或产品使用说明使用饲料和饲料添加剂 c)饲喂的饲料产品应在保质期内,不应使用过期、变质产品 d)饲料药物添加剂的使用应符合农业部《饲料药物添加剂使用规范》,且应执行《休药期规定》
3.4.4	贮存	生物毒素、兽药残留	a)应在专设区域贮存饲料和饲料添加剂,并定期清洗消毒,保持清洁卫生 b)应分类存放,明确标识,且遵循“先进先出”的原则 c)添加兽药或药物饲料添加剂的饲料应分开贮存,防止交叉污染

3.5 兽药

序号	关键点	主要风险因子	控制措施
3.5.1	来源	违禁药物	a)应执行《兽药管理条例》,购买国家允许使用的、产品质量合格的兽药产品 b)所用兽药应产自取得生产许可证和产品批准文号的生产企业,或者取得进口兽药注册证的生产企业,购自取得兽药经营许可证的供应商 c)不应购买国家禁止使用的药物
3.5.2	质量	违禁药物	兽药质量应符合《中华人民共和国兽药典》《进口兽药质量标准》等农业部批准的质量标准
3.5.3	使用	兽药残留、违禁药物	a)使用兽药时应执行《兽药管理条例》,且在执业兽医指导下进行 b)应按照说明书的内容(药理作用、适应证、用法与用量、不良反应、注意事项、休药期等)或执业兽医的处方使用兽药 c)应执行国务院兽医行政管理部门制定的《休药期规定》 d)不应使用贮存不当的变质兽药和过期兽药,不应使用人用药品和假、劣兽药 e)不应使用农业部公告第176号、第193号、第560号和第1519号中所列药物以及国家规定的其他禁止在养殖过程中使用的药物,蛋鸡在产蛋期还不应使用农业部公告第278号中规定的产蛋期禁用兽药 f)不应将原料药直接添加到饲料及动物饮用水中或直接饲喂蛋禽
3.5.4	贮存	兽药污染	a)应在专设区域贮存兽药,并定期清洗消毒,保持清洁卫生 b)应按照兽药标签或说明书中的贮存要求保管兽药

3.6 饲养管理

序号	关键点	主要风险因子	控制措施
3.6.1	工作人员	致病微生物	a)应为工作人员提供适当的培训,包括蛋禽饲养管理、兽药安全使用、饲料的配制和使用、场所和设备的清洁消毒、生物安全和防疫以及无害化处理知识等 b)饲养人员不应在生产区私自饲养其他家禽和鸟 c)饲养人员应按照要求消毒并更换场区工作服和工作鞋后,方可进入饲养区。工作服和工作鞋应保持清洁,并应定期清洗、消毒

续表

序号	关键点	主要风险因子	控制措施
3.6.2	外来人员或车辆	致病微生物	a)外来人员或车辆经许可后,应按照要求消毒方可进入 b)任何来自可能染疫地区的人员或车辆不应进入场内 c)任何人员不应携带其他家禽、鸟、宠物等进入生产区内
3.6.3	饲养方式	致病微生物	a)应坚持"全进全出制"的原则 b)同一禽舍或养殖区不得同时饲养其他禽类,禁止混养 c)宜采用笼养和平养。地面平养应选择合适的垫料.垫料要求干燥、无霉变,并进行适当的消毒处理
3.6.4	饲养条件	有毒有害气体	a)饲养密度、光照、温湿度等参数应符合蛋禽品种和生长阶段要求 b)应经常通风换气,禽舍内空气质量应符合NY/T 388的要求

3.7 疫病防治

序号	关键点	主要风险因子	控制措施
3.7.1	清洁和消毒	致病微生物	a)每天清扫禽舍,保持笼具、料槽、水槽、用具、照明灯泡及舍内其他配套设施的洁净,保持舍内清洁 b)定期对地面和料槽、水槽等饲喂用具进行消毒,定期对禽舍空气进行喷雾消毒,定期对场区内道路、场周围及场内污水池、集粪坑、下水道等进行消毒。在疫病多发季节,应适当增大消毒频率 c)蛋箱或蛋托在使用前后均应消毒,工作人员应在集蛋前后洗手消毒 d)蛋禽转舍、售出后,应对空舍笼具和用品进行清扫、冲洗,并进行全面喷洒消毒。封闭式禽舍应在全面清洗后,关闭门窗进行熏蒸消毒,并至少空舍21 d e)蛋禽场的车辆应保持清洁。进出蛋禽场时,车辆应消毒 f)应轮换使用消毒药。消毒方法和程序参照GB/T 16569的要求执行
3.7.2	免疫接种	致病微生物	a)应根据《中华人民共和国动物防疫法》及其配套法规的要求,结合当地家禽疫病流行的情况制订免疫计划,选择科学的免疫程序和免疫方法,有选择地进行疫病的预防接种

续表

序号	关键点	主要风险因子	控制措施
			b)疫苗的来源、质量、使用与贮存应符合第4.5条款的相关规定 c)应定期对免疫动物进行抗体水平监测，根据抗体水平及时进行补充或强化免疫
3.7.3	疫病监测	致病微生物	应依据《中华人民共和国动物防疫法》及其配套法规以及当地兽医行政管理部门有关要求，积极配合当地动物卫生监督机构或动物疫病预防控制机构进行定期或不定期的疫病监测、监督抽查、流行病学调查等工作
3.7.4	疫病控制和扑灭	致病微生物、兽药残留	a)蛋禽发病时，应由执业兽医或当地动物疫病预防控制机构兽医实验室进行临床和实验室诊断，必要时送至省级实验室或国家指定的参考实验室进行确诊 b)应在执业兽医指导下进行治疗，并按照第4.5条款的规定使用兽药 c)在发生重大疫情时，应配合当地兽医机构实施的封锁、隔离、扑杀、销毁等扑灭措施.并对全场进行清洁消毒。消毒按GB/T 16569的规定执行

3.8无害化处理

序号	关键点	主要风险因子	控制措施
3.8.1	病死禽处理	致病微生物	应将病死蛋禽及时从健康禽群中剔除，并按照GB 16548的规定进行处理
3.8.2	废弃物处理	致病微生物、兽药残留	a)蛋禽场排放水应达到GB 18596规定的要求 b)应定期清理蛋禽场所产生的废料，如粪便、剩余饲料等。垫料和粪便等废弃物应在专设区域进行堆积发酵等无害化处理。处理后方可使用或运输 c)应定期收集过期、变质产品(兽药等农业投入品)及其包装等，并按国家法律法规的要求进行安全处理
3.8.3	不合格产品处理	致病微生物、兽药残留	应对休药期内或残留超标或卫生指标不合格的鲜禽蛋进行无害化处理

3.9包装标识和贮运

序号	关键点	主要风险因子	控制措施
3.9.1	包装标识和贮运	致病微生物	应符合NY/T 2798.1的相关规定

3.10 记 录

序号	记录事项	控制措施
3.10.1	记录的建立和保存	应符合 NY/T 2798.1 的相关规定
3.10.2	引进记录	记录引进禽只的相关情况，包括产地、种禽场名称、生产经营许可证、蛋禽品种与数量、引进日期等
3.10.3	人员进出记录	应对所有进入蛋禽场的人员进行记录，包括来访者、服务人员和养殖专业人员（兽医、检测员、饲养员等）
3.10.4	饲料记录	记录饲料采购、使用的相关情况，包括名称、数量、生产厂家、生产经营许可证、产品化验合格证明、购买日期等
3.10.5	兽药记录	记录兽药采购、使用、保存情况，包括药物名称、生产单位、有效期及使用剂量、使用方法、用药日期、停药日期、贮存条件等，以及出入库记录与过期或变质兽药处置记录等
3.10.6	生产记录	a)记录蛋禽日常死亡情况，包括数量、死亡原因、日期等 b)记录禽蛋生产、销售情况，包括日产量、销售去向等 c)记录产品质量检验情况，包括检测项目、检测日期等
3.10.7	消毒记录	记录消毒情况，包括消毒剂名称、用量、消毒方式、消毒日期等
3.10.8	免疫记录	记录蛋禽免疫情况，包括疫苗名称、生产厂家、接种量、使用方法、使用日期、使用日龄等
3.10 9	诊疗记录	记录内容包括蛋禽发病时间、症状、诊断结论、治疗措施等
3.10.10	无害化处理记录	记录无害化处理情况，包括数量、处理方式、处理日期等

复习与思考

1. 育雏前应做哪些准备工作？
2. 雏鸡的饲养环境条件有哪些？如何掌握和控制？
3. 判断育成鸡饲养好坏的衡量指标有哪些？
4. 育成鸡和产蛋鸡在限制饲养上有何区别？
5. 如何提高鸡群的均匀度？
6. 如何延长蛋鸡的产蛋高峰期？
7. 蛋用种鸡和商品蛋鸡在饲养管理上有何区别？
8. 怎样提高种蛋的合格率？
9. 怎样进行强制换羽？

技能训练七　雏鸡的断喙技术

目的要求

学会正确的断喙方法，熟练掌握断喙操作技术。

材料和用具

6～10 日龄雏鸡若干只、雏鸡笼、电热断喙器等。

内容和方法

1. 方法步骤

(1)断喙器的检查：检查断喙器是否通电、刀片是否锋利等。

(2)接通电源：将断喙器预热至适宜温度(刀片呈暗桃红色)。

(3)正确握雏 ：左手提稳鸡的双脚、右手拇指压鸡后脑，食指按喉部。

(4)切喙：上喙切除 1/2(喙端至鼻孔)，下喙切除 1/3，上喙比下喙略短或上下喙平齐。

(5)止血：切后将喙在刀片上烙 2～3 s。

2. 注意事项

(1)断喙时，上喙切除从喙尖至鼻孔 1/2 的部分，下喙切除从喙尖至鼻孔 1/3 的部分，种用小公鸡只断去喙尖，注意切勿把舌尖切去。

(2)断喙前后 1～2 d 内在每千克饲料中加入 2 mg 维生素 K，在饮水中加 0.1%的维生素 C 及适量的抗生素，有利于凝血和减少应激。

(3)断喙后 2～3 d 内，料槽内饲料要加得满些，以利于雏鸡采食，防止鸡喙啄到槽底，断喙后不能断水。

(4)断喙应与接种疫苗、转群等错开进行，在炎热季节应选择在凉爽时间断喙。此外，抓鸡、运鸡及操作动作要轻，不能粗暴，避免多重应激。

(5)断喙器应保持清洁，定期消毒，以防断喙时交叉感染。

(6)断喙后要仔细观察鸡群，对流血不止的鸡只，要重新烧烙止血。

实训报告

写出断喙的方法步骤和注意事项。

项目六 肉鸡生产

任务一　快大型肉仔鸡生产

任务描述

快大型肉仔鸡一般是指 6 周龄体重可达 2 300 g 以上、饲料转化率可达 1.7∶1 的肉鸡。根据快大型肉仔鸡的生产特点，阐述如何做好快大型肉仔鸡的饲养与管理工作。

任务目标

了解快大型肉仔鸡的生产特点；掌握提高肉鸡商品质量的措施；能熟练开展快大型肉仔鸡的饲养管理工作。

基本知识

(1)快大型肉仔鸡的生产特点；(2)快大型肉仔鸡的饲养；(3)快大型肉仔鸡的管理；(4)提高肉仔鸡增重的措施；(5)提高肉鸡商品质量的措施。

一、快大型肉仔鸡的生产特点

(1)早期生长速度快、饲料利用率高　肉仔鸡出壳时的体重一般为 40 g 左右，2 周龄时可达 350～390 g，6 周龄达 2 300 g 以上，为出生重的 60 多倍。并且随着肉用仔鸡育种水平的提高，现代肉鸡继续表现出遗传潜力的提高。由于生长速度快，使得肉仔鸡的饲料利用率很高，在一般的饲养管理条件下，饲料转化率可达 1.8∶1。目前，最先进的水平达到 42 日龄出栏，母鸡达 2 350 g，公鸡达 2 850 g，饲料转化率达 1.6∶1。

(2)适于高密度大群饲养　由于现代肉鸡生活力强，性情温顺，3 周龄后运动较少，具有良好的群居性，适于高密度大群饲养。一般厚垫料平养，出栏时可达 13 只/m^2。

(3)饲养周期短、周转快、单位设备生产率高　8～9 周能够周转一批，每年可以生产 5～6 批。

(4)产品性能整齐一致　肉用仔鸡生产，不仅要求生长速度快、饲料利用率高、成活率高，而且要求出栏体重、体格大小一致，这样才具有较高的商品率，否则会降低商品等级，也给屠宰带来不便。一般要求出栏时 80%以上的鸡体重在平均体重±10%以内。

(5)易发生营养代谢疾病　肉仔鸡由于早期肌肉生长速度快，而骨组织和心肺发育相对迟缓，故易发生腿部疾患、腹水症、胸囊肿和猝死等营养代谢病，对肉鸡业危害很大。

二、快大型肉仔鸡的饲养

1. 肉仔鸡的饲养方式

肉仔鸡的饲养方式主要有3种：

(1)厚垫料地面平养　是在地面上铺一定厚度的垫料5～10 cm。垫料要求干燥松软、吸水性强、不发霉、不污染。饲养过程中要经常松动垫料，把鸡粪落到垫料下面，防止鸡粪结块，并根据污染程度，及时铺上新的垫料，始终保持垫料干燥。

厚垫料饲养的优点是简便易行，设备投资少，胸囊肿的发生率低，残次品少。缺点是鸡直接接触地面，球虫病、大肠杆菌病发生概率高，药品及垫料费用大。

(2)网上平养　是将鸡饲养在离地50～60 cm的网床上。网床一般用金属网或竹夹板制成，上铺一层塑料网，以减少腿病和胸囊肿的发生。由于离地饲养，避免鸡与粪便接触，可减少球虫病等的发生。

(3)笼养　肉仔鸡笼养可提高饲养密度，减少疾病的发生，便于公母分群饲养，提高劳动效率和鸡舍空间利用率，节省燃料费用，节约占地，粪便便于集中处理，但一次性投入大。目前被普遍选用。

二维码6.1　垫料地面育雏

二维码6.2　肉鸡网上平养

二维码6.3　肉鸡笼养

2. 肉仔鸡的营养需要特点

肉仔鸡生长速度快，要求供给高能量、高蛋白的饲料，日粮各种养分充足、齐全且比例平衡。由于肉仔鸡早期器官组织发育需要大量蛋白质，生长后期脂肪沉积能力增强。因此在日粮配合时，生长前期蛋白质水平高，能量稍低；后期蛋白质水平稍低，能量较高。

3. 快大型肉仔鸡饲喂技术

(1)实行限制饲喂　由于肉鸡生长速度快，而骨组织和心肺发育相对迟缓，因此易发生腿部疾患、腹水症、胸囊肿和猝死等营养代谢病，要在17～25日龄期间限制饲喂，适当放慢生长速度，降低死淘率。

(2)饲喂颗粒饲料　颗粒饲料营养全面、比例稳定，不会发生营养分离现象，鸡采食时不会出现挑食，饲料浪费少。同时颗粒饲料适口性好，体积小，比重大，肉鸡吃料多，增重快，饲料报酬高。据试验，饲喂颗粒饲料，肉鸡每增加1 kg体重比饲喂粉料少消耗94 g饲料，饲料转化率提高3.1%。因此目前国内外普遍采用颗粒饲料饲喂肉仔鸡。但颗粒饲料加工费高，肉鸡腹水症发病率高于粉料，因此要注意前期适当限饲。

二维码6.4　肉鸡饲料与日常喂养

(3)保证采食量　保证有足够的采食位置和采食时间；高温季节采取有效的降温措施，加强夜间饲喂；检查饲料品质，控制适口性差的饲料的使用量；采用颗粒饲料；在饲料中添加香味剂。AA肉用仔鸡生长和耗料标准见表6.1。

(4)逐渐换料　更换饲料时要有过渡适应期，突然换料容易形成换料应激，造成壮鸡啄羽，弱鸡发病，病鸡死亡。

(5)减少饲料浪费　饲料要离地离墙存放，以防止霉变，不喂过期饲料。饲料要少喂勤添，加料不超过饲槽深度的1/3为宜。加料次数多还有利于观察和引动鸡群，及时发现病鸡和降低胸囊肿的发生率。饲槽的槽边要和鸡背同高，并随鸡的生长不断加高。饲槽、水槽周围可只垫沙不垫草，便于鸡吃槽外的料也防止草湿发霉。

表6.1　AA肉用仔鸡生长和耗料标准

周龄	体重/g			耗料累计/g			耗料增重比		
	公鸡	母鸡	混养	公鸡	母鸡	混养	公鸡	母鸡	混养
1	203	204	204	167	177	172	0.821	0.868	0.845
2	520	505	512	555	546	550	1.067	1.081	1.074
3	1 011	945	978	1 227	1 153	1 190	1.213	1.220	1.216
4	1 646	1 488	1 567	2 216	2 019	2 118	1.346	1.357	1.352
5	2 367	2 084	2 226	3 503	3 123	3 314	1.480	1.499	1.489
6	3 118	2 684	2 901	5 032	4 410	4 724	1.614	1.643	1.628
7	3 850	3 254	3 552	6 724	5 815	6 276	1.747	1.787	1.767

三、快大型肉仔鸡的管理

1. 饮水

雏鸡的第一次饮水称为初饮，雏鸡运抵育雏舍后稍事休息就应饮水。雏鸡能否及时饮到水是非常关键的。由于初生雏从较高温度的孵化器出来，又在出雏室停留及运输，体内丧失水分较多，故适时饮水可补充雏鸡生理所需水分，有助于剩余卵黄的吸收和促进雏鸡食欲，帮助饲料消化与吸收，促进粪便排出。初次饮水应在水中添加3%～5%的葡萄糖，连饮12～15 h，可显著降低1周龄内的死亡率。在1周龄内要饮用温开水，以后饮凉水，水温应和育雏室温一致。饮水要清洁干净(应经过过滤和消毒处理)，饮水器要充足，并均匀分布在室内，饮水器距地面的高度应随鸡日龄的增长而调整，饮水器的高度与鸡背高度平齐。每天饮水量见表6.2。

表6.2　肉仔鸡每1 000只每天饮水量　　L

周龄	10 ℃	21 ℃	32 ℃
1	23	30	38
2	49	60	102
3	64	91	208
4	91	121	272
5	113	155	333
6	140	185	380
7	174	216	428
8	189	235	450

2. 开食

雏鸡饮水1～2 h后开始喂料，雏鸡的第一次喂料称为开食。开食的时间最好控制在小鸡出壳后 24 h，开食过早，没有食欲，开食过晚，体能透支容易生病。开食料应用全价碎粒料，均匀撒在饲料浅盘上让鸡自由采食。3 日龄内，每间隔 2 h 喂一次，夜间停食 4～5 h。3 日龄后逐渐减少，但每天喂料应不少于 6 次。为防止鸡粪污染，饲料盘应及时更换，冲洗干净晾干后再用。4～5 日龄逐渐换成料桶，一般每 30 只鸡一个，2 周龄前使用 3～4 kg 的料桶，2 周龄后改用 7～10 kg 的料桶。

3. 环境控制

环境条件的优劣直接影响肉仔鸡的成活率和生长速度。肉仔鸡对环境条件的要求比蛋用雏鸡更为严格，影响更为严重，应特别重视。

(1)温度　雏鸡出生后体温调节能力差，必须提供适宜的环境温度。温度过低可降低鸡的抵抗力，引起腹泻和生长停滞。因此，保温是环境管理的基础，是肉仔鸡饲养成活率高低的关键，尤其在育雏期第 1 周内。肉仔鸡 1 日龄时，舍内室温要求为 27～29 ℃，保温伞下温度为 33～35 ℃。以后每周下降 2～3 ℃，最好每天下降 0.3～0.5 ℃，直至 18～20 ℃。肉仔鸡适宜温度见表 6.3。

表 6.3　肉仔鸡适宜温度　℃

周龄	育雏方式		
	保温伞育雏		直接育雏
	保温伞温度	雏舍温度	
1～3 d	33～35	27～29	33～35
4～7 d	30～32	27	31～33
2 周	28～30	24	29～31
3 周	26～28	22	27～29
4 周	24～26	20	24～27
5 周以后	21～24	18	21～24

检查温度是否适宜主要通过测量舍温和观察雏鸡表现。温度过低拥挤打堆，靠近热源；温度过高张口喘气，饮水增加，远离热源；鸡均匀分布就是温度适宜。

温度控制应保持平稳，并随雏鸡日龄增长适时降温，切忌忽高忽低。并要根据季节、气候、雏鸡状况灵活掌握。

(2)湿度　湿度对雏鸡的健康和生长影响也较大，育雏第 1 周内保持 70% 的稍高湿度。此时雏鸡含水量大，舍内温度又高，湿度过低易造成雏鸡脱水，影响羽毛生长和卵黄吸收。以后要求保持在 50%～65%，以利于球虫病的预防。

育雏的头几天，由于室内温度较高，室内湿度往往偏低，应注意室内水分的补充，可在火炉上放水壶烧开水，或地面喷水来增加湿度。10 日龄后，雏鸡呼吸量和排粪量增大，应注意高湿的危害，管理中应避免饮水器漏水，勤换垫料，加强通风，使室内湿度控制在标准范围之内。

(3)光照　肉仔鸡的光照制度有两个特点：一是光照时间较长，目的是延长采食时间；二是光照强度小，弱光可降低鸡的兴奋性，使鸡保持安静的状态。

光照方法。肉仔鸡的光照方法主要有 3 种：一是连续光照法，即在进雏后的头 2 d，每天光照 24 h，从第 3 天开始实行 23 h 光照，夜晚停止照明 1 h，以防鸡群在停电时发生应激。此法的优点是雏鸡采食时间长，增重快，但耗电多，鸡腹水症、猝死、腿病多。二是短光照法，即第一周每天光照 23～24 h，第二周每天光照 20～21 h，第三周以后每天光照 16 h，出栏前一周每天光照 22 h。此法可控制鸡的前中期增重，减少猝死、腹水和腿病的发病率，最后进行“补偿生长”，出栏体重不低却提高了成活率和饲料报酬。对于生长快，7 日龄体重达 175 g 的鸡可用此法。三是间歇光照法，在全密闭鸡舍，可实行 1～2 h 照明，2～4 h 黑暗的光照制度。此法不仅节约电费，还可促进肉鸡采食。但采用间歇光照，鸡群必须具备足够的采食、饮水槽位，保证肉仔鸡有足够的采食和饮水时间。

光照强度。育雏初期，为便于雏鸡采食饮水和熟悉环境，光照强度应强一些，以后逐渐降低，以防止鸡过分活动或发生啄癖。育雏头两周每平方米地面 2～3 W，两周后 0.75 W 即可。例如头两周每 20 m^2 地面安装 1 只 40～60 W 的白炽灯，以后换上 15 W 的白炽灯，如鸡场有电阻器可调节光的照度，则 0～3 d 用 25 lx，4～14 d 用 20 lx，15 d 以后 15 lx。建议尽量使用 LED 灯或者普通节能灯。开放式鸡舍要考虑遮光，避免阳光直射和过强。

(4)通风　肉仔鸡饲养密度大，生长速度快，代谢旺盛，因此加强舍内通风，保持舍内空气新鲜非常重要。通风的目的是排除舍内的氨气、硫化氢、二氧化碳等有害气体，空气中的尘埃和病原微生物，以及多余的水分和热量，导入新鲜空气。通风是鸡舍内环境最重要的指标，良好的通风对于保证鸡体健康，生长速度是非常重要的。通风不良，空气污浊易发生呼吸道病和腹水症；地面湿臭易引起腹泻。肉仔鸡舍的氨气含量以不超过 20 mg/L(以人感觉不到明显臭气)为宜。

通风方法有自然通风和机械通风。自然通风靠门窗进行换气，多在温暖季节进行；机械通风效率高，可正压送风也可负压排风，便于进行纵向通风。要正确处理好通风和保温的关系，在保温的前提下加大通风。实际生产中，1～2 周龄以保温为主，3 周龄注意通风，4 周龄后加大通风。

要注意进风口的设置，保证鸡舍内气流的均匀分布。同时注意低温季节通风时防止冷空气直接吹向鸡群。

(5)密度　饲养密度对雏鸡的生长发育有着重大影响。密度过大，鸡的活动受到限制，空气污浊，湿度增加，导致鸡只生长缓慢，群体整齐度差，易感染疾病，死亡率升高。密度应根据禽舍的结构、通风条件、饲养方式及品种确定。具体饲养密度可参考表 6.4。生产中应注意密度大的危害，在鸡舍设备情况许可时尽量降低饲养密度，这有利于采食、饮水和肉鸡发育，提高鸡群的均匀度。

表 6.4　肉仔鸡的饲养密度　只/m^2

周龄	平养密度	立体笼养密度	技术措施
0～2	25～40	50～60	强弱分群
3～5	18～20	34～42	公母分群
6～8	10～15	24～30	大小分群

四、提高肉仔鸡增重的措施

1. 选择生产性能高的品种

品种是影响肉仔鸡快速生长的重要因素。现代肉用鸡种都是杂交品种，具有显著的杂种优势。在早期生长速度、肉质、饲料利用率、屠宰率和发育整齐度等方面，是标准品种和地方良种所不及的。因此，为了提高养鸡经济效益，应选择早期生长速度快的肉仔鸡饲养。同时，引进的鸡苗，必须是来源于健康无污染的种鸡群；雏鸡活泼，体重达标，叫声洪亮，眼睛明亮，绒毛蓬松干净，腹部柔软平坦，脐部愈合良好，腿矫健有力能正常行走。

2. 供给肉仔鸡全价优质饲料

现代肉鸡生长快、饲料转化率高，必须供给营养完善的全价配合饲料，其性能才能得到充分发挥。采用全价配合饲料，也是实现养鸡机械化的前提，在节省饲料、设备和劳力等方面发挥作用。配合饲料不仅要求营养全面，而且适口性好，不霉变。

3. 加强整个饲养期的饲养管理

(1)加强早期饲喂　肉仔鸡生长速度快，相对生长强度大，前期生长稍有受阻则以后很难补偿。据试验，1 周龄体重每少 1 g，出栏体重少 10～15 g。因此一定要使出壳后的雏鸡早入舍、早饮水、适时开食，一般要求在出壳 24 h，饮水后 2～3 h，就应喂料。

(2)重视后期育肥　肉仔鸡生长后期脂肪的沉积能力增强，因此应在饲料中增加能量含量，最好在饲料中添加 3%～5%的脂肪，在管理上保持安静的生活环境、较暗的光线条件，尽量限制鸡群活动，注意降低饲养密度，保持地面清洁干燥。

(3)添喂砂砾　鸡没有牙齿，肌胃中砂砾起着代替牙齿磨碎饲料的作用，同时还可能促进肌胃发育、增强肌胃运动力，提高饲料消化率，减少消化道疾病。据报道长期不喂砂砾的鸡对饲料利用率下降 3%～10%。因此要适时饲喂砂砾。饲喂方法，1～14 d，每 100 只鸡喂给 100 g 细砂砾。以后每周 100 只鸡喂给 400 g 粗砂砾，或在鸡舍内均匀放置几个砂砾盆，供鸡自由采食，砂砾要求干净、无污染。

(4)适时出栏　肉仔鸡的特点是早期生长速度快、饲料利用率高，特别是 6 周龄前更为显著。因此要根据市场行情进行成本核算，在有利可盈的情况下，提倡提早出售，以免饲料消耗的价值超过了体重增加的回报。目前，我国饲养的肉仔鸡一般在 6 周龄左右，公母混养体重达 2 kg 以上，即可出栏。

4. 创造适宜的环境

创造适宜的环境条件是保证肉仔鸡快速生长的关键性管理措施。在肉仔鸡饲养过程中要提供一个温度、湿度适宜，通风良好，光照和饲养密度合适的安静舒适的环境，保证肉仔鸡快速生长。

5. 加强疫病防治

肉鸡生长周期短，饲养密度大，任何疾病一旦发生，都会造成严重损失。因此要制定严格的防疫卫生措施，搞好预防。

(1)实行“全进全出”的饲养制度　在同一场或同一舍内饲养同批同日龄的肉仔鸡，同时出栏，便于统一饲料、光照、防疫等措施的实施。第一批鸡出栏后，留 2 周以上时间彻底打扫、消毒鸡舍，以切断病源的循环感染，使疫病减少，死亡率降低。全进全出的饲养制度是现代肉鸡生产必须做到的，也是保证鸡群健康，根除病源的最有效措施。

(2)加强环境卫生，建立严格的卫生消毒制度　搞好肉仔鸡的环境卫生，是养好肉仔鸡的重要保证。鸡舍门口设消毒池，垫料要保持干燥，饲喂用具要经常洗刷消毒，注意饮水消毒和带鸡消毒。

(3)预防接种　预防接种是预防疾病，特别是预防病毒性疾病的重要措施，要根据当地传染病的流行特点，结合本场实际制定合理的免疫程序。最可靠的方法是进行抗体监测，以确定各种疫苗的使用时间。

(4)药物预防　根据本场实际，定期进行预防性投药，以确保鸡群稳定健康。1～4 日龄饮水中加抗菌药物(如环丙沙星、恩诺沙星等)，防治脐炎、鸡白痢、慢性呼吸道病等疾病，切断种蛋传播的疾病。17～19 日龄再次用以上药物饮水 3 d，为防止产生抗药性，可添加磺胺增效剂。15日龄后地面平养鸡，应注意球虫病的预防。也可以参照以下程序进行预防给药：10日龄用阿莫西林饮水，对机体起到一个净化作用；20日龄用氟苯尼考饮水，预防大肠杆菌；前期预防和治疗白痢可选择恩诺沙星或左旋氧氟沙星；34～37日龄为疾病高发期，可提前用抗病毒中药和配合预防大肠杆菌药。必须注意不能使用农业农村部规定禁用的药物和添加剂，即使允许使用的药物也必须保证足够的休药期以防止鸡肉中药物残留。

6. 公、母分群饲养

公、母雏生理基础不同，因而对生活环境、营养条件的要求和反应也不同。主要表现为：生长速度不同，4周龄时公鸡体重比母鸡大近13%，7周龄时大18%；沉积脂肪的能力不同，母鸡比公鸡易沉积脂肪，反映出对饲料要求不同；羽毛生长速度不同，公鸡长羽慢，母鸡长羽快。表现出胸囊肿的严重程度不同，公鸡比母鸡胸部疾病发生率高。公、母分群后采取下列饲养管理措施：

(1)分期出售　母鸡在40 d以后，体脂和腹脂蓄积程度较公鸡严重，饲料利用效率相应下降，经济效益降低。因此，母鸡应尽可能提前上市。

(2)按公、母调整日粮营养水平　公鸡能更有效地利用高蛋白质饲料，中、后期日粮蛋白质可分别提高至21%、19%，母鸡则不能利用高蛋白质日粮，而且将多余的蛋白质在体内转化为脂肪，很不经济，中、后期日粮蛋白质应分别降低至19%、17.5%。

(3)按公、母提供适宜的环境条件　公鸡羽毛生长速度慢，前期需要稍高的温度，后期公鸡比母鸡怕热，温度宜稍低；公鸡体重大，胸囊肿比较严重，应给予更松软更厚些的垫草。

公母分群饲养可节省饲料，提高饲料的利用率；同时使肉鸡体重均匀度提高，提高肉鸡的商业价值。

五、提高肉鸡商品质量的措施

1. 减少弱小个体

肉仔鸡的整齐度是肉仔鸡管理中一项重要指标，提高出栏整齐度，可以提高经济效益。挑雏与分群饲养是保证鸡群健康生长均匀的重要因素。第1次挑雏应在雏鸡到达育雏室进行，挑出弱雏小雏放在温度较高处单独隔离饲喂，残雏应予以淘汰，以净化鸡群；第2次挑雏在雏鸡6～8 d进行，也可在雏鸡首次免疫时进行，把个头小、长势差的雏鸡单独隔离饲养。雏鸡出壳后要早入舍、早饮水、早开食，对不会采食饮水的雏鸡要进行调教。温度要适宜，防止低温引起腹泻和生长停滞长成矮小的僵鸡。饮水喂料器械要充足，饲养密度合适，患病鸡要隔离饲养和治疗。饲养期间，要及时淘汰病弱残次品。

2. 防止外伤

肉鸡出场时应妥善处理，即或生长良好的肉鸡，出场送宰后也未必都能加工成优等的屠体。据调查，肉鸡屠体等级下降有50%左右是因碰伤造成的，而80%的碰伤是发生在肉鸡运至屠宰场过程中，即出场前后发生的。因此，肉鸡出场时尽可能防止碰伤，这对保证肉鸡的商品合格率是非常重要的。应有计划地在出场前4～6 h让鸡吃光饲料，吊起或移出饲槽和一切用具，饮水器在抓鸡前撤除。为减少鸡的骚动，最好在夜晚抓鸡，舍内安装蓝色或红色灯泡，使光照减至最小限度，然后用围栏圈鸡捕捉，抓鸡要抓鸡的胫部，不能抓翅膀。抓鸡、入笼、装车、卸车、放鸡的动作要轻巧敏捷，不可粗暴丢掷。

3. 控制胸囊肿

胸囊肿就是肉鸡胸部皮下发生的局部炎症，是肉仔鸡常见的疾病。它不传染也不影响生长，但影响屠体的商品价值和等级。应该针对产生原因采取有效措施。

(1)尽力使垫草干燥、松软，及时更换黏结、潮湿的垫草，保持垫草应有的厚度。

(2)减少肉仔鸡卧地的时间，肉仔鸡一天当中有 2/3 左右的时间处于卧伏状态，卧伏时胸部受压时间长，压力大，胸部羽毛又长得晚，故易造成胸囊肿。应采取少喂多餐的办法，促使鸡站起来吃食活动。

(3)若采用铁网平养或笼养时，应加一层弹性塑料网或直接使用喷塑底网。

4. 预防腿部疾病

随着肉仔鸡生产性能的提高，腿部疾病的严重程度也在增加。引起腿病的原因是各种各样的，归纳起来有以下几类：遗传性腿病，如胫骨软骨发育异常，脊椎滑脱症等；感染性腿病，如化脓性关节炎、鸡脑脊髓炎、病毒性腱鞘炎等；营养性腿病，如脱腱症、软骨症、维生素 B_2 缺乏症等；管理性腿病，如风湿性和外伤性腿病。预防肉仔鸡腿病应采取以下措施：

(1)完善防疫保健措施，杜绝感染性腿病。

(2)确保矿物质及维生素的合理供给，避免因缺乏钙、磷而引起的软脚病；缺乏锰、锌、胆碱、烟酸、叶酸、生物素、维生素 B_6 等所引起的脱腱症；缺乏维生素 B_2 而引起的蜷趾病。

(3)加强管理，确保肉仔鸡合理的生活环境，避免因垫草湿度过大，脱温过早，以及抓鸡不当而造成的腿病。

(4)适当限饲，放慢肉鸡的生长速度，减轻腿部骨骼的负担。

5. 预防肉仔鸡腹水综合征

肉仔鸡心、肺、肝、肾等内脏组织的病理性损伤而致使腹腔内大量积液的病称之为肉仔鸡腹水综合征。此病的病因主要是由于环境缺氧而导致的。在生产中，肉仔鸡以生长速度快、代谢率旺盛、需氧量高为其显著特点，但它所处的高温、高密度、封闭严密的环境，有害气体如氨气、二氧化碳、粉尘等常使得新鲜空气缺少而缺氧；同时高能量、高蛋白的饲养水平，也使肉鸡氧的需要量增大而相对缺氧；此外，日粮中维生素 E 的缺乏和长期使用一些抗生素等都会导致心、肺、肝、肾的损伤，使体液渗出而在腹腔内大量积聚。病鸡常腹部下垂，用手触摸有波动感，腹部皮肤变薄、发红，腹腔穿刺会流出大量橙色透明液体，严重时走路困难，体温升高。发病后使用药物治疗效果差。生产上主要通过改善环境条件进行预防，其主要措施有：

(1)早期适当限饲或降低日粮的能量、蛋白质水平，放慢肉鸡的生长速度，减轻肝脏、肾脏及心脏等的负担。

(2)降低饲养密度，加强舍内通风，保证有足够的新鲜空气供给。

(3)加强孵化后期通风换气。

(4)搞好环境卫生，减少舍内粉尘及其他病原菌的危害，特别是严格控制呼吸道疾病的发生。

(5)饲料中添加药物，如日粮中添加 1％的碳酸氢钠及维生素 C、维生素 E 等可降低发病率。

任务二　优质肉鸡生产

任务描述

优质肉鸡是指其肉品在风味、鲜味和外观上优于快大型肉鸡，具有适合当地人们消费习惯所要求的特有优良性状的肉鸡品种或品系，生长速度相对缓慢。本任务是阐述优质肉鸡的概念与分类及如何做好优质肉鸡的饲养管理工作。

任务目标

了解优质肉鸡的概念和分类；了解优质肉鸡的评定；掌握优质肉鸡的饲养管理要点。

基本知识

(1)优质肉鸡的分类；(2)优质肉鸡的饲养管理。

一、优质肉鸡的分类

1. 优质肉鸡的概念

优质肉鸡是指其肉品在风味、鲜味和外观上优于快大型肉鸡，具有适合当地人们消费习惯所要求的特有优良性状的肉鸡品种或品系。优质肉鸡主要具有以下含义。

(1)优质肉鸡是指肉质特别鲜美嫩滑、风味独特的肉鸡类型。一般是与肉仔鸡相对而言的，它反映的是肉鸡品种或杂交配套品系往往具有某些优良地方品种的血缘与特性。优质肉鸡在鸡肉的嫩滑鲜美、营养品质、风味、系水力等方面应具有突出的优点。

(2)优质肉鸡在生长速度方面往往不及快大型肉鸡品种，但肌肉品质优良、外貌和胴体品质等指标更适合消费者需求。

(3)优质肉鸡包含了肉鸡共同的优质性，是肉鸡优良品质在某些方面具体而突出的体现。

2. 优质肉鸡的分类

按照生长速度，我国的优质肉鸡可分为3种类型，即快速型、中速型和优质型。优质肉鸡生产呈现多元化的格局，不同的市场对外观和品质有不同的要求。

(1)快速型　以长江中下游的上海、江苏、浙江、安徽以及北方省市为主要市场。要求49日龄公母平均上市体重1.5～1.7 kg，2 kg以上新公鸡最受欢迎。该市场对生长速度要求较高。

(2)中速型　以香港、澳门和广东珠江三角洲地区为主要市场，内地市场有逐年增长的趋势。港、澳、粤市民偏爱接近性成熟的小母鸡，当地称之为“项鸡”。要求80～100日龄上市，体重1.5～2.0 kg，冠红而大，毛色光亮。

(3)优质型　以广西、广东湛江地区和广州部分地区的市场为代表，内地中高档宾馆饭店、高收入人群也有需求。要求90～120日龄上市，体重1.1～1.5 kg，冠红而大，羽色光亮，胫较细，羽色和胫色随鸡种和消费习惯而有所不同。这种类型的鸡一般未经杂交改良，以各地优良地方鸡种为主。

3. 优质肉鸡的评定

优质肉鸡的性状包括以下8方面：

(1)体型外貌　体型符合品种的要求，羽毛整齐干净光亮，毛色鲜明而有光泽，双眼明亮有神，精神良好，冠和肉髯鲜红润泽，双脚无残疾等。

(2)胴体外观　要求胴体干净，皮肤完整，无擦伤、扯裂、囊肿，无充血、水肿，无骨骼损伤；胴体肌肉丰满结实，屠宰率高，皮肤颜色表现该品种颜色，如黄色或淡黄色、黄白色。

(3)保存性　主要由鸡肉本身的化学和物理特性而决定，表现在加工、冷冻、贮藏、运输等过程中承受外界因素的影响、保持自身品质的能力。

(4)卫生　是指肉鸡胴体或鸡肉产品符合人们的食用卫生条件，如胴体羽毛拔除干净，无绒毛、血污或其他污物附着，肉质新鲜无变质、无囊肿，最重要的卫生条件是鸡肉产品来自正常健康的肉鸡，无重大传染性疫病感染。

(5)安全性　是指鸡肉产品不含对人体健康构成危害的因素，或是含有某些极微量的对人体不利的物质，但达不到构成对人们健康危害的程度。主要包括3方面：一是没有传播感染人类健康的病原微生物，如禽流感病毒、金黄色葡萄球菌、大肠杆菌、沙门菌等；二是在加工、贮藏、运输等过程中没有污染对人体有害的物质；三是在饲养过程中使用的药物、添加剂、色素或其他物质等应严格控制在国家规定的许可范围之内。这是当前我国优质肉鸡的最突出和最迫切需要解决的问题。

(6)鲜嫩度　是指鸡肉的肌间脂肪含量、肌纤维的粗细和多汁性等多方面的含义。鲜嫩度同样受到品种、性别、年龄、出栏时期、肌肉组织结构、遗传因素、加工方法等许多因素的影响。

(7)营养品质　包括鸡肉所含的蛋白质、脂肪、水分、灰分、维生素及各种氨基酸的组成等，是优质肉鸡概念的主要内容。鸡肉是公认的最好营养食品之一，其蛋白质含量比许多畜禽肉要高，而脂肪含量则较少。

(8)风味　是指包括味觉、嗅觉和适口性等多方面的综合感觉。指鸡肉的质地、鲜嫩度、pH、多汁性、气味和滋味。鸡肉风味，受许多因素影响，主要有鸡的品种、年龄、生长期、性别和遗传等许多因素，饲料种类和饲养方式，加工过程中的放血、去毛、开膛、净膛、冷冻、包装、贮藏和烹调等也会影响鸡肉风味。

4. 影响肉质的因素

(1)品种　品种对肉鸡生长、性成熟、体形、胴体肌肉含量、脂肪积聚能力、皮下脂肪厚度、脂肪在肌间的分布、肌肉纤维的粗细、弹性、系水力等都有重大的影响，如我国南方某些地方品种肉鸡性成熟早、皮下脂肪少、肌间脂肪分布均匀、肌纤维细小、肌肉鲜美滑嫩等都是由品种所决定的，所以品种是优质肉鸡的主要决定因素。

(2)生长速度　一般来说，生长速度快的肉鸡，其产量虽高，但鸡肉品质往往较差；肌肉纤维直径的增大以及肌肉中糖解纤维比例增高，蛋白水解力下降，还会引起肌肉苍白，系水力降低。而这些指标都是评价优质肉鸡的重要指标。

(3)饲料营养　饲料中的营养物质是构成鸡肉产品的物质基础，供给肉鸡理想的全价饲料，同时又能严格的控制饲料中有害物质的含量，是保证肉质的最重要措施之一。

(4)年龄　年龄大小关系到鸡的体成熟和性成熟程度、肌肉组织的嫩度、骨骼的硬化、鸡肉的含水量和系水力、脂肪的积累与分布等，是重要的优质肉品指标。

(5)性别　不同的消费群体，性别往往被认为是影响肉质的一个重要因素。如在我国南方，母鸡比公鸡的价格高很多，主要认为母鸡的肉质、风味和营养比公鸡好，而在北方某些地区则正好相反。

(6)性成熟　性成熟的影响和年龄影响存在许多共同点，主要是因为性成熟和出栏日龄对鸡肉的风味、滋味的浓淡具有明显影响。一般认为母鸡开产前的鸡肉风味最好。

(7)生长环境　放养在舍外的肉鸡，其肉质风味较舍内圈养或笼养肉鸡好是许多人的共识。在野外放养的肉鸡可自由采食昆虫、植物及其果实，且良好的生长环境，阳光照射、清新的空气、洁净的泉水等更可饲养出高品质的肉鸡。故环境对肉质的影响是多方面的、综合性的。

(8)运动　运动有利于改进鸡肉品质，改善机体组织成分的组成比例，也有利于增强抵抗疾病的能力，最终势必影响肉鸡产品的品质。

(9)加工　肉鸡在屠宰加工过程中的放血、浸泡、拔毛、开膛、冲洗等环节都对肉鸡胴体的外观、肉质有影响。

(10)保存　对屠宰加工后鸡肉产品进行冷冻保存的时间、温度、速度都会对细胞组织起破坏作用而影响肉质。一般来说，0～3 ℃的冷藏对肉质风味影响较小，但保存时间较短；冷冻状态下，尽管延长了贮存时间，但破坏了鸡肉组织结构，从而影响了产品风味；而在温热的条件下，却极易变质，甚至发生腐败。

二、优质肉鸡的饲养管理

(一)生长发育特点

优质商品肉鸡生产与快大型肉鸡比较，在生长发育方面表现为以下特点：

(1)生长速度相对缓慢。优质肉鸡的生长速度介于蛋鸡品种和快大型肉鸡品种之间，有快速型、中速型及慢速型之分。快速型优质肉鸡 6 周龄上市平均体重可达 1.3～1.5 kg，而慢速型优质肉鸡 90～120 d 上市体重仅有 1.1～1.5 kg。

(2)优质肉鸡对饲料的营养要求水平较低。在粗蛋白质 19%、能量 11.50 MJ/kg 的营养水平下，即能正常生长。

(3)生长后期对脂肪的利用能力强。消费者要求优质肉鸡的肉质具有适度的脂肪含量，故生长后期应采用含脂肪的高能量饲料进行育肥。

(4)羽毛生长丰满。羽毛生长与体重增加相互影响，一般情况，优质肉鸡至出栏时，羽毛几经脱换，特别是饲养期较长，出栏较晚的优质肉鸡，羽毛显得特别丰满。

(5)性成熟早。如我国南方某些地方品种鸡在 30 d 时已出现啼鸣，母鸡在 100 d 就会开始产蛋；其他育成的优质肉鸡品种公鸡在 50～70 d 时冠髯已经红润，出现啼鸣现象。

(二)优质肉鸡的饲养方式

优质肉鸡的饲养方式通常有地面平养、网上平养、笼养和放牧饲养 4 种方式。

(1)地面平养　地面平养对鸡舍的基础设备的要求较低，在舍内地面上铺 5～10 cm 厚的垫料，定期打扫更换即可；或在 5 cm 垫料的基础上，通过不断增加垫料解决垫料污染问题，一个饲养周期彻底更换一次垫料的饲养方法。地面平养的优点是设备简单，成本低，胸囊肿及腿病发病率低，可以不断喙。缺点是需要大量垫料，密度较小，房舍利用率偏低，发病率高。

(2)网上平养　网上平养设备是在鸡舍内饲养区以木料或钢材做成离地面 40～60 cm 的支架，上面排以木或竹制棚条，间距 8～12 cm，其上再铺一层弹性塑料网。这种饲养方式，鸡粪落入网下地面，减少了消化道病二次感染，尤其对球虫病的控制有显著效果。弹性塑料网上平养，胸囊肿的发生率可明显减少。网上平养的缺点是设备成本较高，需要断喙处理以防止啄癖。但是在一些地区，经过断喙处理的鸡价格较低。

(3)笼养　笼养优质肉鸡近年越来越广泛地得到应用。与平养相比,单位面积饲养量可增加1倍左右,可有效地提高了鸡舍利用率;限制了鸡在笼内活动空间,采食量及争食现象减少,发育整齐,增重良好,育雏、育成率高,可提高饲料效率5%～10%,降低总成本3%～7%;鸡体与粪便不接触,可有效地控制白痢和球虫病蔓延;不需要垫料,减少了垫料开支,降低了舍内粉尘浓度;转群和出栏时,抓鸡方便,鸡舍易于清扫。但笼养方式的缺点是一次性投资较大,需要断喙,容易出现羽毛不完整的问题,影响销售价格。

二维码6.5　笼养雏鸡舍

二维码6.6　肉鸡笼养(前期)

二维码6.7　肉鸡笼养(后期)

(4)放牧饲养　育雏脱温后,4～6周龄的肉鸡在自然环境条件适宜时可采用放牧饲养。即让鸡群在自然环境中活动、觅食、人工补饲,夜间鸡群回鸡舍栖息的饲养方式。该方式一般是将鸡舍建在远离村庄的山丘或果园之中,鸡群能够自由活动、觅食,得到阳光照射和沙浴等,可采食虫子、青草和砂砾、泥土中的微量元素等,有利于优质肉鸡的生长发育,鸡群活泼健康,肉质特别好,外观紧凑,羽毛光亮,也不易发生啄癖。

(三)优质肉鸡的饲喂技术

(1)饲喂方案　生产优质肉鸡的喂养方案通常有两种:一种是使用两种日粮方案,即将优质商品肉鸡的分为两个阶段进行饲养,即0～35 d(0～5周龄)幼雏阶段,36 d至上市中雏、肥育阶段。这两个阶段分别采用幼雏日粮和中雏日粮,这种喂养方案又称为“两阶段制饲养”。另一种是使用3种日粮方案,即将优质肉鸡的生长分为3个阶段,即0～35 d幼雏,36 d至上市前2周中雏阶段,上市前2周至出栏的肥育阶段。这3个阶段分别采用幼雏日粮、中雏日粮、肥育日粮进行饲养,这种喂养方案也称为“三阶段制饲养”。两种喂养方案生产中根据管理及饲料等情况可采用任何一种,一般使用“三阶段制饲养”较好,育肥日粮更有利于后期催肥,同时育肥日粮还可作为停药期日粮。

(2)饲喂方式　饲喂方式可分为两种:一种是定时定量法。就是根据鸡日龄大小和生长发育的要求,把饲料按规定的时间分为若干次投放饲喂的方法,投喂的饲料量在下次投料前半小时吃完为准,这种方式有利于提高饲料的利用率。另一种是自由采食法。就是把饲料置于料槽或料桶内任鸡随时采食,一般每天加料2～3次,终日保持饲料器内有饲料。这种方式可以避免饲喂时鸡群抢食、挤压和弱鸡争不到饲料的现象,鸡群能比较均匀地采食饲料,生长发育也比较均匀,减少因饥饿感引起的啄癖;但是若饲料过细或粗细不均,容易造成饲料浪费、营养失衡。

(四)优质肉鸡的管理

1. 日常管理要点

(1)温度　育雏温度不宜过高,太高会影响优质肉鸡的生长,降低鸡的抵抗力,因此要控制好育雏温度,适时脱温。一般采用1日龄舍温33～34 ℃,每天下降0.3～0.5 ℃,随鸡龄的增加而逐步调低至自然温度,同时应随时观察鸡的睡眠状态。特别注意要解决好冬春季节保温与通风的矛盾,防止因通风不畅诱发腹水症及呼吸道疾病。

(2)湿度　湿度对鸡的健康和生长影响较大,湿度高易引发球虫病,湿度太低雏鸡体内水分随呼吸而大量散发，影响雏鸡卵黄的吸收。一般以舍内相对湿度50%～65%为好。

(3)光照　光照时间的长短及光照强度对优质肉鸡的生长发育和性成熟有很大影响，优质肉鸡的光照制度与肉仔鸡有所不同，肉仔鸡光照是延长采食时间，促进生长，而优质肉鸡还具有促进其性成熟，使其上市时冠大面红，性成熟提前的作用。光照太强影响休息和睡眠，并会引发啄羽、啄肛等恶癖；光照过弱不仅不利于饮水和采食，也不能促进其性成熟。合理的光照制度有助于提高优质肉鸡的生产性能。优质肉鸡光照方案见表6.5。

表6.5　优质肉鸡光照参考方案

项目	日龄						
	1～2	3～7	8～13	14至育肥前14	育肥前14至育肥前7	育肥前7至育肥期	育肥期
光照时间/h	23～24	20	16	自然光照	16	20	23～24
光照强度/lx	20	10	10		10	10	20

(4)通风　保持舍内空气新鲜和适当流通，是养好优质肉鸡的重要条件之一，所以通风要良好，防止因通风不畅诱发肉鸡腹水症等疾病。另外，要特别注意贼风对仔鸡的危害。

(5)密度　密度对鸡的生长发育有着重大影响。密度过大，鸡的活动受到限制，鸡只生长缓慢，群体整齐度差，易感染疾病以及发生啄肛、啄羽等恶癖，密度过小，则浪费空间，养殖成本增加。平养育雏期30～40只/m^2，舍内饲养生长期12～16只/m^2。

(6)公母分群饲养　优质肉鸡的公鸡生长较快，体型偏大，争食能力强，而且好斗，对蛋白质、赖氨酸利用率高，饲养报酬高；母鸡则相反。因此通过公母分群饲养而采取不同的饲养管理措施，有利于提高增重、饲养效益及整齐度，从而实现较好的经济效益。

(7)加强免疫接种　某些优质肉鸡品种饲养周期与肉用仔鸡相比较长，除进行必要的肉鸡防疫外，应增加免疫内容，如马立克氏病、鸡痘等；其他免疫内容应根据发病特点给以考虑。此外，还要搞好隔离、卫生消毒工作。根据本地区疾病流行的特点，采取合适的方法进行有效的免疫监测，做好疫病防治工作。

2. *炎热季节的管理要点*

优质肉鸡对热应激特别敏感，体温升高，体内酸碱平衡失调，血液指标异常，采食量下降，生产效率低下，饲料利用率降低，严重的还会导致死亡。生产中除在饲养管理方面采取一些降温和抗热应激措施外，还可从饲料营养方面采取以下技术措施：

一是增加给料次数，改变喂料时间，减少因采食量下降而造成的损失；二是饮用低温水和添加补液盐类，调节鸡体内渗透压；三是短时间绝食，有利于减少鸡在热应激时的产热量，降低死亡率；四是在饮水中添加小苏打等，保持血液CO_2的含量，使血液pH趋于正常；五是调整日粮营养，在热应激条件下，重点考虑日粮的能量水平以及能量饲料原料，采用适中的能量水平日粮，并保持必需氨基酸的平衡；六是在肉鸡日粮、饮水中添加多维和微量元素，对缓解热应激有一定作用。

3. *防止啄癖*

优质肉鸡，活泼好动、喜欢追逐打斗，特别容易引起啄癖。啄癖的出现不仅会引起鸡的死亡，而且影响长大后商品鸡的外观，给生产者带来很大的经济损失，必须引起高度重视。对于公鸡群，有的为鸡戴塑料眼镜以阻挡其前视，能够有效减少啄癖。

4. 减少残次品

养鸡场生产出良好品质的优质肉鸡后，若将其品质一直保持到消费者手中，需要在抓鸡、运输、加工过程中对胸部囊肿、挫伤、骨折、软腿等方面进行控制。减少优质肉鸡残次品要注意以下问题：

(1)避免垫料潮湿，增加通风，减少氨气，提供足够的饲养面积。

(2)抓鸡、运输、加工过程中操作要轻巧。

(3)抓鸡前一天不要惊扰鸡群。防止鸡群受惊后与食槽、饮水器相撞而引起碰伤。装运车辆最好在天黑后才驶近鸡舍，防止白天车辆的响声惊动鸡群。

(4)强调抓鸡技术，捉鸡时要求务必稳、准、轻。抓鸡前，应移除地面的全部设备。抓鸡工人不要一手同时抓握太多鸡，一手握住的越多则鸡外伤发生的可能性越大。

(5)抓鸡时，鸡舍应使用暗淡灯光。

(6)搞好疾病控制，如传染性关节炎、马立克氏病等。

(7)合理调配饲料，加强饲喂管理。饲料中钙、磷缺乏或钙、磷比例不当，缺乏某些维生素、微量元素，饲料含氟超标，以及采食不均等均会造成产品质量下降。

任务三　快大型肉种鸡的饲养管理

任务描述

现代肉鸡育种以提高肉用性能为中心，以提高增重速度为重点，育成的肉用鸡种体型大，肌肉发达，采食量大，饲养过程中易发生过肥或超重，使正常的生殖机能受到抑制，表现为产蛋减少、腿病增多、种蛋受精率降低，使肉种鸡自身的特点和肉种鸡饲养者所追求的目的不一致。解决肉种鸡产肉性能与产蛋任务的矛盾，重点是保持其生长和产蛋期的适宜体重，防止体重过大或过肥。所以，发挥限制饲养技术的调控作用，就成为饲养肉种鸡的关键。

任务目标

了解肉种鸡饲养管理方式；掌握肉种鸡的饲养管理要点；能对肉种鸡的均匀度进行测定。

基本知识

(1)肉种鸡饲养管理方式；(2)种母鸡各阶段的饲养管理；(3)种公鸡的饲养管理。

一、肉种鸡饲养管理方式

肉种鸡的一个生产周期为 64～66 周，分为育雏期、育成期和产蛋期 3 个阶段。

肉种鸡的饲养方式有以下 3 种：

1. 全垫料平养

一般采用厚垫料平养，先将鸡舍地面清扫以后，冲洗消毒，撒上一层熟石灰，然后再铺上 5～6 cm 厚的垫料，育雏 1～2 周后继续铺设新的垫料，直至厚度达 20～25 cm 为止，垫料于育雏结束后一次性清除。优点是可省去更换垫料的繁重劳动，垫料能发酵产热，提高舍温，垫料内由于微生物的活动，可产生维生素 B_{12}。这种地面柔软舒适，育雏育成期腿部疾病发生率和死淘率较低。种鸡经常扒翻垫料，可增加运动量，增加食欲和新陈代谢，促进生长发育，有利于鸡只在垫料上栖息和自然交配，种蛋的受精率高。缺点是鸡体与粪便接触患病的概率大，垫料地面往往使母鸡产窝外蛋增多，垫料管理难度大，耗费较高。

2. 垫料-板条式平养

垫料-板条式平养又称垫料与板条混合地面，这种方式以鸡舍宽度来划分，垫料地面占鸡舍中央的面积，用板条搭成的棚架沿鸡舍纵长的两侧铺设，又称高—低—高（两高一低）鸡舍，棚架与垫料地面的面积比例为 6∶4 或 2/3∶1/3。产蛋箱以板条边沿为基础，悬挂于中央垫料区的两侧。棚架高度为 40～60 cm，靠近垫料一侧下部要装上铁丝网封严，防止鸡只进入板条下的集粪区。饲养人员在中央垫料上行走或操作，也可通过台阶式踏脚板到棚架上饲养管理鸡群。棚架上面放置喂料和饮水设备，鸡群在上面采食、饮水和栖息，到松软的垫料区运动和自然交配。这种方式将垫料和网上平养的优点结合起来，是一种典型的肉种鸡管理方式，在肉种鸡生产中广泛采用。

二维码 6.8

肉种鸡平养

平养肉种鸡可采用一段制，即从 1 日龄雏鸡开始在同一栋舍内饲养，中间不需转舍，饲养至鸡群出售为止。这种方式节省人工，减少了转群应激，但鸡舍利用率较低，多适于中小型肉种鸡场采用。

二维码 6.9

笼养雏鸡

3. 笼养

随着肉鸡业的快速发展，近年来一些肉种鸡饲养场使用笼养技术，取得了良好效果。生产实践证明，只要使用专用笼具，满足肉种鸡的营养需要，按笼养鸡的饲养管理要求，使用人工授精技术，就能起到提高鸡群饲养密度和种蛋受精率的目的。笼养肉种鸡一般采用多段制，即按饲养阶段分舍饲养，鸡舍与设备专一配套，如目前大型肉种鸡场设有若干分场，既提高了生产设施的利用率和生产效率，又便于实行全进全出。

二维码 6.10

肉种鸡舍

二、种母鸡各阶段的饲养管理

（一）育雏育成期公、母分群饲养

育雏期、育成期种公鸡和种母鸡的饲养管理原则基本相同，但体重生长曲线和饲喂程序却不一样。虽然种公鸡的数量在整个鸡群中所占的比例较小，但在遗传育种重要性方面却起着 50%的作用。因此，种公鸡和种母鸡在达到其最适宜的体重目标方面具有同样的重要性。目前大多数饲养管理成功的鸡群在整个育雏育成阶段都采用种公鸡和种母鸡分开饲养的程序，至少前 6 周要分开饲养。育雏育成种公鸡和种母鸡分开饲养的主要优势如下：

(1)同一群体中由于种公鸡和种母鸡具有不同的采食竞争能力，种公鸡和种母鸡的生长发育就会出现很大的差异。分群饲养可为种公鸡和种母鸡采用不同的饲料进行饲喂，更有效地分别控制种公鸡和种母鸡的体重和均匀度，使其发挥最大的生产潜力。

(2)可在育雏的初期为种公鸡提供更多的光照，促使其早期生长，以期骨架发育的较大。种公鸡从 7 日龄开始根据目标体重控制其达到适宜的骨架发育（骨架的大小与受精率之间具有十分密切的关系）。

(3)有助于体重控制，依据公鸡和母鸡的每周龄末体重确定下周每天的喂料量，分开饲养便于分别按照喂料量标准喂饲，有助于提高群体发育的均匀度。

(4)有助于加强生物安全体系，如果种公鸡或种母鸡受到疾病侵袭，可防止另一方受到感染。

(二)育成期的限制饲养

1. 育成期的培育目标

育成期指10～15周龄，是决定肉种鸡体型发育的重要阶段。育成前期随着采食量的增加，鸡体生长明显加快，其骨骼、肌肉为生长的主要部位，至12周龄以后骨骼发育减慢，生殖系统发育开始加快，沉积脂肪能力变强。

2. 限制饲养的目的

(1)延迟性成熟期　通过限制饲喂，后备种鸡的生长速度减慢，体重减轻，使性成熟推迟，一般可使开产日龄推迟10～40 d。

(2)控制生长发育速度　使体重符合品种标准要求，提高均匀度，防止母鸡过多的脂肪沉积，并使开产后小蛋数量减少。

(3)降低产蛋期死亡率　在限制饲喂期间，鸡无法得到充分营养，非健康和弱残的鸡在群体中处于劣势，最终无法耐受而死亡。这样在限饲期间将淘汰一部分鸡，育成后的鸡受到锻炼，在产蛋期间的死亡率降低。

(4)节省饲料　限制饲喂可节约饲料，降低生产成本，一般可节省10%～15%的饲料。

(5)同期开产　使同群内种鸡的成熟期基本一致，做到同期开产，同时完成产蛋周期。

3. 限制饲养的方法

为了控制体重，首先必须进行称重以了解鸡群的体重状况。称重一般从4周龄开始，每周称重一次，每次随机抽取全群总数的2%～5%或每栋鸡舍抽取不少于50只鸡，公母分开进行称重。称重后与标准体重进行对比，如果鸡体重未达标，则应增加饲喂量，延长采食时间，增加饲料中能量、蛋白质含量，甚至延长育雏料(育雏料中能量、蛋白质含量较高)饲喂周龄直至体重达标为止。如体重超标，则应进行限制饲喂，限制饲喂一般有3种方法：

(1)数量的限制　饲料配方不变，减少饲喂数量，不限定采食时间。限制饲喂前计算出鸡的自由采食量，根据超重程度，计算出饲喂数量，喂料量一般低于自由采食量的90%。每天应对饲喂数量准确称量并准确记录。

(2)质量的限制　改变饲料配方，降低饲料营养成分含量，使饲料中一些重要营养指标(能量、蛋白质)低于正常水平，即用低能量、低蛋白质饲料饲喂。

(3)时间的限制　每天规定吃料时间，其余时间盖上或吊起料槽或料桶。此方法操作较难，使用料槽时若操作不当则不易控制。

以上3种方法根据实际需要也可合并或交叉使用。生产中常见的限制饲喂措施有每日限饲、隔日限饲、喂五限二、喂四限三、喂六限一等几种饲喂程序。近年来，喂四限三饲喂程序越来越流行，主要原因在于该程序每周喂料量增加的比较缓和。生产上只有利用饲养管理人员有关饲喂程序方面的经验，才能取得最佳饲养效果。

4. 限制饲养时应注意的问题

(1)所有肉用种鸡如超重，千万不要减料，维持原有水平，到下1周该加料时，暂不增加料，达到标准体重为止。

(2)转群、免疫、发病、天气突然变冷等应激因素到来时，应在标准水平上增加10%～15%喂料量，直到解除应激因素为止。

(3)体重不足应加料，通常差1 g体重增加1～2 g喂料量。

(4)限制饲喂前要进行调群、断喙。调群时，将鸡群分为大、中、小三群，针对不同群体采取不同的饲喂方法和措施。断喙对于防止啄癖很有帮助，因限饲时鸡群饥饿感增加，会诱使啄癖的出现。

(5)槽位不足使用隔日饲喂法即在 1 d 内投放 2 d 的喂料量，这样可使鸡群生长均匀。

5. 体重体况控制

(1)体重的标准和要求　体重标准的重要性在于保证育成鸡在该鸡种规定的体重标准和周龄达到性成熟。体重控制主要通过喂料量来实施，不同的配套系种鸡都有各自的体重和喂料量标准，通常在周龄末通过称重以确定下周喂料量。

育成鸡体重的增加主要取决于肌肉生长和脂肪沉积。肌肉生长不良使鸡过度疲劳，脂肪沉积过多使鸡过肥，两者均会影响以后的产蛋。骨骼发育的好坏也决定着育成鸡的体质。因而育成期应促进骨骼发育、肌肉生长，降低脂肪沉积。

生长发育整齐是育成期鸡群管理的重点之一，以便实施增料和其他管理措施。鸡群的整齐程度用均匀度表示，它也是检查育成鸡限制饲养效果的重要指标。均匀度是指抽样称重中，在规定体重范围内的个体占抽样鸡只总数的百分比，通常以平均体重±10%这一范围内的个体所占比例大小表示。现代鸡种要求育成期体重的均匀度达到 80%以上，即在平均体重±10%范围内的鸡只应占鸡群的 80%以上。肉种鸡场要求良好的均匀度标准为：8 周龄 94%，12 周龄 88%，16 周龄 80%，20 周龄 84%，24 周龄 90%，28 周龄 94%。

(2)体况监测　肉种鸡除保证鸡群均匀生长发育之外，另一重要因素就是要注意监测鸡只身体的发育状态。身体发育状态也就是鸡只骨架上肌肉和脂肪的丰满程度，不同年龄阶段的鸡只丰满度具有不同的状态。种母鸡丰满度过分或丰满度不足，其产蛋高峰和产蛋总数会明显低于丰满程度理想的鸡群，过分肥胖的种公鸡会降低交配活力，从而影响受精率，而且腿部疾病的发生率也很高。体况监测是通过目测或触摸的方法监测种鸡丰满度的发育，确保整个生产周期种鸡群生产性能持续稳定。评估种公鸡和种母鸡丰满度有三个重要的时期，即 16～23 周龄、30～40 周龄和 40 周龄至淘汰。种鸡身体有四个主要部位需要监测，即胸部、翅部、耻骨和腹部脂肪。评估鸡只丰满程度的最佳时机是每周进行体重称测时对鸡只进行触摸，在抓鸡之前注意观察鸡只的总体状态。

胸部丰满度(用手触摸从鸡只的嗉囊部到腿部)分为丰满度过分、不足和理想三个标准。至 15 周龄时，种鸡的胸部肌肉应完全覆盖胸骨。胸部横断面应呈现字母“V”的形状。丰满度不足的鸡只胸骨比较突出，其横断面呈现字母“Y”的形状，这种现象绝对不允许发生。丰满度过分的鸡只胸部两侧的肌肉较多，其横断面像较宽大的字母“V”形状或较细窄的字母“U”形状。20 周龄时鸡只胸部应具有多余的肌肉，胸部的横断面应呈现较宽大的字母“V”形状。25 周龄时鸡只的胸部横断面应像窄细的字母“U”的形状。30 周龄时胸部横断面应像丰满的字母“U”形状。

翅部丰满度是挤压鸡只翅膀桡骨和尺骨之间的肌肉。20 周龄时很像人手小拇指指尖的程度，25 周龄应类似于人手中指指尖的程度，30 周龄类似于人手大拇指指尖的程度。

测量种母鸡耻骨开张程度的目的是判断其性成熟的状态。不同周龄的种母鸡耻骨开张程度为：12 周龄耻骨闭合，产蛋前 21 d 耻骨开张一指半，产蛋前 10 d 耻骨开张两指到两指半，开产时耻骨开张三指。适宜的耻骨间距取决于鸡只的体重、光照刺激的周龄以及性成熟时的发育。

腹部脂肪能为种鸡最大限度的生产种蛋提供能量储备。一般肉种鸡从 24～25 周龄开始，腹部出现明显的脂肪累积。29～31 周龄时(大约产蛋高峰前 2 周)，腹部脂肪达到最大尺寸，足以充满人的一手。丰满度适宜的宽胸型肉种母鸡在产蛋高峰期几乎没有任何的脂肪累积。产蛋高峰过后，要避免腹部累积过多的脂肪，否则产蛋率会下降较快，受精率和孵化率也会降低。

(3)校正体重 如果鸡群平均体重与标准体重相差 90 g 以上，应再次抽样称重。如情况属实，应按照下列方法加以纠正。该原则既适用于种公鸡也适用于种母鸡。

15 周龄前体重过低将会导致鸡只体型小、均匀度差，16～22 周龄饲料利用率降低。解决办法是延长育雏料的饲喂时间，立即饲喂下一步计划所要增加的料量，加大计划增加的料量直至体重恢复到标准体重为止。一般种鸡体重不低于标准体重 50 g，每只鸡每天在原有基础上额外增加 50 KJ 的能量，1 周内体重可恢复到标准体重。

15 周龄前体重超过标准体重将会导致鸡只体型大、均匀度差，产蛋期饲料利用效率降低。解决办法是减少下一步所要增加的料量，推迟下一步所要增加料量的时间。

(三)18 周龄至光刺激期间的饲养管理

这一阶段是影响母鸡开产、早期蛋重、种蛋产量、产蛋高峰前饲料绝对需要量和产蛋高峰潜力的关键时期。加强饲养管理的目的是尽量减少种母鸡性成熟中的差异，满足种母鸡各方面的生理需要，为性成熟做好准备。此期饲养管理的重点是制订一个合理的增重、增料计划，确保种母鸡向性成熟和产蛋期平稳过渡。

1. 增重

在 18 周龄至光刺激期间应通过增加料量加速种母鸡的均匀生长，获取适宜的周增重。体重不断增长的结果会促进种母鸡生理上产生变化，逐渐趋于性成熟，还可以保证日后提高产蛋性能。鸡群可以从育成料换成预产期料或直接从育成期料换成产蛋期料。此期得到充分发育的鸡对光刺激反应敏感，在体成熟过程中也达到了相应的性成熟。所以，此期要保证较大的增重，发育不足的较瘦个体对光刺激不敏感，因性激素分泌不足使性成熟推迟，还会导致初产蛋重小，不合格种蛋比例增加，受精率低下，体重均匀度差和性成熟时间的不一致。但如果这个阶段鸡群喂料量过多，导致体重超过标准，也会出现早产，蛋重大且双黄蛋比例增加，产蛋高峰不高，种母鸡总产蛋数量减少，整个产蛋期饲料需求量加大，整个生产周期受精率降低，鸡群死亡率增加。

2. 公母混群

通常情况下，种公鸡和种母鸡在 20～22 周龄时就能达到混群的要求。如果种公鸡群体中性成熟时间存在差异，应将脸、冠、肉髯等第二性征表现突出的种公鸡与种母鸡混群，尚未达到性成熟的种公鸡可再等待一定的时间，使其继续发育，待完全达到性成熟后再混群。公母混群时所挑选的种公鸡应体重均匀、无生理缺陷、双腿健壮、脚趾笔直、羽毛丰满、体态直立、肌肉结实。生产中常用的方法是 22 周龄时先混入 6％的种公鸡，此后至 24 周龄再混入余下的 3％～4％。

3. 种母鸡饲喂设备

槽式(链式)喂料系统是最常用的喂料设备。每只鸡至少应有 15 cm 的采食位置。防止种公鸡偷吃母鸡料最有效的方法是在料槽上安装格栅，可将头部较宽、冠部较高的种公鸡隔绝在料槽之外，格栅内侧最小宽度为 42～45 mm。还应在格栅顶部 50～55 mm 处横向安装一条铁丝或在格栅顶部安装一根 PVC 管。如果种公鸡不剪冠，配合使用格栅和横向铁丝(或 PVC 管)可以确保种公鸡无法吃到母鸡料。有的还为公鸡戴鼻签用于阻挡其喙部进入母鸡料槽。

(四)光刺激期间至 30 周龄产蛋高峰前的饲养管理

1. 光刺激期间至 5％产蛋率之间种母鸡的饲养管理

此阶段饲养管理的目的是利用光照和饲料刺激种母鸡产蛋。应该按照能够获得正常体重生长曲线的饲喂程序饲喂，并严格按照所推荐的光照程序加光(表 6.6，表 6.7)，这样种鸡才能够适时开产。增光刺激与体成熟的一致性，是实施增光措施的基本要求。鸡群没有达到适宜体重时，过早增加光照，鸡体对光照刺激失去敏感性，反而导致开产推迟。如果鸡群出现体成熟推迟或性成熟提前时，应推迟 1～2 周进行增光刺激，而在性成熟和体成熟同步提前的鸡群，则应提前增加光照刺激。必须定期增加料量以获得适宜的周增重、适宜的丰满度和适时的开产时间。监测种母鸡的耻骨宽度，确保性成熟的发育状态。保证饲料、饮水质量，避免疾病的发生，否则会对整个鸡群的开产及开产后的生产性能产生重大影响。

表 6.6 鸡场种母鸡推荐的光照程序（密闭式鸡舍）

项目	周龄												
										21～22	23～24	25～26	27
	日龄												
	1～2	3	4	5	6	7	8	9	10～146				
光照时间/h	23	19	16	14	12	11	10	9	8	12	13	14	15
光照强度/lx	育雏区域 80～100；鸡舍内 10～20				育雏区域 30～60；鸡舍内 10～20				10～20 如出现啄癖，应降低光照强度	30～60			

表 6.7 鸡场种母鸡推荐的光照程序（开放式鸡舍）

鸡群年龄		顺季出雏 9 月至翌年 2 月	逆季出雏 3～8 月	
周龄	日龄	育雏育成期的光照时间		
	1	23 h		
	2	23 h		
	3	19 h		
	4～9	自然光照		
10 日龄～21 周龄	10～153	自然光照	选择 1 自然光照	选择 2 自然光照至 84 日龄然后保持恒定
		开产前，自然光照和人工辅助光照，再增加光照的小时数		
22	154	2～3 h	3～4 h	
23	168	1 h	1 h	
24	182	1 h	1 h	
注意		至 24 周龄最多 17 h		

2. 从 5% 产蛋率至产蛋高峰期间种母鸡的饲养管理

此阶段饲养管理的目的是促进和提高种母鸡的产蛋性能，其中包括早期蛋重、种蛋质量、产蛋高峰水平以及产蛋持续性。

种母鸡在产蛋初期必须增加体重，以最大限度地发挥其产蛋性能和种蛋质量。此阶段每天应观察和分析产蛋率、体重以及相应条件的变化并调整每天的喂料量。随着鸡群产蛋率逐渐上升，对营养的需要量不断增加，以产蛋率变化调整鸡群的饲料供给量，是这一阶段饲养工作的主要措施。鸡群产蛋率从 5% 上升到 70%，要求平均日产蛋率增加 2.5%。这就意味着鸡群从开产至 70% 产蛋率的时间不得超过 4 周，否则产蛋高峰到来较晚，并很难达到 80% 以上。产蛋率从 70% 到 80% 这段时间，平均日产蛋率增加 1% 以上，从产蛋率 80% 至最高峰时日产蛋率增加 0.25%以上。

喂料量随产蛋率的递增速度增加供给，增料过快或过慢都会影响产蛋性能，增料是决定能否按时达到产蛋高峰的关键措施。还可利用每天喂料时，观察鸡群吃完料槽内饲料所需要的时间，判定供料量是否适宜(表 6.8)。维持较高的产蛋量，还要严格把好饲料质量关，对饲料原料进行质量检测。为确保种鸡每日各种营养物质的摄入量，产蛋前期，体重停滞或下降都说明鸡体营养不足。当气温升至 27 ℃以上，鸡的采食量明显下降时，应对日粮配方进行调整。产蛋期种母鸡的饲喂程序实例见表 6.9。

表 6.8　种母鸡重要生产性能标准观察次数

参数	体重	均匀度	产蛋率	蛋重	吃料时间	鸡只状况(丰满度)	鸡舍温度
次数	至少每周 1 次	至少每周 1 次	每天 1 次	每天 1 次	每天 1 次	至少每周 1 次	每天 1 次

表 6.9　产蛋期种母鸡的饲喂程序实例

项目	日产蛋率/%													
	5	10	15	20	25	30	35	40	45	50	55	60	65	70～75
料量增加/g		2	2	2.5	2.5	2.5	2.5	3	3	3	3	4	4	4
饲料总量/[g/(d·只)]	123	125	127	129.5	132	134.5	137	140	143	146	149	153	158	163

注：1. 产蛋前根据体重情况喂料，在鸡群达 5%产蛋率时实施第一次加料。

2. 产蛋率上升阶段和产蛋高峰时的料量应根据鸡群的产蛋水平、蛋重、体重、环境、均匀度、吃完料的时间和环境温度而调整。

3. 均匀度良好的鸡群产蛋率上升很快，料量应相应进行调整。

4. 预期产蛋高峰超过产蛋性能标准，应在产蛋率 70%以后进一步增加料量。

3. 促使种母鸡开产的饲养管理要点

(1)每周监测种母鸡的平均体重、均匀度和增重。

(2)从产蛋率 5%开始加料、加光刺激产蛋率上升。

(3)根据产蛋率上升、产蛋前的料量、环境温度和预计的高峰料量制定加料程序。

(4)采用少量多次逐渐增加的加料方法，种母鸡的卵巢会更加有序的排卵。

(5)蛋重、产蛋率和体重与标准出现偏差时，应及时采取措施，提前或推迟增加料量的时间。

(6)种鸡群吃料时间有所变化应及时采取措施。

(五)产蛋高峰后种母鸡的饲养管理

此阶段饲养管理的目的是最大限度地提高每只种母鸡受精种蛋的数量。为保持种母鸡 30 周龄以后的身体健康和精力旺盛，种母鸡必须按照体重标准以近乎平均的速率获得体重增加。如果增重不足，种母鸡得不到足够的营养摄入，整体产蛋率就会有所下降。如果种母鸡增重过快，生产后期的产蛋率和受精率都会低于期望值。产蛋高峰后，体重超重和过多沉积脂肪会使产蛋持续性、蛋壳质量和种蛋受精率明显降低。为防止种母鸡过量体脂肪沉积和超重，要求采用减料措施。具体实施要考虑到减料对鸡体造成的应激，避免导致产蛋率迅速下降，所以不同鸡群减料量和开始时间也不一样。应根据产蛋率、种母鸡体况、实际体重与标准体重的差异、环境温度、吃料时间、鸡群的健康状况等情况减料。一般在环境因素不变的前提下，当鸡群产蛋率停止上升后 1 周左右开始。每次减料以后，如果产蛋率下降的速度比预期的要快，应将喂料量立即恢复到原来的水平并在 5～7 d 后再尝试减料。

(六)产蛋期的其他管理措施

1. 采食和饮水位置

种母鸡 0～10 日龄 80～100 只雏鸡用 1 个雏鸡喂料盘，0～7 周龄使用槽式喂料盘或盘式喂料器采食位置为 5 cm/只，7～10 周龄 10 cm/只，10 周龄以后 15 cm/只。种公鸡 0～10 日龄 50 只雏鸡用 1 个雏鸡喂料盘，0～7 周龄使用槽式喂料盘或盘式喂料器采食位置为 5 cm/只，7～10 周龄 10 cm/只，10～20 周龄 15 cm/只，20 周龄以后 18 cm/只。育雏育成期使用自动循环或槽式饮水器饮水位置为 1.5 cm/只，乳头饮水器 8～10 只鸡用 1 个，杯式饮水器 20～30 只鸡用 1 个。产蛋期使用自动循环或槽式饮水器饮水位置为 2.5 cm/只，乳头饮水器 6～10 只鸡用 1 个，杯式饮水器 15～20 只鸡用 1 个。

2. 产蛋箱配备与拣蛋

鸡群生长到 18 周龄时把产蛋箱放入鸡栏内，让鸡熟悉环境，在预计开产前 1 周将产蛋箱门打开，每 4 只母鸡用 1 个产蛋箱。为减少蛋的破损及污染，每 2 h 拣蛋一次。对刚开产的鸡群，每天上下午要巡视、收集地面和棚架上的种蛋。蛋托应定期清洗消毒，饲养员在收集种蛋前清洗和消毒双手，对收集的种蛋及时进行熏蒸消毒，每立方米空间用高锰酸钾 21 g、福尔马林 42 mL。

3. 饲养密度

0～20 周龄种公鸡的饲养密度 3～4 只/m^2，种母鸡为 6～7 只/m^2。20 周龄至淘汰种公鸡和种母鸡的饲养密度为 4～5 只/m^2。天气炎热条件下饲养密度降低 10%～20%。

4. 光照

产蛋期要求每天给予 15～16 h 的连续光照，光照强度为 30～60 lx，并且照度均匀。开关灯时间要固定不变，最好安装定时控制装置。

5. 观察鸡群

在每次喂料时观察鸡群的精神、采食及饮水情况，水槽或乳头饮水系统有无漏水现象，笼养时设备是否正常，跑出的鸡只要及时抓到笼内，发现异常及时采取相应的措施。

6. 卫生消毒

保持舍内清洁卫生，经常带鸡消毒，杀灭病原微生物。

7. 准确记录

记录产蛋数、喂料量、温度、湿度、死亡淘汰数、有无异常情况等。如采食量减少时，查找原因及时解决，避免产蛋率大幅度波动。

三、种公鸡的饲养管理

(一)体重控制

在保证种公鸡营养需要量的同时应控制其体重，以保持品种应有的体重标准。在育成期必须进行限制饲喂，从 15 周龄开始，种公鸡的饲养目标就是让种公鸡按照体重标准曲线生长发育，并与种母鸡一道均匀协调的达到性成熟。混群前每周至少一次、混群后每周至少二次监测种公鸡的体重和周增重。平养种鸡 20～23 周龄公母混群后，监测种公鸡的体重更为困难，一般是在混群前将所挑选的标准体重±5%范围内的种公鸡 20%～30%做出标记，在抽样称重过程中，仅对做出标记的种公鸡进行称重。根据种公鸡抽样称重的结果确定喂料量的多少。

(二)种公鸡的饲喂

公母混群后，种公鸡和种母鸡应利用其头型大小和鸡冠尺寸之间的差异由不同的饲喂系统进行饲喂，可以有效地控制体重和均匀度。种公鸡常用的饲喂设备有自动盘式喂料器、悬挂式料桶。每次喂完料后，将饲喂器提升到一定高度，避免任何鸡只接触，将次日的料量加入，喂料时再将喂料器放下。必须保证每只种公鸡至少拥有 18 cm 的采食位置，并确保饲料分布均匀。采食位置不能过大，以免使一些凶猛的公鸡多吃多占，均匀度变差，造成生产性能下降。随着种公鸡数量的减少，其饲喂器数量也应相应减少。经证明，悬挂式料桶特别适合饲喂种公鸡，料槽内的饲料用手匀平，确保每一只种公鸡吃到同样多的饲料。应先喂种母鸡料，后喂种公鸡料，有利于公母分饲。要注意调节种母鸡喂料器格栅的宽度、高度和精确度，检查喂料器状况，防止种公鸡从种母鸡喂料器中偷料，否则种公鸡的体重难以控制。

（三）监测种公鸡的体况

每周都应监测种公鸡的状况，建立良好的日常检查程序。种公鸡的体况监测包括种公鸡的精神状态、是否超重、机敏性和活力，脸部、鸡冠、肉垂的颜色和状态，腿部、关节、脚趾的状态，肌肉的韧性、丰满度和胸骨突出情况，羽毛是否脱落，吃料时间，肛门颜色（种公鸡交配频率高肛门颜色鲜艳）等。平养肉种鸡时，公鸡腿部更容易出现问题，比如跛行、脚底肿胀发炎、关节炎等，这些公鸡往往配种受精能力较弱，应及时淘汰。公母交配造成母鸡损伤时，淘汰体重过大的种公鸡。

（四）适宜的公母比例

公母比例取决于种鸡类型和体形大小，公鸡过多或过少均会影响受精率。自然交配时一般公母比例为（9～11）∶100 比较合适。无论何时出现过度交配现象（有些母鸡头后部和尾根部的羽毛脱落是过度交配的征兆），应按 1∶200 的比例淘汰种公鸡，并调整以后的公母比例。按常规每周评估整个鸡群和个体公鸡，根据个体种公鸡的状况淘汰多余的种公鸡，保持最佳公母比例。人工授精时公母比例为 1∶（20～30）比较合适。

（五）创造良好的交配环境

饲养在“条板-垫料”地面的种鸡，公鸡往往喜欢停留在条板栖息，而母鸡往往喜欢在垫料上配种，这些母鸡会因公鸡不离开条板而得不到配种。为解决这个问题，可于下午将一些谷物或粗玉米颗粒撒在垫料上，诱使公鸡离开条板在垫料上与母鸡交配。

（六）替换公鸡

如果种公鸡饲养管理合理，与种母鸡同时入舍的种公鸡足以保持整个生产周期全群的受精率。随着鸡群年龄的增长不断的淘汰，种公鸡的数目逐渐减少。为了保持最佳公母比例，鸡群可在生产后期（如 45 周龄后）用年轻健康强壮公鸡替换老龄公鸡。对替换公鸡应进行实验室分析和临床检查，确保其不要将病原体带入鸡群。确保替换公鸡完全达到性成熟，避免其受到老龄种母鸡和种公鸡的欺负。为防止公鸡间打架，加入新公鸡时应在关灯后或黑暗时进行。观察替换公鸡的采食饮水状况，将反应慢的种公鸡圈入小圈，使其方便找到饮水和饲料。替换公鸡（带上不同颜色的脚圈或在翅膀上喷上颜色）应与老龄公鸡分开称重，以监测其体重增长趋势。

任务四　优质肉种鸡的饲养管理

任务描述

优质肉鸡是指地方品种或具有中国地方品种鸡特色的良种鸡。在我国分布有许多地方鸡品种，不同品种的体型外貌、生长速度、饲料利用率高低差异较大，同时其生活习性、适应性也不同。因此各地要根据当地的自然情况及饲养管理条件,选择适合当地饲养的优质肉鸡品种,这样才能取得较好的收益。不论饲养哪种优质肉鸡品种,优质肉种鸡饲养管理的目的都是获得生产性能高的雏鸡,提供量多质优的种蛋。优质肉种鸡饲养阶段的划分因品种稍有差异,一般 0～6 周龄为育雏期,7～20 周龄为育成期,21 周龄至淘汰为产蛋期。

任务目标

了解优质肉种鸡的饲养管理要点。

基本知识

(1)育雏育成鸡的饲养管理;(2)产蛋种鸡的饲养管理。

一、育雏育成鸡的饲养管理

(一)育雏育成方式

笼养是优质肉种鸡最普遍采用的饲养方式,它是把鸡饲养在鸡舍内的重叠笼或阶梯笼内,笼子一般用金属、塑料做成。此种方式近几年在大规模优质肉种鸡场中逐渐被采用。

二维码 6.11 层叠式笼养(育雏)

二维码 6.12 育雏舍进雏鸡

(二)育雏育成期的饲养管理要点

1. 公母分群饲养

父、母系通常属于不同的品种或品系,体重差异大,为了保证其正常生长发育,公母应分群饲养。育成开始时,淘汰外貌不合格的、体小体弱的公母鸡,淘汰鸡可转为商品肉鸡饲养。

2. 饲养标准

参考我国地方品种鸡的饲养标准,育成料使用低蛋白质配方,一般蛋白质含量为 15%,同时为了降低成本可少量使用菜籽饼等低成本原料,但一般不宜超过总量的 5%。

3. 饲养密度

根据种鸡体型、饲养方式灵活掌握。

4. 饲养季节

饲养优质肉种鸡大多采用半开放式的种鸡舍,生产水平受季节影响大。在不考虑其他因素(如市场行情)时,一般春季育雏最好,秋冬次之,夏季最差。

5. 光照制度

育成期光照原则是不能逐渐延长光照时间,只能逐渐减少或恒定,特别是我国优质肉种鸡一般都饲养在开放式鸡舍,更应注意光照控制,采用自然光照加人工补充光照控制光照时间。光照强度不能太强,应为 5～10 lx。这一点对育成鸡的性成熟和以后的产蛋力有很大影响。

6. 后备种公鸡选择

优质肉种鸡培育历史较短,而且种公鸡体型和羽毛颜色对商品鸡的影响很大。因此,在接近性成熟的时候要根据品种标准选留合乎要求的公鸡做种用。

二、产蛋种鸡的饲养管理

(一)饲养方式

1. 平养

在平养方式中,“条板-垫料”平养方式效果最为理想。“条板-垫料”鸡舍地面每只鸡所需面积为 0.16 m^2,即每平方米可养种鸡 5.4 只,每只鸡所需料槽的槽位为 8～10 cm,料槽的高度应为其底部与鸡背等高。饮水器有乳头式、自动水杯式等多种。一般水盘式每个可满足 50～60 只鸡的饮水需要,乳头式每个可满足 10～15 只鸡的饮水需要。平养方式均采用自然交配进行配种,公、母比例为 1∶(8～10)。

2. 笼养

优质肉种鸡笼养方式是最常用的,有大笼饲养和单笼饲养两种。大笼饲养时每笼饲养母鸡 18～20 只,公鸡 2 只,采用自然交配方式配种。单笼饲养时每个单笼饲养 2～3 只母鸡,公鸡用单独个体笼饲养,采用人工授精方式配种,公、母比例为 1∶(20～30)。笼养方式采用料槽喂料和乳头饮水器饮水,也可采用自动喂料系统喂料。

(二)饲养技术

1. 产蛋期饲养标准

优质肉种鸡一般 21 周龄之后进入产蛋期。根据产蛋率的高低,蛋白质含量为 16%～17%,饲料钙含量 3.2%,磷 0.71%,稍低于同期蛋鸡,与快大型肉种鸡接近。产蛋率在 80%以上时,蛋白质含量为 17%,钙为 3.5%;产蛋率为 65%～80%时,蛋白质含量为 16.5%,钙 3.2%;产蛋率小于 65%时,蛋白质含量为 15.5%,钙 3%。注意根据体重情况调整营养水平,优质肉种鸡应有不肥不瘦的繁殖体况。

2. 根据产蛋率的高低及时调整饲料配方

优质肉种鸡的产蛋率变化模式同其他种鸡是一样的,从开产到高峰快速上升,然后再逐渐下降,但高峰期没有蛋种鸡高。一般 17～19 周龄为母鸡性成熟的关键时期,必须由育成饲料换成预产料或产蛋前期料。由育成料换成产蛋期料时需注意应有 1 周以上的过渡时期。优质肉种鸡的产蛋率一般是 22～24 周龄达 5%,然后迅速上升,在 26～27 周龄产蛋率达 50%,30 周龄左右产蛋率便可达 85%左右的高峰,之后便逐步下降,一般每周下降 1%左右,到 72 周龄降至 50%左右。产蛋率不同,鸡所需饲料的营养物质浓度和数量便不一样。应根据产蛋率情况对饲料配方进行不同的调整,尤其是蛋白质和钙的含量应有不同的指标要求。

3. 喂料

喂料可自动化操作也可人工操作。大型鸡场可采用自动化操作,中、小型鸡场可采用人工操作。喂料过程中,每日喂 2～3 次,炎热季节夜晚各加喂 1 次。1 次加入料槽中的饲料不能超过料槽深度的 1/3,否则会浪费较多饲料。

(三)管理要点

1. 转群

可根据生产实际和设备周转情况,育成鸡可在 15～19 周龄转入产蛋鸡舍。优质肉种鸡一般个体较小,因鸡笼缝隙过大,转群过早会发生跑鸡现象,管理上会比较麻烦。转群过晚,由于鸡临近开产或已经开产,转群时产生的强应激会推迟产蛋率的上升,推迟产蛋高峰的来临。

转群的同时应对病、弱、残、次的鸡进行淘汰。

2. 温度、湿度

鸡舍内最适宜的温度是18～23 ℃，最低不应低于7 ℃，最高不超过30 ℃。如超过此温度范围则会严重影响采食和产蛋量。相对湿度保持在60%～75%。为了保持最佳湿度，平时应注意增加通风，改善舍内空气环境，但当舍内温度低于18 ℃时应以保温为主，减少通风，舍内温度高于27 ℃时则以降温为主，可加大通风量。

3. 光照制度

光照管理参照同期的蛋鸡和肉鸡光照方案，结合各品种的性成熟时间进行。生产中应根据不同的种鸡喂养季节采取不同的光照方案，不同的光照方案具体实施措施各不相同，但所有方案都应遵循的原则是产蛋期每日光照强度不可减弱和长度不能缩短。在产蛋期(21或22周龄起)每天光照时间应保持逐渐增加，到一定水平时再固定不变，切勿减少，但每天光照时间最长不超过16.5～17 h，否则对产蛋无益。我国饲养优质肉种鸡密闭式鸡舍较少，尤其是农村更多的是采用开放式鸡舍，光照时间控制较为复杂，应制订出完善的光照程序，并按照光照程序严格执行，不能随意变动。

4. 减少不合格种蛋

合格的种蛋是种鸡场生产的目的，为了得到尽可能多的种蛋，除给种鸡提供合理而丰富的营养物质、提高公鸡精液质量、增强母鸡机体健康外，饲养管理的改善也会明显增加合格种蛋数量，尤其是平养方式下有利于减少污染蛋、破损蛋的数量。

(1)种蛋的收集　根据季节不同，要求每日收集种蛋次数为4～5次，夏季应增加收集种蛋次数。母鸡每天产蛋时间并不均匀分布，约90%以上的蛋集中在上午9时至下午3时这段时间，所以这段时间收集种蛋间隔时间应缩短，产蛋箱中存留的蛋越少，蛋的破损也就越少。蛋收集后应在半小时内进行熏蒸消毒，然后在温湿度适宜的环境下贮存。

(2)平养时夜晚应关闭产蛋箱　晚上最后一次收集蛋时应将产蛋箱关闭，空出产蛋箱，不让蛋留在产蛋箱内过夜，也不能让鸡留在产蛋箱内过夜，以保持产蛋箱内的清洁、卫生。产蛋箱的垫料应清洁、干燥、松软，并及时添加和更换。

(3)防止地面蛋　平养时产蛋箱应于开产前两周放入舍内，让鸡逐渐熟悉并习惯使用。产蛋箱数量应足够，每4只母鸡应有1个产蛋箱。产蛋箱垂直放置于舍内，尽量放在较暗的地方。

5. 减少优质肉种鸡的就巢性

由于优质肉种鸡一般都含有土鸡血源，有些母鸡会有一定的就巢性(抱窝)，即母鸡产蛋一段时期后，占据产蛋箱进行孵化的行为，这是母鸡正常的繁殖本能。严重时母鸡一年抱窝可达几次或十几次，严重影响全年的产蛋量。减轻优质肉种鸡的就巢性是提高产蛋量的一项重要措施。主要措施有：

(1)改变环境　发现抱窝母鸡及时挑出，放在通风而明亮的地方，不设置产蛋箱，并给予其他应激因素的干扰，如水浸、羽毛穿鼻等方法。

(2)药物催醒　用1%的硫酸铜溶液皮下注射1 mL/只，或丙酸睾酮注射12.5 mg/kg，也可口服复方阿司匹林1～2片，连用3 d。

虽然以上措施对减轻就巢性有一定的作用，但消除就巢性最根本的措施是通过选择，淘汰有就巢性种鸡。

拓展知识七　NY/T 2798.8—2015　无公害农产品生产质量安全控制技术规范(肉禽)

1　范围

本部分规定了无公害肉禽饲养的场址环境选择、投入品使用、饲养管理、疫病防治、无害化处理和记录等质量安全控制技术及要求。

本部分适用于无公害农产品肉禽的生产、管理和认证。

2　规范性引用文件

下列文件对于本文件的应用是必不可少的。凡是注日期的引用文件,仅注日期的版本适用于本文件。凡是不注日期的引用文件,其最新版本(包括所有的修改单)适用于本文件。

GB 13078 饲料卫生标准

GB 16549 畜禽产地检疫规范

GB/T 16569 畜禽产品消毒规范

NY/T 388 畜禽场环境质量标准

NY/T 1168 畜禽粪便无害化处理技术规范

NY 5027 无公害食品 畜禽饮用水水质

NY 5030 无公害食品 畜禽饲养兽药使用准则

农业部公告第 193 号 关于发布《食品动物禁用的兽药及其他化合物清单》的通知

农业部公告第 1519 号 禁止在饲料和动物饮水中使用的物质名单

农业部、卫生部、国家药品监督管理局公告第 176 号 禁止在饲料和动物饮用水中使用的药物品种目录

农医发(2013)34 号 农业部关于印发《病死动物无害化处理技术规范》的通知

3　控制技术及要求

3.1 产地环境

序号	关键点	主要风险因子	控制措施
3.1.1	场址	致病微生物有毒有害化合物重金属	a)场址选择应符合国家法律、法规的有关规定,符合肉禽养殖所在地的土地利用总体规划 b)应选择地势高燥、采光充足、排水良好、隔离条件好的区域 c)距离生活饮用水源地、动物屠宰加工场所、动物和动物产品集贸市场 500 m 以上;距离种畜禽场 1 000 m 以上;与其他畜禽养殖场(养殖小区)之间距离不少于 500 m;距离动物隔离场所、无害化处理场所 3 000 m 以上 d)距离城镇居民区,文化教育科研等人口集中区域及公路、铁路等主要交通干线 500 m 以上 e)距离化工厂、矿厂 1 000 m 以上 f)空气质量应符合 NY/T 388 的要求

续表

序号	关键点	主要风险因子	控制措施
3.1.2	布局	致病微生物	a)肉禽场整体布局合理 b)肉禽场内应分设生活管理区、生产区和粪污处理区,各区之间相对隔离,且有明确标识。生活管理区位于生产区的上风向,粪污处理区位于生产区的下风向 c)肉禽场区内设污道与净道,互不交叉
3.1.3	设施设备	致病微生物有毒有害物质	a)肉禽养殖场区周围应建有隔离设施 b)场区入口处应设置与大门同宽、长度能满足进出车辆消毒要求的消毒池,养殖区域入口应设置更衣室和消毒间,并配备安全有效的消毒设备,每栋圈舍入口处应有消毒设备等措施,消毒设施设备运行维护良好 c)禽舍地面和墙壁应便于清洗和消毒,不含有毒有害物质 d)禽舍应具备良好的供水、排水、通风换气、照明、防鼠、防虫、防鸟设施及相应的清洗消毒设施设备 e)应有与生产规模相适应的病死肉禽、废弃物等的无害化处理设施设备 f)应配有兽药、疫苗冷冻(冷藏)贮存专用设施设备

3.2 肉禽引进

序号	关键点	主要风险因子	控制措施
3.2.1	来源	致病微生物	a)肉禽应来源于具有种禽生产经营许可证的种禽场 b)不应从禽病疫区引进肉禽
3.2.2	进场	致病微生物	a)肉禽应经产地动物卫生监督机构检疫合格,达到 GB 16549 的要求,具有动物检疫合格证明 b)同一栋舍饲养的肉禽应来源于同一种禽场相同批次的肉禽

3.3 饮用水

序号	关键点	主要风险因子	控制措施
3.3.1	水质	致病微生物、重金属	a)应定期检测肉禽饮用水质量状况,肉禽饮用水质量应符合 NY 5027 的要求 b)供水、饮水设施设备及其表面涂料应无毒无害,符合国家有关规定和产品质量要求 c)不应在肉禽饮用水中添加农业部公告第 176 号和农业部公告第 1519 号列出的药品和物质,以及国务院行政主管部门公布的其他禁用物质和对人体具有直接或者潜在危害的其他物质

续表

序号	关键点	主要风险因子	控制措施
3.3.2	消毒	致病微生物	a)饮水设施设备应定期清洗消毒,并保持清洁卫生 b)应选用国家许可使用的动物饮用水消毒净化剂

3.4 饲料

序号	关键点	主要风险因子	控制措施
3.4.1	来源	违禁添加物、重金属、霉菌毒素	a)应从有农业行政主管部门核发的饲料生产许可证的生产企业或饲料经营单位购买饲料和饲料添加剂产品 b)购买的饲料原料、饲料添加剂和药物饲料添加剂应在国务院农业行政主管部门公布的《饲料原料目录》《饲料添加剂品种目录》和《饲料药物添加剂使用规范》范围内 c)进货时,应查验饲料和饲料添加剂产品标签、产品质量检验合格证和相应的许可证明文件 d)购买的饲料和饲料添加剂的质量应符合GB 13078的规定和产品质量标准,必要时可进行抽检验证
3.4.2	贮存	交叉污染、霉菌毒素	a)应有专门贮存饲料的场所和运输饲料的设施设备,定期清洗消毒,保持清洁卫生 b)饲料库房及配料库中的不同类饲料应分类存放,标示清楚 c)库房应保持干燥 d)加有兽药的饲料添加剂应分开贮藏,防止交叉污染
3.4.3	使用	兽药残留	a)饲喂的饲料产品及其组成应在国家饲料主管部门颁布的《饲料原料目录》和《饲料添加剂品种目录》内 b)饲喂的饲料产品应在保质期内,其卫生指标应符合GB 13078的规定,质量应符合产品质量标准 c)应执行《饲料药物添加剂使用规范》,严格执行休药期规定 d)配合饲料、浓缩饲料、添加剂预混合饲料使用应遵照饲料标签所规定的用法和用量

3.5 兽药

序号	关键点	主要风险因子	控制措施
3.5.1	来源	禁用兽药	a)不应购买国家兽医主管部门公布的禁用兽药 b)从具有国家许可资质的生产经营单位购买兽药,包括取得农业行政主管部门核发的兽药生产许可证、兽药GMP证书的生产企业,取得经营许可的兽药经营单位和取得进口兽药登记许可的供应商 c)购买时,应查验兽药生产经营单位的许可证明文件,查验产品证明文件,包括兽药批准文号、进口兽药注册证书、产品质量标准、使用说明书等 d)产品质量应符合《中华人民共和国兽药典》等兽药标准规定,必要时进行抽检验证 e)交货时,应查验证件是否齐全、有效,包装是否完整无损
3.5.2	贮存	兽药品质、兽药污染	a)药房、药品柜等专用贮存设施设备应由专人管理,有醒目标记,有安全保护措施 b)不同类别兽药应分类贮存 c)应按照产品标签、说明书的规定贮存、运输兽药
3.5.3	使用	兽药残留、禁用物质	a)兽药使用应遵循NY 5030的有关规定 b)应在兽医指导下用药,且按照产品说明书或者兽医处方用药 c)有休药期规定的,应执行休药期规定 d)不应使用变质、过期、假劣质兽药,不应使用未经农业行政主管部门批准作为兽药使用的药品 e)不应将兽药原料药直接用于肉禽或添加到肉禽饮用水中,不应将人用药用于肉禽,不应使用激素和治疗用的兽药作为肉禽促生长剂 f)不应使用农业部公告第193号中列出的药品和物质,不应使用国家兽医主管部门规定禁止使用的药品和其他化合物 g)应执行《兽药管理条例》的其他规定

3.6 饲养管理

序号	关键点	主要风险因子	控制措施
3.6.1	饲养人员	致病微生物	a)员工每年应进行一次健康检查,如患传染性疾病应及时在场外治疗 b)进行自配料的养殖场,其相关岗位员工应具有一定的专业知识或经由专人指导 c)参与免疫接种、卫生消毒的员工,应接受过专业的培训 d)禽舍的饲养员应具备一定的自身防护常识

续表

序号	关键点	主要风险因子	控制措施
3.6.2	饲养条件	致病微生物、有毒有害气体	a)宜采用地面平养、网上平养和笼养，以及适合肉禽生产的其他饲养方式 b)应采用“全进全出”的饲养工艺 c)地面平养应选择合适垫料，干燥松散、厚度足够 d)禽舍内地面、垫料应保持干燥、清洁 e)饲养密度应符合品种要求，应能保证肉禽的基本活动空间 f)禽舍温湿度、通风、光照等环境参数应符合品种和生长阶段要求 g)室外养殖方式的，肉禽养殖场的饲养密度、存栏量、饲料成分、屠宰的最小日龄应符合产品消费地肉禽的相关规定
3.6.3	鼠虫鸟害控制	致病微生物	a)应保持禽舍内外环境卫生，消除杂草和水坑等蚊蝇滋生地，定期喷洒消毒药，消灭蚊蝇 b)应定时、定点投放灭鼠药，控制啮齿类动物，及时收集死鼠和残余鼠药，做好无害化处理 c)禽舍应安装防鸟网，防止鸟类侵入

3.7 疫病防治

序号	关键点	主要风险因子	控制措施
3.7.1	防疫	致病微生物、寄生虫	a)养殖场应建立出入登记制度，非生产人员未经允许不得进入生产区 b)不同禽舍的饲养员应不串岗，不交叉使用工具 c)同一养禽场不得同时饲养其他禽类 d)不应将非本场的禽类及其产品带入场区 e)场内兽医不应开展对外诊疗业务 f)当发生疑似传染病或附近养殖场出现传染病时，应立即采取隔离和其他应急防控措施
3.7.2	免疫	致病微生物	a)应根据《中华人民共和国动物防疫法》及配套法规的要求，结合当地实际，制订符合养殖肉禽要求的免疫计划，做好预防接种工作 b)国家兽医行政主管部门要求实施强制免疫的疫病，免疫密度应达到100％ c)加强疫苗管理，按照疫苗保存条件进行贮存和运输 d)应按要求使用疫苗

续表

序号	关键点	主要风险因子	控制措施
3.7.3	卫生消毒	致病微生物	a)进出肉禽养殖场及场内的车辆应进行清洗消毒 b)应保持场区、禽舍、用具、水箱和饲料仓库的清洁卫生，有消毒制度 c)场内应有洗手消毒设施设备，进场员工按要求进行消毒 d)消毒药应轮换使用，不应长期使用单一品种的消毒药。消毒方法和程序参照 GB/T 16569 的要求执行
3.7.4	疫病监测	致病微生物	应依据《中华人民共和国动物防疫法》及其配套法规以及当地兽医行政管理部门有关要求，积极配合当地动物卫生监督机构或动物疫病预防控制机构进行定期或不定期的疫病监测、监督抽查、流行病学调查等工作
3.7.5	疫病控制和扑灭	致病微生物、兽药残留	a)肉禽发病时，应由执业兽医或当地动物疫病预防控制机构兽医实验室进行临床和实验室诊断。必要时，送至省级实验室或国家指定的参考实验室进行确诊 b)应在执业兽医指导下进行治疗，并按照第 3.5 条款的规定使用兽药 c)治疗用药期间和休药期内的肉禽不应作为无公害农产品进行上市、屠宰 d)在发生重大疫情时，应配合当地兽医机构实施的封锁、隔离、扑杀、销毁等扑灭措施，并对全场进行清洁消毒。消毒按 GB/T 16569 的规定执行

3.8 无害化处理

序号	关键点	主要风险因子	控制措施
3.8.1	病死肉禽及其相关产品的处理	致病微生物	a)应按照农业部制定的《病死动物无害化处理技术规范》的要求及时处理病死肉禽 b)应有受控的专用场所或者容器贮存病死肉禽，该场所或者容器应易于清洗和消毒 c)没有处理能力的养殖场(养殖小区)，应与登记注册的专业机构签订正式委托处理协议 d)对废弃鼠药和毒死鼠、鸟等，应按照国家有关规定进行处理

续表

序号	关键点	主要风险因子	控制措施
3.8.2	粪污及废弃物处理	致病微生物	a)应执行《畜禽规模养殖污染防治条例》的规定，遵循减量化、无害化、资源化和综合利用的原则 b)应有与生产规模相适应的粪污处理设施设备，且运行维护良好 c)应及时清除圈舍的粪便、污物等 d)粪便无害化处理可按照 NY/T 1168 的要求进行 e)应及时收集过期、失效兽药以及使用过的药瓶、针头等一次性兽医用品，并按国家法律法规进行安全处理

3.9 运输

序号	关键点	主要风险因子	控制措施
3.9.1	运输	致病微生物、应激	a)运输工具使用前后，应进行清洗消毒 b)运输时，肉禽应有舒适空间，保持良好的通风、饮水，防止阳光曝晒和雨雪冲淋，尽量减少应激

3.10 档案记录

序号	记录事项	控制措施
3.10.1	家禽引进记录	记录引进禽只的相关情况，包括产地、养殖场名称、品种、数量、引进日期等
3.10.2	饲料记录	a)记录并保存购买饲料及饲料添加剂时的主要信息，包括购买时间、名称、规格、数量、生产厂家、经营单位、产品批准文号、发票或收据、出入库数量、经办人等 b)记录自配料的配方、生产程序、生产数量、生产记录等资料
3.10.3	兽药记录	a)记录并保存购买兽药及药物添加剂时的主要信息，包括购买时间、名称、规格、数量、生产厂家、经营单位、产品批准文号、发票或收据、出入库数量、经办人等 b)记录开始使用时间、停止使用时间、禽舍号、日(月)龄、数量、预防或治疗病名、兽药名称、剂量、用药方法、休药期、兽医签字等内容
3.10.4	生产记录	应包括禽舍号、日龄、变动时间、调入(数)、调出(数)、死淘(数)、存栏(数)等内容
3.10.5	消毒记录	应包括日期、消毒场所、消毒药名称、用药剂量、消毒方法、操作员签字等内容
3.10.6	免疫记录	应包括日期、禽舍号、存栏数量、免疫数量、疫苗名称、疫苗生产厂、批号(有效期)、免疫方法、免疫剂量、操作员签字等内容

续表

序号	记录事项	控制措施
3.10.7	无害化处理记录	应包括日期、禽舍号、数量、处理或死亡原因、处理方法、处理单位(或责任人)等内容
3.10.8	产品销售记录	应包括日期、名称、日龄、数量、销往单位、休药期执行否、出栏前最后用药物时间等内容

拓展知识八　发酵床养鸡技术

发酵床养鸡技术是一种行之有效，更为合理的生态养鸡技术，既做到了鸡粪的有效处理，实现了零排放、无污染、无臭味，又为鸡的健康生长，提供了最适宜的生态环境。鸡在这种环境下生长，生长快、产蛋多、蛋的品质好、生病少，用工、用水、用料大为节省，养鸡的经济效益显著提高。

1. 发酵床养鸡原理

大自然中，生活着各种各样的细菌，我们称它们为微生物。通过对多种有益微生物进行培养、扩繁，形成有相当活力的微生物母种，再按一定配方将微生物母种、农作物秸秆以及一定量的辅助材料和活性剂混合，形成有机垫料。在按照一定要求设计的鸡舍里垫上有机垫料，鸡生活在这种有机垫料上面，鸡的排泄物被有机垫料里的微生物迅速降解、消化，不需要对鸡的排泄物进行人工处理，更不需要有粪便清扫、贮存、处理设施、装备和能源，达到零排放、生产有机鸡肉、有机鸡蛋，同时不对环境造成污染。

鸡的消化道比较短，粪便中约有 70%的有机物没有被分解。如果不及时分解，会变质发臭。鸡拉出粪便后，被发酵床上的 EM 菌分解成为菌体蛋白，鸡还可以吃这些菌体蛋白补充营养，减少饲料的喂养量。鸡舍里面一般会产生臭气(氨气)，氨气含量超标后，影响鸡的健康，诱发呼吸道疾病，造成鸡只采食量下降，产蛋减少，甚至死亡。EM 菌能够有效地除臭，充分的分解粪便，减少鸡舍内的氨气量。粪便分解的同时，又能够有效地防止寄生虫的繁殖，减少鸡病的发生。

2. 鸡棚建设

(1)鸡棚根据自己养殖规模来建设。可选长宽比例在 5∶1 或 6∶1，长以 30～70 m 为宜，不宜超过 100 m，宽以 6～10 m 为宜，不宜超过 12 m，高以 2.4～3.0 m 为宜。

(2)建设鸡棚要考虑通风。调节室内温度和湿度，能够正常保证温度 15～20 ℃之间。

3. 发酵床的制作

发酵床由有机垫料组成，是微生物和粪尿进行生物反应的载体，垫料原料对发酵床发酵和使用过程中的含水量、温度、含氧量、C/N 比等均有一定影响。因此，选择合适的垫料原料及合理的比例配比对发酵床养鸡成功与否具有重要意义。

据资料介绍，“锯末＋稻壳”垫料组合效果最好，依据饲养的品种与实际条件等可适当调整二者的比例，一般以体积比为 3∶2 和 1∶1 配比的效果较好。一般铺 20～25 cm 厚。按总量的 2%撒上没有污染过的土和 0.3%的粗盐，因为粗盐中含有丰富的矿物质，有利于微生物繁殖和粪便分解。再按 0.25 kg/m^2 的比例将配好的菌种洒上去。这里要特别注意，当发酵床做好以后，不要立即把鸡放上去。先进行前期发酵，1 周以后可以放入雏鸡。

4. 注意事项

(1)EM菌　经常饮用1∶200倍的EM稀释液,饲喂EM发酵的饲料,能够提前分解饲料的营养成分,便于鸡的充分吸收。

(2)密度　鸡放养的密度要掌握好,若密度大,单位面积粪太多,发酵床的菌不能有效分解粪便,每平方米5～6只较合适。

(3)有益菌环境　有益菌生长需要潮湿的环境,观察发酵床的湿度,可以喷洒1∶200倍菌液稀释液。发酵床垫料表面适合的含水率应为30%～40%,核心层含水率为45%～60%。

(4)密切注意益生菌的活性　必要时要再加入1∶50倍EM菌液调节益生菌的活性,以保证发酵能正常进行。

(5)禁止使用化学药物　鸡舍内禁止使用化学药品和广谱抗生素类药物,防止杀灭和抑制益生菌,使得益生菌的活性降低。

(6)pH　pH是发酵床垫料中微生物生长的重要条件,影响有机物质的水解酸化速率,并且决定了水解酸化产物的分配。发酵床中的微生物生长繁殖需要微碱性环境,即pH在7.5左右为宜,pH过高或过低都会影响微生物的正常生长、粪尿的发酵和分解。在正常生产情况下,一般不需调节发酵床垫料的pH,其自身可自动调节达到平衡,这是因为发酵过程中会产生有机酸类物质,但同时也生成大量的氨,二者中和,会使垫料酸碱度接近中性。

(7)温度　环境温度制约着发酵床垫料中的微生物活性。一般而言,适宜发酵床菌种生活的环境温度为20～40 ℃,当环境温度低于10 ℃时,菌种的活性就会受到一定程度抑制。但发酵床菌种中的芽孢杆菌可耐高温,利用该特性,在铺设发酵床前往往是先将垫料中添加菌种、水分和营养物质进行预发酵,通过预发酵的高温杀死垫料中的有害微生物,利于接种菌的繁殖生长,同时把鸡的粪尿分解转化为无机物和可被食用的菌体蛋白,保证发酵床内安全无害的环境。

(8)翻耙频率　翻耙除为垫料中微生物提供氧气外,还具有调节温度,散发水分的作用。而对发酵床养鸡而言,其翻耙频率报道不一,有研究表明每周翻耙1次较为合适,也有报道指出因为发酵床养鸡的垫料较薄,每15～20 d翻耙1次即可。实际上,翻耙频率的确定取决于多种因素,如发酵床垫料的类型、发酵床的发酵情况、饲养的品种及密度、鸡的排泄物的养分含量、周围环境的天气情况等。

(9)氧气含量　发酵床中起作用的微生物主要是兼性好氧菌,其在发酵过程中以有氧生长为主,氧气含量直接影响发酵床中好氧菌的繁殖活动。一般情况下,发酵床垫料中的含氧量在5%～18%范围内较为合适。如果含氧量低于5%,会导致厌氧发酵而产生恶臭;当氧含量超过18%时,垫料中的温度过低,不利于鸡的排泄物和垫料的分解,甚至引起NH_3、H_2S、硫醇等挥发性气体大量产生。注意通风换气。

(10)防疫　做好日常防疫。

5. 效益分析

(1)降低运营成本。节省人工,无须每天清理鸡舍。

(2)节省饲料。鸡的粪便在发酵床上一般只需3 d就会被微生物分解,粪便给微生物提供了丰富营养,促使有益菌不断繁殖,形成菌体蛋白,鸡吃了这些菌体蛋白不但补充了营养,还能提高免疫力。另外,由于鸡的饲料和饮水中也要配套添加微生态制剂,在胃肠道内存在大量有益菌,这些有益菌中的一些纤维素酶、半纤维素酶类能够分解秸秆中纤维素、半纤维素等,采用这种方法养殖,可以增加粗饲料的比例,减少精料用量,从而降低饲养成本。据生产实践,节省饲料一般都在10%以上。

(3)降低药费成本。鸡生活在发酵床上,更健康,不易生病,减少医药成本。

(4)垫料和鸡粪混合发酵后,直接变成优质的有机肥。

(5)提高了鸡肉、鸡蛋的品质,更有市场竞争优势。

由于不同地区气候环境不同、所采用的发酵床也有差别、垫料的配制也不尽相同,加之管理水平的差异、对影响发酵床发酵效果的因素或参数的研究还不够透彻等,所以发酵床养鸡技术仍存在一些不足及一些问题有待解决。

复习与思考

1. 快大型肉仔鸡的生产特点有哪些?
2. 快大型肉仔鸡饲喂技术有哪些?
3. 提高肉鸡商品质量的措施有哪些?
4. 优质肉鸡的饲养方式有哪几种?各自有什么优缺点?
5. 减少优质肉鸡残次品的管理措施是什么?
6. 试述快大型肉用种鸡各阶段饲养管理的主要措施。
7. 优质肉种鸡饲养管理的特点是什么?

技能训练八 家禽屠宰测定及内脏器官观察

目的要求

学习家禽屠宰方法,掌握家禽屠宰率的计算;了解家禽内脏器官的结构特点以及公母禽生殖器官的差别。

材料和用具

公母鸡、解剖刀、剪刀、台秤、方瓷盘、大瓷盆等。

内容和方法

1. 宰前称重

鸡宰前禁食 12 h 后,鸭、鹅宰前禁食 6 h 后称活重即为宰前体重,以克为单位。

2. 放血

(1)颈外放血法 将鸡颈部宰杀部位的羽毛拔去,用刀切断血管和气管,放血致死。

(2)口腔内放血法 用左手握鸡头于手掌中,并以拇指和食指将鸡嘴顶开,右手握刀,刀面沿舌面平行伸入口腔左耳附近,随即翻转刀面使刀口向下,用力切断颈静脉和桥状静脉联合处,使血沿口腔下流。此法屠体外表完整美观。

3. 拔羽

用湿拔法拔羽,水温控制在 70～80 ℃。拔羽后淋干水分称屠体重。

4. 开腹观察内脏

将屠体置于方瓷盘中,在胸骨与肛门之间横剪一刀,用剪刀将切口从腹部两侧沿椎肋与胸肋结合的关节向前将肋骨和胸肌剪开,然后稍用力把整个胸壁翻向头部,使胸腹腔内器官都显清楚。

首先观察各器官的位置,识别名称,然后用剪刀沿肛门背侧纵向剪开泄殖腔,观察输尿管、输精(卵)管在泄殖腔生殖道上的开口以及雄性交配器官的位置和形状。最后将输卵管移出,用剪刀剪开,观察输卵管的内部构造和特点。

5. 取出内脏并称重

在肛门下横剪约 3 cm 的口子,伸进手拉出鸡肠,再挖肌胃、心、肝、胆、脾等内脏(留肾和肺),并分别称重。

半净膛重:屠体去除气管、食道、嗉囊、肠、脾、胰、胆和生殖器官、肌胃内容物以及角质膜后的重量。

全净堂重:半净膛重减去心、肝、腺胃、肌胃、肺、腹脂和头脚(鸭、鹅、鸽、鹌鹑保留头脚)的重量。去头时在第一颈椎骨与头部交界处连皮切开;去脚时沿跗关节处切开。

腿肌重:指去腿骨、皮肤、皮下脂肪后的全部腿肌重量。

胸肌重:沿着胸骨脊切开皮肤并向背部剥离,用刀切离附着于胸骨脊侧面的肌肉和肩胛部肌腱,即可将整块去皮的胸肌剥离;称重,得到两侧胸肌重。

6. 计算

屠宰率=屠体重/宰前体重×100%
半净膛率=半净膛重/宰前体重×100%
全净膛率=全净膛重/宰前体重×100%
腿肌率=两侧腿净肌肉重/全净膛重×100%
胸肌率=两侧胸肌重/全净膛重×100%

实训报告

1. 每小组屠宰 1～2 只鸡,将称重和计算结果填入下表。

屠宰测定记录表　　g,%

鸡编号	宰前体重	屠体重	半净膛重	全净膛重	腿肌重	胸肌重	屠宰率	半净膛率	全净膛率	腿肌率	胸肌率
1											
2											

2. 通过解剖说明鸡的消化、呼吸、泌尿和生殖器官的组成及结构特点。

技能训练九　鸡的称重与均匀度的测定技术

目的要求

熟练掌握体重抽测的方法和鸡群均匀度的测定方法。

材料和工具

称重设备(台秤、电子秤或鸡舍内的自动称重系统)、围网、运鸡笼;

体重记录表格、某鸡种各周龄体重和均匀度标准；

种鸡(≥500 只)。

内容和方法

1. 称测数量

在进行均匀度测定时，称测种鸡的数量以从鸡群中随机抽取 2%～5%(不得少于 50 只)的鸡只为宜。

2. 称测时间

从第 4 周开始直到产蛋高峰前，必须在每周同一天的同一时间进行空腹称重。每日限饲的种鸡在喂料后 4～6 h 称重，隔日限饲的在停饲日称重。

3. 称重设备

称重设备有多种类型可以选择，但要使用精确度可达到±20 g 的设备，同一鸡群多次或反复称重必须使用同一类型的称重器。所有的称重器都需要校准并随时准备好标准的重量砝码以检测称重器是否称重准确。每次抽样称重前后都要对称重器进行校准。

4. 方法

随机在种鸡群中用捕捉围网把种鸡围住，每次围圈 50～100 只鸡逐只单个称重，一人抓鸡，一人称重，一人记录。为避免任何选择偏差，所有被围圈的鸡只都必须称重。如果栏内或舍内的鸡群数量超过 1 000 只，则必须在栏内或舍内两个不同的位置进行抽样称重。

5. 均匀度的计算方法

将所称鸡只(如 50 只)的单个体重相加，再除鸡只数(如 50 只)，即得出抽测群的平均体重。如抽测平均体重为 1 500 g，再对这 50 只抽测鸡逐个查看体重，数出体重在抽测群平均体重±10%范围内的鸡只数，然后除以抽测数，即得出均匀度。如下式：

$$均匀度=\frac{体重在抽测群平均体重\pm 10\%的鸡数}{抽测群总数}\times 100\%$$

如体重在抽测群平均体重±10% (1 350 ～1 650 g)的鸡有 40 只，则该群鸡的均匀度为 40/50×100%＝80%。

6. 体重均匀度的意义

体重能保证种鸡在该鸡种规定的体重标准和周龄达到性成熟，同时也决定种鸡的体质。种鸡均匀度的意义是要使鸡群发育整齐一致。只有详细的称量才能够很好地控制种鸡的体重与均匀度，对超重的进行限饲，对于低体重的要加强饲喂。生产上将所称测的体重和计算的均匀度与该周龄某品种的体重和均匀度标准进行比较，如果在标准之上，说明鸡群生长发育正常。当称量测得鸡群的均匀度低于 70%时，尤其是低于平均体重严重时，就要及时地分析原因。一般从疾病、喂料饮水的均匀性、饲喂程序、饲料质量、断喙、环境条件等方面去查找，并根据其原因采取相应的措施。

实训报告

1. 按步骤写出实训结果。

2. 根据实训结果对照本鸡种的标准分析该鸡群的体重和整齐度，分析原因，并对该鸡群下一阶段的饲养管理提出合理化建议。

项目七 水禽生产

任务一　蛋鸭生产

任务描述

蛋鸭在我国饲养历史悠久，养殖量多，它具有生活力强、繁殖率高、耐粗饲等生物学特性，在养禽业中占有一定的位置，发展潜力极大。蛋鸭生产阶段包括育雏期、育成期和产蛋期，饲养方式以圈养和放牧饲养为主。本任务主要依据蛋鸭的生理发育特点和饲养方式，重点强化蛋鸭的阶段性管理，促使蛋鸭高产高效。

任务目标

掌握雏鸭的培育要点；熟悉青年鸭的圈养方法和放牧饲养方法；能科学地进行圈养蛋鸭和放牧蛋鸭的饲养管理；熟悉蛋鸭笼养的优势和饲养管理。

基本知识

(1)生长鸭的培育；(2)圈养产蛋鸭的饲养管理；(3)放牧鸭的饲养管理；(4)蛋鸭笼养。

一、生长鸭的培育

(一)雏鸭的培育

雏鸭是指0～4周龄的小鸭。雏鸭体质弱，适应周围环境能力差；绒毛稀短，体温调节能力差；生长发育快，消化能力差；抵御病菌能力低，易得病死亡。因此，做好育雏工作是决定养鸭是否成功的关键。

1. 培育雏鸭的适宜环境

(1)温度　由于雏鸭御寒能力弱，初期需要温度稍高些，随着雏龄增加，室温可逐渐下降，3周龄以内的雏鸭，可参考表7.1规定的标准给温。

表7.1　蛋鸭育雏期的室温标准

日龄	1	2～7	8～14	15～21
室温/℃	28～26	26～22	22～18	18～16

(2)湿度　湿度不能过大,圈窝不能潮湿,垫草必须干燥,尤其在吃过饲料或下水游泳回来休息时,一定要卧在清洁干燥的垫草上。如久卧阴冷潮湿的地面,不但影响饲料的消化吸收,而且还会烂毛。育雏初期一般以60%～70%的相对湿度为佳。随着雏鸭日龄的增加,体重增长,育雏舍的相对湿度应尽量降低,一般以50%～55%为宜。

(3)空气　在室温较高、湿度较大的情况下,粪便分解快,挥发出大量氨和硫化氢等有害气体,刺激眼、鼻和呼吸道,严重时会造成中毒。因此,育雏室要定时换气,朝南的窗户要适当敞开,以保持室内空气新鲜。但任何时候都要防止贼风直吹鸭身。

(4)光照　在1周龄左右,每昼夜光照可达20～23 h。第2周龄开始,逐步降低光照强度,缩短光照时间。第3周龄起,要区别不同情况,如上半年育雏,白天利用自然日照,夜间以较暗的灯光通宵照明,只在喂料时用较亮的灯光照半小时;如下半年育雏,由于日照时间短,可在傍晚适当增加光照1～2 h,其余时间仍用较暗的灯光通宵照明。

除温度、湿度、空气、光照等环境条件外,水源水质、饲养密度及噪声等,均对雏鸭有较大的影响,必须注意。

2. 育雏期的饲养要点

(1)开水　刚出壳的雏鸭第一次饮水称“开水”,也叫“潮口”。雏鸭出壳后12～24 h内,将毛干后的雏鸭分批赶入深0.5～1.0 cm的浅水盘中戏饮5～10 min。也可将雏鸭分装在竹篓里,每个竹篓放40～50只,慢慢将竹篓浸入水中,以浸没鸭爪为宜,让雏鸭在浅水中站立活动5～7 min,即为“开水”。在饮水中加适量葡萄糖或维生素C,能排除胎粪、清理肠胃、促进新陈代谢、增进食欲、增强体质。

(2)开食　一般在开水后30 min左右开食。开食料选用米饭、碎米、碎玉米粉等,也可直接用颗粒料拌湿自由采食的方法进行。将雏鸭群赶到塑料薄膜或草席上,一边撒料,一边调教,吸引鸭群啄食,让雏鸭吃6～7成饱即可。

(3)饲喂次数和雏鸭料　随着雏鸭日龄的增加可逐渐减少饲喂次数,10日龄以内白天喂4次,夜晚1～2次;11～20日龄白天喂3次,夜晚1～2次;20日龄后白天喂3次,夜晚1次。雏鸭料可参考的饲料配方:玉米58.5%、麦麸10%、豆饼20%、国产鱼粉10%、骨粉0.5%、贝壳粉1%,此外可额外添加0.01%的禽用多维和0.1%的微量元素。

3. 育雏期的管理要点

(1)及时分群,严防堆压　雏鸭在“开水”前,应根据出雏的迟早、强弱分开饲养。笼养的雏鸭,将弱雏放在笼的上层、温度较高的地方。平养的要将强雏放在育雏室的近门口处,弱雏放在鸭舍的温度最高处。第二次分群是在吃料后3 d左右,将吃料少或不吃料的放在一起饲养,适当增加饲喂次数,比其他雏鸭的环境温度提高1～2 ℃。对患病的雏鸭要单独饲养或淘汰。以后可根据雏鸭的体重来分群,每周随机抽取5%～10%的雏鸭称重,未达到标准的要适当增加饲喂量,超过标准的要适当减少饲喂量。

(2)从小调教下水,逐步锻炼放牧　下水要从小开始训练,千万不要因为小鸭怕冷、胆小、怕下水而停止。开始1～5 d,可以与小鸭“点水”(有的称“潮水”)结合起来,即在鸭篓内“点水”,第5天起,就可以自由下水活动了。注意每次下水上来,都要让它在无风温暖的地方梳理羽毛,使身上的湿毛尽快干燥,千万不可带着湿毛入窝休息。下水活动,夏季不能在中午烈日下进行,冬季不能在阴冷的早晚进行。

5日龄以后,即雏鸭能够自由下水活动时,就可以开始放牧。开始放牧宜在鸭舍周围,适应以后,可慢慢延长放牧路线,选择理想的放牧环境,如水稻田、浅水河沟或湖塘,种植荸荠、芋艿的水田，种植莲藕、茨茹的浅水池塘等。放牧的时间要由短到长，逐步锻炼。放牧的次数也不能太多，雏鸭阶段，每天上午、下午各放牧一次，中午休息。每次放牧的时间，开始时 20～30 min，以后慢慢延长，但不要超过 1.5 h。雏鸭放水稻田后，要到清水中游洗一下，然后上岸理毛休息。

(3)搞好清洁卫生，保持圈窝干燥　随着雏鸭日龄增大，排泄物不断增多，鸭篓和圈窝极易潮湿、污秽，这种环境会使雏鸭绒毛沾湿、弄脏，并有利于病原微生物繁殖，必须及时打扫干净，勤换垫草，保持篓内和圈窝内干燥清洁。换下的垫草要经过翻晒晾干，方能再用。育雏舍周围的环境，也要经常打扫，四周的排水沟必须畅通，以保持干燥、清洁、卫生的良好环境。

(4)建立稳定的管理程序　蛋鸭具有集体生活的习性，合群性很强，神经类型较敏感，其各种行为要在雏鸭阶段开始培养。例如，饮水、吃料、下水游泳、上滩理毛、入圈歇息等，都要定时、定地，每天有固定的一整套管理程序，形成习惯后，不要轻易改变，如果改变，也要逐步进行。饲料品种和调制方法的改变也如此。

4. 育雏期的疾病控制要点

(1)把好鸭种引入关　鸭群发生疫病多数是由场外引种带进，为了切断疫病的传播，有条件的鸭场应尽量实行自繁自养。若需从外地引种时，应确认雏鸭来源于健康种鸭的后代。

(2)及时做好防疫工作　根据本地区疫情流行趋势和鸭群情况具体制定育雏期的免疫程序，及时做好免疫工作。通常在育成期需要接种的疫苗包括鸭病毒性肝炎疫苗、鸭疫里默氏杆菌菌苗、禽流感疫苗等。使用药物预防大肠杆菌病和球虫病。

(3)用全价饲料饲喂雏鸭　疾病的发生与发展，与鸭群体质的强弱有关，采用全价配合饲料饲喂雏鸭，确保雏鸭获得充足的营养需要，可有效提高鸭群体质，增强抵抗力。

(4)创造良好的生活环境　饲养环境条件不良，是诱发鸭群疫病的重要因素，因此要科学安排鸭舍的温度、湿度、光照、通风和饲养密度，尽量减少各种应激反应。

(5)做好日常巡查工作　要定时对鸭群的采食量、饮水、粪便、精神、活动、呼吸等情况进行观察，随时掌握鸭群健康状况，以切实做到鸭病的“早发现、早诊断、早治疗”。

(二)育成鸭的培育

育成鸭一般指 5～16 周龄或 18 周龄开产前的青年鸭。育成阶段要充分利用青年鸭杂食性强的特点，进行科学的饲养管理，加强洗浴，增加运动量，使其生长发育整齐，同期开产。

1. 育成鸭的饲养方式

(1)圈养　称为全舍饲圈养或关养。一般鸭舍内采用厚垫草(料)饲养，或是网状地面饲养、栅状地面饲养。舍内必须设置饮水和排水系统，采用垫料饲养的，垫料要厚，要经常翻动增添，必要时要翻晒，以保持垫料干燥、清洁。地下水位高的地区可选用网状地面或栅状地面饲养，这两种地面要比鸭舍地面高 60 cm 以上，鸭舍地面用水泥铺成，并有一定的坡度，便于清除鸭粪。网状地面最好用涂塑铁丝网，网眼大小适中。栅状地面可用宽 20～25 mm，厚 5～8 mm 的木板条或 25 mm 宽的竹片，或者是用竹子制成相距 15 mm 空隙的栅状地面，这些结构都要制成组装式，以便冲洗和消毒。

(2)半舍饲　鸭群固定在鸭舍、陆上运动场和水上运动场，不外出放牧。吃食、饮水可设在舍内，也可设在舍外，一般不设饮水系统，饲养管理不如全圈养那样严格。其优点与全圈养一样，减少疾病传染源，便于科学饲养管理。

(3)放牧饲养　放牧饲养是我国传统的饲养方式。放牧时在平地、山地和浅水、深水中潜游觅食各种天然的动植物性饲料，节约大量饲料，降低生产成本，同时使鸭群得到很好锻炼，增强体质，较为适合于养殖农户的小规模养殖方式，这种方法比较浪费人力，大规模集约化生产时较少采用放牧饲养。

2. 青年鸭的圈养方法

(1)分群与饲养密度　青年鸭圈养的规模,以 500 只左右为宜。分群时要尽可能做到日龄相同、大小一致、品种一样、性别相同。饲养密度随鸭龄、季节和气温的不同而变化,一般可按以下标准掌握:4～10 周龄,10～15 只/m^2;11～20 周龄,7～10 只/ m^2。冬季气温低,每平方米适当多几只;夏季气温高,每平方米少几只。生长快的品种,密度略小些;生长慢的,密度略大些。

(2)饲粮配合　饲料要尽可能多样化,保持能量、蛋白质的平衡,使含硫氨基酸、多种维生素、无机盐都有充足的来源。培育期的青年鸭,日粮中的蛋白质水平不需太高,钙的含量也要适宜。要根据生长发育的具体情况增减必需的营养物质,如绍鸭的正常开产日龄是 130～150 日龄,标准开产体重为 1.4～1.5 kg,如体重超过 1.5 kg,则认为超重,影响开产,应轻度限制饲养,适当多喂些青饲料和粗饲料。对发育差、体重轻的鸭,要适当提高饲料质量,每只每天的平均喂料量可掌握在 150 g 左右,另加少量的动物性鲜活饲料,以促进生长发育。

青年鸭的饲料全部用混合粉料,最好是全价饲料,不用玉米、谷、麦等单一的原粮,要粉碎加工后制成混合粉料,喂饲前加适量的清水,拌成湿料生喂。每日喂 3～4 次,每次喂料的间隔时间尽可能相等,避免采食时饥饱不匀。饲料配方示例见表 7.2。

表 7.2　育成鸭的饲料配方示例　%

配方及成分		日龄	
		35～60	60 至开产
饲料配比	黄玉米	55	55
	豆粕	15	10
	麦麸	4	5
	葵花仁饼	15	15
	稻糠	4	5
	羽毛粉	2	—
	鱼粉	3	2
	稻草粉	—	3
	玉米秸秆粉	—	3
	骨粉	1.5	1.8
	贝壳粉	0.5	0.2
	L-赖氨酸(外加)*	0.03	—
	DL-蛋氨酸(外加)*	0.02	—
	多维(外加)*	1	1
	硫酸钠(外加)*	—	0.4
营养成分	代谢能/(MJ/kg)	11.50	11.29
	粗蛋白	18	15
	钙	0.8	0.8
	磷	0.45	0.45
	赖氨酸	0.9	0.65
	蛋氨酸	0.3	0.25

(3)限制饲养 圈养和半圈养鸭如让其自由采食,往往体重大大超过其标准体重,造成体内脂肪沉积而过肥,成熟早,产蛋早,蛋重小,开产不一致,并会影响今后的产蛋率。因此,要特别重视圈养和半圈养鸭的限制饲喂。通过限制饲喂,还能节省饲料,一般可节约10%~15%,并且可降低产蛋期间的死亡率。限制饲喂一般从8周龄开始,到16~18周龄结束。限喂前应称重,此后每两周抽样称重一次,以将体重控制在相应品种要求的范围内为宜,体重超重或过轻均会影响鸭群产蛋量。限制饲喂方法有以下两种。

①限量法。按育成鸭的正常日粮(代谢能10.8 MJ/kg,蛋白质13%~14%)的70%供给。具体喂法有两种:一是将全天的饲喂量在早晨1次喂给;二是将1周的总量分为6 d喂完,停喂1 d。

②限质法。饲喂代谢能为9.6~10 MJ/kg,蛋白质为14%左右的低能日粮;或代谢能为10.8 MJ/kg左右,蛋白质为8%~10%的低蛋白质日粮。限制喂料时,要确保每只鸭能同时均匀地采食。

3. 青年鸭圈养的管理要点

(1)加强运动 加强运动可以促进骨骼和肌肉的发育,防止过肥。每天定时赶鸭在舍内作转圈运动,每次5~10 min,每天活动2~4次。如鸭舍附近有适当的放牧场地,可定时进行短距离的放牧活动。

(2)提高鸭对环境的适应性 在青年鸭时期,利用喂料、喂水、换草等机会,多与鸭群接触。如喂料的时候,人可以站在旁边,观察采食情况,让鸭子在自己的身边走动,遇有"娇鸭"静伏在身旁时,可用手抚摸,久而久之,鸭就不会怕人,也提高了鸭子对环境的适应能力。

(3)控制好光照 青年鸭培育期,不用强光照明,要求每天标准的光照时间稳定在8~10 h,光照强度为5 lx,其他时间可用朦胧光照,在开产以前不宜增加。如利用自然光照,以下半年培育的秋鸭最为合适。但是,为了便于鸭子夜间饮水,防止因老鼠或鸟兽走动时惊群,舍内应通宵弱光照明。如30 m^2 的鸭舍,可以安装一盏15 W灯泡,遇到停电时,应立即点上有玻璃罩的煤油灯(马灯)。长期处于弱光通宵照明的鸭群,一遇突然黑暗的环境,常引起严重惊群,造成很大伤亡。

(4)加强传染病的预防工作 青年鸭时期的主要传染病有3种:一是鸭瘟,二是禽霍乱,三是禽流感。免疫程序:25~30日龄接种禽流感疫苗;40日龄前后接种鸭瘟疫苗;60~70日龄,注射一次禽霍乱菌苗;70~80日龄,注射一次鸭瘟弱毒疫苗;100日龄前后,再注射一次禽霍乱菌苗和禽流感疫苗。这三种传染病的预防注射,都要在开产以前完成,进入产蛋高峰后,尽可能避免捉鸭打针,以免影响产蛋。以上方法也适用于放牧鸭。

(5)建立一套稳定的作息制度 圈养鸭的生活环境比放牧鸭稳定,根据鸭子的生活习性,定时作息,制订操作规程。形成作息制度后,尽量保持稳定,不要经常变更。

4. 青年鸭的放牧饲养法

放牧养鸭是我国传统的养鸭方式,它利用了鸭场周围丰富的天然饲料,适时为稻田除虫,同时可使鸭体健壮,节约饲料,降低成本。

(1)选择好放牧场所和放牧路线 早春放浅水塘、水河小港,让鸭觅食螺蛳、鱼虾、草根等水生生物。春耕开始后在耕翻的田内放牧,觅取田里的草籽、草根和蚯蚓、昆虫等天然动植物饲料。稻田插秧后从分蘖至抽穗扬花时,都可在稻田放牧,既除害虫杂草,又节省饲料,还增加了野生动物性蛋白的摄取量。待水稻收割后再放牧,可觅食落地稻粒和草籽,这是放鸭的最好时期。

每次放牧，路线远近要适当，鸭龄从小到大，路线由近到远，逐步锻炼，不能使鸭太疲劳；往返路线尽可能固定，便于管理。过河过江时，选水浅的地方；上下河岸，选坡度小、场面宽广之处，以免拥挤践踏。在水里浮游，应逆水放牧，便于觅食；有风天气放牧，应逆风前进，以免鸭毛被风吹开，使鸭受凉。每次放牧途中，都要选择1～2个可避风雨的阴凉地方，在中午炎热或遇雷阵雨时，都要把鸭赶回阴凉处休息。

(2)采食训练与信号调教　为使鸭群及早采食和便于管理，采食训练和信号调教要在放牧前几天进行。采食训练根据牧地饲料资源情况，进行吃稻谷粒、吃螺蛳等的训练，方法是先将谷粒、螺蛳撒在地上，然后将饥饿的鸭群赶来任其采食。

信号调教是用固定的信号和动作进行反复训练，使鸭群建立起听从指挥的条件反射，以便于在放牧中收拢鸭群。

(3)放牧方法。

①一条龙放牧法：这种放牧法一般由2～3人管理(视鸭群大小而定)，由最有经验的牧鸭人(称为主棒)在前面领路，另有两名助手在后方的左右侧压阵，使鸭群形成5～10层次，缓慢前进，把稻田的落谷和昆虫吃干净。这种放牧法适于将要翻耕、泥巴稀而不硬的落谷田，宜在下午进行。

②满天星放牧法：即将鸭驱赶到放牧地区后，不是有秩序地前进，而是让它们散开，自由采食，先将有迁徙性的活昆虫吃掉，适当"闯鲜"，留下大部分遗粒，以后再放。这种放牧法适于干田块，或近期不会翻耕的田块，宜在上午进行。

③定时放牧法：群鸭的生活有一定的规律性，在一天的放牧过程中，要出现3～4次积极采食的高潮，3～4次集中休息和浮游。根据这一规律，在放牧时，不要让鸭群整天泡在田里或水上，而要采取定时放牧法。春末至秋初，一般采食四次，即早晨、上午10时左右、下午3时左右、傍晚前各采食一次。秋后至初春，气候冷，日照时数少，一般每日分早、中、晚采食三次。饲养员要选择好放牧场地，把天然饲料丰富的地方留作采食高潮时放牧。如不控制鸭群的采食和休息时间，整天东奔西跑，使鸭子终日处于半饥饿状态，得不到休息，既消耗体力，又不能充分利用天然饲料，是放牧鸭群的大忌。

(4)放牧鸭群的控制　鸭子具有较强的合群性，从育雏开始到放牧训练，建立起听从放牧人员口令和放牧竿指挥的条件反射，可以把数千只鸭控制得井井有条，不致糟蹋庄稼和践踏作物。当鸭群需要转移牧地时，先要把鸭群在田里集中，然后用放牧竿从鸭群中选出10～20只作为头鸭带路，走在最前面，叫作"头竿"，余下的鸭群就会跟着上路。只要头竿、二竿控制得好，头鸭就会将鸭群有秩序地带到放牧场地。

二、圈养产蛋鸭的饲养管理

养母鸭的目的在于多产蛋，"母鸭不产蛋，亏本不合算"。饲养产蛋的母鸭，一定要保证饲料营养全面，饲料品种相对稳定。不论是在圈舍内饲养，还是放牧饲养，饲料的组成应是基本相同的。

(一)圈养蛋鸭的好处

(1)环境条件可以控制，受自然界制约因素少，有利于科学养鸭，稳产高产。

(2)可以节约劳动力，提高劳动生产率。一般采用放牧饲养，一个人只能管两三百只鸭子，而且劳动强度大；采用圈养方法，如饲料运到场，一个人可管理1 000只，劳动效率大大提高，劳动强度也大大减轻，妇女、老人都可胜任。

二维码 7.1
蛋鸭舍及运动场

(3)降低传染病的发病率,减少中毒等意外事故。圈养时,和外界接触减少,因而农药中毒和传染病的感染机会都比放牧时减少,从而提高了成活率。

(4)圈养鸭四季均可产蛋,饲料报酬高。

(二)产蛋鸭的圈养要点

1. 产蛋鸭的圈内饲养

(1)饲料配制　在圈舍内饲养产蛋母鸭,饲料可按下列比例配给:玉米粉40%、麦粉(或次粉)25%、糠麸8%、豆饼15%、鱼粉(或肉骨粉)5%、石粉6.7%、食盐0.3%,另外,还应补充多种维生素和微量元素。也可以根据养鸭户的能力和条件做一些替换饲料,如缺少鱼粉,可捕捞小杂鱼、小虾和蜗牛等饲喂,可以生喂,也可以煮熟后拌在饲料中喂。饲料不能拌得太黏,达到不沾嘴的程度就可以。食盆和水槽应放在干燥的地方,每天要刷洗一次。每天要保证供给鸭充足的饮水,同时在圈舍内放一个沙盆,准备足够、干净的沙子,让母鸭随便吃。目前大多数饲料厂生产的蛋鸭饲料为颗粒饲料。

(2)饲喂次数及饲养密度　饲养中注意不要让母鸭长得过肥,因为肥鸭产蛋少或不产蛋。但也要防止母鸭过瘦,过瘦也不产蛋。每天要定时喂食,母鸭产蛋率不足50%时,每天喂料3次;产蛋率在50%以上时,每天喂料4～5次。对产蛋的母鸭要尽量少喂或者不喂稻糠、酒糟之类的饲料。在圈舍内饲养母鸭,饲养的数量不能过多,密度以每平方米6只较适宜。鸭夜间每次醒来,大多都会去吃料或喝水。因此,对产蛋母鸭在夜间要喂1次料。

2. 圈舍的环境控制

圈舍内的温度要求在10～26 ℃之间。0 ℃以下母鸭的产蛋量就会大量减少,到−4 ℃时母鸭就会停止产蛋。当温度上升到28 ℃以上时,由于气温过热,鸭吃食减少,产蛋也会减少,并会停止产蛋,开始换羽。因此,温度管理的重点是冬天要防止寒冷,夏天要防止过热。在寒冷地区的冬天,产蛋母鸭圈舍内要烧火炉取暖,以提高舍内温度。要给母鸭喝温水,喂温热的料,增加青绿饲料,如白菜等,以保证母鸭的营养需要。另外,要减少母鸭在室外运动场停留的时间。夏季天气炎热时,要将鸭圈的前后窗户打开,降低鸭舍内的温度,同时要保持鸭圈舍内的干燥,不能向地面洒水。产蛋期每天光照16 h,夜间在鸭舍内开1～3个小功率灯泡,进行通宵弱光照明。

3. 产蛋鸭不同阶段的管理

(1)产蛋初期(开产至200日龄)和前期(201～300日龄)　不断提高饲料质量,增加饲喂次数,每日喂4次,每日每只150 g料。光照逐渐加至16 h。本期内蛋重增加,产蛋率上升,体重要维持开产时的标准,不能降下来,也不能增加。要注意蛋鸭初产习性的调教。设置产蛋箱,每天放入新鲜干燥的垫草,并放鸭蛋作“引蛋”,晚上将产蛋箱打开。为防止蛋鸭晚间产蛋时受兽伤害,舍内应安装低功率节能灯照明。这样经过10 d左右的调教,绝大多数鸭便去产蛋箱产蛋。

(2)产蛋中期(301～400日龄)　此期内的鸭群因已进入高峰期而且持续产蛋100多天,体力消耗较大,对环境条件的变化敏感,如不精心饲养管理,难以保持高产蛋率,甚至引起换羽停产,因此说这是蛋鸭最难养的阶段。此期内日粮中的粗蛋白质水平比产蛋前期要高,达20%;并特别注意钙的添加,日粮含钙量过高影响适口性,为此可在粉料中添加1%～2%的颗粒状钙,或在舍内单独放置钙盆,让鸭自由采食,并适量喂给青绿饲料或添加多种维生素。光照时间稳定在16 h。

(3)产蛋后期(401～500日龄)　产蛋率开始下降,这段时间要根据体重与产蛋率来决定饲料的质量与数量。如体重减轻，产蛋率 80%左右，要多加动物性蛋白；如体重增加，产蛋率还在 80%左右，要降低饲料中的代谢能或增喂青料，蛋白保持原水平；如产蛋已下降至 60%左右，就要降低饲料水平，此时再加好料产蛋也上不去了。80%产蛋率时保持 16 h 光照，60%产蛋率时加到 17 h。

(4)休产期的管理　产蛋鸭经过春天和夏天几个月的产蛋后，在伏天开始掉毛换羽。自然换羽时间比较长，一般需要 3～4 个月，这时母鸭就不产蛋了，为了缩短换羽时间，降低喂养成本，让母鸭提早恢复产蛋，可采用人工强制的方法让母鸭换羽。

三、放牧鸭的饲养管理

我国水稻产区饲养蛋鸭的方法主要是放牧，一向有春季放湖塘，秋季放稻田的习惯，各季的饲养管理要点如下：

1. 春季管理

春季气候变暖，天然饲料逐渐增多，是蛋鸭产蛋最旺盛的季节，也是育种繁殖的好季节。因此，在饲养和管理上的主要任务是提高蛋鸭的产蛋量和保证种蛋的品质。

母鸭经过冬季，身体变瘦弱，要特别细心看护和饲养，增加饲料，使其恢复体质。这时应选择天然饲料丰富的地方加强放牧，使鸭子能吃到小鱼、小虾、螺蛳、水草等饲料。放牧时要掌握空腹快赶、饱肚慢赶，上午多赶、下午少赶，爬坡上下、过堤坝沟渠都不能过急的原则。为了使鸭子能觅食更多的饲料，牧地应经常更换。选择牧地不宜过远，以往返不超过 2 h 的路程为好。在天然饲料充足的情况下，整个季节可不补料；在天然饲料不足和早春牧地饲料较少的情况下，每天补喂一些大麦、稻谷、玉米等饲料，并酌情喂一些动物性饲料和矿物质饲料。补喂的次数依鸭群产蛋率而定，一般是产蛋率为 50%～60%时喂 3 次；产蛋率为 70%以上时 4 次，其中一次在晚上喂，早上放牧前喂七成饱即可，因为白天放牧时，鸭子还可觅食一些天然饲料；晚上则要多喂，因为夜里时间长，产蛋鸭如受饿，必然会骚动不安，影响产蛋，所以晚上一顿可喂粒料。补充饲料的组成：蛋白质饲料占 30%～40%，谷物饲料占 30%～40%，青绿多汁饲料占 20%～30%，糠麸饲料占 10%，矿物质饲料占 5%。

春天气温、水温还比较低，鸭子不能长时间放在水中，要上岸晒晒太阳。但也不能忽视春季放水。早春未开冻前，就可将水面结的冰打碎，使鸭子能在水中找食。同时，提早放水有利于鸭的生理需要，因而能提早产蛋。

2. 夏季管理

春季产蛋到初夏，鸭体变得虚弱，有减轻体重的趋势，一般在 6 月以后比较明显。为了延长产蛋时间，在注意调整饲料的同时，要多放牧，尽可能多的利用天然饲料，如水草、小鱼、田螺、虫类等。夏收期间，可在上午天气凉爽时在稻田(麦田)觅食遗粒，并根据鸭的采食情况决定补喂次数，一般补喂二次，中午休息时，补喂一些精料为主的混合料，并加入适量青饲料。同时，还应注意饮水。由于鸭子不喜欢喝晒热的水，饮水用具应放在阴凉处，夜间舍内也应备有清洁的饮水。

夏季放牧要注意防暑。早出晚归，中午赶到阴凉处休息，夜晚天气闷热时，也要赶鸭下水洗浴。中午不要在晒热的水田和浅水塘中放牧，否则会因水热烫坏身体，或引起脱毛而停止产蛋。还要防止在晒热的地面尤其是石板路上赶鸭，以免鸭脚被烫伤。

小暑以后，天气日渐炎热，同时母鸭经过几个月的产蛋后，产蛋量减少，出现生理上的换羽停产。为了使秋季能提前恢复产蛋和缩短休产期，最好在这个时候进行人工强制换羽。

3. 秋季管理

秋季是成年鸭开始换羽和当年鸭(春季育雏)开产的时期,夏季经人工强制换羽的鸭子已开始产蛋,是全年中第二个产蛋期。从产蛋到换羽,生理上变化很大。此时除精心管理外,必须供给换羽时所需的营养物质,如蛋白质和含磷、含硫的饲料(骨粉、石膏)等,以加快换羽时间,提早产蛋。

秋季正是水稻收割季节,鸭子能在田里吃到大量遗谷。但秋季雨量减少,水草不足,动物性饲料缺乏,必须在晚上补喂动物性饲料,以提高产蛋率和延长产蛋期。如捞粪蛆,或捕捉小虾、黄鳝等,煮熟捣烂连汤一起拌在糠麸饲料中喂给,或加入5%～10%的鱼粉、肉粉,或加入20%的豆饼,在中午、晚上关鸭前喂给。

每块稻田只能放一次,否则因稻谷少,吃不饱而影响产蛋,当稻田里的饲料吃净后,将鸭子移到湖滩、草塘或河中去放养。秋季也是调整鸭群的季节,凡换羽早的鸭子(大都是低产鸭)和病鸭应尽早淘汰。

4. 冬季管理

一是要增设防寒保温设施,深夜棚内温度应保持在5 ℃以上。因此,棚舍要围严、围实,棚外四周可先用稻草或麦秸编成草苫围实,外面再围上一层尼龙薄膜,棚顶的盖草也应当加厚,在鸭舍内墙四周产蛋区内垫30 cm厚的草。早晨收蛋后,将窝内的旧草撒铺在鸭舍内,每天晚上鸭群入舍前,要添些新草作产蛋窝,这样垫草逐渐积累,数日出一次,既保温又可节省人力。

二是要及时调整日粮,适当提高饲料中代谢能的含量,并适当增加饲喂量,最好夜间加补1次饲料,一般夜间补饲比不补饲的蛋鸭可提高产蛋量10%左右,夜间补饲时应注意夜间所补饲料的蛋白质不可过多,同时提供充足的饮水。有条件的应供给青绿饲料或定时补充维生素A、维生素D、维生素E。有的养鸭户在饲料中添加3%～5%的油脂,每天中午供给一次切碎的白菜叶、胡萝卜缨等,效果都很好。冬季室温为5～10 ℃时,饲料喂量应比春季、秋季增加10%～15%。

三是要适当增加饲养密度,每平方米可增加到8～9只鸭,并增加鸭的运动量。

四是要人工补充光照,冬季由于自然光照缩短,鸭的脑下垂体和内分泌腺体活动减少,影响产蛋,故必须人工补充光照。每天光照至少应保持在16 h,可在鸭棚内每30 m^2 面积安装一盏60 W灯泡,灯泡离鸭背2 m高,并装上灯罩,使光线能集中照射在鸭体上,早晚要定时开灯。试验证明,补光比不补光的可提高产蛋率20%～25%。

五是对放牧鸭,早上应迟放鸭,傍晚早关鸭,平时少下水,只在上下午气温较高时让鸭群各洗浴1次,每次不超过10 min。

六是要减少应激。蛋鸭代谢旺盛,对污染空气特别敏感,饲养员进入鸭舍时应无刺激的感觉。平时注意通风换气,每当戏水时,鸭群一出舍应打开所有窗通风换气。还要搞好舍内外清洁卫生,防止老鼠、黄鼠狼和犬等兽害的侵袭。

四、蛋鸭笼养

我国蛋鸭的饲养还以传统的地面平养结合水面放养为主。这种饲养模式不仅限制了蛋鸭饲养规模的扩大,导致生产率低下,疾病防治困难,对当地的水资源和环境造成严重污染,同时蛋鸭在地面产蛋造成蛋壳表面污染严重所引起的食品安全问题也十分突出,这些都严重制约了蛋鸭产业的可持续发展。

目前鸭的养殖方式正呈现从水养到旱养的方向发展。蛋鸭笼养，是将产蛋鸭饲养于笼中，配套使用自动化的养殖、粪污处理等设施设备，以实现规模化、标准化生产的一种安全可靠的现代化养殖方式。该方式不仅能够有效控制蛋鸭养殖产生的污染，防止疫病发生，而且能够通过实施标准化生产，保障鸭蛋产品食品安全，提升养殖效益，当前已在我国多地探索实施并推广应用，是蛋鸭规模化养殖的主要发展方向。随着蛋鸭笼养技术的不断完善，蛋鸭笼养是蛋鸭规模化、产业化发展的必由之路，是解决养殖污染的最佳途径。

(一)蛋鸭笼养优势

1. 有利于环境保护和清洁生产

笼养时，由于鸭子处于相对封闭的环境中，养殖过程中的污染源仅局限于养殖场地，所产生的代谢排泄物经适当处理可合理利用或达标排放，不会对环境造成污染或危害，有利于实现清洁生产。

2. 提高单位面积鸭舍利用效率和劳动生产率

采用双列式3～4层笼养方式，每平方米鸭舍的饲养量较地面平养有所增加。由于简化了饲养管理操作程序，降低了劳动强度，劳动生产效率得到有效提高，每个饲养员管理蛋鸭的数量由平养模式的2 000只左右提高到5 000～10 000只，劳动生产率得到大大提高。

3. 保证鸭蛋产品干净卫生

笼养蛋鸭刚产下的鸭蛋，由于斜坡和重力作用滚到集蛋框中，脱离了与鸭子的直接接触，且笼子底部与鸭蛋直接接触面比较干净，降低了鸭蛋污染程度，较完整地保存蛋壳外膜，有利于延长鸭蛋的保鲜和保质期，改善鸭蛋外观，减少蛋制品加工过程的洗蛋工艺，节省生产成本，增强鸭蛋销售的市场竞争力。

4. 提高饲料转化利用效率

笼养鸭子活动范围受到限制，活动量减少，由于隔绝了与水的直接接触，加上鸭子体温能量散发增加舍内环境温度，降低了鸭子能量消耗，维持需要减少，有利于提高饲料转化利用效率，节省单位产品的生产成本。经比较测定，与平养模式比较，笼养蛋鸭的采食量下降10%～20%，单位产品饲料转化利用效率提高5%～7%。

5. 有效降低疫病风险

笼养蛋鸭的生产过程在鸭舍内进行，鸭子隔绝了与外界环境的直接接触，有效降低了生产期间与外界环境病原微生物接触感染机会，尤其是对以某些飞禽候鸟为传染源进行传播的疫病(如禽流感)，可有效降低疫病风险，采用全封闭笼养养殖方式优势更加明显。由于处于相对稳定的小气候环境，可有效克服外界不良环境气候条件(如高温、严寒)的影响，解决气候极端地区养鸭难问题。

6. 节省生产成本

节省垫料，降低废弃物产量，节省生产成本。经初步测定，一只日采食量为150 g干饲料的蛋鸭，日产湿粪100 g左右，年产湿粪约36 kg，而采用垫料饲养的，年产混合粪(包括垫料)100～150 kg，既增加了垫料成本，又增加了废弃物处理量。

7. 有利于及时淘汰不良个体

由于鸭子饲养在笼子内，个体健康和生产性能状况信息能得到及时跟踪观察，有利于及时淘汰不良个体，提高经济效益。

(二)品种选择

笼养蛋鸭要选择体型小、成熟早、耗料少、产蛋多、适应性强的品种，如绍兴鸭、金定鸭、荆江鸭、山麻鸭、苏邮1号等。为了提高经济效益，要选择健壮、无病、大小整齐的青年鸭进行笼养，鸭上笼后，经半个多月的适应期即可陆续产蛋。

（三）笼养设备选配

1. 笼型选择

笼具是蛋鸭笼养设备的重要组成部分，笼型、材质都会影响到蛋鸭饲养过程的生存状况。目前市场上销售的鸭笼主要分为阶梯笼和层叠笼两种。笼型选择要看自己的最终目标是什么，如果是种鸭饲养，双层阶梯笼养比较适用，不仅笼架的高度便于人工授精操作，同时由于双层阶梯笼上下两层笼基本不重叠，上层粪便对下层鸭只干扰很小。如果是商品蛋鸭饲养，需要考虑空间利用率、经济效益等因素，可以采用三层层叠笼，这样既提高饲养密度，同时也避免了上下层的干扰。

2. 笼位参数

笼位尺寸大小应该根据鸭只体型大小进行设计，常见的笼位尺寸设计见表7.3，如番鸭体型大，笼位尺寸相对较大；绍兴鸭等小体型鸭，笼位适当缩小以提高空间利用率。顶网、底网笼丝间距也需要科学设计。底网笼丝间距过小，鸭粪更易附着在笼底网上，尤其是换羽期，笼底网脏污严重造成鸭蛋清洁度和舍内空气质量下降；底网笼丝间距过大，鸭只站立不稳，鸭脚病发生的概率增加。另外，鸭掌和鸡爪的结构不同，鸡爪有抓握的能力，鸭掌没有，底网坡度设置既要满足鸭蛋的顺利滚出，又要减少鸭只的肌肉紧张，一般以7°为宜。因此，选择大小、间距、坡度合适的鸭笼，才能保证笼养期间蛋鸭生存环境适宜。

表7.3　常见的鸭笼尺寸表

品种	笼型	尺寸（宽×深×高）	饲养只数/只
番鸭	阶梯笼	292 mm×420 mm×500 mm	1
高邮鸭	阶梯笼	250 mm×420 mm×450 mm	1
绍兴鸭	阶梯笼	400 mm×460 mm×390 mm	2
番鸭	层叠笼	320 mm×450 mm×420 mm	3
樱桃谷种鸭	层叠笼	600 mm×500 mm×480 mm	3

3. 喂料设备

笼养蛋鸭舍使用的喂料设备主要有行车喂料机，出料口设置了绞龙装置，可以通过控制绞龙的转速实现喂料量的调整。实际喂料量受行车的行走速度、出料绞龙的转速和笼位的宽度三个因素影响。当行车行走速度和笼位宽度一定时，出料量完全由出料绞龙转速决定。转速太慢，绞龙受饲料压力太大，会出现停止转动不出料的情况；转速太快，出料量过大会出现浪费的问题。如某公司设计的喂料设备，出料绞龙可实现1～99级调速。经过实际测试，当行车行走速度为9.5 m/min，母鸭笼位宽29 cm，出料绞龙设置为30级，实际出料112 g/羽。

4. 清粪设备

笼养蛋鸭多采用履带清粪系统，分别由纵向清粪履带、横向清粪带或清粪绞龙组成。阶梯笼在最底层设置一条纵向清粪履带，层叠笼在每层笼位下分别设置一条清粪履带。纵向清粪履带一般为PP材质，稳定性相对较好。因为鸭粪与鸡粪物理性质不同，鸭粪不但含水量高，而且黏稠，很难进行干湿分离。因此，建议笼养蛋鸭场建设粪便收集池，纵向履带清粪后由横向清粪带或清粪绞龙输送至粪便收集池，进行再处理。经实践探索，异位发酵床处理是一种良好的鸭粪再处理方式。

(四)饲养管理

1. 转群管理

蛋鸭上笼后，生活环境发生巨大变化，环境改变极易造成应激，导致其精神状态不佳、食欲下降，严重则导致免疫力下降，甚至是死亡。为避免上笼应激对蛋鸭养殖的影响，应做好以下几项工作：上笼前对鸭群进行筛选，淘汰病弱鸭子；选择合适上笼时间，一般 70～90 d 上笼，最好选择在晴天，切忌雨天上笼；上笼时对鸭子轻拿轻放；上笼前后一周在饮水中添加复合多维等抗应激药物。

2. 饮水调教

鸭群育雏育成时，多为地面平养，采用真空饮水器、水槽饮水。为了避免蛋鸭上笼后因不会使用乳头饮水器带来的缺水死亡，应在上笼前 7～10 d 用乳头饮水器训练其饮水，以增强适应性，具体办法为将鸭喙放在自动饮水器处半分钟左右，每日 2～3 次，直至鸭子养成在自动饮水器饮水的习惯。

3. 饲料营养

笼养蛋鸭日粮配制为谷物饲料(以玉米或稻谷为主)占 50%～60%、饼类饲料(以豆饼、菜籽饼为主)占 10%～20%、蛋白质饲料(以鱼粉和黄豆为主)占 10%～15%，还要添加贝壳粉 1%、食盐 0.3%和多种维生素 0.2%。每只鸭每天喂料 125～150 g。鸭群产蛋率在 70%左右时，日粮中的粗蛋白应保持在 18%左右，饲料代谢能为 11.72～12.13 MJ/kg。同时，由于传统养鸭方式下，鸭子可采食到贝壳、杂草、小动物等，阳光照射有助于维生素 D 的转化和提高钙的吸收能力。蛋鸭笼养后，生活习性、运动方式和运动量发生改变，不能从环境中摄取一些营养，其软腿病、体重过肥、产软壳蛋等现象时有出现，则需在饲料与饮水中增加维生素 D 或鱼肝油。

4. 补充光照

夜晚补充光照，可有效防止鸭的性早熟，延长产蛋期。开始光照时每昼夜不少于 14 h，以后逐渐增加至 16 h。同时，根据自然光照的长短，按夏弱光(15～25 W 的灯泡)、秋常光(25～40 W)、春冬增光(40～60 W)的原则调节。值得注意的是，变动光照时要逐渐进行，使鸭有一个适应过程。

5. 日常管理

笼养模式实现了自动喂料、自动清粪，饲养员的工作转变成设施设备的运行检查、鸭舍环境卫生的维护等。由于饲养密度的增加，笼养鸭舍中脱落的羽毛、灰尘明显增加，所以要加强羽毛、灰尘的清理工作，有条件的可以配置工业吸尘器对舍内羽毛进行清理，配置扫地机对过道尘埃进行扫除。无论是查群还是卫生清扫，都应由固定的饲养人员操作，减少应激。

与蛋鸡相比，蛋鸭的体型相对较大、代谢快，粪污产生量大。相同饲养密度下，蛋鸭舍内产生的氨气、硫化氢等有毒有害气体含量大，因此建议蛋鸭舍内配置氨气、硫化氢气体监测仪，定期监测鸭舍环境质量指标，为鸭舍环控程序的设置提供依据。此外，可以在饲料中尝试添加益生菌，减少粪便氨氮含量和含水量，缓解环境差的问题。

6. 设施设备维护

笼养设备的日常维护是笼养实践中重要工作之一。查群时要观察饮水乳头是否出现漏水的现象，水压过大、乳头中密封圈老化或安装不到位、乳头质量问题都会造成乳头滴水，出现此类情况要及时检修更换，避免漏水造成舍内湿度过大，引发鸭体的不适感。每次清粪时，需要观察粪带是否跑偏，清粪履带材质差、两侧笼养鸭只数量不一致、履带设置过宽都是造成履带跑偏的主要原因，及时调整矫正跑偏问题才能延长履带的使用寿命。

（五）蛋鸭笼养存在问题

蛋鸭笼养改变了蛋鸭生活和生产习性，是对传统养殖模式的重大革新。该养殖方式虽具有众多优势，但其自身也存在一些需要改进和解决的问题：

（1）初期一次性资金投入较大。蛋鸭笼养需要有建设较为牢固的鸭舍，并且配备相应规格的特制鸭笼、自动温度湿度及光照控制系统、自动饮水系统、自动投料系统、自动清粪系统和通风系统、湿帘等，初期一次性资金投入较平养高很多。这也成为蛋鸭从传统的平养模式向笼养模式快速转变的一大障碍。

（2）没有标准化笼具，笼养设备的设计及材料仍需进一步改进。蛋鸭置于笼子内，常有卡头、卡脖、卡翅等现象发生而引起蛋鸭的意外死亡。另外，蛋鸭的产蛋期均在笼内，其羽毛经常与鸭笼摩擦，颈、翅等部位的羽毛常有断损，蛋鸭外貌差；由于蛋鸭经常在笼子内窜动和伸头，其眼睑外皮肤受损受伤时有发生，淘汰的老鸭较平养卖价低。

（3）没有专用笼养蛋鸭饲料配方。蛋鸭笼养后，改变了其以往的生活习性、运动方式和运动量，也不能像传统养殖时可在环境中摄取一些营养，其软腿病、体重过肥、后期产蛋乏力等现象时有出现。

（4）粪便水分大，羽毛混杂多，处理难度较大。蛋鸭上笼后饮水量较鸡大很多，其喙的结构和鸡不一样，饮水时常滴水或者溅出水导致粪便水分过大；另外，鸭羽毛脱落较多，加大了清粪和粪便处理难度。

任务二　肉鸭生产

任务描述

肉鸭产品是直接关系到民生的菜篮子工程，好的肉鸭生产技术则可以获得较高的经济效益。本任务的重点是要根据各地的饲养条件，选择合理的饲养方式，做好肉鸭不同阶段的饲养管理等工作，提高肉鸭的生产水平。

任务目标

了解肉仔鸭的饲养方式；掌握肉仔鸭、肉种鸭和番鸭不同阶段的饲养管理要点；能正确进行肉仔鸭的育肥管理，会科学饲养管理不同生产阶段的肉鸭。

基本知识

（1）肉仔鸭生产；（2）肉种鸭生产；（3）番鸭及骡鸭生产。

一、肉仔鸭生产

肉鸭具有早期生长迅速，体重大、出肉率高，生长均匀度好、饲料转化率高，生产周期短，全年都能够批量生产等特点。

（一）肉仔鸭的饲养方式

肉仔鸭大多采用全舍饲，即鸭群的饲养过程始终在舍内，这种管理方式要求营养必须全面。该方式又分为 3 种类型。

1. 地面平养

水泥或砖铺地面撒上垫料即可。一般随鸭群的淘汰或出售后全部更换垫料，可节省清圈的劳动量。这种方式因鸭粪发酵，寒冷季节有利于舍内增温。但必须通风良好。缺点是需要大量垫料，舍内尘埃多，细菌也多等等。各种肉用仔鸭均可用这种饲养管理方式。

二维码 7.2 肉鸭地面平养

二维码 7.3 肉鸭大棚地面养殖

二维码 7.4 肉鸭网上育雏

2. 网上平养

在地面以上 60 cm 左右铺设金属网或竹条、木栅条。这种饲养方式粪便可由空隙中漏下去，省去日常清圈的工序，防止或减少由粪便传播疾病的机会，而且饲养密度比较大。网材采用铁丝编织网时，网眼孔径：0～3 周龄为 10 mm×10 mm，4 周龄以上 15 mm×15 mm。网下每隔 30 cm 设一条较粗的金属架，以防网凹陷，网状结构最好是组装式的，以便装卸和起落。网面下可采用机械清粪设备，也可用人工清理。采用竹条或栅条时，竹条或栅条宽 2.5 cm，间距 1.5 cm。这种方式要保证地面平整，网眼整齐，无刺及锐边。实际应用时，可根据鸭舍宽度和长度分成小栏。饲养雏鸭时，网壁高约 30 cm，每栏容 150～200 只雏鸭。食槽和水槽设在网内两侧或网外走道上。饲养仔鸭时每个小栏壁高 45～50 cm，其他与饲养雏鸭相同。应用这种结构必须注意饮水装置不能漏水，以免鸭粪发酵。这种饲养方式可饲养大型肉用仔鸭，0～3 周龄的其他肉鸭也可采用。

二维码 7.5 肉鸭网上饲养

二维码 7.6 肉鸭网上饲养（前期）

二维码 7.7 肉鸭网上饲养（后期）

3. 笼养

目前在我国，笼养方式多用于养鸭的育雏阶段，并正在大力推广之中。改平养育雏为笼养，在保证通风的情况下，可提高饲养密度，一般每平方米饲养 60～65 只。若分两层，则每平方米可养 120～130 只。笼养可减少禽舍和设备的投资，减少清理工作，还可采用机械化设备，减轻劳动强度，饲养员一次可养雏鸭 1 400 只，而平养只能养 800 只。笼养鸭不用垫料，既免了垫草开支，又使舍内灰尘少，粪便纯。同时笼养雏鸭完全处于人工控制下，受外界应激小，可有效防止一些传染病与寄生虫病。笼养鸭生长发育迅速、整齐，比一般放牧和平养生长更快，成活率更高。比如北京鸭 2 周龄可达 250 g，比平养体重高 35.4%，成活率高达 96%以上。笼养育雏一般采用人工加温，因此舍内上部空间温度高，较平养节省燃料；且育雏密度加大，雏鸭散发的体温蓄积也多，一般可节省燃料 80%。目前不少养殖场多采用单层笼养，但也有采用两层重叠式或半阶梯式笼养。

二维码 7.8　肉雏鸭笼养

二维码 7.9　肉鸭笼养

二维码 7.10　肉鸭笼养(三层)

(二)育雏期的饲养管理

0～3 周龄是肉仔鸭的育雏期，这是肉鸭生产的重要环节。

1. 环境条件及其控制

(1)温度　雏鸭体温调节机能较差，对外界环境条件有一个逐步适应的过程，保持适当的温度是育雏成败的关键，鸭育雏温度控制可参考表 7.4。

表 7.4　鸭育雏温度参考标准　℃

日龄	加热器下	活动区域	周围环境
1～3	45～42	30～29	30
3～7	42～38	29～28	29
7～14	38～36	27～26	27
14～21	36～30	26～25	25
21～28	30	24～22	22
29～40	遵照冬季环境	20	22～18
>40	标准逐步脱温	18	17

引自：段修军，2008。

(2)湿度　若舍内高温低湿会造成干燥的环境，很容易使雏鸭脱水，羽毛发干。但湿度也不能过高，高温高湿易诱发多种疾病，这是养禽最忌讳的环境，也是球虫病暴发的最佳条件。地面垫料平养时特别要防止高湿。因此育雏第 1 周应该保持稍高的湿度，一般相对湿度为 65%，以后随日龄增加，要注意保持鸭舍的干燥。要避免漏水，防止粪便、垫料潮湿。第 2 周湿度控制在 60%，第 3 周以后为 55%。

(3)通风　保温的同时要注意通风，以排除潮气等，其中以排出潮湿气最为重要。良好的通风可以保持舍内空气新鲜，有利于保持鸭体健康、羽毛整洁，夏季通风还有助于降温。开放式育雏时维持舍温 21～25 ℃，尽量打开通气孔和通风窗，加强通风。

(4)光照　光照可以促进雏鸭的采食和运动，有利于雏鸭健康生长。商品雏鸭 1 周龄要求保持 24 h 连续光照，2 周龄要求每天 18 h 光照，2 周龄以后每天 12 h 光照，至出栏前一直保持这一水平。但光的强度不能过强，白天利用自然光，早、晚提供微弱的灯光，只要能看见采食即可。

(5)密度　密度过大，雏鸭活动不开，采食、饮水困难，空气污浊，不利于雏鸭生长；密度过稀使房舍利用率低，多消耗能源，不经济。育雏期饲养密度的大小要根据育雏室的结构和通风条件来定，一般每平方米饲养 1 周龄雏鸭 25 只，2 周龄为 15～20 只，3～4 周龄鸭每平方米饲养 8～12 只，每群以 200～250 只为宜。

2. 雏鸭的饲养管理技术

(1)雏鸭的选择　肉用商品雏鸭必须来源于优良的健康母鸭群，种母鸭在产蛋前已经免疫接种过鸭瘟、禽霍乱、病毒性肝炎等疫苗，以保证雏鸭在育雏期不发病。所选购的雏鸭大小基本一致，体重在 55～60 g，活泼，无大肚脐、歪头拐脚等，毛色为蜡黄色，太深或太淡均淘汰。

(2)分群　雏鸭群过大不利于管理，环境条件不易控制，易出现惊群或挤压死亡，所以为了提高育雏期成活率，应进行分群管理，每群 300～500 只为宜。

(3)饮水　水对雏鸭的生长发育至关重要，雏鸭在开食前一定要先饮水。在雏鸭的饮水中加入适量的维生素 C、葡萄糖、抗生素，效果会更好，既增加营养又提高雏鸭的抗病力。提供饮水器数量要充足，不能断水，也要防止水外溢。

(4)开食　雏鸭出壳 12～24 h 或雏鸭群中有 1/3 的雏鸭开始寻食时进行第一次投料，饲养肉用雏鸭用全价的小颗粒饲料效果较好，如果没有这样的条件，也可用半生米加蛋黄饲喂，几天后改用营养丰富的全价饲料饲喂。

(5)饲喂的方法　第 1 周龄的雏鸭应让其自由采食，保持饲料盘中常有饲料，一次投喂不可太多，防止长时间吃不掉被污染而引起雏鸭生病或者浪费饲料，因此要少喂勤添，第 1 周按每只鸭子 35 g 饲喂，第 2 周 105 g，第 3 周 165 g。

(6)预防疾病　肉鸭网上密集化饲养，群体大且集中，易发生疫病。因此，除加强日常的饲养管理外，要特别做好防疫工作。饲养至 20 日龄左右，每只肌内注射鸭瘟弱毒疫苗 1 mL；30 日龄左右，每只肌内注射禽霍乱菌苗 2 mL，平时可用 0.01%～0.02%的高锰酸钾饮水，效果也很好。

(三)育肥期的饲养管理

肉用仔鸭从 4 周龄到上市这个阶段称为生长育肥期。根据肉用仔鸭的生长发育特点，进行科学的饲养管理，使其在短期内迅速生长，达到上市要求。

1. 舍饲育肥

育肥鸭舍应选择在有水塘的地方，用砖瓦或竹木建成，舍内光线较暗，但空气流通。育肥时舍内要保持环境安静，适当限制鸭的活动，任其饱食，供水不断，饲喂含能量较多的饲料，如稻谷、碎米、玉米等，有条件时应添加鱼粉、矿物质饲料，饲料中也要加一些砂粒或将砂粒放在运动场的角落里，任鸭采食，以助于消化。饲料要多样化，每天喂 4 次，不能剩余，以吃完为宜。舍饲成本大，不宜久喂，7 周龄则上市出售，且羽毛已基本长成，饲料的转化率较高，若再喂则肉鸭偏重，绝对增重开始下降，饲料转化率也降低。如要生产分割肉则最好养至 8 周龄。

食饱后让鸭在运动场的饮水池中饮水，防止鸭舍湿度过大，保持地面干燥，也可白天放在舍外，晚上赶回鸭舍，舍内安装白炽灯以便于采食、饮水，但光照强度不宜过大，能看见采食即可，夏季要适当地限制饮水，防止地面潮湿。舍内的垫料要经常翻晒或增加垫料，垫料不够厚易造成仔鸭胸囊肿，从而降低屠体品质。夏季气温高可让鸭群在舍外过夜。密度则按每平方米 7～8 只(4 周龄)、6～7 只(5 周龄)、5～6 只(6 周龄)、4～5 只(7～8 周龄)。

肉鸭的出栏日龄一般为 42 日龄，体重达到 3.3 kg 以上，也有的提早至 28～30 日龄，体重为 2～2.2 kg。

2. 放牧育肥

南方地区采用较多,与农作物收获季节紧密结合,是一种较为经济的育肥方法。通常一年有3个肥育饲养期,即春花田时期、早稻田时期、晚稻田时期。事先估算这3个时期作物的收获季节,把鸭养到40～50日龄,体重达到2 kg左右,在作物收割时期,体重达2.5 kg以上,即可出售屠宰。放牧应"三做到七不放"。"三做到"是放牧前几天要训练鸭群,赶鸭出牧宜适当喂些饲料,以免因饥饿贪食而吞咽过多的泥沙;应选择水浅、水清、草多的地方放牧,放牧时应随鸭龄增长,由近到远,逐步加长时间,一般宜在天气凉爽时进行;中午要在阴凉处多休息,做到早出牧晚收牧。"七不放"是放牧途中不下田;不走烫路;不到农药污染区和疫区放牧;不在刚下过雷阵雨和涨水天放牧;不要使鸭扑翼急赶;不逆水放牧,水退放出,水涨赶回;不在烈日下放牧。

3. 填饲育肥

(1)填饲期的饲料调制　肉鸭的填肥主要是用人工强制鸭子吞食大量高能量饲料,使其在短期内快速增重和积聚脂肪。当体重达到1.5～1.75 kg时开始填肥。前期料中蛋白质含量高,粗纤维也略高;而后期料中粗蛋白质含量低(14%～15%),粗纤维略低,但能量却高于前期料。填饲期的饲料配方参考见表7.5。

表7.5　填饲期的饲料配方　%

配方	玉米	大麦	小麦面	麸皮	鱼粉	菜籽饼	骨粉	碳酸钙	食盐	豆饼
1	59.0	4.8	15.0	2.2	5.4	—	1.9	0.4	0.3	11.0
2	60.0	—	15.0	10.8	3.5	5.0	—	1.4	0.3	4.0

(2)填饲量　填喂前,先将填料用水调成干糊状,用手搓成长约5 cm,粗约1.5 cm,重25 g的剂子。一般每天填喂4次,每次填湿料量为:第1天填150～160 g,第2～3天填175 g,第4～5天填200 g,第6～7天填225 g,第8～9天填275 g,第10～11天填325 g,第12～13天填400 g,第14天填450 g,如果鸭的食欲好则可多填,应根据情况灵活掌握。

(3)填饲管理　填喂时动作要轻,每次填喂后适当放水活动,清洁鸭体,帮助消化,促进羽毛的生长;舍内和运动场的地面要平整,防止鸭跌倒受伤;舍内保持干燥,夏天要注意防暑降温,在运动场搭设凉棚遮阳,每天供给清洁的饮水;白天少填晚上多填,可让鸭在运动场上露宿;鸭群的密度前期为每平方米2.5～3只,后期为每平方米2～2.5只;始终保持鸭舍环境安静,减少应激,闲人不得入内;一般经过2周左右填饲,体重在2.5 kg以上便可出售上市。

二、肉种鸭生产

(一)育雏期的饲养管理

肉用种鸭育雏期为0～4周龄阶段。肉用种鸭育雏期饲养管理与蛋用型雏鸭的饲养管理要求相近,主要区别:

一是育雏温度比蛋用雏鸭要求高。保温伞育雏,1日龄时伞下温度应控制在34～36 ℃,伞周围区域为30～32 ℃,育雏室内的温度为24 ℃,冬季可提高1 ℃,夏季可适当降低1～2 ℃;以后,每周可下降3～5 ℃,直至室外温度。如用火炕或烟道供热育雏,则1日龄时的室内温度保持在29～31 ℃即可。饲养时,应根据雏鸭对温度反应的动态,及时调整育雏温度,做到"适温休息、低温喂食、逐步降温",以提高雏鸭的成活率。

二是饲料营养水平要求也较蛋鸭高。

(二)育成期的饲养管理

肉用种鸭育成期为5～24周龄。此期的体重和光照管理是影响产蛋期的产蛋量和孵化率的关键所在。实施科学的光照制度，控制性成熟，使其性成熟与体成熟的发育保持一致性，适时开产。采用体重和体型的双重标准，通过定期监测和调控后备种鸭群的生长，使其协调发展，才能培育出整齐度好、高产、稳产的后备种鸭。

1. 限制饲养

育成期饲养的特点是对种鸭进行限制性饲养。肉种鸭的限饲方法很多，常用的方法是每日限饲，根据体重生长曲线来确定每天的供料量；另外一种是隔日限饲，把两天的料量放在一天一次性投喂，第2天则不喂料。实践证明，无论采用哪一种限饲方法，在喂料当天的第一件事都是早上4时开灯，按每群分别称料，然后定期投料。

2. 称重

从第4周末开始，每周随机抽样称重。从鸭群中随机抽样10%个体，空腹称重，计算平均体重，与标准体重或推荐的体重相比，根据体重大小及时调整鸭群。从开始限饲就应整群，将体重轻、弱小的鸭单独饲养，不限饲或少限饲，直到恢复标准体重后再混群。

3. 喂料量

每天喂料量和每天鸭群只数一定要准确，将称量准确的饲料在早上一次性快速投入料槽，加好料后再放鸭子吃料，尽可能使鸭群在同一时间吃到料，防止有的鸭子吃得过多而使体重增长太快，有的鸭子吃得过少使体重上升太慢，达不到预期的标准；饲料营养要全面，所喂的料在4～6 h吃完。

4. 转群

肉鸭育成期一般采用半舍饲的管理方式，鸭舍外设运动场，面积比鸭舍大1/3，即为鸭舍的4/3倍。若育雏期网上平养转为育成期地面垫料平养，应在转群前1周准备好育成鸭舍，并在转群前将饲料及水装满容器。青年鸭转入成年鸭舍的时间不能迟于20周龄。由于后备公母鸭的采食速度、喂料量及目标体重均有所不同，因而公母鸭要分群饲养。但在公鸭群中应配备少量的母鸭，以促使后备公鸭的生殖系统发育。

5. 光照

在5～20周龄这个阶段，光照的原则是时间宜短不宜长，强度宜弱不宜强，以防过早性成熟，通常每日光照9～10 h或用自然光照。

6. 密度

地面平养时，每只鸭子至少应有0.45 m^2 的活动空间。鸭舍分隔成栏，每栏以200～250只为宜，群体太大，会使群体体重差异变大，不利于饲养与管理。

(三)产蛋期的饲养管理

肉用种鸭产蛋期为25周龄至产蛋结束。产蛋期的饲养目的是提高产蛋量、受精率。要做到这一点，就必须进行科学的饲养与管理。

1. 饲养技术要点

(1)饲养方式　与育成期相同，可以不转群。

(2)饲喂技术　鸭的喂料量可按不同品种的饲养手册或建议喂料量进行饲喂，最好用全价配合饲料或湿拌料。鸭有夜食的习惯，而且在午夜后产蛋，所以晚间给料相当重要，一般喂给湿料。喂料方法有两种：一种是顿喂，每天4次，时间间隔相等，要求喂饱；另一种是昼夜喂饲，每次少喂勤添，保证槽内有料，但也不能让槽内有过多的剩料。昼夜喂饲优点是每只鸭吃料的机会均等，不会发生抢料而踩踏或暴食致伤的现象，对肉种鸭来说比较合适。用颗粒饲料时，可用喂料机来喂，既省力又省时。无论采用哪一种饲喂方法，都应供给充足的饮水，并且每天刷洗水槽，保证清洁的饮水，水的深度要淹没过鸭的鼻孔，以便清洗鼻孔。

(3)光照　育成期结束后，在产蛋前期要逐步增加光照，在产蛋高峰来临前达到每日16～17 h的光照。

2. 管理技术要点

(1)产蛋箱的准备　育成鸭转入产蛋舍前，在产蛋舍内放置足够的产蛋箱，如果不换鸭舍则在育成鸭22周龄时放入产蛋箱。每个产蛋箱供4只母鸭产蛋，可以将几个产蛋箱连在一起，箱底铺上松软的草或垫料，当草或垫料被污染了则要随时换掉。产蛋箱一旦放好，不能随意变动。

二维码 7.11 肉种鸭种蛋

(2)环境条件　鸭虽然耐寒，但冬季舍内温度不应低于0 ℃，夏季不应高于25 ℃。舍内保持垫料干燥。每天提供16～17 h的光照。加强通风换气，保持舍内空气新鲜，使有害气体排出舍外。饲养密度要适宜，密度太大则影响鸭的活动、采食及饮水，密度太小则浪费房舍，一般肉用种鸭每平方米2～3只为宜。

二维码 7.12　种鸭舍

(3)运动　运动分舍内与舍外两种，舍外有水陆两种形式。冬天在日光照满运动场时放鸭出舍，傍晚太阳落山前赶鸭入舍。舍外运动场每天清扫一次。每天驱赶鸭群运动40～50 min，分6～8次进行，驱赶运动切忌速度过快。舍内外要平坦，无尖刺物，以防伤到鸭子。舍内的垫草要每天添加，雨雪天气则不放鸭出舍；夏季天气热，每天清晨5时早饲后，将鸭子赶到运动场或水池内，让鸭自由回舍。要在运动场上搭设凉棚遮阳。

(4)种蛋的收集　饲养管理正常，母鸭应在早晨7时产蛋结束；到产蛋后期，则可能会集中在早晨6～8时。种蛋收好后消毒入库，不合格的种蛋要及时处理。

3. 种公鸭的管理

种鸭群中的公母比例合理与否，关系到种蛋的受精率。一般肉用种鸭公母配比为1∶(4～5)，公鸭过少则影响受精率，可从备用公鸭中补充。公鸭过多会引起争配而使配种率降低。还要及时淘汰配种能力不强或有伤残的公鸭。对种公鸭的精液进行品质检查，不合格的种公鸭要淘汰。公鸭要多运动，保持健康的体况，才会有良好的繁殖能力。

(四)种鸭的强制换羽

当气温升高到28 ℃以上或饲养条件差时，母鸭就会进行换羽。在换羽期间，绝大多数母鸭停产，少数母鸭虽能继续产蛋，但产蛋量减少，蛋品质较差。另外自然换羽的时间较长，4～5个月，这时一边换毛一边产蛋，到立秋时身体极度疲劳，直到停产。为了缩短换羽时间，使母鸭提早产蛋，提高年产蛋量，降低成本，增加收入，对种鸭最好实行人工强制换羽。强制换羽分为以下3个步骤。

1. 停产

也叫“关蛋”，即在几天时间里，使母鸭由产蛋变为不产蛋。把要进行强制换羽的鸭子关在棚舍内不放牧，舍内保持较暗的光线，不清除垫草、粪便，有意将羽毛脏污，头两天仅白天喂两次，喂量为正常量的一半，夜里不喂；到第三四天仅供给水草和清水，或者连续2～3 d不喂任何饲料，只给饮水；3 d后才给粗饲料(糠麸、水草、瘪谷、番薯等)。由于生活条件的急剧变化，鸭子前胸和背部羽毛已相继脱落，主翼羽、副翼羽和主尾羽的根已呈现干枯透明而中空的现象,这时便可进行人工拔羽。

2. 人工拔羽

可抓几只鸭子试拔主翼羽,如果很方便,即可开始全群人工拔羽。方法是:先拔主翼羽,再拔副翼羽,后拔主尾羽。如果试拔很费劲,尚未“脱壳”(即羽根干枯,羽轴与毛囊很易脱落),拔出的羽根甚至带血,说明未到时候,要等 2～5 d 再拔。

3. 恢复

母鸭拔羽后,再逐渐恢复正常的饲养管理。增饲应由少到多,由粗到精,逐步过渡到正常。每天除白天喂两次外,晚上增加一次,并在日粮中增加维生素饲料和矿物质饲料(如石膏),促使羽毛生长。新羽毛可在拔除旧羽后 25～30 d 长齐。人工强制换羽从停产到恢复产蛋,需 35～45 d。

鸭子拔羽后,当天不宜放水和放牧,因为此时毛孔的伤口未愈合,放水或放牧容易感染细菌。最好让鸭子休息 1 d 再放水和放牧,但时间要短,地点要近。以后逐渐增加,并要防止被雨水淋湿,至拔羽后 10 d 才能恢复正常管理。

(五)肉种鸭的选种和选配

1. 肉种鸭的选择

(1)雏鸭阶段　选择毛色和活重符合品种要求且健壮的雏鸭留种,淘汰弱雏、残雏和变种。

(2)育成鸭阶段　选择标准一看生长发育水平,二看体型外貌,将不符合品种要求的个体淘汰。

(3)开产前　一般在开产前进行,选择体质健壮、体型标准、毛色纯正、生殖器官发育良好的个体留种。

2. 配种年龄及公母比例

(1)配种年龄　为了充分发挥肉用种鸭的利用效率,配种年龄的掌握非常重要,配种年龄过早,不但影响生长发育,而且受精率低,雏鸭品质差,弱雏较多;相反,配种年龄太晚,失去了种用的有效时间。不同品种的种公鸭其性成熟期不同,应根据种鸭品种来确定最适宜的配种时间,不可一概而论。

(2)公母比例　肉用种鸭公母比例受品种类型、季节、年龄、公母合群时间以及饲养管理条件等因素影响。生产实践表明,公母比例失调将降低受精率,公鸭太少,母鸭得不到受配,受精率降低;公鸭过多,由于争斗争配不仅造成受精率降低,而且公鸭争斗消耗体力也影响其健康。一般情况下为 1∶(4～6),在生产中可根据受精率高低进行适当调群。

3. 种鸭的利用年限

种用公鸭一般利用年限为 1 年即可淘汰,但是有些品种可用到 2 年。对于那些体质健壮、精力旺盛、受精率高的种用公鸭可继续使用。

4. 配种方法

(1)小群配种　适用于育种场,指在一小群母鸭中放入 1 只种公鸭进行交配,设有自闭产蛋箱,公母鸭没有明显编号。此法优点是后代血缘清楚;缺点是产窝外蛋较多,鸭舍利用率低。

(2)大群配种　在一母鸭群内,按比例放入公鸭,让它们进行自由交配。鸭群的大小视鸭舍、运动场或放牧地方的大小而定,从几十只到几百只不等。这种方法简单,管理方便,受精率高,一般在繁殖场广为采用。

(3)人工辅助配种　这种方法主要用于不同品种间杂交而用。主要是因品种间个体存在较大差异,为了定期顺利交配而在人为的帮助下,使其顺利进行交配。

(4)人工授精　由于纯种鸭已经过长期的自然选择,其自由交配过程中受精率比较高,而且几乎无特别的困难，一般不需要人工授精。但是在开展杂交，特别是开发肉鸭新产品时，由于不同肉鸭品种个体相差较大，在配种过程中存在较大困难，而且受精率也比较低，为了降低成本，得到较多的受精蛋，这就需要使用人工授精这一技术。

三、番鸭及骡鸭生产

（一）番鸭生产

番鸭肉质好、皮下脂肪少，肉味鲜美且富有野禽肉的风味，因而受到消费者的欢迎；番鸭耐粗放饲养，适应性强，可水养、旱养、圈养、笼养和放牧饲养，饲料报酬高。另外可用番鸭与家鸭杂交生产骡鸭，具有很强的杂交优势。由于番鸭具有不同于家鸭的特殊的经济价值，近年来国内外都十分重视番鸭生产，饲养量日益增加，我国大部分省份均有饲养，如福建、海南、广东、广西、江西、江苏、浙江、湖南等省（区）饲养数量较大，尤其在福建省番鸭的饲养量最大。

1. 雏番鸭的饲养管理

雏番鸭是指出生后至4周龄的小番鸭。

（1）初饮　雏番鸭的初次饮水，水温一般以20～25 ℃为宜。饮水中添加5%的葡萄糖、1 g/L电解质、1 g/L维生素E。饮水器内随时都有清洁的饮用水。每天至少用干净水清洗饮水器一次。

（2）饲喂　第一次供水2 h后开食。1～5 d采用小鸭破碎料，以后改为种鸭细颗粒料（直径2～3 mm），将饲料均匀撒在料盘上，要少量多餐，少给勤添，前2周自由采食，第3周每天喂3次，第4周每天喂2次，确保小鸭在睡觉前吃饱喝足。

（3）公母分饲　番鸭异性间差异较大，3周龄后公母之间的体重距离较大（50%左右），公鸭性情粗暴，抢食强横，如公母混饲，若按照公鸭的要求，则造成浪费，若按母鸭的要求，则影响公鸭的生长或使部分母鸭受到压制。正确的方法是对初生雏进行性别鉴定，公母分饲。

（4）防止扎堆，保持窝内干燥　3 d内的雏番鸭昼夜要特别注意分堆，3 d以后，晚间仍要注意分成小群睡眠，以免忽冷忽热招致疾病。番鸭有爱清洁爱干燥的习性，不愿在潮湿肮脏的圈窝中生活，每天傍晚都要在圈内铺上干净的垫草，保持窝内干燥。

（5）及时分群　观察雏番鸭的活动、呼吸、消化、伤残、脱水程度、鸭群分布、饮水量及采食量等，挑选出伤残及弱小雏鸭，精心饲养，待恢复后放回鸭群。可根据出雏时间、体重大小、体质强弱分群，将番鸭按强雏、一般雏、弱雏分3类，做好弱雏复壮工作。地面平养时可参考表7.6规定的饲养密度来掌握。

表7.6　雏番鸭不同性别的饲养密度　只/m^2

类别	1周龄	2周龄	3周龄	4周龄
公鸭	26	20	13	11
母鸭	26	22	18	14

（6）断趾　断趾的目的在于防止番鸭之间互相打斗或交配时互相抓伤，番鸭断趾一般在12日龄左右进行。操作时，手术者左手抓鸭，右手拿剪刀，将两只脚的指甲剪掉。要注意在断趾前两天，每千克水中加2 mg维生素K，断趾前一天在饮水中加电解质，断趾后要连喂2～3 d。断趾前铺上柔软的垫料，检查鸭群是否有咳嗽、病弱、采食量下降等不宜断趾的异常情况。断趾后要立即饲喂，观察鸭群的状况，挑出弱者安置在专用鸭舍内，淘汰无法康复者。在断趾后24～48 h内要加强保温。

(7)断喙 断喙的目的在于防止啄癖,避免鸭群的骚乱不宁,减少饲料浪费。番鸭断喙一般在 10～15 日龄进行,操作时,助手左手抓住鸭翅膀,右手托鸭胸部,手术者左手食指伸进鸭嘴并压住鸭舌,左手大拇指轻压在鸭头顶上,用专用断喙器断掉鸭上喙的一半喙豆,即完成断喙操作(没有鸭断喙器时,可以用雏鸡断喙器或经烧灼的弯剪刀代替)。注意:只断上喙的前端,不断下喙;断喙前 2 d 至断喙后 3 d 宜在饮水中添加维生素 K 和电解质。为了不影响种公鸭在配种交尾过程中的爬跨啄羽行为,一般后备种鸭的断喙只断母鸭,不断公鸭。

2. 育成期的饲养管理

从第 5 周至第 24 周称为番鸭的育成期,育成期长达 20 周,是饲养番鸭种鸭的关键时间。育成期的工作重点是控制种鸭的体重,使其按照番鸭的生长曲线健康成长,防止过肥或过瘦,并保持鸭群的良好均匀度。

(1)育成期的饲养。

①育成期的营养需要:育成番鸭营养需要较低,5～12 周龄的育成番鸭日粮中蛋白质为 15%,代谢能为 11.3 MJ/ kg;13 周龄至初产日粮蛋白质为 13%,代谢能为 11.1 MJ/ kg。日粮中要增加粗饲料和青饲料,维生素和矿物质也应满足育成鸭的需要。钙、磷比例要合理,以 (1.5～2) : 1 为宜。

②育成期的饲养要求:育成番鸭要求发育良好,健康无病,体重符合品种标准,脂肪沉积少而肌肉多,骨骼坚实,整个鸭群均匀一致。体重一致的鸭群,一般成熟期也较一致,达 50%产蛋率后能迅速进入产蛋高峰,且持续时间长。若番鸭体内脂肪沉积过多,会严重影响产蛋量,使钙的分泌机能发生障碍,易产薄壳蛋或软壳蛋,还会造成散热困难、产蛋时肛门过度伸展而撕裂等情况。

③限制饲养:育成番鸭限制饲养的目的在于控制番鸭的体重,使其体重符合标准体重,在适当的周龄同时达到性成熟,集中开产,从而提高种鸭的产蛋性能,延长种鸭利用期。同时,限量饲喂可以节省饲料,提高饲料转化率,提高饲养种鸭的经济效益。限喂前逐只空腹称重,分为大、中、小三等,剔除病、弱、残个体。

(2)育成期的管理。

①分栏饲养:每栏饲养 200 只左右,15 周龄内公母鸭要分开饲养,从第 15 周开始按公母 1 : (4～5)的比例进行混群饲养。

二维码 7.13 育成番鸭的舍外运动

②选择合适的密度:一般每平方米鸭舍可养 3～4 只育成期种番鸭。挑选出全部弱小鸭,放入专用的鸭舍精心饲喂,待康复后放回鸭群。

③称重:从第 5 周开始,每周末每群随机抽 5%～10%的鸭称重,按照体重确定下周的投料量。

④光照要求:番鸭育成期光照只能减少不能增加,一般为 8～10 h,光照强度为 10 lx。

⑤选留合适比例的公母鸭:按 1 : (4～5)公母比选留公番鸭和母番鸭。

⑥防止逃逸:番鸭生长到 6 周龄后,翅膀上的羽毛基本长齐后就会飞跃,如果没有防护措施就会飞逃出去。因此可以在主翼羽长齐之前用剪刀将其剪短,运动场要用尼龙网罩起来。

3. 产蛋期的饲养管理

番鸭是晚熟的肉鸭品种,开产日龄为 198 日龄(28 周龄),产蛋率达 8%的日龄为 210 日龄。整个产蛋期分两个产蛋阶段,第一个阶段为 28～50 周龄,第二个阶段为 64～84 周龄,在两个产蛋阶段之间有 13 周左右的换羽期(休产期)。

(1)产蛋期种用番鸭的营养需要　从 24 周龄开始将育成料转换成产蛋料，且从产第一枚蛋开始每周每只种番鸭增加 15 g 饲料，直到产蛋高峰期的自由采食，采食量随着日粮能量浓度的提高而减少。能量与蛋白质需要量，产蛋期种番鸭日摄入代谢能在 1 811～2 093 kJ，平均为 1 986 kJ；蛋白质日摄入量为 28.9～32.7 g，平均为 30 g，产蛋量与能量、蛋白质的摄入量呈正相关。饲料蛋白质含量在 16.5%～18%时饲料利用率最好，蛋白质含量低于 15%时利用率较差。

(2)开产前的管理。

①适时转群：一般要求种番鸭在开产前数周(2～4 周)内转入产蛋舍，以利于番鸭有足够的时间来熟悉新的环境。转群时间大多在 24 周龄左右，如转群时间过迟，番鸭已经开产，在育成舍内随地产蛋，种蛋破损增加，合格率下降。

②免疫注射：为了使种番鸭在产蛋期不受疾病侵袭，并保证后代雏鸭的健康，一般都在产蛋前按防疫程序进行一系列疫苗注射。

③增加光照：为了控制种番鸭的性成熟，生长阶段都采取了限制光照的措施，但要求自 24 周龄开始，逐渐增加光照时间和光照强度。

④改换产蛋日粮：从 24 周龄起，种番鸭的日粮应从育成日粮转换为产蛋日粮，并有 1 周的过渡期。将限饲调整为每天饲喂，喂料量适当增加。同时，肉用种番鸭采食量大，容易过肥，会影响产蛋，所以应根据产蛋率的变化正确掌握喂料量，产蛋率上升期间，喂料量应逐渐增加，但不应增加过快。产蛋高峰期的日粮相当于自由采食的 90%～95%，产蛋高峰过后，喂料量应逐渐下调。

(3)产蛋番鸭的饲养与管理。

①饲养技术要点：产蛋前应按种鸭的体形、体重、体尺的标准进行选留。一般开产前母番鸭体重 2.5～3.0 kg，同龄公鸭 4.0～4.5 kg，并按 1∶(4～5)的公母比例将多余公番鸭淘汰。分群饲养，种鸭以 200～300 只为一群，饲养密度为每平方米 3～4 只。鸭舍要注意通风，运动场以大为好，且要有林荫野草。种番鸭在产蛋期对粗蛋白需要量较后备种番鸭高，日喂 3 次。

②管理技术要点：

a)合理分群。番鸭圈养分群时，要做到“三一致”，即品种一致、日龄一致、体重一致，防止强弱混群，便于饲养管理。

b)四季管理。春季，天气逐渐暖和，是母番鸭盛产期，各种微生物也易滋生繁殖，因此，这段时间要对圈舍进行一次彻底消毒，清理垫料，以减少疾病发生的概率。同时要喂以含蛋白质和能量较高的日粮，以保证母鸭群以最快速度进入高产期。春季产蛋率要达 85%～90%。夏季，主要任务是防暑降温，可在运动场上搭遮阳的凉棚，早晚多喂料，中午少喂，不断供给清洁的饮水。这个季节产蛋率要保持在 75%～80%。秋季，约在 9 月中下旬产蛋率开始下降，产蛋率在 30%左右时，可进行人工强制换羽，过 1 个月左右，番鸭群又开始产蛋，是全年中第二个产蛋期。只要日粮水平满足要求，这个季节产蛋率仍可保持在 75%以上，直到翌年的 1 月份。冬季，主要是防寒保温，番鸭相对比较怕冷，有阳光的天气，应让鸭群在运动场上活动；营养要保持适当，使鸭群过冬不至于太过瘦弱，为春季产蛋打下良好基础。

c)不同产蛋期的管理。产蛋初期和前期的重点是提高饲料质量，适当增加饲喂次数，尽快把产蛋率推向高峰。产蛋中期保证高产稳产，要注意饲料营养浓度比上阶段有所提高，光照稳定略增加，日常操作程序固定，舍温 10～30 ℃。产蛋后期根据体重和产蛋率情况确定饲料的供给量，多放少关促进运动，保持环境稳定，适当添加鱼肝油及无机盐添加剂。

产蛋期的番鸭群同样需要防止逃逸。

(4)防止母番鸭抱窝　抱窝是母番鸭的一种生理特性，在临床上表现为停止产蛋，生殖系统退化，骨盆闭合，鸣叫，在产蛋箱内滞留时间延长，占窝，采食减少，羽毛变样。确定番鸭抱窝的最佳时机在下午 3～4 时。易形成抱窝的条件有饲养密度过大、产蛋箱太少、光照分布不均匀或较弱、温度不适、采食不足、拣蛋不及时等。开始出现抱窝的时间一般是第一产蛋期的 3～9 周，第二产蛋期的 4～5 周。出现首批抱窝鸭 1 周后(抱窝率 2%～10%)，抱窝率平均以三倍速率增加，整群食量减少 10%左右。

目前最有效的方法是定期转换鸭舍，第一次换舍是在首批抱窝鸭出现的那周(或之后)。在夏季，产蛋群的二次换舍的间隔平均为 10～12 d，春秋季则为 16～18 d，换舍必须在傍晚进行，把产蛋箱打扫干净，重新垫料，清扫料盘。加强饲养管理，尽量消除引起抱窝的各种条件。

(二)骡鸭生产

骡鸭是用栖鸭属的公番鸭与河鸭属的母家鸭杂交产生的后代，是不同属、不同种之间的远缘杂交，所得的杂交后代虽有较大的杂交优势，但一般没有生殖能力，故称为骡鸭或叫半番鸭。骡鸭食性杂，耐粗饲，采食量少，抗病力强，是当今世界上优秀的肉用型鸭，瘦肉率达 82%～85%。其肉质细嫩，味道鲜美，富含多种氨基酸和微量元素，经常食用有壮阳、补肾、强体等功效，符合当前人们的消费时尚。近年来，骡鸭在国内外市场上比普通肉鸭竞争力强，商品价格高。但目前我国大部分地区骡鸭生产还处于起步阶段，饲养量较少，商品货源紧缺，发展骡鸭养殖前景诱人。

1. 杂交方式

杂交组合分正交(公番鸭×母家鸭)和反交(公家鸭×母番鸭)两种，以正交效果好，这是由于用家鸭作母本，产蛋多，繁殖率高，雏鸭成本低，杂交公母鸭生长速度差异不大，12 周龄平均体重可达 3.5～4 kg。如用番鸭作母本，产蛋少，雏鸭成本高，杂交公母鸭体重差异大，12 周龄时，杂交公鸭可达 3.5～4 kg，母鸭只有 2 kg。因此，在半番鸭的生产中，反交方式不宜采用。

杂交母本最好用北京鸭等大型肉用配套系的母本品系，繁殖率高，生产的骡鸭体型大，生长快。

2. 配种形式

一般采用自然交配，每一小群 25～30 只母鸭，放 6～8 只公鸭，公母配比 1∶4 左右。公番鸭应在育成期(20 周龄前)放入母鸭群中，提前互相熟识，先适应一个阶段，性成熟后才能互相交配。增加公鸭只数(缩小公母配比)和提前放入公鸭是提高受精率的重要方法。

也可采用人工授精技术，每周输精两次。用于人工采精的种公鸭必须是易与人接近的个体。过度神经质的公鸭往往无法采精，这类个体应于培育过程中仔细鉴别出，予以淘汰。种公鸭要单独培育。公番鸭适宜采精时间 27～47 周龄，最适采精时期为 30～45 周龄，低于 27 周龄或超过 47 周龄，精液品质较差。

3. 饲养管理要点

骡鸭的饲养管理与一般肉鸭相似，参照肉鸭生产，此处不再赘述。

任务三　鹅生产

任务描述

鹅生产在我国家禽养殖中占有独特的位置，随着居民消费水平的提高和饮食文化的发展，对鹅产品的消费日趋增多。本任务重点对肉用仔鹅、种鹅等不同对象的生产阶段进行系统全面的讲解，同时对饲养关键技术做了详细的阐述。

任务目标

了解肉用仔鹅的放牧育肥、上棚育肥、圈养育肥和填饲育肥技术；掌握种鹅不同阶段的饲养管理技术。

基本知识

(1)仔鹅生产；(2)种鹅的饲养管理。

一、仔鹅生产

(一)雏鹅的培育

雏鹅是指从孵化出壳到4周龄的鹅。该阶段雏鹅体温调节机能差，消化道容积小，消化吸收能力差，抗病能力差等，此期间饲养管理的重点是培育出生长速度快、体质健壮、成活率高的雏鹅。

1. 先饮水后开食

二维码 7.14　雏鹅的饮水

(1)“潮口”　雏鹅出壳后12～24 h先饮水，第一次饮水称为“潮口”。多数雏鹅会自动饮水，对个别不会自动饮水的雏鹅要人工调教，把雏鹅放入深度3 cm的水盆中，把喙浸入水中，让其喝水，反复几次即可。饮水中加入0.05%高锰酸钾，可以起到消毒饮水、预防肠道疾病的作用；加入5%葡萄糖或按比例加入速溶多维，可以迅速恢复雏鹅体力，提高成活率。

二维码 7.15　雏鹅的开食

(2)开食　开食时间一般以饮水后15～30 min为宜。一般用黏性较小的籼米和“夹生饭”作为开食料，最好掺一些切成细丝状的青菜叶、莴苣叶、油菜叶等。第一次喂食不要求雏鹅吃饱，吃到半饱即可，时间为5～7 min。过2～3 h后，再用同样的方法调教采食。一般从3日龄开始，用全价饲料饲喂，并加喂青饲料。为便于采食，粉料可适当加水拌湿。

(3)饲喂次数及饲喂方法　要饲喂营养丰富、易于消化的全价配合饲料和优质青饲料。饲喂时要先精后青，少吃多餐。雏鹅的饲喂次数及饲喂方法参考表7.7。

表 7.7　雏鹅饲喂次数及饲喂方法

项目	日龄			
	2～3	4～10	11～20	21～28
每日总次数	6	8～9	5～6	3～4
夜间次数	2～3	3～4	1～2	1
日粮中精料所占比例	50%	30%	10%～20%	7%～8%

2. 提供适宜的环境条件

(1)温度　雏鹅自身调节体温的能力较差，饲养过程中必须保证均衡的温度。保温期的长短，因品种、气温、日龄和雏鹅的强弱而异，一般需保温2～3周。

(2)湿度　地面垫料育雏时，一定要做好垫料的管理工作，防止垫料潮湿、发霉。在高温高湿时，雏鹅体热散发不出去，容易引起“出汗”，食欲减少，抗病力下降；在低温高湿时，雏鹅体热散失加快，容易患感冒等呼吸道疾病和拉稀。

鹅育雏期适宜温、湿度见表7.8。

表7.8 鹅育雏期适宜的温、湿度

日龄	育雏器温度/℃	育雏室温度/℃	相对湿度/%
1～5	28～27	15～18	60～65
6～10	26～25	15～18	60～65
11～15	24～22	15	65～70
16～20	22～20	15	65～70
20日龄以后	18	15	65～70

(3)通风　夏秋季节，通风换气工作比较容易进行，打开门窗即可完成。冬春季节，通风换气和室内保温容易发生矛盾。在通风前，先使舍温升高2～3℃，然后逐渐打开门窗或换气扇，避免冷空气直接吹到鹅体。通风时间多安排在中午前后，避开早晚时间。

(4)光照　育雏期间，1～3日龄24 h光照，4～15日龄18 h光照，16日龄后逐渐减为自然光照，但晚上需开灯加喂饲料。光照强度0～7日龄每15 m^2用一只40 W灯泡，8～14日龄换用25 W灯泡。

(5)饲养密度　平面饲养时一般雏鹅的密度1～2周龄为20～30只/m^2，3周龄12只/m^2，4周龄8只/m^2，随着日龄的增加，密度逐渐减少。

3. 科学管理

(1)及时分群　雏鹅刚开始饲养，一般300～400只/群。分群时按个体大小、体质强弱来进行。第一次分群在10日龄时进行，每群150～180只；第二次分群在20日龄时进行，每群80～100只；育雏结束时，按公母分栏饲养。在日常管理中，发现残、瘫、过小、瘦弱、食欲不振、行动迟缓者，应早做隔离饲养、治疗或淘汰。

(2)适时放牧　放牧日龄应根据季节、气候特点而定。夏季，出壳后5～6 d即可放牧；冬春季节，要推迟到15～20 d后放牧。刚开始放牧应选择晴朗无风的中午，把鹅赶到棚舍附近的草地上进行，时间为20～30 min。以后放牧时间由短到长，牧地由近到远。每天上、下午各放牧一次，中午赶回舍中休息。上午出放要等到露水干后进行，以上午8～10时为好；下午要避开烈日曝晒，在3～5时进行。

(3)做好疫病预防工作　雏鹅应隔离饲养，不能与成年鹅和外来人员接触。定期对雏鹅、鹅舍进行消毒。首先要确定种鹅有无用小鹅瘟疫苗免疫，如果种鹅未接种，雏鹅在3日龄皮下注射10倍稀释的小鹅瘟疫苗0.2 mL，1～2周后再接种一次；也可不接种疫苗，对刚出壳的雏鹅注射高免血清0.5 mL或高免蛋黄1 mL。

(二)肉用仔鹅的饲养

30～90日龄的鹅转入育肥群，经短期育肥供食用，即肉用仔鹅。肉用仔鹅采用以放牧为主、补料为辅的饲养方式，能大量采食天然青绿饲料和稻麦田遗粒，节省精料；同时，通过放牧可使鹅群充分运动，增强体质，提高成活率。

1. 选择牧地和鹅群规格

选择草场、河滩、湖畔、收割后的麦地、稻田等地放牧。牧地附近要有树林或其他天然屏障，若无树林，应在地势高燥处搭简易凉棚，供鹅遮阳和休息。放牧时确定好放牧路线，鹅群大小以250～300只一群为宜，由2人管理放牧；若草场面积大，草质好，水源充足，鹅的数量可扩大到500～1 000只，需2～3人管理。

农谚有“鹅吃露水草，好比草上加麸料”的说法，当鹅尾尖、身体两侧长出毛管，腹部羽毛长满、充盈时，实行早放牧，尽早让鹅吃上露水草。40日龄后鹅的全身羽毛较丰满，适应性强，可尽量延长放牧时间，做到“早出牧，晚收牧”。出牧与收牧要清点鹅数。

2. 正确补料

若放牧期间能吃饱喝足，可不补料；若肩、腿、背、腹正在脱毛，长出新羽时，应该给予补料。补料量应看草的生长状态与鹅的膘情体况而定，以充分满足鹅的营养需求为前提。每次补料量，小型鹅每天每只补100～150 g，中、大型鹅补150～250 g。补饲一般安排在中午或傍晚。补料调制一般以糠麸为主，掺以甘薯、瘪谷和少量花生饼或豆饼。日粮中还应注意补给1%～1.5%骨粉、2%贝壳粉和0.3%～0.4%食盐，以促使骨骼正常生长，防止软脚病和发育不良。一般来说，30～50日龄时每昼夜喂5～6次，50～80日龄时喂4～5次，其间夜间喂2次。

肉鹅育雏期饲料配方：玉米50%、鱼粉8%、麸(糠)皮40%、生长素1%、贝壳粉0.5%、多种维生素0.5%，然后按精料与青料1∶8的比例混合饲喂。

肉鹅育肥期饲料配方：玉米20%、鱼粉4%、麸(糠)皮74%、生长素1%、贝壳粉0.5%、多种维生素0.5%，然后按精料与青料2∶8的比例混合制成半干湿饲料饲喂。

3. 观察采食情况

凡健康、食欲旺盛的鹅表现动作敏捷抢着吃，不择食，一边采食一边摆脖子往下咽，食管迅速增粗，嘴呷不停地往下点；凡食欲不振者，采食时抬头，东张西望，嘴呷含着料不下咽，头不停地甩动，或动作迟钝，呆立不动，此状况出现可能是有病，要抓出隔离饲养。

(三)肉用仔鹅的管理

1. 鹅群训练调教

要本着“人鹅亲和，循序渐进，逐渐巩固，丰富调教内容”的原则进行鹅群调教。训练合群，将小群鹅并在一起喂养，几天后继续扩大群体；训练鹅适应环境、放牧；培育和调教“头鹅”，使其引导、爱护、控制鹅群；放牧鹅的队形为狭长方形，出牧与收牧时驱赶速度要慢；放牧速度要做到空腹快，饱腹慢，草少快，草多慢。

2. 做好游泳、饮水与洗浴

游泳增加运动量，提高羽毛的防水、防湿能力，防止发生皮肤病和生虱。选择水质清洁的河流、湖泊里游泳或洗浴，严禁在水质腐败、发臭的池塘里游泳。收牧后进舍前应让鹅在水里洗掉身上污泥，舍外休息、喂料，待毛干后再赶到舍内。凡打过农药的地块必须经过15 d后才能放牧。

3. 搞好防疫卫生

鹅群放牧前必须注射小鹅瘟疫苗、副黏病毒疫苗、禽流感疫苗、禽霍乱疫苗等。定期驱除体内外寄生虫。饲养用具要定期消毒，防止鼠害、兽害。

(四)肉用仔鹅的育肥

肉鹅经过15～20 d育肥之后，膘肥肉嫩，胸肌丰厚，味道鲜美，屠宰率高，产品畅销。生产上常有以下4种育肥方法。

1. 放牧育肥

当雏鹅养到50～60日龄时，可充分利用农田收割后遗留下来的谷粒、麦粒和草籽来肥育。

放牧时，应尽量减少鹅的运动，搭建临时鹅棚，鹅群放牧到哪里就在哪里留宿。经 10～15 d 的放牧育肥后，就地收购，防止途中掉膘或伤亡。

2. 上棚育肥

用竹料或木料搭一个棚架，架底离地面 60～70 cm，以便于清粪，棚架四周围以竹条。食槽和水槽挂于栏外，鹅在两竹条间伸出头来采食、饮水。育肥期间喂以稻谷、碎米、番薯、玉米、米糠等碳水化合物含量丰富的饲料为主。日喂 3～4 次，最后一次在晚上 10 时喂饲。

3. 圈养育肥

常用竹片（竹围）或高粱秆围成小栏，每栏养鹅 1～3 只，栏的大小不超过鹅的 2 倍，高为 60 cm，鹅可在栏内站立，但不能昂头鸣叫，经常鸣叫不利育肥。饲槽和饮水器放在栏外。白天喂 3 次，晚上喂一次。饲料以玉米、糠麸、豆饼和稻谷为主。为了增进鹅的食欲，隔日让鹅下池塘水浴一次，每次 10～20 min，浴后在运动场日光浴，梳理羽毛，最后赶鹅进舍休息。

二维码 7.16 地面平养鹅舍陆上活动区和水上活动区

4. 填饲育肥

即“填鹅”，是将配制好的饲料填条，一条一条地塞进食管里强制鹅吞下去，再加上安静的环境，活动减少，鹅就会逐渐肥胖起来，肌肉丰满、鲜嫩。此法可缩短育肥期，肥育效果好，主要用于肥肝鹅生产。

5. 出栏

商品肉鹅饲养至 10 周龄，羽毛长齐，体重超过 3 kg 就可以出栏，也有饲养至 20 周龄的。饲养期越长其销售价格越高。出栏前 1 天让鹅群下水洗浴，洗掉身上的灰土等杂物，以利于提高羽毛（绒）的质量。

二、种鹅的饲养管理

种鹅饲养通常分为育雏期、后备期、产蛋期和休产期等几个阶段。育雏期的饲养管理可参照肉用仔鹅育雏期的饲养管理。

（一）后备种鹅的饲养管理

后备种鹅是指从 1 月龄到开始产蛋的留种用鹅。种鹅的后备期较长，在生产中又分为 5～10 周龄、11～15 周龄、16～22 周龄、23 周龄到开产等 4 个阶段。应根据每一阶段种鹅的生理特点不同，进行科学的饲养管理。

1. 5～10 周龄鹅的饲养管理

这一阶段的鹅又称为中鹅或青年鹅，是骨骼、肌肉、羽毛生长最快的时期。饲养管理上要充分利用放牧条件，节约精料，锻炼其消化青绿饲料和粗纤维的能力，提高适应外界环境的能力，满足快速生长的营养需要。

中鹅以放牧为主要饲养方式，有经验的牧鹅者，在茬地或有野草种子草地上放牧，能够获得足够的谷实类精料，具体为“夏放麦茬，秋放稻茬，冬放湖塘，春放草塘”。在草地资源有限的情况下，可采用放牧与舍饲相结合的饲养方式。大规模、集约化饲养和养冬鹅时还可采用关棚饲养方式。

2. 11～15 周龄鹅的饲养管理

这一时期是鹅群的调整阶段。首先对留种用鹅进行严格的选择，然后调教合群，减少“欺生”现象，保证生长均匀度。

(1)种鹅的选留　种鹅 71 日龄时，已完成初次换羽，羽毛生长已丰满，主翼羽在背部交翅，留种时要淘汰那些羽毛发育不良的个体。

后备种公鹅要求具有品种的典型特征，身体各部发育均匀，肥度适中，两眼有神，喙部无畸形，胸深而宽，背宽而长，腹部平整，脚粗壮有力、距离宽，行动灵活，叫声响亮。

后备种母鹅要求体重大，头大小适中，眼睛明亮有神，颈细长灵活，体型长圆，后躯宽深，腹部柔软容积大，臀部宽广。体重要求达到成年标准体重的70%。

(2)合群训练　以30～50只一群为宜，而后逐渐扩大群体，300～500只组成一个放牧群体。同一群体中个体间日龄、体重差异不能太大，尽量做到“大合大，小并小”，提高群体均匀度。合群后要保证食槽充足，补饲时均匀采食。

3. 16～22周龄鹅的饲养管理

这一阶段是鹅群生长最快的时期，采食旺盛，容易引起肥胖。因此，这一阶段饲养管理的重点是限制饲养，公母分群饲养。

后备母鹅100日龄以后逐步改用粗料，或使用一部分青贮玉米秸秆，青贮红薯秧等，日喂2次。草地良好时，可以不补饲，防止母鹅过肥和早熟。但是在严寒冬季青绿饲料缺乏时，则要增加饲喂次数(3～4次)，同时增加玉米的喂量。

4. 22周龄到开始产蛋鹅的饲养管理

这一阶段历时一个月左右，饲养管理的重点是加强饲喂和疫苗接种。

(1)加强饲喂　为了让鹅恢复体力，沉积体脂，为产蛋做好准备，从151日龄开始，要逐步放食，满足采食需要。饲料要由粗变精，促进生殖器官的发育。饲喂次数增加到每天3～4次，自由采食。饲料中增加玉米等谷实类饲料，同时增加矿物质饲料。

(2)疫苗接种　种鹅开产前1个月要接种小鹅瘟疫苗和禽霍乱疫苗。禁止在产蛋期接种疫苗，防止发生应激反应，引起产蛋量下降。

(二)产蛋期种鹅的饲养管理

鹅群进入产蛋期以后，饲养管理要围绕提高产蛋率，增加合格种蛋量来做。

1. 产蛋前的准备工作

在后备种鹅转入产蛋舍时，要再次进行严格挑选。公鹅除外貌符合品种要求、生长发育良好、无畸形外，重点检查阴茎发育是否正常。最好通过人工采精的办法来鉴定公鹅的优劣，选留能够顺利采出精液、阴茎较大者。母鹅只剔除少量瘦弱、有缺陷者，大多数都要留下做种用。

2. 产蛋期的饲喂

随着鹅群产蛋率的上升，要适时调整日粮的营养浓度。建议产蛋母鹅日粮营养水平为：代谢能10.88～12.13 MJ/kg、粗蛋白质15%～17%、粗纤维6%～8%、赖氨酸0.8%、蛋氨酸0.35%、胱氨酸0.27%、钙2.25%、磷0.65%、食盐0.5%。

喂料要定时定量，先喂精料再喂青料。青料可不定量，让其自由采食。每天饲喂精料量，大型种鹅180～200 g，中型种鹅130～150 g，小型种鹅90～110 g。每天喂料3次，早上9时喂第一次，然后在附近水塘、小河边休息，草地上放牧；14时喂第二次，然后放牧；傍晚回舍在运动场上喂第三次。回舍后在舍内放置清洁饮水和矿物质饲料，让其自由采食饮用。目前，在规模化养殖条件下，如果缺少放牧条件则用青贮饲料和粗饲料(麦秕、酒糟、花生秧粉等)代替青绿饲料。

二维码7.17　地面平养鹅舍(种蛋的收集)

3. 产蛋期的管理

(1)产蛋管理　母鹅具有在固定位置产蛋的习惯，生产中为了便于种蛋的收集，要在鹅棚附近搭建一些产蛋棚。产蛋棚长3.0 m、宽1.0 m、高

1.2 m，每千只母鹅需搭建三个产蛋棚。产蛋棚内地面铺设软草做成产蛋窝，尽量创造舒适的产蛋环境。

母鹅的产蛋时间多集中在凌晨至上午9时，因此每天上午放牧要等到9时以后进行。放牧时如发现有不愿跟群、大声高叫，行动不安的母鹅，应及时赶回鹅棚产蛋。母鹅在棚内产完蛋后，应有一定的休息时间，不要马上赶出产蛋棚，最好在棚内补饲。

(2)合理交配　为了保证种蛋有高的受精率，要合理安排公母比例。我国小型种鹅公母比例为1∶(6～7)，中型种鹅1∶(5～6)，大型种鹅1∶(4～5)。鹅的自然交配在水面上完成。种鹅在早晨和傍晚性欲旺盛，要利用好这两个时期，保证高的受精率。早上放水要等大多数鹅产蛋结束后进行，晚上放水前要有一定的休息时间。

(3)搞好放牧管理　产蛋期间应就近放牧，避免走远路引起鹅群疲劳。放牧过程中，特别要注意防止母鹅跌伤、挫伤而影响产蛋。

(4)控制光照　许多研究表明，每天13～14 h光照时间、5～8 W/m^2 的光照强度即可维持正常的产蛋需要。在秋冬季光照时间不够时，人工补充光照。在自然光照条件下，母鹅每年(产蛋年)只有一个产蛋周期，采用人工光照后，可使母鹅每年有两个产蛋周期，多产蛋5～20枚。

(5)注意保温　严寒的冬季正赶上母鹅临产或开产的季节，要注意鹅舍的保温。夜晚关闭鹅舍所有门窗，门上要挂棉门帘，北面的窗户要在冬季封死。为了提高舍内地面的温度，舍内要多加垫草，还要防止垫草潮湿。天气晴朗时，注意打开门窗通风，同时降低舍内湿度。受寒流侵袭时，要停止放牧，多喂精料。

(6)及时处理就巢鹅　可以参考种番鸭的管理方法。

(三)休产期种鹅的饲养管理

母鹅一般当年10月到第二年4～5月份产蛋，经过7～8个月的产蛋期，产蛋明显减少，蛋形变小，畸形蛋增多，不能进行正常的孵化。这时羽毛干枯脱落，陆续进行自然换羽。公鹅性欲下降，配种能力变差。这些变化说明种鹅进入了休产期。休产期种鹅饲养管理上应注意以下几点：

1. 调整饲喂方法

种鹅停产换羽开始，逐渐停止精料的饲喂，应以放牧为主，舍饲为辅，补饲糠麸等粗饲料。为了让旧羽快速脱落，应逐渐减少补饲次数，开始减为每天喂料一次，后改为隔天一次，逐渐转入3～4 d喂一次，12～13 d后，体重减轻大约1/3，然后再恢复喂料。

2. 人工拔羽

人工拔羽，公鹅应比母鹅提前1个月进行，保证母鹅开产后公鹅精力充沛。人工拔羽后要加强饲养管理，头几天鹅群实行圈养，避免下水，供给优质青饲料和精饲料。如发现1个月后仍未长出新羽，则要增加精料喂量，尤其是蛋白质饲料，如各种饼(粕)和豆类。

3. 做好休产期的选择组群

为了保持鹅群旺盛的繁殖力，每年休产期间要淘汰低产种鹅，同时补充优良鹅只作为种用。更新鹅群的方法如下：

(1)全群更新　将原来饲养的种鹅全部淘汰，全部选用新种鹅来代替。种鹅全群更新一般在饲养5年后进行，如果产蛋率和受精率都较高的话，可适当延长1～2年。

(2)分批更新　种鹅群要保持一定的年龄比例，1岁鹅30%，2岁鹅25%，3岁鹅20%，4岁鹅15%，5岁鹅10%。根据上述年龄结构，每年休产期要淘汰一部分低产老龄鹅，同时补充新种鹅。

(四)反季节繁殖种鹅饲养管理

1. 反季节繁殖的概念

通过控制光照、温度、饲料营养及强制换羽等技术措施，调整种鹅的产蛋季节，使种鹅在正常的非繁殖季节繁殖产蛋，称为反季节繁殖。这是一项通过环境控制调整鹅繁殖季节和周期的技术。

2. 调整光照程序

在冬季延长光照，在12月至翌年1月中旬在夜间给予鹅人工光照(光照度为30～50 lx)，加上在白天所接受的自然光照，使一天内鹅经历的总光照时间达到18 h。用长光照持续处理约75 d后，将光照缩短至每天11 h的短光照，鹅一般于处理后1个月左右开产，并在1个月内达到产蛋高峰。在春夏继续维持短光照制度，一直维持到12月份，此时再把光照延长到每天18 h，就可以再次诱导种鹅进入"非繁殖季节"，从而实施下一轮的反季节繁殖操作。

3. 环境控制要求

建造特别的鹅舍，要求完全阻断外界阳光进入鹅舍，即窗户、天窗、通风口不透光。要有良好的通风系统，保证夏季高温季节的降温。可以在鹅舍墙壁或者屋顶上安装风机进行通风换气，或者采用水帘和纵向通风降温。如农户饲养，最好在树林下、果园、葡萄树下、丝瓜下养鹅，避免烈日曝晒。活动场、沐浴池用黑色遮阳网遮光。

4. 调整饲料营养

在夏季，产蛋料中应加入多种维生素、碳酸氢钠和(或)其他抗热应激类饲料添加剂，以增强母鹅的体质，缓解热应激的不良影响。在12月份开始长光照后，改用育成期饲料，降低饲料营养水平，尽量多使用青粗饲料，促进母鹅停产并换羽。此时可以安排一次活拔羽绒(相当于强制换羽)，使鹅迅速进入休产期，并有利于下一次开产。

5. 适时留种

母鹅开产日龄一般7个月，因此，选9月份左右的雏鹅留种，其开产时间刚好在翌年的4～5月份。因其开产时适逢环境温度升高、光照时数和强度增强之时，传统的养鹅法母鹅开产后很快就换羽停产，产蛋量、受精率都很低，养鹅户一般不愿选留9月份左右的雏鹅作种用。而选9月份左右的雏鹅留种，通过强制换羽、人工控制光照和温度等综合技术措施，使4～5月份开产的种鹅在正常的非繁殖季节(6～8月份)保持较高的产蛋率和受精率，达到反季节繁殖的目的。

种鹅反季节生产其他方面的饲养管理，与前述正常季节生产相同。

任务四　鸭、鹅肥肝与羽绒生产

任务描述

肥肝是鸭、鹅经专门强制填饲育肥后产生的、重量增加几倍的产品，肥肝质地细嫩，营养丰富，鲜嫩味美，味道独特，经济价值高。活拔羽绒是在不影响产肉、产蛋性能的前提下，拔取鸭、鹅活体的羽绒来提高经济效益的一项生产技术。本任务重点介绍鸭、鹅肥肝及羽绒生产技术。

任务目标

了解肥肝的营养价值、填饲品种的选择、填饲技术和取肝技术；了解活拔羽绒的优点；掌握适宜的拔羽时期、活拔羽绒的操作要点和拔羽后的饲养管理注意事项。

基本知识

(1)肥肝生产；(2)活拔羽绒技术。

一、肥肝生产

(一)肥肝及其营养价值

肥肝包括鸭肥肝和鹅肥肝，它采用人工强制填饲，使鸭、鹅的肝脏在短期内大量积蓄脂肪等营养物质，体积迅速增大，肥肝重量比普通肝脏重5～6倍，甚至十几倍。肥肝富含不饱和脂肪酸、卵磷脂，具有降胆固醇、降血脂、延缓衰老、防止心血管疾病发生等功效，是欧美许多国家的美味佳肴。

(二)填饲品种的选择

1. 填饲鸭的选择

鸭肥肝的大小是多种因素相互作用的结果，其中鸭种群质量是首要因素。肉用性能越好，体型越大的鸭种，肥肝平均重越大，而兼用型次之，蛋用小型鸭种通常肥肝较小，一般不用来生产鸭肥肝。因此培育肥肝鸭应选择生长速度快和抗病力强的品种，比如肉用型的樱桃谷鸭、番鸭、北京鸭、靖西大麻鸭等品种，兼用型的昆山麻鸭、高邮鸭、巢湖麻鸭、固始鸭等品种。

2. 填饲鹅的选择

朗德鹅为法国培育的专门生产肥肝品种，肥肝重700～900 g，引进后对我国生态条件适应良好，是发展肥肝生产的首选品种。我国鹅种资源丰富，通常选择肥肝生产性能好的大型品种作父本，用繁殖率高的品种作母本，进行杂交，利用杂种一代生产肥肝。例如：用狮头鹅作父本，分别与产蛋较高的太湖鹅、四川白鹅、五龙鹅杂交，其杂种的肥肝生产性能明显得以提高。

(三)填饲技术

1. 适宜的填饲日龄、体重和季节

(1)适宜填饲的日龄和体重　鸭、鹅填饲适宜日龄和体重随品种和饲养条件而不同，通常要求在骨骼、肌肉生长基本成熟后进行填饲效果较好。一般选择70～90日龄时体重达2.5 kg的仔鸭、84～110日龄时体重为4.0～5.0 kg的仔鹅填饲，饲料利用率最高。

(2)适宜填饲的季节　填饲的最适宜温度为10～15 ℃，超过25 ℃以上则不适宜。因此，肥肝生产不宜在炎热的季节进行，故春秋季节填饲较好。相反，填饲鸭、鹅对低温的适应性较强，在4 ℃气温条件下对肥肝生产无不良影响。

2. 填饲饲料

最好用优质无霉变玉米，粒状玉米比粉状玉米效果好。玉米粒加工方法有3种：

(1)炒玉米法　将玉米在铁锅内用文火不停翻炒，至粒色深黄，八成熟为宜。炒完后装袋备用。填饲前用温水浸泡1～1.5 h，沥去水分，加入0.5%～1%的食盐，搅匀后填饲。

(2)煮玉米法　将玉米浸没煮3～5 min，沥去水分，趁热加入占玉米总量1%～2%的猪油和0.3%～1%的食盐，搅匀即可填饲。

(3)浸泡法　冷水浸泡玉米8～12 h，沥干水分，加入0.5%～1%的食盐和1%～2%的动

(植)物油脂。

3. 预饲期和填饲期

(1)预饲期　鸭、鹅从非填饲期进入填饲期应通过预饲期,让鸭、鹅逐步完成由放牧至舍饲、由自由采食转为强制填饲、由定额饲养转为超额饲养的转变。预饲期应做好防疫卫生工作,搞好圈舍及其周围的卫生消毒,注射禽霍乱疫苗。舍内光线宜暗淡,保持安静。舍内饲养密度以每平方米 2～3 只为宜。一般预饲期 3～7 d。预饲期后几天,可开始适应性填饲;一般每天填 1～2 次,填量较少,为正式开填做好适应性过渡。

(2)填饲期　填饲期一般为 2～4 周,大、中型鹅品种为 4 周,小型鹅品种为 3 周,鸭填饲期比鹅期短。日饲量由少逐渐增多,鸭 100～200 g 增至 200～300 g,小型鹅 200～400 g 增至 500 g,大、中型鹅 500～650 g 增至 750～1 000 g。日填饲 3～5 次,用粒状饲料。保持鸭、鹅舍冬暖夏凉,通气良好,少光、清洁、安静,保证有充足清洁饮水,每升水中加 1 g 食用苏打。整个育肥期内要供饲砂砾。

4. 填饲方法

可分为人工填饲和机械填饲两种。由于人工填饲劳动强度大,工作效率低,所以多为民间传统生产使用,而商品化批量生产一般使用机械填饲。填饲机有多种型号,分为手摇和电动两种。机械填饲时,填料人左手抓住鸭、鹅头,食指和大拇指挤压鸭、鹅喙的基部将其口掰开,右手拇指将鸭、鹅舌向前向下压向下腭,然后将口腔移向喂料管,使上腭紧贴填饲管的管壁,慢慢将填料管插入食道膨大部,食道和填饲管要保持在一条直线上,左手握喙,右手握住填料管出口的膨大部,慢慢将玉米推进食道下部,先将下部填满,再慢慢将填饲管往上退,边退边填,一直填到距咽喉 5 cm 处停止。

(四)屠宰取肝

成熟鸭、鹅屠宰前 12 h 停止填饲,但不停水。屠宰时抓住鸭、鹅的双腿,倒挂在宰杀架上,头部向下,割断气管和血管,充分放血,使屠体皮肤白而柔软,肥肝色泽正常。待血放净后将鸭、鹅置于 65～68 ℃水中浸烫,1 min 后脱毛。将屠体放在 4～10 ℃的冷库中预冷 10～18 h 后再取肝。屠体剖开后,仔细将肥肝与其他脏器分离,取肝时要小心不要将肥肝划破,取出的肝要适当整修处理,然后将其放入 0.9%的盐水中浸泡 10 min,捞出沥干,称重分级。

二、活拔羽绒技术

活拔羽绒是在不影响产肉、产蛋性能的前提下,拔取鸭、鹅活体的羽绒来提高经济效益的一项生产技术。

(一)活拔羽绒的优点

活拔羽绒是根据鸭、鹅羽绒的再生性和自然脱落性,在不影响其生产性能的情况下,采取人工强制的方法从活鸭、鹅身上拔取羽绒,以改变过去一次性宰杀烫褪取毛的方法,使羽绒产量成倍增长。人工活拔的羽绒飞丝少、含杂货少、蓬松度高、无硬梗、柔软性好、色泽纯正、品质优良,最适合加工制作高级羽绒制品。

(二)活拔羽绒的适宜时期

活拔羽绒的鸭、鹅最好是肉用品种,因为肉用品种体型大、产毛多,经济效益高;羽色最好是白色;幼龄和老龄不宜拔毛。后备鸭、鹅 90～120 日龄新陈代谢旺盛,抗病力强,肌肉组织长定,羽绒长齐,可进行第一次拔羽绒。一般间隔 40～45 d 拔一次。最后一次活拔羽绒应在产蛋前 45 d 进行,以便让母鸭、鹅有充分的时间补充营养,恢复体力,长齐羽绒,不致使繁殖性能受到影响。产蛋期的鸭、鹅不能用来活拔羽绒,否则会导致产蛋量急剧下降。换羽期的羽绒含绒量少,又极易拔破皮肤,不宜拔羽。休产期可拔羽 2～3 次,成年公鸭、鹅可常年拔羽 7～8 次。

(三)活拔羽绒的操作要点

1. 拔羽前的准备

拔羽的前一天停食半天,只供饮水,拔羽当天停止饮水,以防粪便污染羽绒和工作人员的衣服。拔羽前让其下水洗浴,洗掉身上脏物,待羽毛晾干后拔羽。应选择在晴朗的天气和清洁不通风最好是水泥地面的室内进行拔羽,以防止羽绒受污染。准备好装羽绒的塑料袋子。有条件的最好在第一次拔羽前 10 min 给鸭、鹅每只灌服 10 mL 左右白酒,使鸭、鹅保持安静,减轻恐惧感,毛囊扩张,皮肤松弛,拔羽容易并能减轻痛苦,以后再拔就不必灌酒了。

2. 保定鸭、鹅体

(1)双腿保定法　操作者坐在板凳上,用绳捆住鸭、鹅的双脚,将鸭、鹅头朝向操作者,背置于操作者腿上,用双腿夹住鸭、鹅只,然后拔羽。该法较常用。

(2)半站立式保定　操作者坐在板凳上,用手抓住鸭、鹅颈上部,使鸭、鹅呈站立姿势,然后用双脚踩在鸭、鹅颈肩交接处,然后拔羽。该法比较省力、安全。

(3)卧地式保定　操作者坐在板凳上,右手抓鸭、鹅颈,左手抓鸭、鹅的双腿,将鸭、鹅伏着横放在地面上,左脚踩在鸭、鹅颈肩交接处,然后拔羽。该法保定牢固,但掌握不好易造成鸭、鹅体受伤。

3. 拔羽操作

采用正确的拔羽方法,能获得较高的羽绒产量和质量。拔羽顺序是先胸腹部经颈转向两肋,然后到背、肩部。可先拔片羽,后拔绒羽。拔羽时左手按住鸭、鹅的皮肤,右手的拇指、食指和中指拉着羽毛的根部,用力要均匀,动作要轻快利索,顺着羽毛的尖端方向,用巧力迅速拔下。所捏羽绒宁少勿多,拔片羽时一次拔两三根为宜;拔绒羽时,手指要紧贴皮肤,捏住绒朵拔,以免拔断而成为飞丝,降低绒羽质量。所拔部位的羽绒要尽可能拔干净,要防止拔断而使羽干留在皮肤内影响新羽绒的再生,减少羽绒产量。

翅膀上的翎羽一般不拔。拔羽过程中,如不小心拔破皮肤,待拔完后涂擦红药水或碘酊。如拔破伤口较大,为防止感染,涂药后喂 2～3 d 的抗菌药物。

4. 羽绒的包装与储藏

羽绒包装应轻拿轻放,双层包装,放在干燥、通风的室内贮存,防潮、霉、蛀。包装、贮存时要分类、分别标识,分区放置,以免混淆。

(四)活拔羽后的饲养管理

活拔羽绒对鸭、鹅来说是一个较强的外界刺激。拔羽后,大多数鸭、鹅会出现不适应的现象,常常引起生理机能暂时紊乱,如精神不佳,摇摇晃晃,站立不稳,愿站不愿睡,胆小怕人,食欲减退等,一般经过 3～5 d 可基本恢复正常。拔羽后皮肤裸露,没有羽绒保护,3 d 内不放牧游水,切忌曝晒、淋雨,1 周后可照常放牧。舍内要保持清洁卫生,干燥防湿,最好铺以柔软干净的垫料。夏季要防止蚊虫叮咬。

为加快羽绒的生长,拔羽后的最初一段时间应喂精料,精料的营养水平宜保持每千克含粗蛋白质 16.5%～17.5%、代谢能 11.75 MJ 左右,这个营养水平对羽绒再生和后备鸭、鹅的生长都是必要的。若在饲料中加入 1%～2%的水解羽毛粉等蛋白质饲料,则能更好地满足羽绒生长对营养物质的需要。

拓展知识九　DB36/T 1226—2020　蛋鸭笼养舍内环境控制技术规程

1　范围

本标准规定了蛋鸭笼养舍内环境控制的术语和定义、设施设备、环境控制与监测、日常管理、资料记录等要求。

本标准适用于规模化蛋鸭笼养模式。

2　规范性引用文件

下列文件对于本文件的应用是必不可少的，凡是注日期的引用文件，仅所注日期的版本适用于本文件。凡是不注日期的引用文件，其最新版本(包括所有的修改版)适用于本文件。

GB/T 14675 空气质量 恶臭的测定　三点比较式臭袋法

GB/T 15432 环境空气 总悬浮颗粒物的测定 重量法

GB/T 18204.3 公共场所卫生检验方法　第三部分：空气微生物

HJ 618 环境空气 PM10 和 PM2.5 的测定　重量法

JB/T 10294 湿帘降温装置

NY/T 388 畜禽场环境质量标准

NY/T 1755 畜禽舍通风系统技术规程

NY/T 3075 畜禽养殖场消毒技术

3　术语和定义

下列术语和定义适用于本文件。

3.1 蛋鸭笼养

将饲养到一定日龄阶段(一般为 10～12 周龄)的蛋用型鸭放入特制(定)的笼内进行饲养的方式，饲养周期一般为 10～72 周龄。

3.2 人工补光

自然光照不能满足蛋鸭正常生产(采食、饮水、产蛋等)所需的光照条件时，采用人工照明的方式来补充光照。

3.3 有害气体

养殖舍内常见的氨气、硫化氢等危害蛋鸭正常生产的气体。

4　设施设备

4.1 鸭舍

4.1.1 栏舍一般跨度 8～15 m、长度 70～80 m、高度 3.5～4 m，单栋养殖规模以 8 000～10 000 羽为宜。

4.1.2 地面和墙壁便于清洗、消毒，坚固耐用；屋顶和墙壁采用复合保温材料，保温隔热层厚度≥5 cm。

4.2 笼具

笼具采用重叠式或阶梯式，纵向排列，一般为 2～4 列、3～4 层。

4.3 饮水与喂料

4.3.1 安装乳头式自动饮水系统，饮用水符合 NY/T 388 要求。

4.3.2 安装自动喂料系统。

4.4 通风降温系统

4.4.1 排污端安装负压通风系统,风速可调,并符合 NY/T 1755 要求。

4.4.2 进风口安装湿帘降温系统,符合 JB/T 10294 要求。

4.5 光照系统

使用节能灯,按照灯距 3 m、灯高 2 m、辐射照度 0.5～1 W/m^{2}的原则,沿舍内通道均匀交错布置;安装微电脑光照自动控制系统,满足人工光照需求。

4.6 清粪系统

安装输送带式或刮板式自动清粪系统。

4.7 供电系统

配备与饲养规模相适应的备用电源。

5 环境控制

5.1 温湿度

5.1.1 适宜温度为 10～28 ℃,且单日温差<10 ℃。

5.1.2 适宜相对湿度为 60%～80%,最佳相对湿度为 70%～75%。

5.2 风速

平均风速控制在 0.1～1.0 m/s,夏季≥0.5 m/s,冬季≤0.2 m/s。

5.3 光照

5.3.1 蛋鸭入舍后,保持 24 h 照明,照度 4～6 lx。

5.3.2 从开产前 3 周开始,当自然光照时间不能满足光照制度规定的光照时长时,应采用人工光照进行补光,人工补光照度 20～30 lx。

5.3.3 采取早晚人工补光方式,按照每周增加 0.5 h 光照时间渐增,达到每天 16 h 光照时间后保持不变,直至产蛋周期结束。

5.4 空气质量

5.4.1 舍内氨气浓度≤10 mg/m^3,硫化氢气体浓度≤5 mg/m^3,恶臭≤70 稀释倍数。

5.4.2 空气中细菌总数≤25 000 个/m^3,可吸入颗粒物(PM10)≤4 mg/m^3,总悬浮颗粒物(TSP)≤8 mg/m^3。

6 环境监测

6.1 测定方法

舍内空气质量恶臭指标的气体采样及检测方法按 GB/T 14675 执行,TSP 指标的气体采样及检测方法按 GB/T 15432 执行,PM10 指标的气体采样及检测方法按 HJ 618 执行,细菌总数的采样及检测方法按 GB/T 18204.3 执行。

6.2 监测仪器

6.2.1 常用仪器有温湿度计、照度计、有害气体检测仪、风速计等。

6.2.2 所用仪器设备应经校准合格,且在有效期内,测量范围和精确度能满足舍内环境参数相关要求,所用仪器传感器应满足功耗低、反应灵敏、受环境影响小、可长时间工作无故障等要求。

6.2.3 有条件的安装自动环境监测系统进行实时监测、传输。

6.3 监测点位

6.3.1 栏舍长度不超过 50 m 时,设置 2 个点位,栏舍长度超过 50 m 时,设置 3 个点位。

6.3.2 一般选择舍内通道两端和中间位置,两端监测点距入口或出口(排风口)的距离 2 m

左右。

6.3.3 温湿度、风速、光照监测点设在笼具中层位置，并尽量靠近鸭体；空气质量监测点设在底层料槽附近。

6.3.4 监测点应避免日光直射，距光源的水平距离不少于 1 m，以两灯中间为宜，距热源不少于 0.5 m。

7 日常管理

7.1 根据监测数据采取相应措施对舍内环境进行调控。

7.2 清理舍内粪污 1～2 次/d。

7.3 按 NY/T 3075 的要求进行消毒。

7.4 工作人员穿工作服，避免陌生人员进入。

7.5 在栏舍内喷洒或饮水中添加益生菌类微生态制剂。

7.6 经常性对监测设备、环境控制设备等进行维护，确保设施正常运行。

8 资料记录

环境监测、检测记录，设施设备运行、维护记录，生产记录等资料应及时立卷归档，保存 2 年以上。

拓展知识十 DB51/T 2674—2020 稻鸭共作及水稻绿色防控融合技术规程

1 范围

本标准规定了稻鸭共作及水稻绿色防控融合技术规程，包括术语和定义、鸭品种及来源、鸭的饲养管理、稻田的准备、水稻绿色防控、收获、生产记录等。

本标准适用于水稻产区。

2 规范性引用文件

下列文件对于本文件的引用是必不可少的。凡是注日期的引用文件，仅所注日期的版本适用于本文件。凡是不注日期的引用文件，其最新版本（包括所有的修改版）适用于本文件。

GB 13078 饲料卫生标准

NY/T 1276 农药安全使用规范总则

《畜禽标识和养殖档案管理办法》农业部令

3 术语和定义

3.1 稻鸭共作

指在水稻栽后活棵至抽穗阶段，将脱温雏鸭放养在水稻田，稻田为鸭的生长提供食物、水域、遮荫等生活条件，鸭为水稻生长除草、灭虫、施肥、松土等的一项种养结合、降本增效的生态农业生产模式。

3.2 水稻绿色防控

指采取生态控制、生物防治、物理防治和科学用药等环境友好型技术措施控制水稻病虫害的植物保护措施，以减少化学农药使用，确保水稻生产、稻米质量和农业生态环境安全。

4 鸭品种及来源

应选择适应性广、耐粗饲、抗逆性强的中、小型杂交鸭或地方品种。

雏鸭应来自具有《种畜禽生产经营许可证》和《动物防疫条件合格证》的种鸭场或孵化场，要求毛色整齐、眼大有神、叫声响亮、手握挣扎有力、脐部吸收良好。

5 鸭的饲养管理

5.1 育雏期管理

5.1.1 雏鸭(0～10 日龄)宜采用集中网上育雏。建议小规模养殖户到专业鸭场购买脱温鸭苗。

5.1.2 育雏温度控制：育雏期 1～2 日龄室温保持在 28～38 ℃，3 日龄 26～28 ℃，以后每天下降 1～2 ℃，直至达到外界温度。育雏过程中应注意观察鸭群健康情况，如采食状况和粪便颜色，若遇天气变化，可在饮水中添加维生素以减少应激。

5.1.3 饮水：雏鸭出壳后 24 h 内应给予清洁饮水，可采用 5%葡萄糖或电解多维温水。育雏期间不能中断供水。

5.1.4 喂料：雏鸭饮水 1～ 2 h 后开始喂料，开食料选用破碎料，2～3 d 后饲喂全价雏鸭配合饲料，自由采食。

5.1.5 免疫：按免疫程序接种疫苗，雏鸭免疫程序见下表。

雏鸭免疫程序

免疫时间(日龄)	免疫疫苗	免疫方式	免疫剂量/mL
1	病毒性肝炎抗体	颈部皮下注射	1.0
7	浆膜炎疫苗	颈部皮下注射	0.5
9	禽流感疫苗	颈部皮下注射	0.5

5.2 适时放养

5.2.1 试水：育雏 5 d 后，选择晴天的中午，根据鸭群数量将雏鸭放(赶)入水盆或浅水沟，让其在水中自由活动，首次下水时间不宜超过 10 min。雏鸭湿毛后即将其从水中赶起至保温灯或太阳下，待其羽毛完全干后再放(赶)入水中。开始时每天 1～2 次，逐渐增加到 3～4 次，直至雏鸭羽毛具备防水功能。

5.2.2 放鸭下田：秧苗移栽后 7～ 10 d，雏鸭 10～15 日龄时，将雏鸭放入准备好的稻田；放鸭时间最好选在晴天上午 10 点至下午 4 点之间；雏鸭下田前 3 d 可在饮水中添加复合多维以减少应激。稻秧定根以后才可放鸭下田，注意水稻秧龄和鸭龄的匹配。

5.2.3 放鸭密度：每亩按 10～15 只投放。

5.3 放养期管理

5.3.1 加强调教，建立良好的人鸭关系：稻田鸭补饲要做到定人、定时，并在补饲时给出特定的声音，让鸭形成良好的条件反射，能主动配合养鸭人。

5.3.2 合理补饲：刚放下稻田的雏鸭，每天分早、晚补饲两次全价雏鸭料。20 d 以后，逐渐减少雏鸭料，更换为肉鸭料或饲喂浸泡过的小麦、玉米、适量酒糟、青饲料等混合的饲料，补饲次数减少至下午一次，补饲量以鸭群吃饱不剩为原则。饲料应无发霉、变质、结块、异味、异臭，卫生条件符合 GB 13078 要求。

5.3.3 加强巡查，防止鸭群遭受黄鼠狼、猫、犬等的伤害。

6 稻田的准备

6.1 稻田选择

选择水源较丰富的田块，秧田需施足底肥。

6.2 围网搭棚

稻田 2～3 亩（1 亩≈667 m^2）围成一片，围网高 0.5 m，在田边或田埂搭一简易遮阳棚（按 10～12 只/m^2 搭建），遮阳棚边建投料台或放置饲喂槽，作为鸭群休息、补饲、遮风挡雨和防晒的场所。

6.3 饮水区准备

在稻田进水口处设置一深沟或小水塘，便于晒田时为鸭群提供充足的饮水。

7 水稻绿色防控

7.1 秧田病虫害防治

7.1.1 诱杀螟虫：分别在水稻螟虫（二化螟、三化螟、大螟）越冬代成虫羽化前 5～7 d（水稻育秧后揭膜前），按田间平均每亩放置 1 套性诱器诱杀螟蛾。

7.1.2 移栽前 7～10 d 用植物免疫诱抗剂处理，提高水稻抗逆和抗病虫害能力。

7.1.3 带药移栽：水稻移栽前 3～5 天选用符合 NY/T 1276 规定的杀菌剂和杀虫剂，首选生物制剂秧田喷雾，预防本田叶瘟，防治稻水象甲、水稻螟虫。

7.2 本田病虫害防控

7.2.1 性诱剂诱杀：分别在水稻螟虫（二化螟、三化螟、大螟）、稻纵卷叶螟等害虫各代成虫羽化前 5～7 d，按田间平均每亩放置 1 套性诱器诱杀螟蛾。

7.2.2 灯光诱杀：按 30 亩安装一盏频振式杀虫灯或太阳能杀虫灯诱杀趋光性害虫。从二化螟成虫始见开始开灯，至当年水稻生育期二化螟成虫终见止关灯。

7.2.3 生物农药防治：肉鸭在田时，利用鸭的活动进行生物防治，肉鸭离田后，视水稻病虫害发生状况用符合 NY/T 1276 规定的生物农药控制穗颈瘟、纹枯病、稻曲病等病害。

8 收获

8.1 鸭的出栏

水稻乳熟前，应结束放养。在鸭群上市前 1～2 周，可适当补饲全价饲料或能量水平较高的饲料对鸭群集中育肥。装运前 6～8 h 停止喂料，1～2 h 停止供水。运输途中防止挤压和碰伤。

8.2 水稻收获

当水稻籽粒黄熟时及时收获。

9 生产记录

按照农业农村部《畜禽标识和养殖档案管理办法》建立生产记录档案。

复习与思考

1. 试比较蛋鸭的圈养和放牧饲养法。
2. 什么是骡鸭？简要说明骡鸭的生产技术要点。
3. 种鹅产蛋期饲养管理的要点有哪些？
4. 如何进行后备种鹅的放牧饲养？
5. 肉用仔鹅的育肥方法有哪些？各有何特点？

6. 肥肝鹅在填饲期应如何管理？

7. 简述鸭、鹅活拔羽绒技术的操作要点。

技能训练十　鸭、鹅活拔羽绒技术

目的要求

了解活拔羽绒技术，掌握人工拔羽方法。

材料和用具

用于拔羽的鸭或鹅若干只、贮存羽绒用的口袋、秤、红药水、药棉等。

内容和方法

在试验场进行，由教师示范，学生分组操作。

1. 拔羽前的准备

(1)拔羽前 16 h 停喂，以便排空粪便，防止在拔羽前因排粪而污染羽绒。

(2)拔毛前应对鸭或鹅群抽检，如果绝大部分的羽毛根已干枯，用手试拔羽毛易脱落，正是拔毛时期。

2. 拔羽的步骤

(1)保定　操作者坐在板凳上，用绳捆住鸭或鹅的双脚，将鸭或鹅头朝向操作者，腹部向上，两翅夹在操作者双膝间。

(2)拔羽。

①拔羽顺序。拔羽时按顺序进行，一般先拔腹部的羽绒，然后依次是两肋、胸、肩、背颈和膨大部等部位。按着从左到右的顺序，一般先拔片羽，后拔绒羽，可减少拔羽过程中产生飞丝，也容易把绒羽拔干净。

②拔羽方向。一般来说，顺毛及逆毛拔均可，但最好以顺拔为主。因为顺毛方向拔，不会损伤鹅毛囊组织，有利于羽绒再生。

③拔羽部位。拔羽绒的部位应集中在胸部、腹部、体侧面，绒毛少的肩、背、颈处少拔，绒毛极少的脚和翅膀处不拔，鹅翅膀上的大羽和尾部的大尾羽原则上不拔。

④拔羽方法。操作者用左手按住鹅体皮肤右手拇指、食指和中指紧贴皮肤，捏住羽毛和羽绒的基部，用力均匀、迅速快猛、一把一把有节奏地拔羽。所捏羽毛和羽绒宁少勿多，以 3～5 根为宜，一撮一撮地一排排紧挨着拔。所拔部位的羽绒要尽可能拔干净，否则会影响新羽绒的长出。拔取鹅翅膀的大翎毛时，先把翅膀张开，左手固定一翅呈扇形张开，右手用钳子夹住翎毛根部以翎毛直线方向用力拔出。注意不要损伤羽面，用力要适当，力求 1 次拔出。

3. 注意事项

(1)拇指和食指紧贴羽根迅速拔下。

(2)每次拔羽数量不可太多，以 2～3 根为宜。

(3)要按顺序拔，不可乱拔，顺拔逆拔均可，但最好顺拔；有色羽绒单独存放。

(4)拔羽后的鹅(鸭)要加强饲养管理,3 d 内不在强烈阳光下放养,7 d 内不要让鹅(鸭)下水和淋雨。

(5)拔羽过程中,如不小心拔破皮肤,待拔完后涂擦红药水或碘酊。如拔破伤口较大,为防止感染,涂药后喂 2～3 d 的抗菌药物。

(6)羽绒包装应轻拿轻放,双层包装,放在干燥、通风的室内贮存,包装、贮存时要注意分类、分别标志,分区放置,以免混淆。

实训报告

针对教师示范的方法,学生每人完成 1～2 只鸭或鹅的拔羽任务,并写出拔羽心得体会。

项目八 家禽保健

任务一 家禽场消毒

任务描述

家禽场消毒是一门通过物理、化学或生物学的方法杀灭或清除环境及传播媒介上的病原微生物的技术。它是兽医卫生防疫的一项重要工作，是预防和扑灭传染病的最重要措施。本任务重点阐述家禽场常用的消毒方法以及如何做好家禽场的消毒工作。

任务目标

掌握家禽场常用的消毒方法；熟悉家禽场常用的消毒剂及使用方法；能够科学合理地对家禽场进行消毒。

基本知识

(1)消毒的方法；(2)常用消毒剂；(3)影响消毒效果的因素；(4)消毒程序。

一、消毒的方法

常用的消毒方法有物理消毒法、化学消毒法和生物消毒法。

(一)物理消毒法

物理消毒法是通过机械性清扫、冲洗、通风换气、高温、干燥、辐射等物理方法，对环境或物品中的病原体进行清除或杀灭。

1. 机械性消毒

机械性消毒是指通过清扫、洗刷、通风等手段，清除禽舍周围、墙壁、设施以及家禽体表污染的粪便、垫草、饲料等污物，消除或减少环境中的病原微生物。该方法虽然不能真正杀灭病原微生物，但随着污物的清除，大量病原微生物也会被除去。

2. 辐射消毒

阳光是天然的消毒剂，通过光谱中的紫外线和热量以及水分蒸发引起的干燥等因素的作用，能够直接杀灭多种病原微生物。在日光直射下，经过几分钟至几小时可以杀灭一般的病毒和非芽孢性病原菌，反复曝晒还可使带芽孢的菌体变弱或失活。如将清洗过的用具或蛋箱等放在阳光下曝晒，能达到较好的消毒效果。紫外线灯照射消毒一般用于进出禽舍的人体消毒、对空气中的微生物消毒以及防止一些消毒过的器具再被污染等。

3. 高温灭菌

利用高温使微生物的蛋白质及酶发生凝固或变性，以杀灭致病微生物。通常分为湿热灭菌法和干热灭菌法。

(1)煮沸灭菌法　适用于金属器械、玻璃及橡胶类物品的灭菌。在水中煮沸至 100 ℃后，持续 15～20 min。此方法可杀灭一般细菌。带芽孢的细菌每日至少需煮沸 1～2 h，连续 3 d 才符合要求。如在水中加入碳酸氢钠，使其成为 2%的碱性溶液，沸点可提高到 105 ℃，灭菌时间可缩短至 10 min，并可防止金属物品生锈。

(2)高压蒸汽灭菌法　常用于耐高温的物品，如手术器械、玻璃容器、注射器、普通培养基和敷料等物品的灭菌。灭菌前，将需要灭菌的器械物品包好，装在高压灭菌锅内，进行高压灭菌。灭菌所需的温度、压力和时间根据灭菌器类型、物品性质、包装大小而有所差别。通常所需压力为 0.105 MPa，温度 121.3 ℃维持 20～30 min 可达到灭菌目的。

(3)干烤灭菌法　用干热灭菌箱进行灭菌。通常灭菌条件为：加热至 160 ℃维持 1～2 h；适用于易被湿热损坏和在干燥条件下使用更方便的物品（如试管、玻璃瓶、培养皿等）的灭菌，不适用对纤维织物、塑料制品的灭菌。

(4)焚烧和灼烧灭菌法　焚烧主要是对病禽的尸体以及传染源污染的饲料、垫草、垃圾及其他废弃物品等采用燃烧的办法，点燃或在焚烧炉内烧毁，从而达到消灭传染源的目的。烧灼直接用火焰灭菌，适用于笼具、地面、墙壁以及兽医站使用的剪、刀、接种环等不怕热的金属器材的灭菌。接种针、环、棒以及剖检器械等体积较小的物品可直接在酒精灯火焰上灼烧。笼具、地面、墙壁的灼烧必须借助火焰消毒器进行。

(二)化学消毒法

化学消毒法是指应用化学消毒剂对被病原微生物污染的场所、物品等进行消毒的方法。主要应用于家禽场内外环境、禽笼、禽舍、饲槽、各种物品表面及饮水器具的消毒。常用的化学消毒方法有浸泡法、擦拭法、熏蒸法及喷雾法 4 种。

1. 浸泡法

选用杀菌谱广、腐蚀性弱的水溶性消毒剂，将物品浸没于消毒剂内，在规定浓度和时间内进行消毒灭菌。

2. 擦拭法

选用易溶于水、穿透性强的消毒剂擦拭物品表面，在规定浓度和时间内进行消毒灭菌。

3. 熏蒸法

通过加热或加入氧化剂，使消毒剂呈气态，在规定浓度和时间里进行消毒灭菌。熏蒸法适用于精密、贵重仪器和不能蒸、煮、浸泡的物品以及空气的消毒。

4. 喷雾法

借助普通喷雾器或气溶胶喷雾器，使消毒剂形成微粒气雾弥散，进行空气和物品表面的消毒。

(三)生物热消毒

生物热消毒是指通过堆积发酵、沉淀池发酵、沼气池发酵等产热或产酸，以杀灭粪便、污水、垃圾及垫草等内部病原体的方法。常用于禽粪等污物的无害化处理。

二、常用消毒剂

禽场所用消毒剂较多，按消毒剂的化学结构分类，目前使用的消毒剂主要有以下 7 种。

(一)碱类

(1)氢氧化钠　又称苛性钠，俗称火碱或烧碱，是一种强碱性高效消毒剂。对细菌、病毒和芽孢均有较强的杀灭作用。适用于禽舍、器具、墙壁、地面及运输车辆的消毒。2%热溶液用于细菌(如禽霍乱、鸡白痢)或病毒(如新城疫)污染的禽舍、场地和车辆等的消毒。5%热溶液用于炭疽芽孢污染场地的消毒。具有腐蚀性，能损害织物和铝制品，使用时注意防护。

(2)氧化钙　即生石灰，加水后变成氢氧化钙而产生杀菌作用。有杀灭细菌和病毒的作用，但对芽孢和结核杆菌效果较差。常配成 10%～20%乳剂，用于禽舍墙壁、运动场地面或排泄物的消毒，因其会吸收空气中的二氧化碳而变成碳酸钙，失去消毒作用，所以应现配现用。禽舍周围阴湿地面和粪池周围消毒可直接撒布生石灰粉，或 1 kg 氧化钙加 350 mL 水混匀后撒布。

(二)卤素类

(1)漂白粉　杀菌作用快而强，对细菌繁殖体、芽孢、病毒及真菌都有杀灭作用，并可破坏肉毒杆菌毒素。价廉效优，广泛应用于禽舍、地面、粪池、排泄物、饮水等消毒。10%～20%漂白粉溶液，可用于禽舍、场地、墙壁、排泄物及运输车辆等的消毒。1%～3%澄清液可用于料槽、饮水器和其他非金属制品的消毒。饮水消毒可在 1 000 kg 河水或井水中加 6～10 g 漂白粉，10～30 min 后即可饮用；粪便和污水消毒按 1∶5 比例均匀混合。

(2)二氧化氯　对细菌繁殖体、细菌芽孢、病毒及真菌都有杀灭作用，并可破坏肉毒杆菌毒素，兼有除臭作用。可应用于禽舍、饲喂器具及饮水器具等消毒。

(3)二氯异氰尿酸钠　又名优氯净，对细菌繁殖体、细菌芽孢、病毒及真菌孢子均有较强的杀灭作用，主要用于禽舍、排泄物和饮水器具等的消毒，可带禽消毒。0.5%～1%水溶液用于杀灭细菌和病毒；5%～10%水溶液用于杀灭芽孢，临用前现配。可采用喷洒、浸泡和擦拭等方法消毒，也可用干粉直接处理排泄物。饮水消毒，每升水加入 4 mg 作用 30 min。

(4)三氯异氰尿酸钠　又名强氯精，本品杀菌谱广，对细菌繁殖体、芽孢、病毒及真菌孢子均有较强的杀灭作用。常用于饮水、器具、场地和排泄物的消毒。饮水消毒，每升水加 4～6 mg；喷洒消毒，每升水加 200～400 mg。水溶液不稳定，必须现用现配；本品对皮肤、黏膜有刺激和腐蚀作用，使用人员应注意防护。

(5)聚维酮碘　本品能杀灭细菌、芽孢、真菌、病毒及原虫等，克服了碘酊的强刺激性和易挥发性，作用持久。用于手术部位、皮肤、黏膜消毒。5%溶液用于皮肤消毒及治疗皮肤病；0.1%溶液用于黏膜及创面清洗消毒。

(6)碘酊　本品可以杀灭细菌、真菌和病毒。常用 2%～5%碘酊，用于注射部位及伤口周围皮肤的消毒。

(三)表面活性剂

(1)苯扎溴铵　又叫新洁尔灭，单链季铵盐类阳离子表面活性剂，具有杀菌和去污作用，能杀灭一般细菌繁殖体，不能杀灭芽孢。无刺激性和腐蚀性，毒性低。0.1%溶液用于皮肤、黏膜、创伤、手术器械及禽蛋消毒。

(2)癸甲溴铵　又叫百毒杀，双链季铵盐类阳离子表面活性剂，广谱消毒剂，无色、无味、无刺激性和无腐蚀性，可带禽消毒。常用于饮水、内外环境、用具、种蛋、孵化器等消毒。饮水消毒，每升水中加本品 50～100 mg；禽舍、器具消毒，每升水中加本品 150～500 mg。

（四）醛类

（1）甲醛　对细菌、真菌、病毒和芽孢等均有效。主要用于禽舍、禽蛋和孵化器等熏蒸消毒，2%～5%水溶液用于喷洒墙壁、地面、料槽及用具消毒；禽舍熏蒸一级消毒每立方米空间：福尔马林 14 mL，高锰酸钾 7 g，加水等量；二级消毒（用于旧禽舍）：福尔马林 28 mL，高锰酸钾 14 g，加水等量；三级消毒（用于污染严重禽舍）：福尔马林 42 mL，高锰酸钾 21 g，加水等量。

（2）戊二醛　可杀灭细菌的繁殖体、芽孢、真菌和病毒，有刺激性，避免接触皮肤和黏膜。2%溶液浸泡消毒橡胶、塑料制品及手术器械；20%溶液喷洒消毒环境，一般病毒性疾病 1∶40 倍稀释，细菌性疾病 1∶500 倍稀释。

（五）氧化剂类

（1）过氧乙酸　具有广谱杀菌作用，作用快而强，能杀死细菌、真菌、芽孢及病毒，不稳定，宜现配现用。0.05%～0.5%溶液用于禽体、禽舍地面、用具的喷雾消毒，喷雾时消毒人员应戴防护镜、手套和口罩，喷雾后密闭门窗 1～2 h；3%～5%溶液加热熏蒸消毒，每立方米空间 2～5 mL，熏蒸时要求室内相对湿度在 60%～80%，熏蒸后密闭门窗 1～2 h。器具浸泡消毒配成 0.04%～0.2%溶液；黏膜和皮肤消毒配成 0.02%和 0.2%溶液。

（2）高锰酸钾　本品与组织有机物接触后，释放出初生态的氧，呈现杀菌作用。常用 0.1%～0.5%溶液消毒皮肤、黏膜和创伤。本品溶液需现用现配。

（六）醇类

乙醇能杀灭繁殖型的细菌，对结核杆菌、带有囊膜病毒也有杀灭作用，但对芽孢无效。常用 75%乙醇消毒皮肤（注射部位、术野、伤口周围）和浸泡器械。

（七）酚类

（1）甲酚皂溶液　俗称来苏尔，能杀灭细菌繁殖体，对真菌亦有一定的杀灭作用；常用其 3%～5%溶液消毒器械、用具、禽舍、场地；10%溶液消毒排泄物和废弃的染菌材料。

（2）复合酚　俗称菌毒敌、菌毒灭、毒菌净，本品含酚 41%～49%，醋酸 22%～26%。主要用于禽舍、笼具、饲养场地、运输车辆及病禽排泄物的消毒，喷洒浓度为 0.3%～1%。

三、影响消毒效果的因素

（一）消毒液的浓度

消毒液的浓度是决定消毒效果的首要因素，要想获得满意的效果，必须要有一定的药物浓度，一般来说消毒液的浓度越高其作用越强，但也有例外，如 75%的乙醇消毒效果好于 95%的乙醇。浓度偏低不能有效的杀灭病原体。但也不是浓度越高越好，还要考虑经济效益和安全性。一般应根据药物的性质、对病原体的杀灭能力和消毒对象选择合适的药液浓度，如同一种消毒液应用于外界环境、用具、器械消毒时可选择高浓度；而应用于体表、特别是创伤面消毒时应选择低浓度。

（二）环境中的有机物

消毒剂的作用效果与环境中有机物量的多少成反比，即有机物的量越多，消毒效力越差。主要是因为，一方面，有机物包围在微生物周围，对微生物起到保护作用，阻碍消毒剂的穿透；另一方面，有机物本身也能通过化学反应消耗一部分化学消毒剂。各种消毒剂受有机物的影响不同，如在有机物存在时，含氯消毒剂的杀菌作用显著下降；季铵盐类和过氧化物的消毒效果受有机物的影响也很明显；但酚类、戊二醛等消毒剂受有机物的影响比较小。因此，为了保证化学消毒剂的作用效果，在应用消毒剂之前，应清除环境中的杂物和污物，经彻底清扫冲洗后再使用化学消毒剂。

(三)病原微生物种类

不同种类的微生物和微生物发育的阶段不同，对消毒药的敏感性不同。例如，细菌和病毒之间，细菌的芽孢型和繁殖型之间，对消毒药的敏感性不同。一般繁殖型的细菌易于杀灭，细菌的芽孢耐受力强，较难杀灭；病毒对碱敏感，而对酚类有抵抗力。适当浓度的酚类对所有不产生芽孢的繁殖型细菌均有杀灭作用，但对休眠期的芽孢作用不强。通常应根据要杀灭微生物的特点，有针对性地选择化学消毒剂。如果要杀灭细菌的芽孢、真菌的孢子或结核杆菌等则必须选择高效的化学消毒剂(表 8.1)。

表 8.1 微生物对各类消毒剂的敏感性 ℃

消毒剂种类	G^+	G^-	结核杆菌	囊膜病毒	非囊膜病毒	真菌	细菌芽孢
季铵盐	++++	++++	−	+	−		−
醇类	++++	++++	++	++	−		−
酚类	++++	++++	−	++	−	+	−
有机氯	++++	++++	++++	+++	+++	+++	++
碘制剂	++++	++++	++	++	++	++	++
过氧化物	++++	++++	++	++	++	++	++
醛类	++++	+++++	+++	++	+++	+	++

引自：王三立，2007。

(四)环境温度

温度不仅是热力消毒的决定因素，对其他消毒方法亦是重要因素。一般来说，无论是物理消毒还是化学消毒，温度越高效果越好，因为热力消毒完全依靠温度作用来杀灭微生物，化学消毒药温度越高分子运动越剧烈，分子与病原体接触机会越多。温度低时则消毒效果会受到影响。如熏蒸消毒时，温度在 15 ℃以下会降低消毒效果。但是有些消毒药，如氯制剂、碘制剂因具有易挥发特性，高温反而会导致有效成分的挥发，降低消毒效果。因此通常应根据消毒方法、消毒液的种类等选择合适的温度，如对热稳定的化学消毒药可用其热溶液(50 ℃左右水温)，熏蒸消毒时温度应在 20 ℃以上。

(五)环境湿度

消毒环境相对湿度对熏蒸消毒影响十分明显，湿度过高或过低都会影响消毒效果，甚至导致消毒失败。室内甲醛或过氧乙酸熏蒸消毒环境的相对湿度应控制在 60%～80%。另外，紫外线在相对湿度为 60%以下时，杀菌力较强；在 80%～90%时，杀菌力下降 30%～40%，相对湿度增高会影响紫外线的穿透力。因此应根据消毒方法选择合适的环境湿度。

(六)消毒方法和消毒时间

消毒方法和消毒时间也是影响消毒效果的主要因素。在其他条件相同时，消毒剂与被消毒对象作用的时间越长，消毒效果越好。因此应根据不同的消毒对象采取不同的消毒方法，无论采用哪种消毒方法，都要有充足的时间保证才能达到预期的消毒效果。如清洗消毒要彻底，喷洒消毒要均匀而不留盲区，熏蒸消毒要保证足够的时间和药物浓度并进行封闭，浸泡消毒也要注意药物的浓度和消毒时间，火焰消毒要彻底，生物消毒要掌握温度和密封时间。对一个表面或空间消毒时要做到全方位，因为任何遗漏的部位所存在的微生物都会很快扩散到已经消毒的表面或空间。

(七)微生物污染程度

微生物污染程度越严重，消毒越困难，原因是需要的作用时间延长、消耗的药量增加、微生物的彼此重叠加强了机械保护作用、耐药性强的病原体随之增多等。因此，对于污染严重的对象，消毒处理的剂量要加大，作用时间适当延长。

(八)消毒环境酸碱度

酸碱度主要影响化学消毒剂的作用。一方面是pH对消毒剂本身的影响，会降低或提高消毒剂的活性；另一方面是pH对微生物的影响。化学消毒剂由于其化学性质的不同，对酸碱度的要求不同，戊二醛和季铵盐类消毒剂在碱性条件下杀菌效果好，如戊二醛在pH由3上升至8时，杀菌作用逐步增强；而酚类消毒剂、含氯消毒剂等则在酸性条件下作用强，如次氯酸盐溶液，pH由3上升至8时，杀菌作用会逐渐下降。有些消毒剂可通过复方强化来改变其对酸碱度的依赖性。

(九)药物之间的拮抗作用

化学消毒剂均有独特的化学性质，其活性必然受到性质相反物质的影响。如氧化性消毒剂可被还原性物质破坏；季铵盐类等阳离子表面活性剂会被肥皂等阴离子表面活性剂中和；酸性或碱性消毒剂会被碱性或酸性消毒剂中和，减弱其消毒作用。

四、消毒程序

(一)车辆消毒

在养禽场大门口建车辆消毒池。车辆消毒池要长于最大车轮周长2倍以上，深度大于15 cm、宽度与门同宽。消毒池内放入消毒液，每周更换2～3次。消毒液可选用2%烧碱溶液、10%～20%石灰水或3%～5%煤酚皂溶液等，对来往车辆的轮胎进行消毒。同时设喷雾消毒装置，对车身和车底盘进行消毒。

二维码8.1　鸡场超声波雾化消毒室

(二)人员消毒

所有进入生产区的人员，必须坚持“三踩一更”的消毒制度。即场区门前消毒；更衣室更衣、消毒液洗手；生产区门前消毒及各禽舍门前消毒后方可入内。条件具备时，要先沐浴，更衣，再消毒后再进入禽舍内。

二维码8.2　肉鸡场消毒设施与粪便清理

1. 场区门前消毒

进入养禽场的人员在养殖场门口的人员消毒通道内进行喷雾消毒，喷雾消毒液可采用0.05%百毒杀溶液、0.1%新洁尔灭或0.2%～0.3%过氧乙酸溶液等；人员需脚踏消毒池，消毒液可用3%火碱、3%～5%煤酚皂溶液等。

2. 更衣消毒

工作人员在更衣室更换工作服、鞋帽，穿专用的工作服、胶靴进场。生产区门口，紫外线照射消毒或喷雾消毒(0.1%新洁尔灭、0.05%百毒杀、0.2%过氧乙酸等)，胶靴用3%～5%来苏尔浸泡消毒。

3. 禽舍门口消毒

在禽舍门口脚踏消毒池，消毒液可选用3%～5%煤酚皂溶液，每天更换。

4. 禽舍操作间消毒

选用0.1%新洁尔灭洗手2～3 min后，用清水清洗干净。

(三)环境消毒

进禽前需对禽舍周围5 m以内的地面采用0.2%～0.3%过氧乙酸或2%的烧碱喷洒消毒；禽舍周围1.5～2.0 m撒生石灰消毒；禽场内的道路、建筑物等要定期消毒，尤其是生产区的主要道路应每天或隔日喷洒药液消毒，必要时可用火焰消毒器对重点部位烧灼消毒。

(四)空禽舍消毒

在每栋禽舍全群移出，下一批家禽进舍之前，必须严格对禽舍及用具进行全面彻底的消毒。空舍消毒的目的是给禽群在饲养过程中创造一个干净舒适的环境，清除以往鸡群和外界环境中的病原体。

1. 清除粪污

在空舍后，先用2%～3%的氢氧化钠溶液或常规消毒液进行一次喷洒消毒，如果有寄生虫还要加用杀虫剂，主要目的是防止粪便、飞羽和粉尘等污染舍区环境。移出饲养设备(料槽、饮水器、底网等)，在一个专门的清洁区对它们进行清洗消毒。对排风扇、通风口、天花板、笼具、墙壁等部位的积垢进行清扫，将灰尘、垃圾、废料、粪便等一起清扫并集中作无害化处理。

2. 高压冲洗

经过彻底清扫后，使用高压水枪由上到下、由内向外冲洗干净。对于较脏的地方，可先进行人工刮除后再冲洗。并注意对角落、缝隙、设施背面的冲洗，做到不留死角，不留污垢，真正实现清洁的目的。

3. 干燥

水洗后因地面充满水滴，会妨碍消毒药物的渗透而降低消毒效果，所以应空置1 d以上，待禽舍干燥后再喷洒消毒药。

4. 喷洒消毒剂

常用的消毒剂有碱性消毒剂(2%氢氧化钠溶液)、氯制剂、过氧乙酸及复合碘制剂等。喷洒时，消毒液的用量为每平方米1 L，泥土地面、运动场为每平方米1.5 L，消毒时应按一定顺序进行，一般从离门较远处开始，按墙壁、顶棚、地面的顺序依次喷洒，关闭门窗2～3 h，然后打开门窗通风换气。为了提高消毒效果，一般要求使用两种以上不同类型的消毒药进行至少2次消毒，即第一次喷洒消毒24 h后用高压水枪冲洗，干燥后再喷洒第二次。第一次消毒可用碱性消毒剂，如2%～4%的烧碱或10%的石灰乳，用来刷地面、墙壁。第二次消毒可用百毒杀、过氧乙酸进行喷雾消毒。在喷洒消毒药之前，还可使用火焰喷射器灼烧墙壁等进行消毒。

5. 熏蒸消毒

进鸡前两周，应把所有设备和用具提前放入鸡舍，关闭门窗，密封鸡舍，使舍内温度升至25 ℃以上，相对湿度60%以上，进行密闭熏蒸消毒。熏蒸消毒一般可选用高锰酸钾和甲醛，每立方米的禽舍空间需福尔马林(37%甲醛)42 mL、高锰酸钾21 g。消毒人员操作时要戴防毒面具，先将高锰酸钾轻轻放入瓷盆中，再加等量的清水，用木棒搅拌至湿润，然后小心地将福尔马林倒入盆中，操作员迅速撤离禽舍，关严门窗即可。待熏蒸24 h以后，打开门窗、天窗、排风孔将舍内气味排净。消毒工作完成后，禽舍应关闭，避免无关人员入内。进鸡前两天再用广谱消毒剂(过氧乙酸、碘制剂等)彻底消毒。

(五)带禽消毒

带禽消毒是指定期用消毒药液对禽舍、笼具和禽体进行喷雾消毒。带禽消毒能有效抑制舍内氨气的产生和降低氨气浓度，可杀灭多种病原微生物，有效防止各种呼吸道疾病的发生，夏季还有防暑降温的作用。雏鸡在10日龄以后即可实施带禽消毒。一般育雏期每周消毒2次，育成期和产蛋期每周消毒1～2次，发生疫情时每天消毒1次。

带禽消毒应选择刺激性小、作用强、广谱、低毒、对人禽无害的消毒剂。常用于带禽消毒的消毒剂有0.2%～0.3%过氧乙酸、0.1%新洁尔灭、0.2%～0.3%次氯酸钠、0.05%百毒杀等。喷雾量按每立方米空间15～25 mL计算。消毒时应朝禽舍上方以画圆圈方式喷洒，切忌直对禽头喷洒。雾粒大小控制在80～120 μm。雾粒太小易被禽吸入呼吸道，引起肺水肿，甚至诱发呼吸道疾病；雾粒太大易造成喷雾不均匀和禽舍过于潮湿。喷雾距离禽体50 cm左右为宜。带禽消毒需要注意：①活疫苗免疫接种前后3 d内停止带禽消毒；②为减少应激，喷雾消毒时间最好固定，且应在暗光下或傍晚时进行，动作轻盈一些，消毒后可给鸡群饮用预防应激的电解物质等；③喷雾时应关闭门窗，消毒后应加强通风换气，便于禽体表及禽舍干燥；④最好选择几种消毒药交替使用，以防病原微生物对消毒药产生耐药性，影响消毒效果；⑤带禽消毒会降低禽舍温度，冬季应先适当提高舍温3～4 ℃后再喷药消毒。

（六）设备用具消毒

塑料制成的料槽、饮水器，可先用水冲刷，洗净晾干后再用百毒杀、新洁尔灭、甲酚皂等进行浸泡消毒，在熏蒸前送回禽舍进行熏蒸消毒。蛋箱、运输用的鸡笼等因传染病原的危害性大，应在运回饲养场前进行严格消毒。

（七）饮水消毒

饮水是传染病传播的重要渠道，必须重视对饮水的彻底消毒和水源的保护。使用饮水槽的养禽场最好每隔3～4 h换一次饮水，保持饮水清洁，饮水槽和饮水器要定期清理消毒。饮水消毒是在体外将饮用水中的病原微生物杀灭，以防止禽饮水时感染传染病而发生疾病传播。预先在另外的容器内调制成稀释液，然后放在饮水器或饮水槽内让鸡饮用。常用的消毒剂为：漂白粉，每升水中加入6～8 mg；三氯异氰脲酸，每升水中加入4～6 mg；百毒杀，0.002 5%～0.005%溶液。

（八）死鸡、鸡粪和垫料消毒

死鸡应远离鸡场深埋或焚烧。鸡粪和垫料采用生物热消毒，通过堆积发酵、沉淀池发酵、沼气池发酵等产热或产酸，以杀灭粪便、污水、垃圾及垫草等内部病原体。同时由于发酵过程还可改善粪便的肥效，所以生物热消毒在各地的应用非常广泛。

任务二　家禽安全用药

任务描述

在家禽的保健工作中，除加强饲养管理，搞好免疫接种、检疫诊断和消毒工作等措施外，药物的防治也是一项重要措施。本任务重点阐述家禽药物的使用方法以及禽场如何合理使用药物。

任务目标

掌握家禽药物的使用方法；能够根据家禽的生理特点科学合理地使用药物。

基本知识

(1)家禽药物的使用方法;(2)家禽合理用药。

一、家禽药物的使用方法

不同的给药方法,不但会影响药物的吸收速度和程度、药效出现的时间和维持时间,甚至还使药物作用的性质发生改变。因此,为了保证药物预防和治疗效果,除要选用最有效的药物外,还要注意药物剂量及剂型,根据家禽的生理特点,病理状况,结合药物的性质,选择正确的投药方法。禽场常用的给药方法主要有以下几种。

(一)群体给药法

1. 混饲给药

将药物均匀地拌入饲料中,让家禽在采食饲料的同时摄入药物。该法简便易行,节省人力,减少应激,效果可靠,适用于群体给药和预防性用药,尤其适用于长期性投药。对于不溶于水或适口性较差的药物更为恰当。通常抗球虫药、促生长剂及控制某些传染病的抗菌药物常用此法。当病禽食欲差或不进食时不能采用此法。在应用混饲给药时,应注意以下几个问题。

(1)严格掌握混饲给药的浓度　有效的药物剂量最好按其个体体重来计算。因此,在饲料中用药来预防或治疗疾病时,先要精确估计禽只的平均体重,确定每只禽必需的用药量,然后估计每只禽每日平均的摄入饲料量,再按此比例混入药物,使每只禽每日都能获得应有的药量。

(2)药物和饲料必须混合均匀　混合不均匀,可使部分禽只药物中毒或部分禽只吃不到药物,达不到防治目的。尤其是对于家禽易产生毒副作用的药物及用量较少的药物,更要充分均匀混合。直接将药物加入大批饲料中是很难混匀的。混合时应采用逐步稀释法,即先把药物和少量饲料混匀,然后再把混合药物的饲料拌入一定量的饲料中混匀,最后将混合好的饲料加入大批饲料中,继续混合均匀。

(3)注意饲料添加剂与药物之间的关系　有些药物混入饲料后,可与饲料中的某些成分发生拮抗反应,应密切注意不良反应。如饲料中长期添加磺胺类药物,易引起B族维生素和维生素K的缺乏,这时应适当补充这些维生素;添加氨丙啉时,应减少饲料中维生素B_1的添加量,每千克饲料中维生素B_1的添加量应在10 mg以下。

(4)注意配伍禁忌　当同时使用两种以上药物时,必须注意配伍禁忌。如莫能菌素、盐霉素禁止与泰妙菌素、泰乐菌素合用,否则会造成禽只生长受阻,甚至中毒死亡。因此,饲料中若含有抗球虫的莫能菌素、盐霉素,那么在治疗禽的慢性呼吸道疾病时就不能选用泰乐菌素、泰妙菌素。

2. 混饮给药

将药物溶解于饮水中让家禽自由饮用。适于短期投药或群体性紧急治疗,特别适用于禽类因病不能食料,但还能饮水的情况。所用的药物必须是水溶性的。混饮给药除注意混料给药的一些事项外,还应注意以下几点。

(1)药物性质　通过混饮给药的主要是易溶于水的药品;较难溶于水的药物,通过加热、搅拌或加助溶剂等方法能溶解并可达到预防和治疗效果的也可以通过饮水给药;对于经上述处理仍不能溶于水的药物,则不能混饮给药,但可以拌料给药。溶于水的药物,应至少在一定时间内不被破坏,中草药用水煎后再稀释也可通过饮水给药。可溶性粉和口服液可按要求稀释后饮水给药。

(2)掌握饮水给药时间的长短　饮水时间过长，药物失效；时间过短，会有部分禽摄入剂量不足。在水中不易破坏的药物，如磺胺类药物、氟喹诺酮类药物，其药液可以让禽全天饮用；对于在水中一定时间内易破坏的药物，如盐酸多西环素、氨苄西林等，药液量不宜太多，应让禽在短时间(1～2 h)内饮完，从而保证药效。在规定时间内未能喝完的药液应及时清理，换上清洁的饮水。

(3)注意药物的浓度　药物在饮水中的浓度最好以用药家禽的总体重、饮水量为依据。计算出一群家禽所需的药量，并严格按比例配制符合浓度的药液。具体做法是先用适量水将所投药物充分溶解，加水到所需量，充分搅匀后，倒入饮水器中供家禽饮用。不能将药物直接加入流动的水槽中，这样无法准确把握剂量。饮水前要把水槽或饮水器冲洗消毒干净。

(4)水量控制　根据家禽的可能饮水量来计算药液量，药液宜现配现用，以一次用量为好，以免药物长期在环境中放置而降低疗效。水量太少，易引起少数饮水过多的禽只中毒；水量太多，一时饮不完，将无法达到防治疾病的目的。如冬天家禽饮水量一般减少，配给药液就不宜过多；而夏天饮水量提高，配给药液必须充足，否则就会造成部分禽只缺饮，影响药效。

(5)注意水质对药物的影响　混饮给药一般用去离子水为佳，因为水中存在的金属离子可能影响药效的发挥。此外，也可选用深井水、冷开水和蒸馏水。井水、河水最好先煮沸，冷却后，去掉底部沉淀物再用；经漂白粉消毒的自来水，在日光下静置 2～3 h，待其中氯气挥发后再用。

(6)用药前停水　为使家禽在规定时间内能顺利将药液喝完，在用药前，必须对其先行断水。断水时间视舍温情况而定，舍温在 28 ℃以上，控制在 1.5～2 h；舍温在 28 ℃以下，控制在 2.5～3 h。另外投药时，饮水器要充足，应多准备一些干净的饮水器具，保证禽群在同一时间内都能喝上水，避免因竞争饮水而导致饮药量不均。

(7)注意药物之间的配伍禁忌　若同时使用两种以上药物饮水给药时，必须注意它们之间是否存在配伍禁忌。有些药物同时使用会发生中和、沉淀、分解等，使药物无效。如液体型磺胺类药物与酸性药物 B 族维生素、维生素 C、盐酸四环素等合用会析出沉淀。

3. 气雾给药

气雾给药是使用气雾发生器将药物分散成微滴，让禽类通过呼吸道吸入或作用于皮肤黏膜的一种给药法。由于禽类肺泡面积很大，有丰富的毛细血管，还具有发达的气囊，所以在应用气雾给药时，药物吸收快，作用出现迅速，不仅能出现局部作用，也能经肺部吸收后出现全身作用。使用气雾给药时，应注意以下几点。

(1)恰当选择气雾用药　要求选择对动物呼吸道无刺激性，且能溶解于呼吸道分泌物中的药物，否则不宜使用。

(2)准确掌握用药剂量　同一种药物，其气雾剂的剂量与其他剂型的剂量未必相同，不能随意套用。应通过试验确定气雾剂的有效剂量。

(3)严格控制颗粒的大小　颗粒越小，越容易进入肺泡，但因与肺泡表面的黏着力变小，容易随呼气排出体外；颗粒越大，则会大部分散落在地面和墙壁或停留在呼吸道黏膜表面，不宜进入肺脏深部，造成药物吸收不好。临床用药时，应根据用药目的，适当调节气雾颗粒的大小。如果要治疗深部呼吸道或全身感染，气雾颗粒的大小应控制在 0.5～5 μm，如果要治疗上呼吸道炎症或使药物主要作用于上呼吸道时则要加大雾化颗粒。

(4)掌握药物的吸湿性　若要使微粒到达肺的深部，应选择吸湿性弱的药物；在治疗上呼吸道疾病时，应选择吸湿性强的药物。因为吸湿强的药物粒子在通过湿度很高的呼吸道时其直径能逐渐增大，影响药物到达肺泡。

4. 外用给药

多用于禽的体表，以杀灭体外寄生虫、体外微生物，或用于禽舍、周围环境和用具等消毒。应用外用给药时，应注意下面几个问题。

(1)根据用药目的可选择不同的外用给药法　如杀灭体外寄生虫时可采用喷雾法，将药液喷洒到禽体、栖架、窝巢上；治疗水禽的体外寄生虫病时可采用药浴法；杀灭环境中的病原微生物时，可采用熏蒸法、喷洒法等。

(2)注意药物浓度　抗寄生虫药和消毒药物对寄生虫或微生物具有杀灭作用，同时对机体往往也有一定的毒性，如应用不当、浓度过高，易引起中毒。因此，在应用易引起毒性反应的药物时，不仅要严格掌握其浓度，还要提前准备好解毒药物，如用有机磷杀虫剂时，应准备阿托品等解毒药。

(3)注意熏蒸时间　用药后要及时通风，避免对禽体造成过度刺激，尤其是对雏鸡、幼禽更要特别注意。

(二)个体给药法

1. 口服给药

将药物的水剂、片剂、丸剂、胶囊剂及粉剂等，经口投服即为口服法。常用的口服法有如下3种：①用左手食指伸入禽的舌基部，将舌尽量拉出，并与拇指配合固定在下腭，右手即将药物投入。此法适用于给成鸡、鸭、鹅口服丸剂、片剂及粉剂等。②用左手拇指和食指抓住冠或头部皮肤，向后倒，当喙张开时右手将药物滴入，让其咽下，反复进行，直至服完。此法适用于易溶于水且剂量较小的药物。③用带有软塑料管的注射器，将禽喙拨开后，把注射器中药物通过软塑料管送入食道。

口服法的优点是给药剂量准确，并能让每只禽都服入药物。但是，此法花费人工较多，而且较注射给药吸收慢，尤其是吸收过程由于受到消化道内各种酶和酸碱度的影响，所以药效出现迟缓。

2. 注射给药

当家禽病情危急或不能口服药物时，可采用注射给药。注射给药药液吸收快，用药量容易精确掌握。以皮下注射和肌内注射最常用。注射给药时，应注意注射器的消毒和勤换针头。

(1)皮下注射　可采用颈部皮下、胸部皮下和腿部皮下等部位。皮下注射时用药量不宜过大，且应无刺激性。注射时由助手抓鸡或术者左手抓鸡，并用拇指、食指捏起注射部位的皮肤，右手持注射器沿皮肤皱褶处刺入针头，然后推入药液。

(2)肌内注射　可在预防或治疗禽的各种疾病时使用。常用的注射部位有大腿外侧肌肉、胸部肌肉和翼根内侧肌肉。溶液、混悬液、乳浊液均可肌内注射给药，刺激性强的药物可作深部肌肉注射。胸部肌肉注射，可选择肌肉丰满处进行，针头不可与肌肉表面呈垂直方向刺入，插入不能太深，以免刺入胸腔或肝脏造成伤亡；大腿外侧肌肉注射一般需要有人帮助保定，或呈坐姿用左脚将鸡两翅踩住，左手食指、中指和拇指固定鸡的小腿，右手握注射器与肌肉表面呈30°～45°角刺入针头。刺激性强的药液忌腿部肌肉注射，这些药液注入腿部肌肉后会使禽腿产生疼痛而行走不便，影响禽只采食，也会影响禽的生长发育，应选择翅膀或胸部肌肉多的地方注射。当药液体积大时，应在胸部肌肉丰满处多点注射给药，忌一点注入，因禽的肌肉薄，在一点注入药液过多，易引起局部肌肉损伤，也不利于药物快速吸收。

(3)气管注射　注射部位在禽的喉下，颈部腹侧偏右，气管的软骨环之间，针头刺入后应缓慢注入药液，此法可用于治疗鸡气管比翼线虫病和败血支原体病。注射剂量要小，速度要慢。

(4)嗉囊注射　常用于注射对口咽有刺激性的药物或禽只有短暂性吞咽障碍、张喙困难而有急需服药时，当误食毒物时也可采用嗉囊注射解毒药物。方法是左手提起鸡的两翅使其身体下垂，头朝向术者前方，右手持注射器在鸡的右侧颈部旁、靠近右侧翅膀基部约 1 cm 处进针，针刺方向可由上而下直刺，也可向前下方斜刺。鸡嗉囊充满食物时，可在嗉囊中、上部任意选注射点注射。一般进针深度为 0.5～1 cm。进针后推入药液即可。鸡嗉囊充满食物时，嗉囊注射法操作方便，速度快，给药量准确可靠；但是当嗉囊无任何内容物时，注射比较困难，因而适宜在饲喂后一定时间内注射。

(三)种蛋与鸡胚给药法

此法常用于种蛋消毒和预防蛋媒性疾病。

1. 熏蒸法

种蛋在熏蒸前先用消毒液或抗生素溶液进行清洗，以消除蛋壳上污染的细菌，防止其进入种蛋内。种蛋的熏蒸常用甲醛，在密闭条件下进行，最好装有鼓风机，以便使甲醛产生的气体均匀到达各个角落，在熏蒸后用等量的 16%～18%的氨水进行中和，也可打开门窗进行通风换气。

2. 浸泡法

此法用来控制蛋媒性疾病。选用对所要控制病原的有效抗菌药物，配成一定浓度，将蛋浸泡在药液中。为了使药液进入蛋内可采用真空法和变温法。真空法：将种蛋放入容器内，加入药液，然后用抽气机将密闭容器内的空气抽走，造成负压，并保持 5 min，最后恢复常压，再保持 5 min，使药液进入蛋内，将蛋取出晾干后即可进行孵化。变温法：将种蛋放入孵化器内，使蛋温升至 37.8 ℃，保持 3～6 h，然后趁热将蛋浸入 4～15 ℃的药液中，保持 15 min，利用种蛋与药液之间的温度差造成负压，使药液进入蛋内。例如预防鸡败血支原体病，可将种蛋表面清洗、消毒后孵热 37～38 ℃，放 4～6 h，浸入 4 ℃左右的泰乐菌素(浓度为 0.04%～0.10%)溶液中 15～20 min，取出干燥后进行孵化。

3. 蛋内注射

将药物通过蛋的气室注入蛋白内或将药物直接注入卵黄囊内，以消灭通过蛋传播的病原微生物。如预防鸡败血支原体病，可将庆大霉素注入蛋白内或将泰乐菌素注入卵黄囊内。

二、家禽合理用药

(一)坚持“预防为主，防重于治”的原则

现代家禽品种代谢旺盛，生产效率高，但抵抗力弱，易受各种应激因素影响而发病。特别是一些烈性病毒性传染病，如新城疫、禽流感、马立克氏病等，一般没有特效的化学药物进行治疗，目前主要靠疫苗进行预防。因此，预防为主的原则在禽病防治中尤为重要。为此，要重视孵化、育雏、育成、产蛋各环节的处理和用药，要清楚地了解本地的常发病、多发病，根据季节、家禽日龄，制定出明确的早期预防用药方案，包括消毒药物、各种疫苗以及预防各种禽病的常规用药等，以保证在整个生产周期内，有效地预防疾病的发生。

(二)根据家禽的生理特点选择药物

禽类有丰富的气囊，气雾给药可获得较好疗效。

禽类的味觉、嗅觉不灵敏，在饲料中添加食盐时，一定要注意其粒度大小，且要注意混合均匀并严格控制添加剂量。家禽消化不良时不宜使用苦味健胃药,而应选用芳香型健胃药和助消化药。

禽类无汗腺,用解热镇痛药来解救热应激效果不理想,所以应加强物理降温措施,也可在日粮或饮水中添加小苏打、氯化钾 、维生素 C 等药物。

禽类不会咳嗽,故慢性呼吸道病使用强力镇咳药是没有意义的,此时可选用祛痰药(如氯化铵)缓解气管黏膜炎症反应。

禽类不会呕吐,禽类内服药物或其他毒物产生中毒时,不能使用催吐药(如硫酸铜等)排除毒物,而应采用嗉囊切开术,及时除去未被吸收的毒物。

禽类的肾小球结构较哺乳动物简单,有效滤过面积小,故对肌肉注射后经肾排泄的链霉素非常敏感,易造成家禽休克,甚至死亡。

家禽对氯化钠较为敏感,日粮中超过 0.5%,易引起不良反应,雏鸡饮用 0.9%食盐水,可在 5 d 内致雏鸡死亡。

禽类对磺胺类药物的平均吸收率较其他动物高,当药量偏大或用药时间过长,对家禽特别是外来纯种禽或雏禽会产生很强的毒性反应。表现为雏禽脾脏肿大、出血、梗死,成禽食欲下降、产蛋下降、蛋壳变薄,蛋破损率和软蛋率升高。因此,在治疗家禽肠炎、球虫病、禽霍乱、传染性鼻炎等疾病时应选择乙酰化率低的磺胺类药物,并同时使用小苏打以碱化尿液促进乙酰化物排出。

禽类缺乏充分的胆碱酯酶贮备,对有机磷酸酯类非常敏感,故家禽驱线虫时应慎用敌百虫,禁用敌敌畏,最好选用左旋咪唑或苯骈咪唑类药物。

禽的大肠吸收维生素 K 的能力较差,生产中添加磺胺类药物控制球虫时,也使合成维生素 K 的微生物受到抑制,因此家禽容易发生维生素 K 缺乏症,故在饲料中应根据实际情况添加维生素 K。同时,治疗球虫病时添加维生素 K 有利于疾病的康复。

产蛋禽应禁用降低血钙水平、影响产蛋的药物,如磺胺类药物、链霉素等;也不能使用影响子宫机能的药物,如新斯的明、氨甲酰胆碱等;产蛋禽不能使用莫能菌素,因为莫能菌素容易在蛋中残留,而且剂量过大会大大降低其产蛋率。

聚醚类抗生素(莫能菌素、盐霉素、马杜霉素和拉沙菌素等)对鸡的常用剂量的安全范围窄,易产生毒性。同时,这类药物禁止与泰妙菌素(支原净)、泰乐菌素合用,因为这些药物可影响聚醚类抗生素的代谢,合用时导致中毒,引起鸡生长迟缓、运动失调、麻痹瘫痪,甚至死亡。

(三)正确的诊断,合理用药

正确的诊断是合理选择药物的前提。平时要注意本地区禽病的发生与流行动态,全面掌握本场禽群的健康状况、饲料消耗量,发现异常要尽快分析原因采取措施。禽群一旦发病,应尽可能采取各种诊断手段进行确诊,有条件的应进行免疫监测和病原分离。

应选用高效、价廉、易得、不良反应小的药物。有些病不一定要用最新的药,特别是不一定要用价格最昂贵的药物。家禽感染细菌性疾病,有条件的最好对病原菌进行分离后做药敏试验,选择效果最为显著的药物。

(四)制订合理的给药方案

1. 选择合适的给药途径

合适的给药途径是药物取得疗效的保证。采用何种给药途径取决于药物本身的理化性质和家禽的病情、食欲、饮欲状况以及禽群大小等因素。不溶于水的药物要混料饲喂,且混合要均匀;易溶于水的药物多采用饮水给药,但须注意药物溶于水后要在规定的时间内饮完。若家禽发病后食欲下降甚至废绝，拌料给药达不到治疗目的，此时常采用饮水给药；在治疗严重的消化道感染并发败血症、菌血症时，除内服给药外，往往还要配合注射给药。

2. 控制合适的剂量

根据用药的目的、病情的缓急轻重及病原体对药物的敏感性确定适宜的给药剂量。首次用药可适当增加剂量，随后几天用维持量，用量不能过多或过少。剂量太小不仅达不到治疗疾病的目的，还无端造成药物浪费，贻误治疗，且易产生耐药菌株；剂量太大易产生毒性反应和药物残留。

3. 要有足够的疗程

药物在体内不断代谢，足够的疗程才能保证有效血药浓度的时间，达到彻底消除病因的效果。疗程的长短因根据病情的长短而定。一般传染病和感染症应连续用药 3～5 d，直到症状消失后再用 1～2 d，切忌停药过早导致疾病复发。对于某些慢性病，应根据病情需要而延长疗程。

(五)正确的联合用药，注意配伍禁忌

临床上为了增强药物的疗效，减少或消除药物的不良反应以及治疗不同症状或混合感染，常常采取同时或短期内先后应用两种或两种以上的药物，称为联合用药。联合用药可能会发生药动学的相互作用，从而影响药物的吸收、分布、生物转化和排泄；或在药效上可能发生协同作用或拮抗作用。临床上应注意利用药物间的协同作用提高疗效，避免配伍禁忌。

(六) 采取综合治疗措施，促进疾病康复

药物的作用是通过机体表现出来的，家禽机体的功能状态与药物的作用有密切关系。因此，在使用药物治疗疾病时，一定应注意饲养管理和环境因素。以抗菌药为例，抗菌药只对病原菌起作用，但对病原微生物的毒素无拮抗作用，更不能恢复宿主机能，有的抗菌药还具有一定的毒副作用。因此，在应用抗菌药物时，应注意以下几点：①加强营养，提高机体抵抗力；②加强管理，防止饲养密度过大，注意禽舍的温度、湿度、通风及采光，减少和消除各种诱因，切断发病环节；③对症或辅助用药，以救助病原及其毒素所致的机体功能紊乱，减轻药物的毒副作用。

(七)禁止使用违禁药物，防止兽药残留

禁止使用有致癌、致畸和致突变作用的兽药，禁止在饲料中长期添加兽药，禁止使用未经农业部门批准或已经淘汰的兽药，禁止使用对环境造成污染的兽药；禁止使用激素类或其他具有激素作用的物质和催眠镇静药物；禁止使用未经国家兽医行业主管部门批准的基因工程方法生产的兽药；限制使用某些人、畜共用药物。注意兽药残留限量，严格执行休药期。最高残留限量通常是国家公布的强制性标准，决定动物性食品的安全性。所有药物都要遵守休药期或弃蛋期规定。肉禽用药尽量选用残留期短的药物，宰前 7 d 停用一切药物，避免药残危害公共卫生。

任务三　家禽免疫接种

任务描述

免疫接种是指使用疫苗等生物制剂，刺激机体在不发病的情况下产生特异性免疫力，使易感动物转化为非易感动物，从而达到预防禽病的目的。免疫接种是预防和控制疫病流行的重要手段之一。本任务重点阐述免疫接种的分类、家禽免疫接种的途径与方法、免疫程序以及免疫失败的原因。

任务目标

掌握家禽免疫接种的途径和方法；熟悉禽场制定免疫程序应该考虑的因素，掌握免疫失败的原因；能够科学合理地对家禽场进行免疫接种。

基本知识

(1)免疫接种的分类；(2)家禽免疫接种的途径与方法；(3)免疫程序；(4)免疫失败的原因。

一、免疫接种的分类

根据时机不同，免疫接种可分为预防免疫接种和紧急免疫接种。

(一)预防免疫接种

预防免疫接种是指在经常发生某些传染病的地区，或某些传染病潜在流行的地区，或受到邻近地区某些传染病经常威胁的地区，为防患于未然，在平时有计划地给健康禽群进行免疫接种。预防免疫接种使用的生物制剂统称为疫苗，包括菌苗、疫苗和类病毒等。

(二)紧急免疫接种

紧急免疫接种是指在某些传染病暴发时，在已经确诊的基础上，为迅速控制和扑灭该病的流行，最大限度地减少损失，对疫区和受威胁的家禽进行的应急性免疫接种。紧急免疫接种应根据疫苗或抗血清的性质、传染病发生发展进程及其流行特点进行合理安排。

在紧急免疫接种时需注意：①紧急接种必须在疾病流行的早期进行，在诊断正确的基础上，越早越快越好；②在疫区应用疫苗进行紧急接种时，仅能对正常无病的家禽实施。对病禽和可能受到感染的潜伏期病禽，必须在严格的消毒下立即隔离，不能再接种疫苗，最好使用高免血清或其他抗体进行治疗；③按先后次序进行接种，应先从安全区再到受威胁区，最后到疫区。在疫区，应先从假定健康家禽开始接种，然后再接种可疑感染家禽；④注意更换注射器和针头。

二、家禽免疫接种的途径与方法

家禽免疫接种常用的方法有：点眼、滴鼻、皮下注射或肌内注射、刺种、擦肛、饮水和气雾免疫等。在生产中采用哪一种免疫方法，应根据疫苗的种类、性质及养殖场的具体情况而定，既要考虑工作方便和经济合算，又要考虑疫苗的特性和免疫效果。

二维码 8.3 鸡的免疫接种

二维码 8.4 鸡的注射免疫

二维码 8.5 新城疫防疫

(一)滴鼻、点眼法

用滴管或滴瓶，将稀释过的疫苗滴入鼻孔或眼结膜囊内，以刺激其上呼吸道或眼结膜产生局部免疫。此法能确保每只家禽得到准确疫苗量，达到快速免疫，抗体产生效果好；对于幼雏来说，这种方法可以避免或减少疫苗病毒被母源抗体的中和。适用于弱毒活疫苗的接种，如鸡新城疫Ⅱ系、Ⅳ系、Clone30 及传支 H120 等疫苗的免疫。

(二)皮下注射或肌内注射

皮下或肌内注射免疫接种的剂量准确、效果确实，但耗费劳力较多，应激较大。皮下注射是将疫苗注射入家禽的皮下组织，主要用于 1 日龄马立克氏病疫苗的预防接种，采用颈背皮下注射。肌内注射接种的疫苗吸收快、免疫效果较好，操作方便，灭活苗采用肌内注射，注射部位常取胸肌、翅膀肩关节周围的肌肉丰满处或腿部外侧的肌肉。

(三)刺种法

多用于鸡痘疫苗的接种。用接种针或蘸水笔尖蘸取疫苗，刺种于鸡翅膀内侧无血管处的翼膜内，通过在穿刺部位的皮肤处增殖产生免疫。

(四)泄殖腔涂擦法

主要用于鸡传染性喉气管炎疫苗的接种免疫。接种时，将鸡泄殖腔黏膜翻出，用无菌棉签或小软刷蘸取疫苗，直接涂擦在黏膜上。

(五)饮水免疫法

饮水免疫是根据家禽的数量，将疫苗混合到一定量的蒸馏水或凉白开水中，在短时间内饮用完的一种免疫方法。这种免疫方法省时省力，方便安全，但由于受水质、肠道环境等多种因素的影响，免疫效果不佳，抗体产生参差不齐。常用于弱毒和某些中等毒力的疫苗，如鸡新城疫Ⅱ系、Ⅳ系和 Clone30 苗、传染性支气管炎 H52 及 H120 疫苗、传染性法氏囊病弱毒疫苗的免疫。对于大鸡群和已开产的蛋鸡，为省时省力和减少因注射疫苗而带来的应激反应，常采用饮水免疫法。

(六)气雾免疫法

气雾免疫法是利用气泵将空气压缩，然后通过气雾发生器，使疫苗溶液形成雾化粒子，均匀地悬浮于空气之中，随呼吸进入肺内而获得免疫的方法。气雾法免疫既可刺激机体获得良好的免疫应答，又能增强局部黏膜免疫力，省时省力，对呼吸道有亲嗜性的疫苗效果特别有效，如新城疫弱毒苗、传染性支气管炎弱毒苗等。但是气雾免疫对家禽的应激作用较大，尤其会加重慢性呼吸道病及大肠杆菌引起的气囊炎的发生。所以，必要时可在气雾免疫前后饲喂饲料中加入抗菌药物。

三、免疫程序

免疫程序是指根据禽场或禽群的实际情况与不同传染病的流行状况及疫苗特性，对特定禽群制定的疫苗接种类型、次序、次数、方法、用量及时间间隔等预先合理安排的计划和方案。

应在什么时期接种，接种什么样的疫苗是养禽场最为关注的问题。但是没有一个免疫程序是通用的，使用别场现成的免疫程序，不一定能在本场取得最佳的效果。科学制定免疫程序应考虑的主要因素有：①本地区疫病流行的情况及严重程度。本地或本场尚未证实的传染病，不要贸然接种，只有证实已经受到严重威胁时，才能计划免疫，不要轻易引进新的疫苗，特别是弱毒苗。②所养家禽的用途及饲养期。例如种鸡在开产前需要接种传染性法氏囊病油乳剂疫苗，而商品鸡则不必要。③母源抗体水平。新城疫、传染性法氏囊病等疫苗的首免时间安排均应认真考虑母源抗体水平。④疫苗毒(菌)株血清型、亚型或毒株的选择。若疫苗所含毒株与本地区流行毒株的血清型不一致，接种疫苗后就不可能达到预期的免疫效果。⑤不同疫苗间的相互干扰作用。多种疫苗同时应用或在相近时间内接种，疫苗病毒之间可能会产生干扰作用。⑥传染病流行特点和规律。如禽痘多发于夏秋季节，幼龄家禽发病率较高，因此，在流行地区应在 3～10 月份免疫接种禽痘疫苗。⑦疫苗剂型的选择。⑧疫苗的接种途径、剂量。⑨根据免疫监测结果或突发疾病时对免疫接种做必要的修改。

四、免疫失败的原因

疫苗接种是预防传染病的有效方法之一，但是免疫接种能否获得成功，不但取决于接种时疫苗的质量、接种途径和免疫程序等外部条件，还取决于机体的免疫应答能力这一内部因素。接种疫苗后机体免疫应答是一个极其复杂的生物学过程，许多内外环境因素都影响机体免疫力的产生、维持和终止。所以，接种过疫苗的禽群不一定都能产生坚强的免疫力。近年来，一些免疫鸡群常暴发传染病，给养鸡生产造成了较大的损失。

(一)影响免疫失败的因素

1. 疫苗方面的原因

(1)疫苗质量不佳　疫苗质量是免疫成败的关键因素。疫苗的免疫原性差、污染了强毒、过期失效等都会影响疫苗的免疫效果。如果用于生产疫苗的鸡胚或细胞带有病原体，不但会影响疫苗的免疫效果，甚至还会传播疾病。

(2)疫苗运输、保存不当　在疫苗运输、保存过程中温度过高或反复冻融，疫苗取出后在免疫接种前受到日光的直接照射或取出时间过长等，都会降低疫苗的效价甚至失效。

(3)疫苗选择不当　同种传染病在临床上可能有多种疫苗供选择(毒株、厂家等)。许多病原微生物有多个血清型，甚至有多个血清亚型，某鸡场感染的病原微生物与使用的疫苗毒株在抗原上可能存在较大差异或不属于一个血清(亚)型，从而导致免疫失败。另外，有些鸡场忽视雏鸡免疫系统不健全、抵抗力相对较弱的特点，首次免疫选用一些毒力较强的疫苗，如选择中等偏强毒力的传染性法氏囊病疫苗、新城疫Ⅰ系疫苗首次免疫，这不仅起不到免疫作用，相反还会诱导鸡群发病，造成病毒毒力增强和病毒扩散。

(4)疫苗间干扰作用　不同疫苗接种时间间隔过短，或同一时间以不同的方式接种几种不同的疫苗，多种疫苗进入体内后，产生相互干扰，导致免疫失败。

(5)疫苗稀释问题　各种疫苗对所需的稀释液、稀释倍数及稀释方法都有一定的规定。稀释液受到污染会将杂质带进疫苗；稀释后未在规定时间用完，间隔时间过长，会致使疫苗失效；盲目扩大和缩小疫苗稀释倍数会影响疫苗使用剂量，剂量过小不能达到免疫效果，造成免疫失败，剂量过大轻则引起免疫麻痹，重则引起所免疫疾病大面积暴发，给养殖户造成巨大的损失。

2. 机体状况

(1)遗传因素　动物机体对接种抗原有免疫应答，在一定程度上是受遗传控制的，家禽品种繁多，免疫应答各有差异，即使同一品种不同个体的鸡，对同一疫苗的免疫反应强弱也不一致。有的禽只甚至有先天性免疫缺陷，从而导致免疫失败。

(2)母源抗体干扰　一些养禽场不进行母源抗体的测定，免疫接种一般照搬别场的免疫程序，或者凭自己的经验，带有较大盲目性。因此，在首次免疫接种前应监测母源抗体水平，母源抗体过高反而干扰了后天免疫，不产生应有的免疫应答，从而影响免疫效果。

(3)感染疫病　在进行疫苗预防时，有一部分禽已经感染了某些病原体而处于潜伏期，此时免疫接种可激发禽群在短时间内发病。某些免疫抑制病如鸡马立克氏病、鸡传染性法氏囊病、鸡传染性贫血、鸡网状内皮组织增生症、鸡白血病和球虫病等能损害鸡的免疫器官法氏囊、胸腺、脾脏、哈德氏腺、盲肠扁桃体、肠道淋巴样组织等，导致免疫抑制，从而降低了禽群对疫苗的反应性和增加了机体对病原体的感受性，引发免疫失败。

(4)营养因素 维生素及其他营养物质都对免疫力有显著影响。营养缺乏，特别是维生素A、维生素D、B族维生素、维生素E、多种微量元素及全价蛋白质缺乏时能影响机体对抗原的免疫应答，免疫反应明显受到抑制。

3. 饲养管理及环境因素

(1)饲养管理不当 消毒卫生制度不健全，鸡舍及周围环境中存在大量的病原微生物，在使用疫苗期间鸡群已受到病毒或细菌的感染，这些都会影响疫苗的效果，导致免疫失败。饲喂霉变的饲料或垫料发霉，霉菌毒素能使胸腺、法氏囊萎缩，毒害巨噬细胞使其不能吞噬病原微生物，从而引起严重的免疫抑制。

(2)应激因素 动物机体的免疫功能在一定程度上受到神经和体液的调节，在环境过冷过热、湿度过大、通风不良、拥挤、饲料突然改变、运输、转群等应激因素的影响下，机体肾上腺皮质激素分泌增加。肾上腺皮质激素能显著损伤T淋巴细胞，对巨噬细胞也有抑制作用，增加IgG的分解代谢。所以，当鸡群处于应激反应敏感期时接种疫苗，就会降低鸡自身的免疫能力，影响免疫效果。

(3)环境中化学物质的影响 许多重金属(铅、镉、汞、砷)均可抑制免疫应答而导致免疫失败；某些化学物质(卤化苯、卤素、农药)可引起鸡免疫系统部分组织甚至全部组织萎缩，以及活性细胞的破坏，进而引起免疫失败。

4. 其他因素

(1)免疫程序不合理 禽场应根据当地禽病流行规律和本场实际，制定出适合本场的免疫程序。特别在疫区，盲目搬用别场的免疫程序往往会导致免疫失败。

(2)免疫方法不当 滴鼻点眼免疫时，疫苗未能进入眼内、鼻腔内；肌内注射免疫时，出现“飞针”，疫苗根本没有注射进去或注入的疫苗从注射孔流出；饮水免疫时，免疫前未限水或饮水器内加水量太多，使配制的疫苗未能在规定时间内饮完而影响剂量。

(3)器械和用具消毒不严 免疫接种时不按要求消毒注射器、针头、刺种针及饮水器等，使免疫接种成了带毒传播，反而引发疫病流行。

(4)滥用药物 有些药物(如糖皮质激素类、氟苯尼考等)有一定免疫抑制作用，能影响疫苗的免疫应答反应。有的禽场在免疫接种期间使用药物或药物性饲料添加剂，从而导致机体免疫细胞的减少，影响机体的免疫应答反应。

(5)强毒株、超强毒株或变异毒株的出现 病原体在免疫压力下处于不断进化的过程，以至于经常出现新强毒株、超强毒株或变异毒株，所以，正常免疫的家禽突然发病，发生免疫失败的情况。

(二)采取的对策

1. 正确选择和使用疫苗

选择国家定点生产厂家生产的优质疫苗，到兽医部门批准经营生物制品的专营店购买。免疫接种前对使用的疫苗逐瓶检查，注意瓶子有无破损、封口是否严密、瓶内是否真空和疫苗有效期，有一项不合格就不能使用。疫苗种类多，选用时应考虑当地疫情、毒株特点。

2. 制定合理的免疫程序

根据本地区或本场疫病流行情况和规律、鸡群的病史、品种、日龄、母源抗体水平和饲养管理条件以及疫苗的种类、性质等因素制定出合理科学的免疫程序，并视具体情况进行调整。

3. 采用正确的免疫操作方法

选择正确的免疫接种方法直接关系到免疫应答的效果和成败，因此，必须严格按照每种疫苗说明书的操作规范进行接种。

任务四　家禽场废弃物处理

任务描述

规模化、高密度的禽场在生产过程中产生大量的粪便、污水和有害气体等废弃物，如何采取综合措施，使这些废弃物既不对环境造成污染，同时又能变废为宝是目前家禽生产中必须解决的重要问题。本任务重点阐述家禽场废弃物的污染、危害以及废弃物的处理措施。

任务目标

了解家禽场废弃物的危害；能够科学合理地对家禽场废弃物进行处理。

基本知识

(1)家禽场废弃物的污染；(2)家禽场废弃物处理。

一、家禽场废弃物的污染

家禽生产中形成的废弃物主要有禽粪、污水、病死家禽尸体、孵化废弃物等，这些废弃物均可对禽场和外界环境造成污染。

(一)对空气的污染

养殖过程产生的空气污染主要来源于粪便、污水、饲料、破损禽蛋、粉尘、垫料腐败发酵和家禽呼吸等。由于集约化饲养密度高，禽舍潮湿，上述废弃物在鸡舍内堆积发酵产生的降解产物与家禽呼出气体混合，产生恶臭。恶臭成分十分复杂，主要含有有机酸、氨气、硫化氢、酚类和吲哚等物质。家禽长期暴露在恶臭环境中会影响家禽生长，造成抵抗力下降和生产性能降低；同时由于部分养殖场位于城市近郊或村镇周边，恶臭对周边空气质量及居民身体健康也造成了一定的影响。

(二)对水体和土壤的污染

家禽场废弃物中排放量最大的是粪便。据统计，每只蛋鸡每年能生产 45～50 kg 新鲜鸡粪，每只肉鸡在每个饲养周期中平均产生 22～24 kg 新鲜鸡粪，一个饲养 10 万只蛋鸡的规模化养殖场，年产新鲜鸡粪可达 5 000 t。目前，因化肥等工业性肥料的大量使用，家禽粪便作为有机肥料在农业生产中的使用逐渐减少，若家禽粪便得不到有效的处理，将会对环境、生态平衡等造成极大的破坏。另外，在家禽生产中，尽管排放的尿液很少，但禽场在生产过程中也会产生很多污水，尤其是规模化养禽场、孵化场。禽粪及禽场污水中含有大量的氮、磷、有机物和病原体。这些物质随粪便、污水排入河流和池塘中，会造成水体富营养化，恶化水质，严重时使水体发黑、变臭、失去使用价值。禽粪及污水不仅可以污染地表水，其有毒、有害成分还易渗到地下水中，使地下水溶解氧含量减少，水质中有毒、有害成分增多，更为严重的是禽场粪便一旦污染地下水，极难治理和恢复，从而造成较持久性的污染。粪便中还含有大量未被动物体吸收的铜、锌、铁等重金属以及细菌、病毒及其他微生物，它们进入水源和土壤，也会造成地表水或地下水污染，导致土壤板结，土地利用率下降。

(三)生物污染

家禽粪便和病死家禽尸体中携带大量的有害微生物，如致病菌、病毒、寄生虫及虫卵等，这些病原微生物是多种疾病的潜在发病源，可以在较长的时间内维持其感染性。据化验分析，家禽场所排放的每毫升污水中平均含30多万个大肠杆菌和60多万个肠球菌。如处理不当，不仅会造成大量蚊蝇滋生，而且还会成为传染源，造成疫病传播，影响人类和家禽健康。另外，未经处理粪水归田还可能引发公共健康问题。

二、家禽场废弃物处理

(一)粪便的处理与应用

家禽不能完全吸收饲料中的全部养分，多余的营养物质随粪便排出体外，禽粪中含有氮、磷等多种营养成分，科学的处理和利用禽粪，既可以变废为宝，充分利用资源，同时又能改善和净化环境，带来良好的经济效益、生态效益以及社会效益。

1. 肥料化处理

禽粪中含有丰富的有机营养物质，是优质的有机肥料。但是禽粪不经处理，直接施到土壤里，禽粪中的尿酸盐不能被植物直接吸收利用，且对根系生长有害。目前，家禽粪便用作肥料较广泛的方法是堆肥发酵。该法是将半干的鸡粪(也可以混入一些碎秸秆)在固定的场地堆积起来，体积可大可小，用草泥将粪堆表面糊严进行厌氧发酵。禽粪在堆积过程中，微生物活动能产生高温，4～5 d后温度可升至60～70 ℃，经过3～5周的时间即可完成发酵过程。经过发酵的鸡粪其中的尿酸盐被分解、各种病原体被高温杀死，含水率也有所下降，可以作为优质的有机肥使用。

采用堆肥发酵处理禽粪的优点是：处理最终产物臭味少，较干燥，易包装和撒播。缺点是：处理过程中氨气有损失，不能完全控制臭味，所需场地大，处理时间长，容易造成下渗污染。目前一些有机肥生产厂在常规发酵法的基础上增加使用厌氧发酵法、快速烘干法、微波法、充氧动态发酵法等，克服了传统发酵法的一些缺点。

2. 能源化处理

通过厌氧发酵处理，将粪便中有机物转化为沼气，同时杀灭大部分病原微生物，消除臭气，改善环境，减少人兽共患病的发生和传播，具有能耗低、占地少、负荷高等优点，适用于刮粪和水冲法的家禽饲养工艺。因此，禽粪生产沼气是一种理想而有效的处理粪便和资源回收利用的技术。该方法不仅可以提供清洁能源，解决养殖场及周围村庄部分能源问题；而且发酵后的沼渣、沼液还可作为优质无害的肥料。

(二)污水的处理与应用

禽场每天产生大量富含有机物和病原体的污水，如果任其流淌会臭味四散，污染环境和地下水。为了防止这些污水对周围环境造成污染，必须有效地加强禽场的管理。同时，通过污水多级沉淀和固液分离，减少污水中有机物含量，并进行必要的污水处理。污水处理技术的基本方法按其作用原理可分为物理处理法、化学处理法和生物处理法。

(1)物理处理法　就是利用物理作用，除去污水的漂浮物、悬浮物和油污等，同时从废水中回收有用物质的一种简单水处理法，常用于水处理的物理方法有重力沉淀、离心沉淀、过滤、蒸发结晶和物理调节等方法。

(2)化学处理法　利用氧化剂等化学物质将污水中的有机物或有机生物体加以分解或杀灭,使水质净化,达到再生利用的方法。化学处理最常用的方法有混凝沉淀法、氧化还原法及臭氧法。

(3)生物处理法　主要靠微生物的作用来实现。参与污水生物处理的微生物种类很多,包括细菌、真菌、藻类、原生动物、多细胞动物等。其中,细菌起主要作用,它们繁殖力强,数量多,分解有机物的能力强,很容易将污水中溶解性、悬浮状、胶体状的有机物逐步降解为稳定性好的无机物。生物处理法可根据微生物的好气性分为好氧生物处理和厌氧生物处理两种。

好氧处理是指利用好氧微生物处理养殖废水的一种工艺,可分为天然好氧处理和人工好氧处理两大类。天然好氧生物处理法是利用天然的水体和土壤中的微生物来净化废水的方法,亦称自然生物处理法,主要有水体净化和土壤净化两种。水体净化主要有氧化塘和养殖塘等;土壤净化主要有土地处理(慢速渗滤、快速过滤、地面漫流)和人工湿地等。人工好氧生物处理是采取人工强化供氧以提高好氧微生物活力的废水处理方法。该方法主要有活性污泥法、生物滤池、生物转盘、生物接触氧化法、序批式活性污泥法及氧化沟法等。

(三)死禽的处理与利用

死禽尸体如不及时处理,若随意丢弃,分解腐败,发出恶臭,不仅会造成环境、土壤和地下水污染,而且会形成新的传染源,对养殖场及周边的疫病控制产生极大的威胁。因此,必须进行妥善的处理。常用的处理方法有以下几种。

(1)掩埋法　该法简单易行,但不是彻底的处理方法。因烈性传染病死亡的家禽尸体不能掩埋。掩埋坑的长度和宽度以能容纳下尸体为度,深度以尸体表面到坑缘的高度不少于1.5～2 m。掩埋前,将坑底先铺垫上2～5 cm厚的石灰。尸体投入后(将污染的土壤、捆绑尸体的绳索等一起放入坑内),再撒上一层石灰,填土夯实。

(2)焚烧法　采用焚烧炉焚烧处理病死禽尸体,同时焚烧产生的烟气采取有效的净化措施,防止烟尘、一氧化碳、恶臭等对周围大气环境的污染。目前国内不少厂家针对病害动物尸体无害化处理已开发出专门的焚烧炉。

此法适用于中大型养殖场,优点:一是操作简便,免于切割、破碎,只需把病死禽扔进焚烧炉内即可;二是处理彻底、效果好,高温焚烧可以有效杀灭病原微生物,最后只剩下灰烬,最大限度地实现无害化和减量化。缺点:一是需消耗大量能源、花费较高;二是焚烧过程中产生的废气容易对空气造成污染。

(3)堆肥发酵法　利用堆肥原理和设施,对病死畜禽进行生物发酵处理,以达到无害化处理的目的。该方法是将病死禽尸体运到堆肥发酵大棚后(经过破碎后效果更佳),在地面上铺上不小于15 cm厚的预发酵好的垫料,接着在垫料上平铺一层病死禽尸体,再在病死禽尸体上撒上少量的废旧饲料或米糠,并喷洒稀释后的菌液,最后再铺上不小于15 cm厚预发酵好的垫料,如此堆置若干层,总堆置高度不小于1.5 m。定期对垫料进行翻堆,使物料充分混合,从而加强堆肥发酵处理效果。堆肥发酵处理过程中保证第3天温度能够达到60 ℃以上,从而实现无害化处理。经过20～25 d的堆置发酵后,物料基本降解完成即可。

此法适用于中小型养殖场,优点:一是处理费用较低,垫料可以重复利用,每次处理时只需补加一定量的菌种即可;二是处理效果较好,经过2～3周的堆肥发酵后,除羽毛和骨头外其他基本可以降解。缺点是占地面积大(需建设发酵大棚或堆肥场),处理时间长,劳动强度较大。

(4)高温发酵法　指在微生物作用下通过高温发酵使病死禽尸体及废弃物充分矿质化、腐殖化和无害化而变成腐熟肥料的过程。高温发酵降解设备主要包含分切、绞碎、发酵、杀菌、干燥五大功能，其处理过程是将畜禽尸体投入畜禽尸体无害化处理机内，经过分切、绞碎工序，同时在发酵仓内添加微生物菌，将仓内温度设定在75～95 ℃，水分控制在40%～60%，在高温中可消灭所有病原菌，而且处理过程产生的水蒸气可由排气口向外排放，待24 h后即可完全将尸体分解。处理后的废物再加工可作为有机肥半成品使用，解决了废物利用的问题，实现彻底的环保。

此法适用于中大型养殖场的病死禽无害化处理，优点：一是处理后的物料可以作为有机肥，从而实现资源化利用；二是使用操作简便、处理时间短、效率高，设备可实现自动化操作，操作人员只需把病死禽投入设备中，并补加适量的垫料和微生物菌即可，待24 h后即可完全将尸体分解；三是处理过程中温度可达95 ℃，有效杀灭病原微生物。缺点：一是设备成本较贵；二是运行处理费用较高；三是处理过程中有一定的气味。

(四)孵化废弃物的处理与利用

孵化废弃物主要有：无精蛋、死胚蛋、死雏和蛋壳等。孵化场废弃物在热天，很容易招惹苍蝇，因此，应尽快处理。无精蛋可用于加工食品或食用，但应注意卫生，避免腐败物质及细菌造成的食物中毒。死胚蛋、死雏一般是经过高温消毒、干燥处理后，粉碎制成干粉，可代替肉骨粉或豆粕。孵化废弃物蛋壳中的钙含量非常高，可加工成蛋壳粉利用。但如若没有加工和高温灭菌等设备，每次出雏废弃物应尽快深埋处理。

拓展知识十一　兽医生物安全体系

1. 兽医生物安全体系的内涵

兽医生物安全体系是指采取必要的措施切断病原体的传入途径，最大限度地减少各种物理、化学和生物致病因子对动物群造成危害的一种生物安全体系。它是畜牧业发达国家兽医专家学者和动物生产企业，经过数十年研究和生产实践，在总结经验和教训的基础上提出来的最优化畜禽生产体系和疫病防治系统工程。重点强调了环境因素在保证畜禽健康中的作用，同时充分考虑了动物福利和畜禽养殖对周围环境的影响，其总体目标是防止各种病原微生物以任何方式危害动物，使动物生长和生产处于最佳的健康状态，发挥其最佳的生产性能，以获得最大的经济效益。

2. 兽医生物安全体系的作用和意义

兽医生物安全体系是目前最经济、最有效的控制传染病的方法，同时也是预防和控制传染病的基础和前提。它将疾病的综合性防制作为一项系统工程，在空间上重视整个生产系统中各部分的联系，在时间上又将最佳的饲养管理条件和传染病综合防制措施贯彻于养殖生产的全过程，强调不同生产环节之间的联系及其对动物健康的影响。该体系集饲养管理和疾病预防为一体，通过阻止各种致病因子的侵入，防止动物群受到疾病危害，对疾病的综合防制、提高动物的生长和生产性能具有重要作用。

建立健全兽医生物安全体系是发展现代畜牧业的需要，是保证畜产品质量安全和提升畜牧业竞争力的必然选择。通过兽医生物安全措施的实施，对促进规模养殖业发展，推进畜牧业生产方式转变；切断传播途径，减少和杜绝动物疫病传入和传播，减少微生物等病原体的数量，提高机体抵抗力，提高畜牧业经济效益；提升畜产品质量，保障畜产品安全，减少人兽共患病给人类健康带来威胁；全面改善我国动物疫病发生的现状，提高畜牧业生产水平和经济效益，加快我国畜牧业快速发展的步伐等方面均具有十分重要的意义。

3. 兽医生物安全体系的内容

不同的畜禽养殖生产类型需要的生物安全水平不同，体系中各个基本要素的作用及意义也有差异。兽医生物安全体系的内容主要包括三个方面：环境控制、传播控制和疫病控制。就养禽生产而言，包括禽场场址选择、规划和布局、禽舍建筑、隔离、消毒、药物保健、免疫接种、生产制度确定、主要传染病监测与净化和禽场废弃物处理等。在养殖场疫病的控制过程中，应充分理解生物安全的内涵，将兽医生物安全的各项措施和方法贯彻落实到养殖生产的各个环节。

复习与思考

1. 禽场常用的消毒方法有哪些？如何进行带禽消毒？
2. 混饲和混饮给药时应注意哪些问题？
3. 如何制定科学的免疫程序？
4. 禽场废弃物种类有哪些？如何综合利用与处理禽场废弃物？

技能训练十一　家禽的免疫接种技术

目的要求

熟悉疫苗的保存、运送和用前检查方法，掌握免疫接种的操作技术。

材料和用具

疫苗、稀释液（生理盐水）；金属注射器、玻璃注射器、针头、胶头滴管、刺种针、煮沸消毒锅、气雾发生器、空气压缩机等。

内容和方法

1. 疫苗的保存、运送和用前检查

（1）疫苗的保存　各种疫苗均应保存在低温、阴暗和干燥场所，灭活苗应在 2～8 ℃条件下保存，防止冻结。弱毒活疫苗应在 −15～−10 ℃条件下保存。

（2）疫苗的运送　要求包装完整，防止碰坏瓶子和散播活的弱毒病原体。运送途中避免日光直射和高温，防止反复冻融，并尽快送到保存地点或预防接种的场所。弱毒疫苗应使用冷藏箱或冷藏车运送，以免其效价降低或丧失。

（3）疫苗使用前检查　各种疫苗在使用前，应仔细检查疫苗产品的名称、厂家、批号、有效期、物理性状等是否符合说明书的要求。同时，还要认真阅读说明书，明确使用方法、剂量及其他注意事项。对于过期、变质、无标签、无批号、裂瓶漏气、质地异常、来源不明以及未按要求储存的疫苗，均应禁止使用。

经过检查，确实不能使用的疫苗，应立即废弃，不能与可用的疫苗混放在一起。废弃的弱毒疫苗应煮沸消毒或予以深埋。

2. 免疫接种的方法

（1）皮下、肌内注射法　雏禽皮下注射常在颈背侧皮下部。接种时左手握住雏禽，使其头朝前腹弯下，用食指与拇指将头颈部背侧皮肤捏起，右手持注射器由前向后针头近于水平从皮肤隆起处刺入皮下，注入疫苗。肌内注射法注射部位常取胸肌、翅膀肩关节四周的肌肉或腿部外侧的肌肉。胸肌注射时从龙骨突出的两侧沿胸骨呈30°～45°角刺入，避免与胸部垂直刺入，以免刺入胸腔，伤及内脏器官。腿部肌肉注射时，朝鸡体方向刺入外侧肌肉，针头与肌肉表面呈30°～45°角进针，以免刺伤大血管或神经。

注意事项：①疫苗稀释液应是经消毒而无菌的，一般不要随便加入抗菌药物；②疫苗的稀释和注射量应适当，量太小则操作时误差较大，量太大则操作麻烦，一般以每只禽0.2～1 mL为宜，应根据禽只大小，灵活调整；③使用连续注射器注射时，应经常核对注射器刻度容量和实际容量之间的误差，以免实际注射量偏差太大；④根据禽体大小，配合适宜的针头长度，避免针头过长伤及腿骨；⑤将疫苗液推入后，针头应慢慢拔出，以免疫苗液漏出；⑥注射过程中，应边注射边摇动疫苗瓶，力求疫苗均匀，尤其蜂胶类混悬液疫苗；⑦鸡群发病后进行紧急注射免疫时，先免疫健康群，再免疫假定健康群，最后免疫发病鸡群。给病鸡注射时，最好每注射一只换一个针头。

(2)饮水免疫法　饮水免疫时，应按家禽羽份和每羽份平均饮水量准确计算需用的疫苗剂量。其饮水量根据禽龄大小和季节而定，一般要求禽只在2 h内饮完，疫苗稀释液总量(饮水总量)大致按照禽群接种日总耗水量的40%计算。

注意事项：①用于稀释疫苗的水必须十分洁净，不得含有重金属离子，必要时可用蒸馏水；②饮水器具要十分洁净，不得残留消毒剂、铁锈、有机污染物；③为保证所有禽在短期内饮到足够量的含疫苗水，禽舍的饮水器具要充足，而且在服用疫苗前停止饮水2～4 h(视天气及饲料等情况而定)；④用于饮水免疫的疫苗必须是高效价的，且使用剂量要加倍，为保证疫苗不被重金属离子破坏，可在水中加入0.1%的脱脂奶粉；⑤饮水免疫前后2 d内，在饮水和饲料中不添加含有抗菌、抗病毒药物成分。

(3)刺种法　接种时，将1 000羽份的疫苗用10 mL生理盐水稀释，充分摇匀后，用接种针或蘸水笔尖蘸取疫苗，刺种于鸡翅膀内侧无血管处的翼膜内，20～30日龄的雏鸡刺种1针，30日龄以上的鸡刺种2针。

注意事项：接种后4～7 d应检查刺种部位是否出现轻微红肿、结痂，如出现说明免疫正常，如未出现以上情况，应重新免疫。

(4)点眼与滴鼻法　适用于弱毒苗的免疫方法。使用时将疫苗按瓶签注明羽份，用灭菌生理盐水或适宜稀释液作适当稀释，用消毒过的玻璃滴管或专用滴瓶吸取稀释液，每只禽点眼、滴鼻各一滴。操作时左手轻握鸡体，其食指与拇指固定住小鸡的头部，右手用滴管或滴瓶滴入鸡的一侧鼻孔或眼结膜囊内，待疫苗吸收后再放开鸡；滴鼻时，用食指按压住一侧鼻孔，以便疫苗滴能快速吸入。

注意事项：①疫苗的稀释液，不能随意加入抗生素；②滴入时，把鸡的头颈提起，呈水平位置，滴鼻时用手堵住一侧鼻孔，然后将稀释疫苗液滴到眼和鼻内，稍停片刻，使疫苗液完全吸入鼻和眼内即可；③注意不要让疫苗液外溢，否则，应补滴；④疫苗稀释液配好后应在几小时内用完。⑤为减少应激，最好在晚上或光线稍暗的环境下接种。

(5)泄殖腔涂擦法　接种时将疫苗按瓶签标明剂量用生理盐水稀释、摇匀。助手将鸡倒提，手握鸡腹，使肛门黏膜翻出，用接种刷或棉签蘸取疫苗涂刷泄殖腔黏膜，使黏膜发红为止。

(6)气雾免疫法　利用气泵将空气压缩，然后通过气雾发生器，使疫苗溶液形成雾化粒子，均匀地悬浮于空气之中，随呼吸进入肺内而获得免疫的方法。

注意事项:①所用疫苗必须是高效价的、剂量加倍;②稀释疫苗应该用去离子水或蒸馏水,最好加 0.1%~0.2%脱脂奶粉或明胶;③雾滴大小要适中,一般要求成鸡雾粒的直径应在 5~10 μm,雏鸡 30~50 μm;④喷雾时房舍要密闭,要遮蔽直射阳光,最好在傍晚或夜间进行,喷雾前在鸡舍内喷洒清水,以增加湿度和清除空气中的浮尘,一般要求相对湿度在 70%左右,温度在 20 ℃左右为宜;⑤喷雾时喷头与鸡只保持 0.5~1 m 的距离,呈 45°角喷雾,使雾滴刚好落在鸡头部,以头颈部羽毛略有潮湿感为宜;喷雾后 20 min 开启门窗通风换气。

3. 免疫接种前的检查及接种后的护理与观察

(1)接种前的检查　在对家禽进行免疫接种时,必须对禽群进行详细了解和检查,注意家禽的年龄是否符合免疫年龄,以及家禽的营养和健康状况。只要禽群健康,饲养管理和卫生条件良好,就可保证免疫接种结果的安全。如饲养管理条件不良,则可能使家禽出现明显的接种反应,甚至发生免疫失败。对患病禽和可疑感染禽,暂不免疫接种,待康复后再根据实际情况决定补免时间。

(2)接种后的护理和观察　家禽接种疫苗后,部分家禽会出现接种反应,有些家禽可发生暂时性抵抗力降低现象,故应加强接种后的护理和观察。注意改善禽舍环境卫生及饲养管理,减少各种应激因素。因此,禽群接种疫苗后,应进行全面观察,观察期限一般不少于 1 周。产蛋禽在短期内可能出现停产或产蛋量下降。如发现严重反应甚至死亡,要及时查找原因,了解疫苗情况和使用方法。

4. 免疫接种的注意事项

注射器、针头、镊子等,经严格的消毒处理后备用。注射时每只家禽应使用一个针头。稀释好的疫苗瓶上应固定一个消毒过的针头,上盖消毒棉球。疫苗应随配随用,并在规定的时间内用完。一般气温在 15~25 ℃,6 h 内用完,25 ℃以上,4 h 内用完;马立克氏病疫苗应在 2 h 内用完,过期不可使用。针筒排气溢出的疫苗,应吸附于酒精棉球上,用过的酒精棉球和吸入注射器内未用完的疫苗应集中销毁。稀释后的空疫苗瓶深埋或消毒后废弃。

实训报告

1. 试述免疫接种的方法及注意事项。
2. 分析免疫失败的原因。

项目九 家禽场的经营与管理

任务一 家禽生产的成本分析

任务描述

要计算饲养家禽的经济效益，必须分析家禽的生产成本，家禽生产成本一般分为固定成本和可变成本两大类。固定成本由固定资产折旧费、土地税、基建贷款利息等组成，在会计账面上称为固定资金。可变成本是养禽场在生产和流通过程中使用的资金，也称为流动资金，可变成本以货币表示。生产成本分析就是把养禽场为生产产品所发生的各项费用，按用途、产品进行汇总、分配，计算出产品的实际总成本和单位产品的过程。通过成本分析可以看出，提高养禽企业的经营业绩的效果，除市场价格这一不由企业来决定的因素外，成本控制则应完全由企业控制。从规模化集约化养禽的生产实践看，首先应降低固定资产折旧费，尽量提高饲料费用在总成本中所占比重，提高每只禽的产蛋量、活重和降低死亡率，其次是料蛋价格比、料肉价格比控制全成本。

任务目标

了解家禽生产成本的构成；掌握生产成本支出项目的内容；掌握生产成本的计算方法。

基本知识

(1)家禽生产成本的构成；(2)生产成本支出项目的内容；(3)生产成本的计算方法；(4)总成本中各项费用的大致构成；(5)养禽场成本临界线分析。

一、家禽生产成本的构成

家禽生产成本一般分为固定成本和可变成本两大类。

固定成本由固定资产(养禽企业的房屋、禽舍、饲养设备、运输工具、动力机械、生活设施、研究设备等)折旧费、土地税、基建贷款利息等组成，在会计账面上称为固定资金。特点是使用期长，以完整的实物形态参加多次生产过程；并可以保持其固有物质形态。随着养禽生产不断进行，其价值逐渐转到禽产品中，并以折旧费用方式支付。全固定成本除上述设备折旧费用外，还包括土地税、利息、工资、管理费用等。固定成本费用必须按时支付，即使禽场不养禽，只要这个企业还存在，都得按时支付。

可变成本是养禽场在生产和流通过程中使用的资金，也称为流动资金，可变成本以货币表示。其特点是仅参加一次养禽生产过程即被全部消耗，价值全部转移到禽产品中。可变成本包括饲料、兽药、疫苗、燃料、能源、临时工工资等支出。它随生产规模、产品产量而变化在成本核算账目计入中，以下几项必须放入账中：工资、饲料费用、兽医防疫费、能源费、固定资产修理费、种禽摊销费、低值易耗品费、管理费、销售费、利息。

二、生产成本支出项目的内容

根据家禽生产特点，禽产品成本支出项目的内容，按生产费用的经济性质，分直接生产费用和间接生产费用两大类。

（一）直接生产费用

即直接为禽产品生产所支付的开支。具体项目如下：

(1)工资和福利费　指直接从事养鸡生产人员的工资、津贴、奖金、福利等。

(2)疫病防治费　指用于鸡病防治的疫苗、药品、消毒剂和检疫费、专家咨询费等。

(3)饲料费　指鸡场各类鸡群在生产过程中实际耗用的自产和外购的各种饲料原料、预混料、饲料添加剂和全价配合饲料等的费用，自产饲料一般按生产成本（含种植成本和加工成本）进行计算，外购的按买价加运费计算。

(4)种鸡摊销费　指生产每千克蛋或每千克活重所分摊的种鸡费用。

种鸡摊销费(元/ kg)＝(种鸡原值－种鸡残值)/只鸡产蛋重

(5)固定资产修理费　指为保持鸡舍和专用设备的完好所发生的一切维修费用，一般占年折旧费的5%～10%。

(6)固定资产折旧费　指鸡舍和专用机械设备的折旧费。房屋等建筑物一般按10～15年折旧，鸡场专用设备一般按5～8年折旧。

(7)燃料及动力费　指直接用于养鸡生产的燃料、动力和水电费等，这些费用按实际支出的数额计算。

(8)低值易耗品费用　指低价值的工具、材料、劳保用品等易耗品的费用。

(9)其他直接费用　凡不能列入上述各项而实际已经消耗的直接费用。

（二）间接生产费用

即间接为禽产品生产或提供劳务而发生的各种费用。包括经营管理人员的工资、福利费；经营中的办公费、差旅费、运输费；季节性、修理期间的停工损失等。这些费用不能直接计入某种禽产品中，而需要采取一定的标准和方法，在养禽场内生产的各种禽产品上进行分摊。

除以上两项费用外，禽产品成本还包括期间费用。所谓期间费用就是养禽场为组织生产经营活动发生的、不能直接归属于某种禽产品的费用。包括企业管理费用、财务费用和销售费用。企业管理费用和销售费用是指鸡场为组织管理生产经营、销售活动所发生的各种费用。包括非直接生产人员的工资、办公费、差旅费和各种税金、产品运输费、产品包装费、广告费等。财务费用主要是贷款利息、银行及其他金融机构的手续费等。按照我国新的会计制度，期间费用不能进入成本，但是养鸡场为了便于各群鸡的成本核算，便于横向比较，都把各种费用列进来计算单位产品的成本。

以上项目的费用，构成禽场的生产成本。计算禽场成本就是按照成本支出项目进行的。

禽产品成本支出项目可以反映企业产品成本的结构，通过分析考核找出降低成本的途径。

三、生产成本的计算方法

生产成本的计算是以一定的产品为对象，归集、分配和计算各种物料的消耗及各种费用的过程。养鸡场生产成本的计算对象一般为种蛋、种雏、肉仔鸡和商品蛋等。

1. 种蛋生产成本的计算

每枚种蛋成本＝(种蛋生产费用－副产品价值)/入舍种禽出售种蛋数

种蛋生产费为每只入舍种鸡自入舍至淘汰期间的所有费用之和。种蛋生产费包括种禽育成费、饲料、人工、房舍与设备折旧、水电费、疫病防治费、管理费、低值易耗品等。副产品价值包括期内淘汰鸡、期末淘汰鸡、鸡粪等的收入。

2. 种雏生产成本的计算

种雏只成本＝(种蛋费＋孵化生产费－副产品价值)/出售种雏数

孵化生产费包括种蛋采购费、孵化生产过程的全部费用和各种摊销费、雌雄鉴别费、疫苗注射费、雏鸡发运费、销售费等。副产品价值主要是未受精蛋、毛蛋和公雏等的收入。

3. 雏禽、育成禽生产成本的计算

雏禽、育成禽的生产成本按平均每只每日饲养雏禽、育成禽费用计算。

雏禽(育成禽)饲养只日成本＝(期内全部饲养费－副产品价值)/期内饲养只日数

期内饲养只日数＝期初只数×本期饲养日数＋期内转入只数×自转入至期末日数－死淘鸡只数×死淘日至期末日数

期内全部饲养费用是上述所列生产成本核算内容中 9 项费用之和，副产品价值是指禽粪、淘汰禽等项收入。雏禽(育成禽)饲养只日成本直接反映饲养管理的水平。饲养管理水平越高，饲养只日成本就越低。

4. 肉仔鸡生产成本的计算

每千克肉仔鸡成本＝(肉仔鸡生产费用－副产品价值)/出栏肉仔鸡总重(kg)

每只肉仔鸡成本＝(肉仔鸡生产费用－副产品价值)/出栏肉仔鸡只数

肉仔鸡生产费用包括入舍雏鸡鸡苗费与整个饲养期其他各项费用之和，副产品价值主要是鸡粪收入。

5. 商品蛋生产成本的计算

每千克鸡蛋成本＝(蛋鸡生产费用－副产品价值)/入舍母鸡总产蛋量(kg)

蛋鸡生产费用指每只入舍母鸡自入舍至淘汰期间的所有费用之和。

四、总成本中各项费用的大致构成

(一)育成鸡的成本构成

达 20 周龄育成鸡总成本的构成见表 9.1。有了此表，只要知道其中一项开支即可推算出总成本额。例如知道饲料费开支多少，那么只要将饲料费除以 65%，即可推算出该鸡养至 20 周龄时的总成本。

表 9.1　育成鸡(达 20 周龄)总成本构成

项目	每项费用占总成本的比例/%
雏鸡费	17.5
饲料费	65.0
工资福利费	6.8
疫病防治费	2.5
燃料水电费	2.0
固定资产折旧费	3.0
维修费	0.5
低值易耗品费	0.3
其他直接费用	0.9
期间费用	1.5
合计	100.0

(二)鸡蛋的成本构成

鸡蛋的总成本构成见表 9.2。

表 9.2　鸡蛋的总成本构成

项目	每项费用占总成本的比例/%
后备鸡摊销费	16.8
饲料费	70.1
工资福利费	2.1
疫病防治费	1.2
燃料水电费	1.3
固定资产折旧费	2.8
维修费	0.4
低值易耗品费	0.4
其他直接费用	1.2
期间费用	3.7
合计	100.0

五、养禽场成本临界线分析

成本临界线分析即保本线分析,也叫盈亏平衡点分析,成本临界线分析是一种动态分析,又是一种确定性分析,适合于分析短期问题,它是根据收入和支出相等为保本生产原理而确定的,这一临界点是养禽场盈利与亏损的分界线。现举例说明如下。

(一)鸡蛋生产成本临界线

鸡蛋生产成本临界线=(饲料价格×日耗料量)÷(饲料费占总费用的比例×日均产蛋重)

如某鸡场每只蛋鸡日均产蛋重为 48 g,饲料价格为每千克 2.1 元,饲料消耗 110 g/(d・只),饲料费占总成本的比率为 65%。该鸡场每千克鸡蛋的生产成本临界点为:

$$鸡蛋生产成本临界线=[(2.1\times110)\div(0.65\times48)]=7.40$$

即表明每千克鸡蛋平均价格达到 7.40 元时,鸡场可以保本;市场销售价格高于 7.40 元/ kg

时，该鸡场才能盈利。根据上述公式，如果知道市场蛋价，也可以计算鸡场最低日均产蛋重的临界点。鸡场日均产蛋重高于此点即可盈利，低于此点就会亏损。

同理亦可判断肉鸡日增重的临界线。

(二)临界产蛋率分析

$$临界产蛋率=\frac{每千克蛋的枚数\times饲料单价\times日耗饲料量}{饲料费占总费用的比例\times每千克鸡蛋价格}\times100\%$$

鸡群产蛋率高于此线即可盈利；低于此线就要亏损，可考虑淘汰处理。

任务二　家禽场生产计划的制订

任务描述

家禽场要根据本场的性质和任务，在年初充分讨论，提出切实可行的年度生产计划，以利于各项工作的统筹安排，有序进行。编制年度生产计划主要包括禽群周转计划制订，产品生产计划的制订，种禽场的孵化计划制订，饲料供应计划的制订。

任务目标

了解生产计划制订依据；掌握禽群周转计划制订、孵化计划制订、产品生产计划制订；掌握饲料供应计划制订。

基本知识

(1)生产计划的制订；(2)产品生产计划的制订；(3)种禽场的孵化计划的制订；(4)饲料供应计划的制订。

一、生产计划的制订

生产计划是一个家禽场全年生产任务的具体安排。制订生产计划要尽量切合实际，才能很好地指导生产、检查进度、了解成效，并使生产计划完成和超额完成的可能性更大。

(一)生产计划制订的依据

任何一个家禽场必须有详尽的生产计划，用以指导家禽生产的各环节。养禽生产的计划性、周期性、重复生产性较强。不断修订、完善的计划，可以大大提高生产效益。制订生产计划常依据下面几个因素。

1. 生产工艺流程

制订养禽生产计划，必须以生产流程为依据。生产流程因企业生产的产品不同而异。例如：综合性鸡场，从孵化开始，育雏、育成、蛋鸡以及种鸡饲养，完全由本场解决。各鸡群的生产流程顺序，蛋鸡场为：种鸡(舍)—种蛋(室)—孵化(室)—育雏(舍)—育成(舍)—蛋鸡(舍)。肉鸡场的产品为肉用仔鸡，多为全进全出生产模式。为了完成生产任务，一个综合性鸡场除涉及鸡群的饲养环节外，还有饲料的贮存、运送，供电、供水、供暖，兽医防制，对病死鸡的处理，粪便、污水的处理，成品贮存与运送，行政管理和为职工提供必备生活条件。一个养鸡场总体流程为饲料(库)—鸡群(舍)—产品(库);另外一条流程为饲料(库)—鸡群(舍)—粪污(场)。

不同类型的养鸡场生产周期日数是有差别的。如饲养地方鸡种,其各阶段周转的日数差异与现代鸡种差异更大,地方鸡种生产周期日数长,而现代鸡种生产周期日数短得多。

2. 经济技术指标

各项经济技术指标是制订计划的重要依据。制订计划时可参照饲养管理手册上提供的指标,并结合本场近年来实际达到的水平,特别是最近一两年来正常情况下场内达到的水平,这是制订生产计划的基础。

3. 生产条件

将当前生产条件与过去的条件对比,主要在房舍设备、家禽品种、饲料和人员等方面比较,看有否改进或倒退,根据过去的经验,酌情确定新计划增减的幅度。

4. 创新能力

采用新技术、新工艺或开源节流、挖掘潜力等可能增产的数量。

5. 经济效益制度

效益指标常低于计划指标,以保证承包人有产可超。也可以两者相同,提高超产部分的提成,或适当降低计划指标。

(二)禽群周转计划

1. 养鸡场生产计划的制订

鸡群周转计划是根据鸡场的生产方向、鸡群构成和生产任务编制的。鸡场应以鸡群周转计划作为生产计划的基础,以此来制订引种、孵化、产品销售、饲料供应、财务收支等其他计划。在制订鸡群周转计划时要考虑鸡位、鸡位利用率、饲养日和平均饲养只数、入舍鸡数等因素。结合存活率、月死亡淘汰率,便可较准确地制订出一个鸡场的鸡群周转计划。

(1)商品蛋鸡群的周转计划　商品蛋鸡原则上以养一个产蛋年为宜。这样比较合乎鸡的生物学规律和经济规律,遇到意外情况才施行强制换羽,延长产蛋期。

①根据鸡场的生产规模确定年初、年末各类鸡的饲养只数。

②根据鸡场生产实际确定各月死淘率指标。

③计算各月各类鸡群淘汰数和补充数。

④统计出全年总饲养只数和全年平均饲养只数。1 只母鸡饲养 1 d 就是 1 个饲养只日,总饲养只日÷365 即为年平均饲养只数。

⑤入舍鸡数:一群蛋鸡 130 日龄上笼后,由 141 日龄起转入产蛋期,以后不管死淘多少,都按 141 日龄时的只数统计产蛋量,每批鸡产蛋结束后,据此计算出每只鸡的平均产蛋量。国际通用这种方法统计每只鸡的产蛋量。一个鸡场可能有几批日龄不同的鸡群,计算当年的入舍鸡数的方法是:把入舍时(141 日龄)鸡数乘到年底应饲养日数,各群入舍鸡饲养日累计被 365 除,就可求出每只入舍鸡的产蛋量。按笼位计算、按饲养日平均饲养只数计算或按入舍只数计算是 3 种不同的计算方法,都可以用来评价鸡场生产水平的高低。

(2)雏鸡的周转计划　专一的雏鸡场,必须安排好本场的生产周期以及本场与孵化场鸡苗生产的周期同步,一旦周转失灵,衔接不上,会打乱生产计划,经济上造成损失。

①根据成鸡的周转计划确定各月份需要补充的鸡只数。

②根据鸡场生产实际确定育雏、育成期的死淘率指标。

③计算各月次现有鸡只数、死淘鸡只数及转入成鸡群只数,并推算出育雏日期和育雏数。

④统计出全年总饲养只数和全年平均饲养只数。

(3)种鸡群周转计划。

①根据生产任务首先确定年初和年末饲养只数，然后根据鸡场实际情况确定鸡群年龄组成，再参考历年经验定出鸡群大批淘汰和各自死淘率，最后再统计出全年总饲养只日数和全年平均饲养只数。

②根据种鸡周转计划，确定需要补充的鸡数和月份，并根据历年育雏成绩和本鸡种育成率指标，确定育雏数和育雏日期，再与祖代鸡场签订订购种雏或种蛋合同。计算出各月初现有只数、死淘只数及转入成年鸡只数，最后统计出全年总计饲养只日数和全年平均饲养只数。计算公式如下：

全年总饲养只日数＝∑(1月＋2月＋…＋12月饲养只日数)

月饲养只日数＝(月初数＋月末数)/2×本月天数

全年平均饲养只日数＝全年总饲养只日数/365

例如：某父母代种鸡场年初饲养规模为10 000只种母鸡和800只种公鸡，年终保持规模不变，实行“全进全出”的流水作业，并且只养1年，在11月大群淘汰。其周转计划见表9.3。

此外，在实际编制鸡群周转计划时还要考虑鸡群的生产周期，一般蛋鸡的生产周期是育雏期42 d(0～6周龄)、育成期98 d(7～20周龄)、产蛋期364 d(21～72周龄)，而且每批鸡生产结束还要留一定的清洗、消毒时间。各阶段的饲养日数不同，各种鸡舍的比例恰当才能保证工艺流程正常运行。实际生产中，育雏舍、育成鸡舍、蛋鸡舍之间的比例按1∶2∶6设置较为合理。

2. 养鸭场生产计划的制订

目前，我国鸭的生产经营多数比较分散，商品性生产和自给性生产并存，销售产品受市场的需求影响很大。因此，发展养鸭生产时，要尽可能与当地有关部门或销售商签订购销合同，根据合同及自己掌握的资源、经营管理能力，合理地组织人力、物力、财力，制订出养鸭的生产计划，进行计划管理，以减少盲目性。

(1)成鸭的周转计划　有的鸭场引进种蛋，也有的引进种雏。现拟引进种鸭，年产3万只樱桃谷肉鸭，制订生产计划。

生产肉鸭，要考虑饲养种鸭数量。年产3万只肉鸭，需要多少只种鸭呢？计算种鸭数量时，要考虑公母鸭的比例、1只母鸭1年产多少枚种蛋、种蛋合格率、受精率和孵化率是多少、雏鸭成活率是多少等等。樱桃谷鸭在公母比例为1∶5的情况下，种蛋受精率和合格率均在90％以上，受精蛋孵化率为80％～90％。每只母鸭年产蛋数量在200枚以上，雏鸭成活率平均为90％。为留余地，以上数据均取下限值。

生产3万只雏鸭，以育成率为90％计算，最少要孵出的雏鸭数：

30 000÷90％＝33 333(只)

需要受精种蛋数：

33 333÷80％＝41 666(枚)

全年需要种鸭生产合格种蛋数：

41 666÷90％＝46 296(枚)

全年需要种鸭产蛋量：

46 296÷90％＝51 440(枚)

表 9.3　种鸡群周转计划表

群别			月份												合计	全年总计饲养只日数	全年平均饲养只数
			1	2	3	4	5	6	7	8	9	10	11	12			
一、成鸡	1. 种公鸡	月初现有数	800	800	800	800	800	800	800	800	800	800	800	800		292 000	800
		淘汰率/%											100		100		
		淘汰数											800		800		
		由雏鸡转入											800		800		
	2. 一年种母鸡	月初现有数	10 000	9 800	9 600	9 400	9 200	9 000	8 750	8 500	8 200	7 900	7 400			2 825 925	7 742
		淘汰率(占年初数)/%	2.0	2.0	2.0	2.0	2.0	2.5	2.5	3.0	3.0	5.0	74.0		100		
		淘汰数	200	200	200	200	200	250	250	300	300	500	7400		10 000		
	3. 当年种母鸡	月初现有数											10 440	10 231		623 986	1 710
		淘汰率(占转入数)/%											2.0	2.0	4.0		
		淘汰数											209	209	418		
二、雏鸡	1. 种公雏	转入数(月底)					1 800										
		月初现有数						1 800	1 620	1 404	1 381	1340				214 255	587
		死淘率(占转入数)/%						10.0	12.0	1.3	2.3	30			55.6		
		死淘数						180	216	23	41	540			10 00		
		转入当年种公鸡数(月底)										800			800		
	2. 种母雏	转入数(月底)					12 000										
		月初现有数						12 000	11 040	10 800	10 680	10 560				1 661 160	4 551
		死淘率(占转入数)/%						8.0	2.0	1.0	1.0	1.0			13.0		
		死淘数						960	240	120	120	120			1 560		
		转入当年种母鸡数(月底)										10 440			10 440		

引自：丁国志，2007。

全年需要饲养的种母鸭只数：

$$51\ 440 \div 200 = 257(只)$$

考虑到雏鸭、肉鸭和种鸭在饲养过程中的病残、死亡数，应留一些余地，可饲养母鸭280只。由于公母鸭配种比例为1∶5，还需要饲养种公鸭约60只。共需饲养种鸭340只。

由于种母鸭在一年中各个月份产蛋率不同。所以，在分批孵化、分批育雏、分批育肥时，各批的总数就不相同。养鸭场在安排人力和场舍设施时，要按批次数量相适应。同时，在孵化、育雏、育肥等方面，要做具体安排。

孵化方面：当母鸭群进入产蛋旺季，产蛋率达70%以上时，280只母鸭每天可产200枚种蛋，每7 d入孵一批，每批入孵数为1 400枚种蛋，孵化期为28 d，有2 d为机动，以30 d计算，则在产蛋旺季，每月可入孵近5批，孵化种蛋数量最多时可达7 000枚。养鸭场孵化设备的能力应完成孵化7 000枚种蛋的任务。以后孵出一批，又入孵一批，流水作业。

育雏方面：樱桃谷鸭种蛋受精率90%，孵化率为80%～90%，7 000枚种蛋最多可孵出5 670只雏鸭，平均一批约1 134只。育雏期为20 d。所以，养鸭场的育雏场舍、用具和饲料能承担培育3批雏鸭，约3 402只雏鸭。育肥鸭场舍、用具和饲料也要与之相适应。

育肥方面：以成活率均为90%计算，每批孵出的雏鸭约1 134只，可得成鸭1 020只(1 134×90%＝1 020)。鸭的育肥期为25 d，则养鸭场的场舍、用具和育肥饲料应能完成同时饲养4批，约4 080只肉鸭的育肥任务。

通过以上计算，养鸭场要年产商品肉鸭3万只，每月孵化数最高时需要种蛋7 000枚，饲养数量最高时，包括种鸭、雏鸭、育肥鸭在内，共计7 822只，其中经常饲养种鸭340只，最多饲养雏鸭3 402只，育肥鸭约4 080只。此外，还要考虑种鸭的更新，饲养一些后备种鸭。

根据以上数据制定雏鸭、育肥鸭的日粮定额，安排全年和月份饲料计划。

(2)蛋用鸭生产计划　现拟引进种蛋，年饲养3 000只蛋鸭，制订生产计划方法如下。

要获得3 000只产蛋鸭，需要购进多少种蛋？一般种蛋数与孵出的母雏鸭数比例约为3∶1。即在正常情况下，9 000枚种蛋才能获得3 000只产蛋鸭。现从种蛋孵化、育雏期、育成期和产蛋期4个方面进行计算。

——种蛋孵化。现购进蛋用鸭种蛋9 000枚，进行孵化，能获得的雏鸭数按下述方法计算。

①破损蛋数：种蛋在运输过程中，总会有一定数量的破损，破损率通常按1%计算。即：

$$破损蛋数 = 9\ 000 \times 1\% = 90(枚)$$

②受精蛋数：种蛋受精率为90%以上。即：

$$受精蛋数 = 8\ 910 \times 90\% = 8\ 019(枚)$$

③孵化雏鸭数：受精蛋孵化率为75%～85%，留有余地取孵化率为80%。即：

$$孵出雏鸭数 = 8\ 019 \times 80\% = 6\ 415(只)$$

——育雏期。育雏期通常为20 d。

①育成的雏鸭数：雏鸭经过20 d培育，到育雏期末的成活率为95%。即：

$$育成的雏鸭数 = 6\ 415 \times 95\% = 6\ 094(只)$$

②母雏数:公母雏的比例通常按 1∶1 计算。即:

母雏数=6 094÷2=3 047(只)

③选留公雏数:蛋鸭公母配种比例早春季节为 1∶20,夏秋季节为 1∶30,为留余地,配种比例取 1∶20。

公雏数=3 047÷20=152(只)

——育成期。选留 152 只健壮的公雏进行饲养,其余的淘汰,留下 3 000 只母雏进行饲养,其余的淘汰,这样育成期共计饲养种鸭 3 152 只。

——产蛋期。如果在春季 3 月初进行种蛋孵化,由于蛋鸭性成熟早,一般 16～17 周龄陆续开产,在饲养管理正常的情况下,20～22 周龄产蛋率可达 50%,即在当年 7 月下旬,每天可收获 1 500 枚鸭蛋,母鸭可利用 1～2 年,以第一个产蛋年产蛋量最高,公鸭只能利用 1 年。因此,可利用自产的种蛋孵化一批秋鸭,为第二年的蛋鸭生产奠定基础。

二、产品生产计划的制订

不同经营方向的养禽场其产品也不一样。如肉鸡场的主产品是肉鸡,联产品是淘汰种鸡,副产品是鸡粪;蛋鸡场的主产品是鸡蛋,联产品与副产品与肉鸡场相同。

产品生产计划应以主产品为主。如肉鸡以进雏鸡数的育成率和出栏时的体重进行估算;蛋鸡则按每饲养日即每只鸡日产蛋克数估算出每日每月产蛋总重量,按产蛋重量制订出鸡蛋产量计划。基本指标是按每饲养日即每只鸡日产蛋克数,计算出每只每月产蛋重量,按饲养日计算每只鸡产蛋数,按笼位计算每鸡位产蛋数。有了这些数据就可以计算出每只鸡产蛋个数和产蛋率。产蛋计划可根据月平均饲养产蛋母鸡数和历年的生产水平,按月规定产蛋率和各月产蛋数。

制订种鸡场种蛋生产计划步骤方法如下:

(1)根据种鸡的生产性能和鸡场的生产实际确定月平均产蛋率和种蛋合格率。

(2)计算每月每只鸡产蛋量和每月每只产种蛋数。

每月每只鸡产蛋量=月平均产蛋率×本月天数

每月每只鸡产种蛋数=每月每只产蛋量×月平均种蛋合格率

(3)根据种鸡群周转计划中的月平均饲养母鸡数,计算月产蛋量和月产种蛋数。

月产蛋量=每月每只鸡产蛋量×月平均饲养母鸡只数

月产种蛋数=每月每只鸡产种蛋数×月平均饲养母鸡只数

(4)统计全年总计概数。

根据表 9.3 种鸡群周转计划资料,编制种蛋生产计划见表 9.4。

三、种禽场的孵化计划的制订

种鸡场应根据本场的生产任务和外销雏鸡数,结合当年饲养品种的生产水平和孵化设备及技术条件等情况,并参照历年孵化成绩,制订全年孵化计划。

(1)根据种鸡场孵化成绩和孵化设备条件确定月平均孵化率。

(2)根据种蛋生产计划,计算每月每只母鸡提供雏鸡数和每月总出雏数。

每月每只母鸡提供雏鸡数＝平均每只产种蛋数×平均孵化率

每月总出雏数＝每月每只母鸡提供雏鸡数×月平均饲养母鸡数

(3)统计全年总计概数。

仍以前例，根据表9.3鸡群周转计划资料，假设在鸡场全年孵化生产的情况下，编制孵化计划见表9.5。

在制订孵化计划的同时对入孵工作也要有具体安排，包括入孵的批次、入孵日期、入孵数量、照蛋、落盘、出雏日期等，以便统筹安排生产和销售工作。此外虽然鸡的孵化期为21 d，但种蛋预热及出雏后期的处理工作也需要一定的时间，在安排入孵工作时也要予以考虑。

一般要求的孵化技术指标：全年平均受精率，蛋用鸡种蛋为85％～90％，肉用鸡种蛋为80％以上；受精蛋孵化率，蛋用鸡种蛋为88％以上，肉用鸡种蛋为85％以上；出壳雏鸡的弱残次率不应超过4％。

四、饲料供应计划的制订

饲料是进行养禽生产的基础。饲料计划一般根据每月各组禽数乘以各组禽的平均采食量，求出各个月的饲料需要量，根据饲料配方中各种饲料原料的配合比例，算出每月所需各种饲料原料的数量。每个禽场年初都必须制订所需饲料的数量和比例的详细计划，防止饲料不足或比例不稳而影响生产的正常进行。目的在于合理利用饲料，既要喂好禽，又要获得良好的生产性能，节约饲料。

饲料费用一般占生产总成本的65％～75％，所以在制订饲料计划时要特别注意饲料价格，同时又要保证饲料质量。饲料计划应按月制订。不同品种和日龄的禽所需饲料量是不同的。

一般每只鸡全程需要的饲料量：蛋用型鸡育雏期为1 kg/只，蛋用型鸡育成期为8～9 kg/只，蛋用型母鸡产蛋期为39～42 kg/只；肉用型成年母鸡40～45 kg/只，肉用仔鸡4～5 kg/只。据此可推算出，每天、每周及每月鸡场饲料需要量，再根据饲料配方，计算出每月各饲料原料需要量，将每月各饲料原料用量填入年度饲料计划表。年度饲料计划表如表9.6所示。

如果当地饲料供应充足及时，质量稳定，每次购进饲料一般不超过3 d量为宜。如禽场自行配料，还需按照上述禽的饲料需要量和饲料配方中各种原料所占比例折算出各原料用量，并依市场价格情况和禽场资金实际，做好原料的订购和贮备工作。拟定饲料计划时，根据当地饲料资源灵活掌握。但饲料计划一旦确定，一般不要轻易变动，以确保全年饲料配方的稳定性，维持正常生产。

此外，编制饲料计划时还应考虑以下因素。

(1)禽的品种、日龄　不同品种、不同日龄的禽，饲料需要量各不相同，在确定禽的饲料消耗定额时，一定要严格对照品种标准，结合本场生产实际，决不能盲目照搬，否则将导致计划失败，造成严重经济损失。

(2)饲料来源　禽场如果自配饲料，还需按照上述计划中各类禽群的饲料需要量和相应的饲料配方中各种原料所占比例折算出原料用量，另外增加10％～15％的保险量；如果采用全价配合饲料且质量稳定，供应及时，每次购进饲料一般不超过3 d用量为宜。饲料来源要保持相对稳定，禁止随意更换，以免使禽群产生应激。

(3)饲养方案　采用分段饲养，在编制饲料计划时还应注明饲料的类别，如雏料、大雏料、蛋鸡1号料、蛋鸡2号料等。

表 9.4　种蛋生产计划

项目	月份												全年总计概数
	1	2	3	4	5	6	7	8	9	10	11	12	
平均饲养母鸡数/只	9 900	9 700	9 500	9 300	9 100	8 875	8 625	8 350	8 050	7 650	14 036	10 127	9 434
平均产蛋率/%	50	70	75	80	80	70	65	60	60	60	50	70	65.8
种蛋合格率/%	80	90	90	95	95	95	95	95	90	90	90	90	91.25
平均每只产蛋量/枚	16	20	23	24	25	21	20	19	18	19	15	22	242
平均每只产种蛋数/枚	13	18	21	23	24	20	19	18	16	17	14	20	223
总产蛋量/枚	158 400	194 000	218 500	223 200	227 500	186 375	172 500	158 650	144 900	145 350	210 540	222 794	226 2709
总产种蛋量/枚	128 700	174 600	199 500	213 900	218 400	177 500	163 875	150 300	128 800	130 050	196 504	202 540	2084 669

注：月平均饲养母鸡数为成鸡群周转计划中(月初现有数＋月末现有数)÷2。

引自：丁国志，2007。

表 9.5　孵化计划

项目	月份												全年总计概数
	1	2	3	4	5	6	7	8	9	10	11	12	
平均饲养母鸡数/只	9 900	9 700	9 500	9 300	9 100	8 875	8 625	8 350	8 050	7 650	14 036	10 127	9 434
入孵种蛋数/枚	128 700	174 600	199 500	213 900	218 400	177 500	163 875	150 300	128 800	130 050	196 504	202 540	2 084 669
平均孵化率/%	80	80	85	86	86	85	84	82	80	80	78	76	81.8
每只母鸡提供雏鸡数/只	10.4	14.4	17.9	19.9	20.6	17.0	16.0	14.8	12.8	13.6	10.9	15.2	183.5
总出雏数/只	102 960	139 680	170 050	185 070	187 460	150 875	138 000	123 580	103 040	104 040	152 992	153 930	1 711 677

引自：丁国志，2007。

表 9.6　年度饲料计划表

饲料原料	各原料每月用量/kg												全年总计/kg
	1	2	3	4	5	6	7	8	9	10	11	12	

任务三　家禽场的经济效益分析

任务描述

经济效益分析是对生产经营活动中已取得的经济效益进行事后的评价，一是分析在计划完成过程中，是否以较少的资金占用和生产耗费，取得较多的生产成果；二是分析各项技术组织措施和管理方案的实际成果，以便发现问题，查明原因，提出切实可行的改进措施和实施方案，最终目的是提高养禽经济效益。

任务目标

掌握养禽场经济效益分析的方法和内容；掌握提高养禽场经济效益的措施。

基本知识

(1)禽场经济效益分析的方法；(2)养禽场经济效益分析的内容；(3)提高禽场经济效益的措施。

一、禽场经济效益分析的方法

经济效益分析法一般有对比分析法、因素分析法、结构分析法等，养鸡场常用的方法是对比分析法。

对比分析法又叫比较分析法，它是把同种性质的两种或两种以上的经济指标进行对比，找出差距，并分析产生差距的原因，进而研究改进的措施。比较时可利用以下方法：

(1)可以采用绝对数、相对数或平均数，将实际指标与计划指标相比较，以检查计划执行情况，评价计划的优劣，分析其原因，为制订下期计划提供依据。

(2)可以将实际指标与上期指标相比较，找出发展变化的规律，指导以后的工作。

(3)可以将实际指标与条件相同的经济效益最好的鸡场相比较，来反映在同等条件下所形成的各种不同经济效果及其原因，找出差距，总结经验教训，以不断改进和提高自身的经营管理水平。

采用比较分析法时，必须注意进行比较的指标要有可比性，即比较的各类经济指标在计算方法、计算标准、计算时间上必须保持一致。

二、养禽场经济效益分析的内容

生产经营活动的每个环节都影响着养禽场的经济效益，其中产品的产量、禽群工作质量、成本、利润、饲料消耗和劳动生产率的影响尤为重要。下面就以上因素进行鸡场经济效益的分析。

(一)产品产量(值)分析

(1)计划完成情况分析　用产品的实际产量(值)计划完成情况,对养鸡场的生产经营总状况做概括评价及原因分析。

(2)产品产量(值)增长动态分析　通过对比历年历期产量(值)增长动态,查明是否发挥自身优势,是否合理利用资源,进而找出增产增收的途径。

(二)鸡群工作质量分析

鸡群工作质量是评价养鸡场生产技术、饲养管理水平、职工劳动质量的重要依据。鸡群工作质量分析主要依据鸡的生活力、产蛋力、繁殖力和饲料报酬等指标的计算、比较来进行。

(三)成本分析

产品成本直接影响着养鸡场的经济效益。进行成本分析,可弄清各个成本项目的增减及其变化情况,找出引起变化的原因,寻求降低成本的具体途径。

分析时应对成本数据加以检查核实,严格划清各种成本费用界限,统一计算口径,以确保成本资料的准确性和可比性。

1. 成本项目增减及变化分析

根据实际生产报表资料,与本年计划指标或先进的禽场比较,检查总成本、单位产品成本的升降,分析构成成本的项目增减情况和各项目的变化情况,找出差距,查明原因。如成本项目增加了,要分析该项目为什么增加,有没有增加的必要;某项目成本数量变大了,要分析费用支出增加的原因,是管理的因素,还是市场因素等。

2. 成本结构分析

分析各生产成本构成项目占总成本的比例,并找出各阶段的成本结构。成本构成中饲料是一大项支出,而该项支出最直接地用于生产产品,它占生产成本比例的高低直接影响着养禽场的经济效益。对相同条件的禽场,饲料支出占生产总成本的比例越高,禽场的经济效益就越好。不同条件的禽场,其饲料支出占生产总成本的比例对经济效益的影响不具有可比性。如家庭养鸡,各项投资少,其主要开支就是饲料;而种鸡场,由于引种费用高,设备、人工、技术投入比例大,饲料费用占的比率就低。

(四)利润分析

利润是经济效益的直接体现,任何一个企业只有获得利润,才能生存和发展。养禽场利润分析包括以下指标:

1. 利润总额

利润总额=销售收入-生产成本-销售费用-税金±营业外收支净额

营业外收支是指与禽场生产经营无直接关系的收入或支出。如果营业外收入大于营业外支出,则收支相抵后的净额为正数,可以增加禽场利润;如果营业外收入小于营业外支出,则收支相抵后的净额为负数,禽场的利润就减少。

2. 利润率

由于各个禽场生产规模、经营方向不同,利润额在不同禽场之间不具有可比性,只有反映利润水平的利润率,才具有可比性。利润率一般有下列表示法:

产值利润率=年利润总额/年总产值×100%

成本利润率＝年利润总额/年总成本额×100％

资金利润率＝年利润总额/(年流动资金额＋年固定资金平均总值)×100％

禽场盈利的最终指标应以资金利润率作为主要指标，因为资金利润率不仅能反映禽场的投资状况，而且能反映资金的周转情况。资金在周转中才能获得利润，资金周转越快，周转次数越多，禽场的获利就越大。

(五)饲料消耗分析

从鸡场经济效益的角度上分析饲料消耗，应从饲料消耗定额、饲料利用率和饲料日粮 3 个方面进行。先根据生产报表统计各类鸡群在一定时期内的实际耗料量，然后同各自的消耗定额对比，分析饲料在加工、运输、贮藏、保管、饲喂等环节上造成的浪费情况及原因。此外，还要分析在不同饲养阶段饲料的转化率即饲料报酬。生产单位产品耗用的饲料越少，说明饲料报酬就越高，经济效益就越好。

对日粮除从饲料的营养成分、饲料转化率上分析外，还应从经济上分析，即从饲料报酬和饲料成本上分析，以寻找成本低、报酬高、增重快的日粮配方和饲喂方法，最终达到以同等的饲料消耗，取得最佳经济效益的目的。

(六)劳动生产率分析

劳动生产率反映着劳动者的劳动成果与劳动消耗量之间的对比关系。常用以下形式表示：

1. 全员劳动生产率

养禽场每一个成员在一定时期内生产的平均产值。

全员劳动生产率＝年总产值/职工年平均人数

2. 生产人员劳动生产率

指每一个生产人员在一定时期内生产的平均产值。

生产人员劳动生产率＝年总产值/生产工人年平均人数

3. 每工作日产量

用于直接生产的每个工作日所生产的某种产品的平均产量。

每工作日产量＝某种产品的产量/直接生产所用工日数

以上指标用于分析劳动生产率，一是要分析生产人员和非生产人员的比例，二是要分析生产单位产品的有效时间。

三、提高禽场经济效益的措施

(一)科学决策

在广泛市场调查的基础上，分析各种经济信息，结合禽场内部条件如资金、技术、劳动力等，做出经营方向、生产规模、饲养方式、生产安排等方面的决策，以充分挖掘内部潜力，合理使用资金和劳力，提高劳动生产率，最终实现较好的经济效益。正确的经营决策可能获得较高的经济效益，错误的经营决策就能导致重大经济损失甚至破产。如生产规模决策，规模大能形成高的规模效益，但过大，就可能超出自己的管理能力，超出自己的资金、设备等的承受能力，顾此失彼，得不偿失；过小，则不利于现代设备和技术的利用，形不成规模，难以得到高的收益。养禽企业决策人，如果能较正确的预测市场，就能较正确的做出决策，给企业带来较好的效益。

要做出正确的预测应收集大量与养殖业有关的信息，如市场需求、产品价格、饲料价格、疫情、国家政策等方面的信息。

1. 经营类型与方向

建设家禽养殖场之前，要进行认真、细致而广泛的市场调研，对取得的各种信息进行筛选、分析，投资者结合自己的资源如资金、人才、技术等进行详细论证，做出经营类型与方向、规模大小、饲养方式、生产安排等方面的综合决策，以充分挖掘各种潜力，合理使用资金和劳动力，提高劳动生产效率，最终提高经济效益。

(1)种禽场　市场区域广大、技术力量雄厚、营销能力强、有一定资金实力的地方可以考虑投资经营种禽场，甚至考虑代次较高的种禽场，条件稍差的就只能经营父母代种禽场。因为海拔较高的地方孵化率有可能下降，所以在海拔高于 2 000 m 的地方投资经营种禽场要慎重考虑。

(2)商品场　饲料价格相对较低、销售畅通的地方可以考虑投资经营商品场。一般来说，蛋禽场的销售范围比肉禽场的要大一些，能进行深加工和出口的企业销售范围更大。还要考虑各地方消费习惯和不同民族风俗习惯，比如南方市场上，黄羽优质中小型鸡和褐壳蛋比较受欢迎，而西南中小城市和农村市场上，红羽优质中大型鸡和粉壳蛋比较受欢迎。

(3)综合场　一般一个家禽场只经营一个品种、一个代次的家禽。对于规模较大、效益比较好的企业，也可以经营多个禽种、多个品种、多代次的综合场，各场要严格按卫生防疫的要求进行设计和经营管理，还可以向上下游延伸，形成一个完整的产业链，一体化经营经济效益会更好。

2. 适度规模

市场容量大的地方，适度规模经营的效益最好。规模过大，经营管理能力和资金跟不上，顾此失彼，得不偿失；规模过小，技术得不到充分发挥，也难以取得较大的效益，就不可能抓住机遇扩大再生产，占领市场。市场容量小的地方，按市场的需求来生产，如果盲目扩大生产，市场就会有被冲垮的危险。

3. 合理布局

家禽场的类型与规模决定以后，就要按有利于生产经营管理和卫生防疫的要求进行规划布局，一次到位最好，尽量避免不必要的重建、拆毁，严禁边设计、边建设、边生产的“三边”工程。

4. 优化设计

家禽场要按所饲养的家禽的生物学特性和生产特点的要求，对工艺流程设计进行严格可行性研究，选择最优的设计方案，采购相应的设备，最好选用定型、通用设备。如果设计不合理，家禽的生产性能就不能正常发挥。

5. 适当投资

要把有限的资金用在最需要的地方，避免在基础建设上投资过大，以减少成本折旧和利息支出。在可能的情况下，房屋与设施要尽量租用，这一点对小企业和初创企业尤其重要。在劳动力资源丰富的地方，使用设备不一定要非常自动化，以减少每个笼位的投资；相反，则要尽量使用机械设备，以降低劳动力开支。

6. 使用成熟的技术

在农业产业中，家禽养殖是一个技术含量相对较高的行业。特别是规模化养禽业，对饲养管理、疫病防治的技术支持要求很高，稍不注意就会影响家禽生产性能的发挥，甚至造成重大的经济损失。因此，要求家禽饲养场使用成熟的成套集成技术，包括新技术。不允许使用不成熟的或探索性的技术。当然，随着饲养规模的扩大和经济效益的提高，适当开展一些研发也很有必要。

7. 合理使用人才

人才在企业经营管理中占有重要地位。可以说，经营管理就是一门选人与用人的艺术。只有建立和培养出一支团结稳定、能征善战、吃苦耐劳、能打硬仗的职工队伍，企业才具备盈利的基础。大多数家禽场都建在远郊或城乡接合部，生活枯燥、工作环境较差、劳动强度大，选择与使用合适的人才、稳定职工队伍有一定的难度。对于重要的关键的岗位、培训成本较大的岗位、技术含量高的岗位要用高福利、股权激励等措施留住人才。对于临时性的岗位、变化较大的岗位，可以选择合同工、临时工。企业发展壮大以后，要形成选人用人的文化氛围，依靠管理制度来选人用人、团结稳定人才，企业才会取得更好的效益。

8. 良好的形象与品牌

在养禽场的生产经营过程中，要通过提高产品质量、加强售后服务工作，使顾客高兴而来满意而去，让顾客对你的产品买前有信心，买时放心，买后舒心；要通过必要的宣传广告及一定的社会工作来提高企业的形象，形成一个良好的品牌。

9. 安全生产

一个企业如果经常出各种安全事故，就不能正常生产经营，更谈不上如何提高经济效益。所以，企业必须安全生产，也只有安全才能生产。家禽养殖场必须根据自己的生产特点，制定各种安全生产操作规程和制度，包括产品安全制度，并要督促严格执行，且落实责任到个人。要定期不定期地巡查各个安全生产责任点，及时发现和解决存在的各种安全隐患，并制定相应的预案或处置措施。平时要组织职工学习各种安全操作规程和制度，定期演练各种预案或处置措施，以防患于未然。

10. 充分利用社会资源

由人和动物及各种生产管理因素组成的家禽养殖场必然要生存在一定的社会系统中，成为社会的一分子。它为社会做出贡献的同时，也必然要给社会带来各种各样的影响，有时可能还会暴发比较剧烈的冲突，影响家禽养殖场的经济效益。所以，家禽企业必须主动适应社会、融入社会、承担相应的社会责任和义务，协调好周围的一切社会关系。对有利于提高企业经济效益的社会资源要加以充分利用，对不利于提高企业经济效益的要主动协调，提早化解，争取变被动为主动。

(二)提高产品产量

提高产品产量是企业获利的关键。养禽场提高产品产量要做好以下几方面的工作。

1. 饲养优良禽种

品种是影响养禽生产的第一因素。不同品种的禽生产方向、生产潜力不同。在确定品种时必须根据本场的实际情况，选择适合自己饲养条件、技术水平和饲料条件的品种。

2. 提供优质的饲料

应按禽的品种、生长或生产各阶段对营养物质的需求，供给全价、优质的饲料，以保证禽的生产潜力充分发挥。同时也要根据环境条件、禽群状况变化及时调整日粮。

3. 科学的饲养管理

(1)创设适宜的环境条件　科学、细致、规律地为各类禽群提供适宜的温度、空气、光照和卫生条件，减少噪声、尘埃及各种不良气体的刺激。对凡是能引起及有碍禽群健康生长、生产的各种“应激”，都应力求避免和减轻至最低限度。

(2)采取合理的饲养方式　要根据自己的具体条件为不同生产用途的家禽，选择不同的饲养方式，以易于管理，有利防疫。同时饲养方式要接近禽的生活习性，以有利于禽的生产性能的表现。

(3)采用先进的饲养技术　品种是根本，技术是关键。要及时采用先进的、适用的饲养技术，抓好各类禽群不同阶段的饲养管理，不能只凭经验，要紧紧跟上养禽业技术发展的步伐。

4. 适时更新禽群

母禽第一个产蛋年产量最高，以后每年递减 15%～20%。禽场可以根据禽源、料蛋比、蛋价等决定适宜的淘汰时机，淘汰时机可以根据“产蛋率盈亏临界点”确定。同时，适时更新禽群，还能加快禽群周转，加快资产周转速度，提高资产利用率。

5. 重视防疫工作

养禽者往往只重视突发的疫病，而不重视平时的防疫工作，造成死淘率上升，产品合格率下降，从而降低了产品产量、质量，增加了生产成本。因此，禽场必须制定科学的免疫程序，严格执行防疫制度，不断降低禽只死淘率，提高禽群的健康水平。

(三)降低生产成本

增加产出、降低投入是企业经营管理永恒的主题。养禽场要获取最佳经济效益，就必须在保证增产的前提下，尽可能减少消耗，节约费用，降低单位产品的成本。其主要途径有以下几个方面。

1. 降低饲料成本

从养禽场的成本构成来看，饲料费用占生产总成本的 70%左右，因此通过降低饲料费用来减少成本的潜力最大。

(1)降低饲料价格：在保证饲料全价性和禽的生产水平不受影响的前提下，配合饲料时要考虑原料的价格，尽可能选用廉价的饲料代用品，尽可能开发廉价饲料资源。如选用无鱼粉日粮，开发利用蚕蛹、蝇蛆、羽毛粉等。

(2)科学配合饲料，提高饲料的转化率。

(3)合理喂料：给料时间、给料次数、给料量和给料方式要讲究科学。

(4)减少饲料浪费：一是根据禽的不同生长阶段设计使用合理的料槽，二是及时断喙，三是减少贮藏损耗，防鼠害，防霉变，禁止变质或掺假饲料进库。

2. 减少燃料动力费

合理使用设备，减少空转时间，节约能源，降低消耗。

3. 正确使用药物

对禽群投药要及时、准确。在疫病防治中，能进行药敏实验的要尽量开展，能不用药的尽量不用，对无饲养价值的禽要及时淘汰，不再用药治疗。

4. 降低更新禽的培育费

(1)加强饲养管理及卫生防疫，提高育雏的育成率，降低禽只死淘摊损费。

(2)开展雌雄鉴别，实行公母分养，及早淘汰公禽，减少饲料消耗。

5. 合理利用禽粪

禽粪量大约相当于禽精料消耗量的 75%左右，禽粪含丰富的营养物质，可替代部分精料喂猪、养鱼，也可干燥处理后做牛、羊饲料，增加禽场收入。

6. 提高设备利用率

充分合理利用各类鸡舍、各种机器和其他设备，减少单位产品的折旧费和其他固定支出。

(1)制订合理的生产工艺流程，减少不必要的空舍时间，尽可能提高禽舍、禽位的利用率。

(2)合理使用机械设备,尽可能满负荷运转,同时加强设备维护和保养,提高设备完好率。

7. 提高全员劳动生产率

全员劳动生产率反映的是劳动消耗与产值间的比率。全员劳动生产率提高,不仅能使禽场产值增加,也能使单位产品的成本降低。

(1)在非生产人员的使用上,要坚持能兼(职)则兼(职)、能不用就不用的原则,尽量减少非生产人员。

(2)对生产人员实行经济责任制。将生产人员的经济利益与饲养数量、产量、质量、物资消耗等具体指标挂钩,严格奖惩,调动员工的劳动积极性和主动性。

(3)加强职工的业务培训,提高工作的熟练程度,不断采用新技术、新设备等。

(四)搞好市场营销

市场经济是买方市场,养禽要获得较高的经济效益就必须研究市场、分析市场,搞好市场营销。

1. 以信息为导向,迅速抢占市场

在商品经济日益发展的今天,市场需求瞬息万变,企业必须及时准确地捕捉信息,迅速采取措施,适应市场变化,以需定产,有需必供。同时,根据不同地区的市场需求差别,找准销售市场。

2. 树立"品牌"意识,扩大销售市场

养禽业的产品都是鲜活商品,有些产品如种蛋、种雏等还直接影响购买者的再生产,因此这些产品必须经得住市场的考验。经营者必须树立"品牌"意识,生产优质的产品,树立良好的企业形象,创造自己的名牌,把自己的产品变成活的广告,提高产品的市场占有率。

3. 实行产供加销一体化经营

随着养禽业的迅猛发展,单位产品利润越来越低,实行产、供、加、销一体化经营,可以减少各环节的层层盘剥。但一体化经营对技术、设备、管理、资金等方面的要求很高,可以通过企业联手或共建养禽"合作社"等形式组成联合"舰队",以形成群体规模。

4. 签订经济合同

在双方互惠互利的前提下,签订经济合同,正常履行合同。一方面可以保证生产的有序进行,另一方面又能保证销售计划的实施。特别是对一些特殊商品(如种雏),签订经济合同显得尤为重要,因为离开特定时间,其价值将消失,甚至成为企业的负担。

(五)健全管理制度

为了提高家禽场的管理水平,使每个生产岗位的每位员工的生产操作与管理有据可依,应该为每个岗位制定相应的管理制度,使员工依章行事,也使管理人员依章检查和监督。

为了便于企业管理人员了解生产情况,要注意完善生产记录表,这些表格有日报表、周报表和月报表,记录表的内容要如实填写并上报管理部门。作为管理人员要根据报表数据了解生产过程是否正常并提出工作方案。各种记录表要作为生产档案进行分类、归档和保存。

复习与思考

1. 简述家禽生产成本的构成。
2. 育成鸡成本由哪几部分构成?
3. 如何控制和降低养禽场的成本费用?
4. 提高养禽场经济效益的措施有哪些?

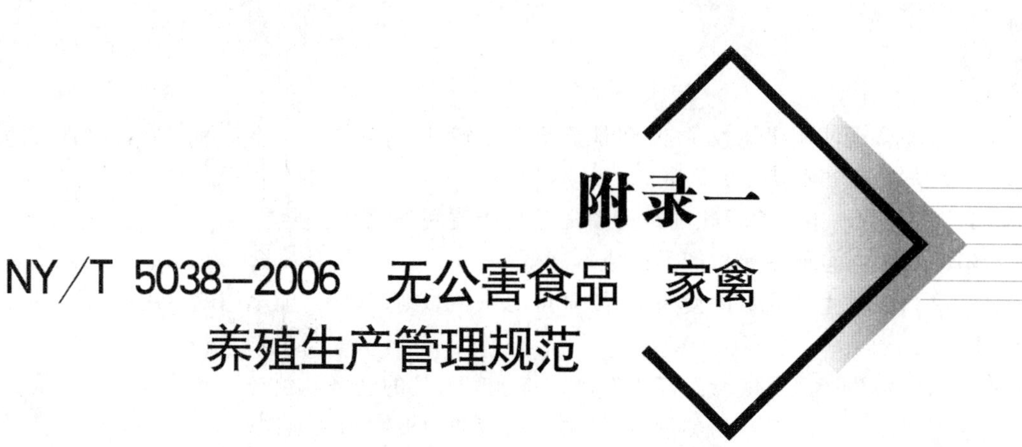

附录一

NY/T 5038-2006 无公害食品 家禽养殖生产管理规范

1 范围

本标准规定了家禽无公害养殖生产环境要求、引种、人员、饲养管理、疫病防治、产品检疫、检测、运输及生产记录。

本标准适用于家禽无公害养殖生产的饲养管理。

2 规范性引用文件

下列文件中的条款通过本标准的引用而成为本标准的条款。凡是注日期的引用文件，其随后所有的修改单(不包括勘误的内容)或修订版均不适用于本标准，然而，鼓励根据本标准达成协议的各方研究是否可使用这些文件的最新版本。凡是不注日期的引用文件，其最新版本适用于本标准。

GB 16548 畜禽病害肉尸及其产品无害化处理规程

GB 16549 畜禽产地检疫规范

GB 18596 畜禽养殖业污染物排放标准

NY/T 388 畜禽场环境质量标准

NY 5027 无公害食品 畜禽饮用水水质

NY 5039 无公害食品 鲜禽蛋

NY 5339 无公害食品 畜禽饲养兽医防疫准则

NY 5030 无公害食品 畜禽饲养兽药使用准则

NY 5032 无公害食品 畜禽饲料和饲料添加剂使用准则

3 术语和定义

下列术语和定义适用于本标准

3.1 全进全出

同一家禽舍或同一家禽场的同一段时期内只饲养同一批次的家禽，同时进场、同时出场的管理制度。

3.2 净道

供家禽群体周转。人员进出、运送饲料的专用道路。

3.3 污道

粪便和病死、淘汰家禽出场的道路。

3.4　家禽场废弃物

主要包括家禽粪(尿)、垫料、病死家禽和孵化厂废弃物(蛋壳、死胚)、过期兽药、残余疫苗和疫苗瓶等。

4　环境要求

4.1　环境质量

家禽场内环境质量应符合 NY/T 388 的要求。

4.2　选址

4.2.1　家禽场选址宜选在地势高燥、采光充足、排水良好、隔离条件好的区域。

4.2.2　家禽周围 3 km 内无大型化工厂、矿厂,距离其他畜牧场应至少 1 km 以外。

4.2.3　家禽场距离交通主干道、城市、村镇、居民点至少 1 km 以上。

4.2.4　禁止在生活饮用水水源保护区、风景名胜区、自然保护区的核心区及缓冲区,城市和城镇居民区、文教科研区、医疗区等人口集中地区。以及国家或地方法律、法规规定需特殊保护的其他区域内修建禽舍。

4.3　布局、工艺要求及设施

4.3.1　家禽场分为生活区、办公区和生产区,生活区和办公区与生产区分离,且有明确标识。生活区和办公区位于生产区的上风向。养殖区域应位于污水、粪便和病、死禽处理区域的上风向。同时,生产区内污道与净道分离,不相交叉。

4.3.2　家禽场应设有相应的消毒设施、更衣室、兽医室及有效的病禽、污水及废弃物无公害化处理设施、禽舍地面和墙壁应便于清洗和消毒,耐磨损,耐酸碱。墙面不易脱落,耐磨损,不含有毒有害物质。

4.3.3　禽舍应具备良好的排水、通风换气、防虫及防鸟设施及相应的清洗消毒设施和设备。

5　引种

5.1　雏禽应来源于具有种禽生产经营许可证的种禽场。

5.2　雏禽需经产地动物防疫检疫部门检疫合格,达到 GB 16549 的要求。

5.3　同一栋家禽舍的所有家禽应来源于同一批次的家禽。

5.4　不得从禽病疫区引进雏禽。

5.5　运输工具运输前需进行清洗和消毒。

5.6　家禽场应有追溯程序,能追溯到家禽出生、孵化的家禽场。

6　人员

6.1　对新参加工作及临时参加工作的人员需进行上岗卫生安全培训。定期对全体职工进行各种卫生规范、操作规程的培训。

6.2　生产人员和生产相关管理人员至少每年进行一次健康检查,新参加工作和临时参加工作的人员,应经过身体检查取得健康合格证方可上岗,并建立职工健康档案。

6.3　进生产区必须穿工作服、工作鞋,戴工作帽,工作服等必须定期清洗和消毒。每次家禽周转完毕,所有参加周转人员的工作服应进行清洗和消毒。

6.4　各禽舍专人专职管理，禁止各禽舍人员随意走动。

7　饲养管理

7.1　饲养方式

可采用地面平养、网上平养和笼养。地面平养应选择合适的垫料，垫料要求干燥、无霉变。

7.2　温度与湿度

雏禽1～2 d时，舍内温度宜保持在32 ℃以上。随后，禽舍内的环境温度每周宜下降2～4 ℃，直至室温。禽舍内地面、垫料应保持干燥、清洁，相对湿度宜在40%～75%。

7.3　光照

7.3.1　肉用禽饲养期宜采用16～24 h光照，夜间弱光照明，光照强度为10 ～15 lx。

7.3.2　蛋用禽和种禽应依据不同生理阶段调节光照时间。1～3 d雏禽内宜采用24 h光照。有雏和育成期的蛋用禽和种禽应根据日照长短制定恒定的光照时间，产蛋期的光照维持在14～17 h，禁止缩短光照时间。

7.3.3　禽舍内应备有应急灯。

7.4　饲养密度

家禽的饲养密度依据其品种、生理阶段和饲养方式的不同而有所差异，见表1。

表1　家禽饲养密度

只/m^2

品种类型	饲养方式	育雏期	生长期	育成期	产蛋期
		1～3周	4～8周	9周至5%产蛋率	产蛋率5%以上
快大型肉用禽品种	网上平养	≤20	≤6	≤5	≤4
	地面平养	≤15	≤4	≤4	≤3
	笼养	≤20	≤6	≤5	≤5
中小型肉用禽及蛋用禽品种	网上平养	≤25	≤12	≤8	≤8
	地面平养	≤20	≤8	≤6	≤5
	笼养	≤25	≤12	≤10	≤10

7.5　通风

在保证家禽对禽舍环境温度要求的同时，通风换气，使禽舍内空气质量符合NY/T 388的要求。注意防治贼风和过堂风。

7.6　饮水

7.6.1　家禽的饮用水水质应符合NY 5027的要求。

7.6.2　家禽采用自由饮水，每天清洗饮水设备，定期消毒。

7.7　饲料

家禽饲料品质应符合NY 5032的要求。

7.8　灭鼠

经常灭鼠，注意不让鼠药污染饲料和饮水，残余鼠药应做无害化处理。

7.9　杀虫

定期采用高效低毒化学药物杀虫，防治昆虫传播疾病，避免杀虫剂喷洒到饮水、饲料、禽体和禽蛋中。

7.10 禽蛋收集

蛋箱或蛋托应在集蛋前消毒，集蛋人员在集蛋前应洗手消毒。收集的禽蛋应在消毒后保存。

7.11 家禽场废弃物处理

7.11.1 家禽场产生的污水应进行无公害化处理，排放水应达到 GB 18596 规定的要求。

7.11.2 使用垫料的饲养场，家禽出栏后一次性清理垫料。清出的垫料和粪便应在固定的地点进行堆肥处理，也可采取其他有效的无害化处理措施。

7.11.3 病死家禽的处理按 GB 16548 执行。

8 疫病防治

8.1 防疫

坚持全进全出的饲养管理制度。同一养禽场不得同时饲养其他禽类。家禽防疫应符合 NY 5339 的要求。

8.2 兽药

家禽使用的兽药应符合 NY 5030 的要求。

9 产品检疫、检测

9.1 肉禽出售前 4～8 h 应停喂饲料，但保证自由饮水。并按 GB 16549 的规定进行产地检疫。

9.2 出售的禽蛋质量应符合 NY 5039 的要求。

10 运输

10.1 运输工具应利于家禽产品防护、消毒，并防治排泄物漏洒。运输前需进行清洗和消毒。

10.2 运输禽蛋车辆应使用封闭货车或集装箱，不得让禽蛋直接暴露在空气中运输。

11 生产记录

建立生产记录档案，包括引种记录、培训记录、饲养管理记录、饲料及饲料添加剂采购和使用记录、禽蛋生产记录、废弃物记录、消毒记录、外来人员参观登记记录、兽药使用记录、免疫记录、病死或淘汰禽的尸体处理记录、禽蛋检测记录、活禽检疫记录及可追溯记录等。所有记录应在家禽出售或清群后保存 3 年以上。

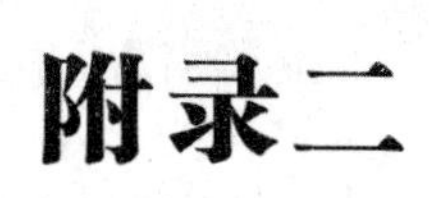

附录二 家禽饲养工（高级）操作技能考核评分记录表

一、种公禽按摩法人工采精（考核时间：20 min）

序号	考核内容	评分要素	配分	评分标准	检测结果	扣分	得分	备注
1	准备工作	准备集精杯	5	未准备集精杯扣5分				
2	公禽按摩	在保定员的配合下，采精员左手掌心向下，拇指一方，其他四指一方，紧贴公鸡腰背，从翼根沿体躯两侧滑动，推至尾羽区，按摩数次，引起公鸡性感	5	手掌姿势错误扣5分				
			10	按摩部位错误扣10分				
			10	按摩推动方向错误扣10分				
3	采精操作	采精员右手中指与无名指间夹着集精杯，杯口朝外，当公鸡有性反射时，立刻翻转左手，并用左手掌将尾羽向背部拨	5	集精杯握法错误扣5分				
			10	杯口朝向错误扣10分				
			10	公禽有性反射时未将尾羽向背部拨扣10分				
4	精液收集	当泄殖腔翻开，左手拇指与食指立刻捏住泄殖腔外缘，轻轻挤压，公鸡立刻排精，右手便迅速将集精杯口翻向泄殖腔开口，接住精液	5	未能立刻捏住泄殖腔外缘扣5分				
			10	捏挤泄殖腔用力过大引起公禽排便扣10分				
			10	未采到精液扣10分				
			10	未能接住精液扣10分 只接住部分精液扣5分				
5	清理现场	收拾工具、清理场地	10	未收拾工具扣5分 未清理场地扣5分				
6	安全文明操作	按国家或企业颁发有关安全规定执行操作		每违反一项规定从总分中扣5分 严重违规取消考核				
7	考核时限	在规定时间内完成		超时停止操作考核				
合计			100					

二、家禽人工输精(考核时间:20 min)

序号	考核内容	评分要素	配分	评分标准	检测结果	扣分	得分	备注
1	准备工作	准备输精管	5	未准备输精管扣5分				
2	精液稀释	将精液和稀释液分别装于试管中,放入30 ℃保温瓶中,使其温度相等或接近后将与精液等量的稀释液沿装有精液的试管壁加入,轻轻转动,使之均匀混合	5	精液和稀释液温度差大于5 ℃扣5分				
			5	稀释比例未符合要求扣5分				
			5	将精液倒入稀释液中扣5分				
			5	未将稀释液沿试管壁加入扣5分				
			5	加入稀释液后未转动扣5分				
3	母禽翻肛操作	当公鸡有性反射时,立刻翻转左手,并用左手掌将尾羽向背部拨,当泄殖腔翻开,左手拇指与食指立刻捏住泄殖腔外缘	10	公禽有性反射时未将尾羽向背部拨扣10分				
			5	当泄殖腔翻开,左手拇指与食指未能立刻捏住泄殖腔外缘扣5分				
			5	捏挤泄殖腔用力过大引起公禽排粪尿扣5分				
4	输精操作	输精剂量要适当,排除精液中的气泡,输精时插入深度要适合,操作力度要适度	10	输精剂量未符合要求扣10分				
			10	输入精液中含有气泡扣10分				
			10	输精时插入深度未符合要求扣10分				
			10	输精时对母鸡造成外伤扣10分				
5	清理现场	收拾工具、清理场地	10	未收拾工具扣5分 未清理场地扣5分				
6	安全文明操作	按国家或企业颁发有关安全规定执行操作		每违反一项规定从总分中扣5分 严重违规取消考核				
7	考核时限	在规定时间内完成		超时停止操作考核				
合计			100					

三、雏鸡断喙(考核时间:20 min)

序号	考试内容	评分要素	配分	评分标准	检测结果	扣分	得分	备注
1	准备工作	准备断喙器、手套	10	未准备断喙器扣6分 未戴手套扣4分				
2	断喙器调试	将断喙器连接到电源,打开断喙器电源开关,打开断喙器小风扇开关,旋转温度旋钮调至650 ℃左右	5	断喙器电源连接错误扣5分				
			5	未打开断喙器电源扣5分				
			5	未打开小风扇开关扣5分				
			5	未旋转温度旋钮调温度扣5分				
			5	断喙器刀片温度未达到650 ℃扣5分				
3	捉鸡操作	左手抓住鸡腿部,右手拿鸡,将右手拇指放在鸡头顶上,食指放咽下,稍施压力,使鸡缩舌	5	捉鸡部位错误扣5分				
			5	未正确固定鸡头部扣5分				
			5	食指未施压力使鸡缩舌扣5分				
4	断喙操作	选择适当的孔径,在离鼻孔2 mm处将喙切断,而后烧灼2 s止血,烧灼时将喙切面四周滚动以压平嘴角	5	刀片孔径选择错误扣5分				
			10	断喙部位与鼻孔距未符合要求扣10分				
			5	断喙后未烧灼扣5分				
			5	断喙后烧灼时间超过2 s扣5分				
			5	断喙后雏鸡嘴角未压平扣5分				
			5	断喙时灼伤鸡舌扣5分				
			5	断喙后喙部出血扣5分				
5	清理现场	操作结束后清理现场杂物,将工具摆放指定位置	10	未收拾工具扣5分 未清理场地扣5分				
6	安全文明操作	按国家或企业颁发有关安全规定执行操作		每违反一项规定从总分中扣5分 严重违规取消考核				
7	考核时限	在规定时间内完成		超时停止操作考核				
		合计	100					

注:选自中国石油大庆职业技能鉴定中心2009年职业技能鉴定操作技能考核项目家禽饲养工(高级)。

参考文献

1. 赵聘,黄炎坤,徐英.家禽生产.2版.北京:中国农业大学出版社,2015.

2. 杨宁.家禽生产学.2版.北京:中国农业出版社,2010.

3. 赵聘,潘琦,刘亚明.畜禽生产.3版.北京:中国农业大学出版社,2021.

4. 赵云焕.畜禽环境卫生.南京:江苏教育出版社,2012.

5. 杨久仙,刘建胜.动物营养与饲料.2版.北京:中国农业出版社,2011.

6. 赵聘,关文怡.家禽生产技术.北京:中国农业科学技术出版社,2012.

7. 刘荣昌,黄瑜.家禽生态养殖模式及其发展策略.中国家禽,2018(2):43-46.

8. 黄炎坤,马伟.养殖场设施与设备.郑州:中原农民出版社,2018.

9. 黄炎坤.蛋鸡标准化安全生产关键技术.郑州:中原农民出版社,2016.

10. 黄炎坤.优质肉鸡标准化安全生产关键技术.郑州:中原农民出版社,2016.

11. 刘健,黄炎坤,陈志港.现代水禽生产技术.郑州:中原农民出版社,2018.

12. 蔡吉光,王星.家禽生产技术.2版.北京:化学工业出版社,2017.

13. 徐英,李石友.家禽生产技术.北京:化学工业出版社,2015.

14. 郑万来,徐英.养禽生产技术.北京:中国农业大学出版社,2014.

15. 李和国,马进勇.畜禽生产技术.北京:中国农业大学出版社,2016.

16. 李和国,尤明诊.畜禽生产技术.北京:中国农业出版社,2017.

17. 张力,杨孝列.动物营养与饲料.2版.北京:中国农业大学出版社,2012.

18. 刘敬胜.饲料配方设计.北京:中国农业出版社,2018.

19. 陈代文,余冰.动物营养学.4版.北京:中国农业出版社,2018.

20. 梁振华.蛋鸭饲养员培训教材.北京:金盾出版社,2010.

21. 张玲.养禽与禽病防治.北京:中国农业出版社,2019.

22. 段修军,李小芬.家禽生产.2版.北京:中国农业出版社,2019.

23. 徐国忠.稻萍鸭生态种养技术.北京:中国农业出版社,2020.

24. 傅志强.规模化稻鸭生态种养技术.北京:中国农业出版社,2020.

25. 中华人民共和国农业行业标准 绿色食品 畜禽饲料及饲料添加剂使用准则:NY/T 471—2010.农业部,2010.

26. 关于加快推进畜禽标准化规模养殖的意见. 农业部,2010.

27. 全国蛋鸡遗传改良计划(2021—2035年). 农业农村部,2021.

28. 全国肉鸡遗传改良计划(2021—2035年). 农业农村部,2021.

29. 国家畜禽遗传资源品种名录(2021年版). 国家畜禽遗传资源委员会办公室,2021.

30. 全国水禽遗传改良计划(2020—2035). 农业农村部,2019.

31. 中华人民共和国农业行业标准 无公害农产品 生产质量安全控制技术规范 第11部分:鲜禽蛋:NY/T 2798.11—2015. 农业部,2015.

32. 兽用抗菌药使用减量化行动试点工作方案(2018—2021年). 农业农村部办公厅,2018.

33. 中华人民共和国农业农村部公告 第194号. 农业农村部,2019.

34. 安徽省地方标准 笼养蛋鸭饲养管理技术规程:DB 34/T 3008—2017. 安徽省质量技术监督局,2017.

35. 四川省地方标准 稻鸭共作及水稻绿色防控融合技术规程:DB 51/T 2674—2020. 四川省市场监督管理局,2020.

36. 江西省地方标准 蛋鸭笼养舍内环境控制技术规程:DB 36/T 1226—2020. 江西省市场监督管理局,2020.

37. 中华人民共和国农业行业标准 无公害食品 家禽养殖生产管理规范:NY/T 5038—2006. 农业部,2006.

38. 国家畜禽良种联合攻关计划(2019—2022年). 农业农村部,2019.